최근 출제경향을 완벽하게 분석한 **건축사자격시험대비**

# 건축설계1

김영훈 · 김보근 · 원미영
김보선 · 정선교 공저

ARCHITECTURE

본 교재는 과목별로 3권으로 나뉘며, 과목마다 소과제별로 출제기준 및 핵심정리, 이론 및 계획, 익힘문제 및 연습문제를 수록하여 자가학습이 가능하도록 하였다.

- [1권–대지계획] 대지와 연관된 내용을 평가하며, 대지분석 · 대지조닝 · 지형계획 · 대지단면 · 대지주차 · 배치계획을 다룬다.
- [2권–건축설계1] 각 실별 기능 구성과 관련된 사항을 평가하며, 평면설계를 주로 다룬다.
- [3권–건축설계2] 건물 구성의 기술적 측면을 평가하며, 단면설계 · 계단설계 · 지붕설계 · 구조계획 · 설비계획을 다룬다.

예문사

# 서언

건축설계는 대지를 읽는 초기단계에서부터 건축설계자의 사고, 건축주의 요구사항, 건축개념의 설정 등을 거치며 물리적 형태로 만들어가기 위한 일련의 설계작업을 말한다. 이 과정은 기획, 계획, 설계 등의 단계로 나누어 볼 수 있는데, 건축사 자격시험에서는 계획과 설계의 기본능력을 평가하고 검증한다. 건축사로서 지녀야 할 설계업무의 기본적 능력을 크게 대지 및 건물과 관련하여 분류하고 다시 각각에 해당하는 소과제 형식으로 세분화하여 문제를 출제하게 되는 것이다.

따라서 본 교재는 각 과목별로 제1권 [대지계획], 제2권 [건축설계 1], 제3권 [건축설계 2]로 분권하여, 해당 과목 안에서 소과제별로 출제기준, 이론 및 계획, 익힘문제 및 연습문제를 수록함으로써 자가학습이 가능하도록 구성하였다.

[대지계획]은 대지와 연관된 내용을 세부적으로 나누어 평가하며, 대지분석 · 대지조닝 · 지형계획 · 대지단면 · 대지주차 · 배치계획이 그 내용에 해당한다.

[건축설계 1]은 건축설계의 가장 중요한 내용으로서 각 실별 기능 구성과 관련된 사항을 평가하는데, 평면설계가 그 내용에 해당한다.

[건축설계 2]는 건물을 구성하는 기술적 측면의 내용을 세부적으로 나누어 평가하는데, 단면설계 · 계단설계 · 지붕설계 · 구조계획 · 설비계획이 그 내용에 해당한다.

이러한 구성적 특징과 더불어 이론의 정립과 문제의 접근방법 등을 최대한 이해하기 쉽도록 저술하는 데 초점을 맞추었으며, 실전에 바로 적용할 수 있는 계획 프로세스를 수록하고 있다는 것이 이 책의 가장 큰 장점이자 특징이라 할 수 있다.

오랜 동안의 강의경험을 바탕으로 수험생들에게 가장 효과적인 안내서가 될 수 있는 교재를 만들고자 최선의 노력을 기울였으나 미비한 점이 없지 않을 것이다. 독자들의 애정 어린 질책과 격려를 바탕으로 더 좋은 교재로 다듬어나갈 것을 약속드리며, 출간을 위해 많은 도움을 주신 카이스에듀와 도서출판 예문사에 감사의 인사를 전한다.

끝으로, 건축사 자격시험은 좋은 교재의 선택도 중요하지만 수험생 각자의 의지와 노력이 가장 중요하다는 것을 기억하고 이 교재를 길잡이 삼아 부디 좋은 결실을 거두길 바란다.

저자 일동

# 목차

C·o·n·t·e·n·t·s

## 제1장 총론

목차

C·o·n·t·e·n·t·s

## 제4장 연구 및 문화시설

## 제5장 복지시설



## 제6장 기타시설

# 범례

## 시설 각론

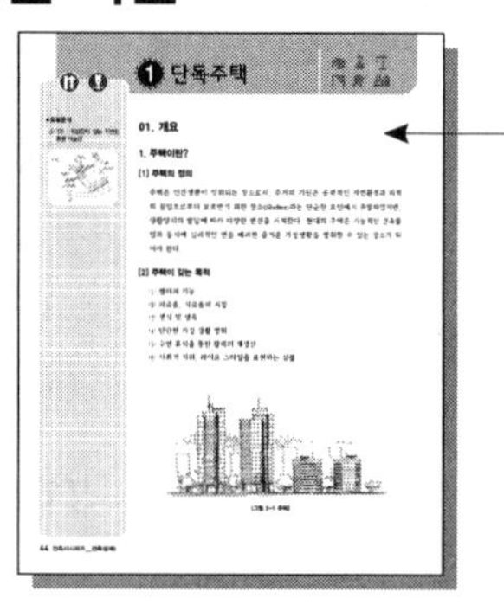

**개요**

각 시설의 용어 및 특징을 정의하여 테마에 대한 이해를 돕고자 하였으며 시설별 분류를 수록하였다.

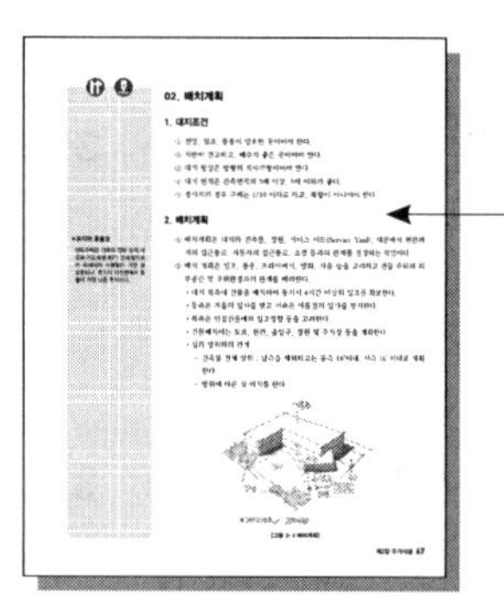

**배치계획**

각 시설의 배치 각론을 다루어 대지와 건축물의 시설별 특성에 맞도록 조화롭게 배치되는 원리를 이해하도록 하였다.

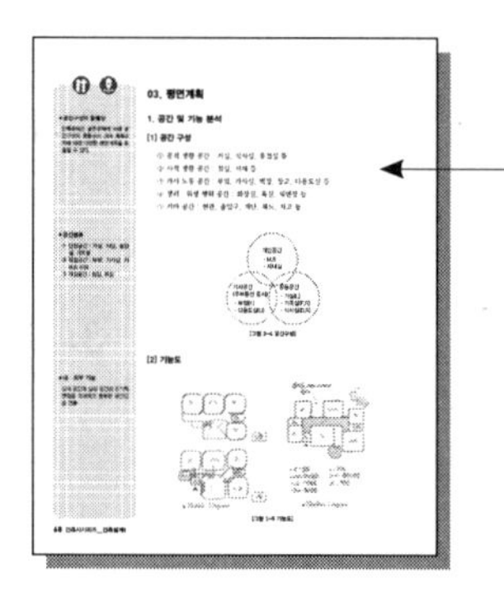

**평면계획**

각 시설의 평면을 구성하는 실들의 기능관계를 분석하고 각 실들의 세부사항을 수록하여 평면계획의 방향을 제시하였다. 평면설계에서 가장 중요한 내용이므로 반드시 숙지하도록 한다.

## 사례

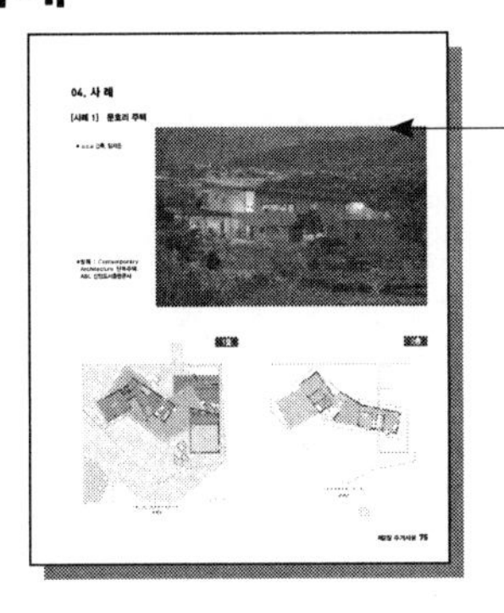
04. 사 례

### 사례

각 시설의 설계 사례를 수록함으로써 각론에서 다루어지는 내용을 더욱 쉽게 이해할 수 있도록 하였다.

## 익힘문제

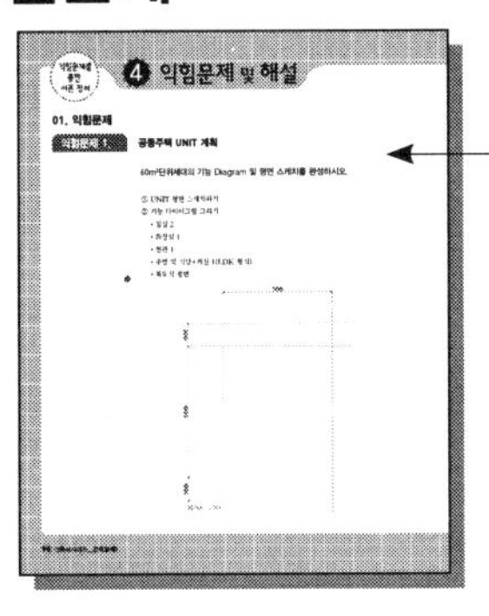
4 익힘문제 및 해설

01. 익힘문제

### 익힘문제 및 해설

시설별 문제를 풀기 위해서는 이론과 계획에서 다루어졌던 내용을 응용하여야 한다.

이때 각 문제의 작은 단위를 이해할 수 있도록 구성한 것이 익힘문제이다.

## 연습문제

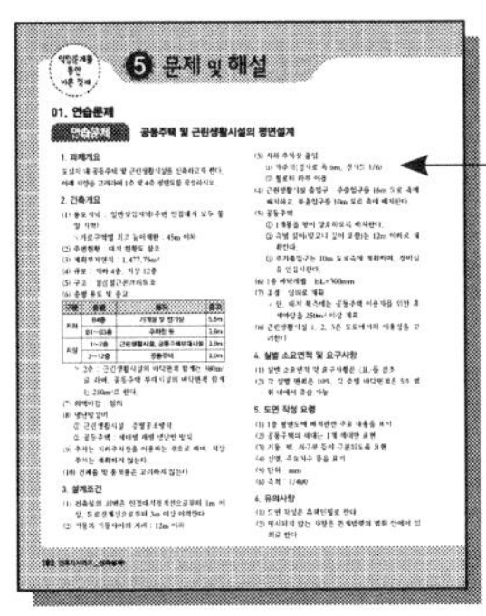
5 문제 및 해설

01. 연습문제

### 연습문제 및 해설

익힘문제의 소 단위를 조합하면 연습문제가 된다. 연습문제는 계획 Process에 따라 접근하는 것이 계획 시간의 단축과 실수를 줄일 수 있는 방법이다. 또한 연습문제에서는 출제유형을 이해하도록 한다.

# 제1장

# 총론

한눈에 보는 출제기준과 유형분석

# 1 개요

## 01. 개요

### 1. 출제기준

⊙ 과제 개요

'건축설계 1'은 건축설계의 기본인 평면설계로서, 제시조건에 의거 건축공간을 구성하고 동선을 계획한 내용을 평면적으로 표현하게 하여, 건축계획 및 표현 능력을 측정하고 건축설계 실무에 필요한 문제해결 능력 및 전문 지식 습득 수준을 평가한다.

⊙ 주요 평가요소

**(1) 대지조건 및 설계조건에 대한 해석 및 설계 능력**

① 각종 법규 제한조건 및 공간계획 시 유의사항에 대한 설계내용의 적정성
② 대지 관련 제시조건에 대한 논리적 해석 및 기술적인 처리 능력
③ 건축물 위치 관련 요구조건에 대한 이해 및 기술적인 처리 능력
④ 건축규모 및 구조 등에 대한 설계조건 준수 정도
⑤ 설비시스템, 건축물의 형태 등에 대한 설계반영 내용의 적정성
⑥ 출입, 이동, 피난, 각 부위별 레벨 등 특기조건에 대한 설계반영 정도
⑦ 연계성, 편의성, 안전성, 경제성, 인지성, 상징성 등과 관련된 설계 능력

**(2) 스페이스 프로그램 관련 공간 구성 능력**

① 실별 요구사항을 논리적으로 해석, 전체 공간을 입체적으로 구성하는 능력
② 공간의 수(실명 및 실수), 실별 위치 및 면적의 적정성
③ 실별 특기 요구조건 및 실간 연계성 관련 요구조건 준수 정도
④ 출입구, 통로, 계단 등 동선체계의 효율성
⑤ 장애자 등 특수사항에 대한 배려
⑥ 기타 스페이스 프로그램 관련 요구조건에 대한 설계내용

### (3) 표현 능력 및 기타

① 도면 작성 범위 및 표현방법의 적정성
② 도면 내용 및 표기 요구사항에 대한 도면작성 정도
③ 도면작성 시 유의사항에 대한 설계반영 정도
④ 기타 건축설계 실무 관련 문제 해결 능력

## ⊙ 평면설계 관련 주요 제시조건

### (1) 과제 개요

① 건축설계 1(평면설계) 과제의 주제
② 과제의 개략적인 특성(프로젝트의 성격, 용도, 주변 상황 등)

### (2) 대지조건 및 건축개요

① 계획대지 주변현황 : 조망 및 경관(산, 호수, 공원 등), 바람, 소음, 교통, 건물 등
② 계획대지 현황 : 대지면적, 방위(향), 지형, 접도(도로) 상황, 기존 건축물 등
③ 규모 및 구조 : 층수, 바닥면적, 구조, 층고, 천장고 등
④ 설비시스템, 건축물의 형태 등

### (3) 설계조건

① 각종 법규 제한조건 : 지역지구제, 대지면적, 건폐율, 용적률 등
② 주변현황 및 대지 내 현황 관련 설계 요구내용
③ 대지 내 계획 건축물 위치 및 조경 관련 요구조건
④ 공간계획 및 각실 배치 시 유의사항
⑤ 각 부위별 레벨(바닥레벨 등) 관련 특기조건
⑥ 출입, 이동, 피난 관련 특기 조건
⑦ 기타 연계성, 편의성, 안전성, 경제성, 인지성, 상징성 등과 관련된 설계조건

### (4) 스페이스 프로그램 요구조건(실별 소요면적 및 실별 요구사항)

① 실별 위치 및 소요면적

② 실간 근접성 등 실별 연계성

③ 출입구, 복도, 계단, 승강기 등에 대한 요구조건

④ 각 실에 특별히 필요한 가구, 설비, 부속실 등에 대한 요구사항

⑤ 실별 전망, 자연채광, 자연환기 등에 대한 요구조건

⑥ 연면적 허용오차 등 기타 스페이스 프로그램 요구조건

### (5) 도면작성 요령 및 기타 요구조건

① 도면 작성 범위 및 표현방법

② 요구 도면 내용 및 필수 표기 사항

③ 기타 도면작성 시 유의사항

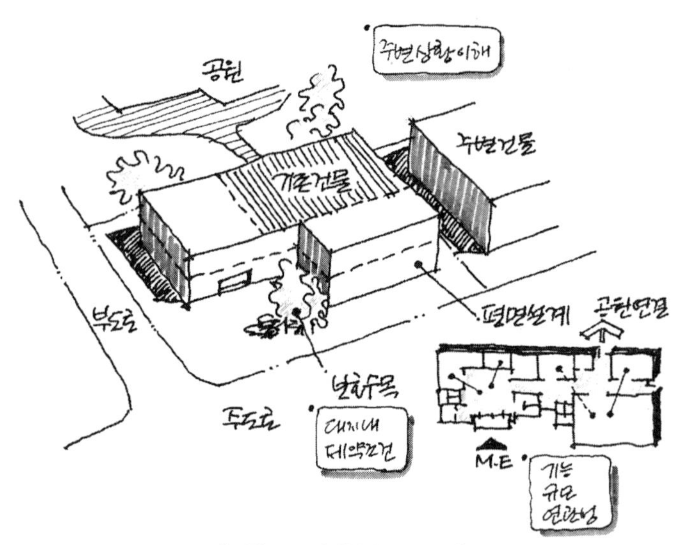


[그림 1-1 평면설계 제시조건]

# 02. 유형분석

## 1. 문제 출제유형(1)

### ✚ 주어진 실별 면적과 요구조건을 평면으로 구성

계획대지 주변의 건물 또는 옥외공간과 같이 계획 건물에 근접한 도시적 맥락에서 상호 관련을 맺으며 주어진 실별 면적과 요구조건을 평면으로 구성하는 능력을 측정한다.

예1. 신축 동사무소가 맞은편 시민회관 입구의 소공원과 시각적 연계관계를 갖도록 독자적인 외부공간을 가진 주출입구를 중심으로 주어진 실을 설계한다.

예2. 인접한 대지의 소규모 공공건물의 기능과 계획하고자 하는 건물의 기능을 함께 제시하고, 이 두 건물이 공간적 · 기능적으로 공유할 수 있도록 주어진 실을 구성한다.

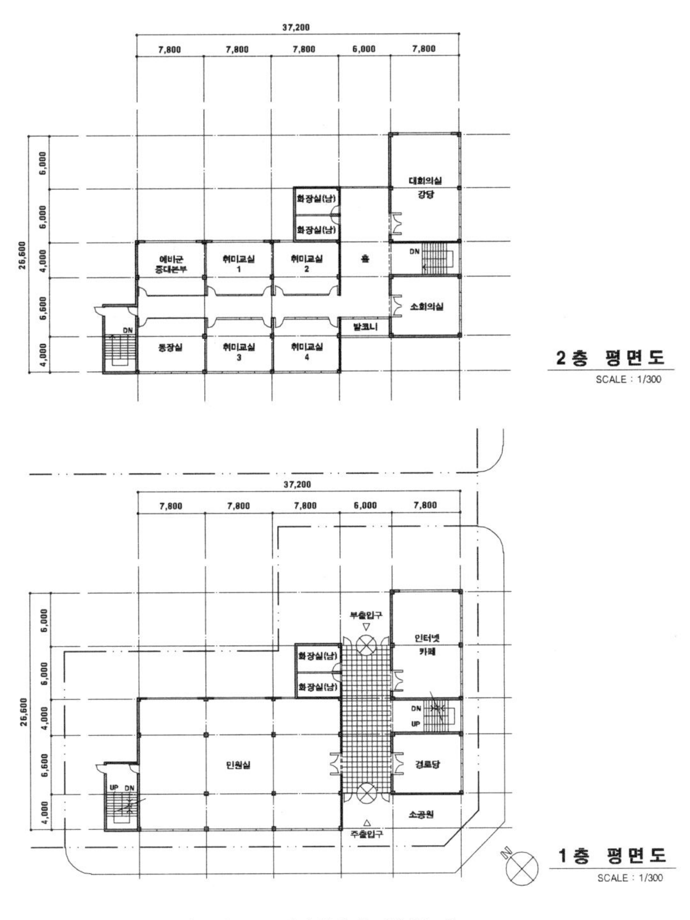


[그림 1-2 평면설계 출제유형 1]

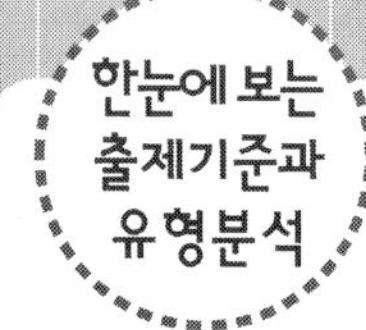


## 2. 문제 출제유형(2)

### ✚ 기존 건축공간을 이용, 증개축에 의한 새로운 평면 구성

기존 건물의 일부를 이용하여 증개축을 하거나, 보존 건물 등 기존 공간을 이용하여 새로운 평면으로 구성해내는 능력을 측정한다.

예1. 공장 기숙사로 사용되었던 박공지붕의 2층 건물에서 2층 바닥 일부를 철거하여 1층과 공간적으로 연결되는 사무소를 설계한다.

예2. 보존할 가치가 있는 오래된 역사 건물 전체를 새로운 건물 안에 공간적으로 표현하면서 역무 기능과 상업기능을 겸하는 새로운 역사 건물을 계획한다.

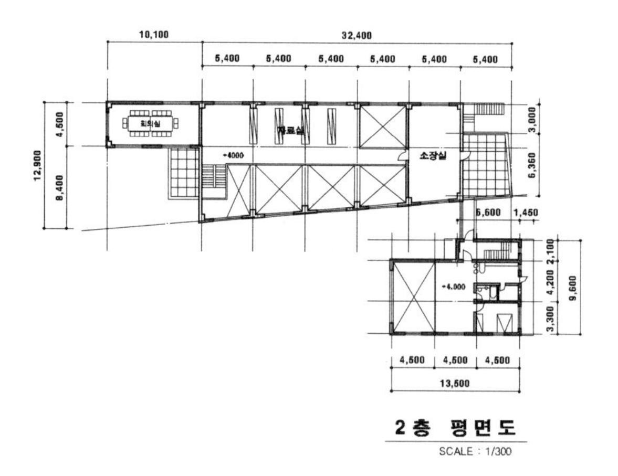


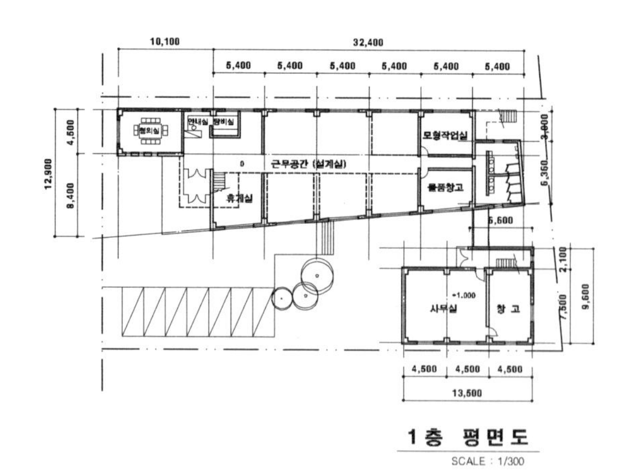


[그림 1-3 평면설계 출제유형 2]

## 3. 문제 출제유형(3)

### ✚ 계획대지 주변 현황 및 건축주 요구사항을 고려한 평면계획

구체적으로 제시된 건축주의 요구사항을 대지 주변의 물리적 조건 등과 함께 해석하도록 하고, 이를 바탕으로 기능과 동선, 옥외 공간의 특징을 고려한 평면계획 능력을 측정한다.

예1. 건축주가 강조하는 내용을 정리한 회의록을 읽고 주어진 내ㆍ외부 공간의 면적 조건을 만족 하도록 설계한다.

예2. 경관(산, 호수, 공원 등), 바람, 소음, 교통, 건물 등 대지의 주변 조건을 요약한 보고서를 해석하여 이를 평면계획에 적용한다.

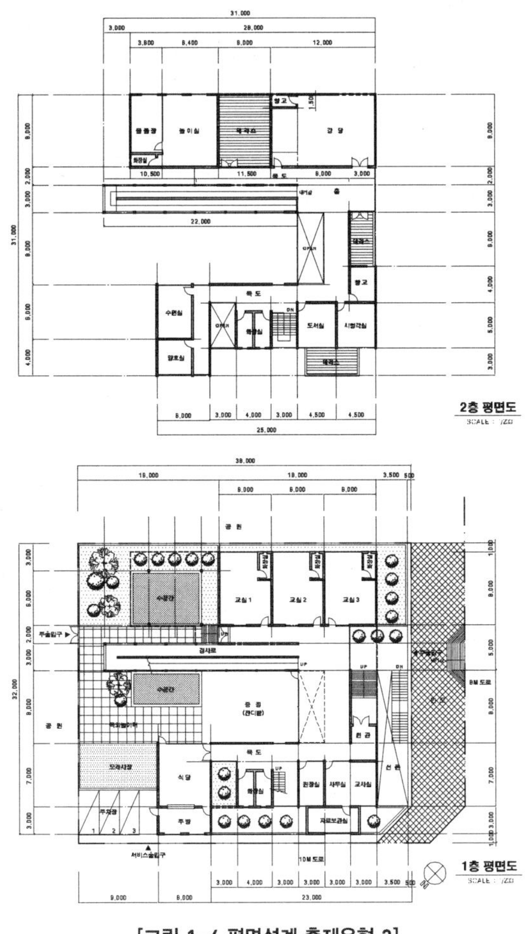


[그림 1-4 평면설계 출제유형 3]

## 4. 문제 출제유형(4)

### ✚ 특정 조건 등을 고려하여 창의적인 프로그램 작성 및 평면계획

실제상황 등 특정조건을 제시하고 나머지 부분은 임의로 설계하게 하여 창의적으로 계획하는 능력을 측정한다. 이를 위해서는 특정한 부분 이외는 가급적 요구조건을 단순하게 제시한다.

예1. 대형 회화 시리즈를 전시하는 소규모 미술관에서 전시물 높이 등 특정한 요구조건을 만족하는 공간을 설계한다.

예2. 실제 상황으로 보여주는 사진 등의 자료를 근거로 평면을 계획한다.

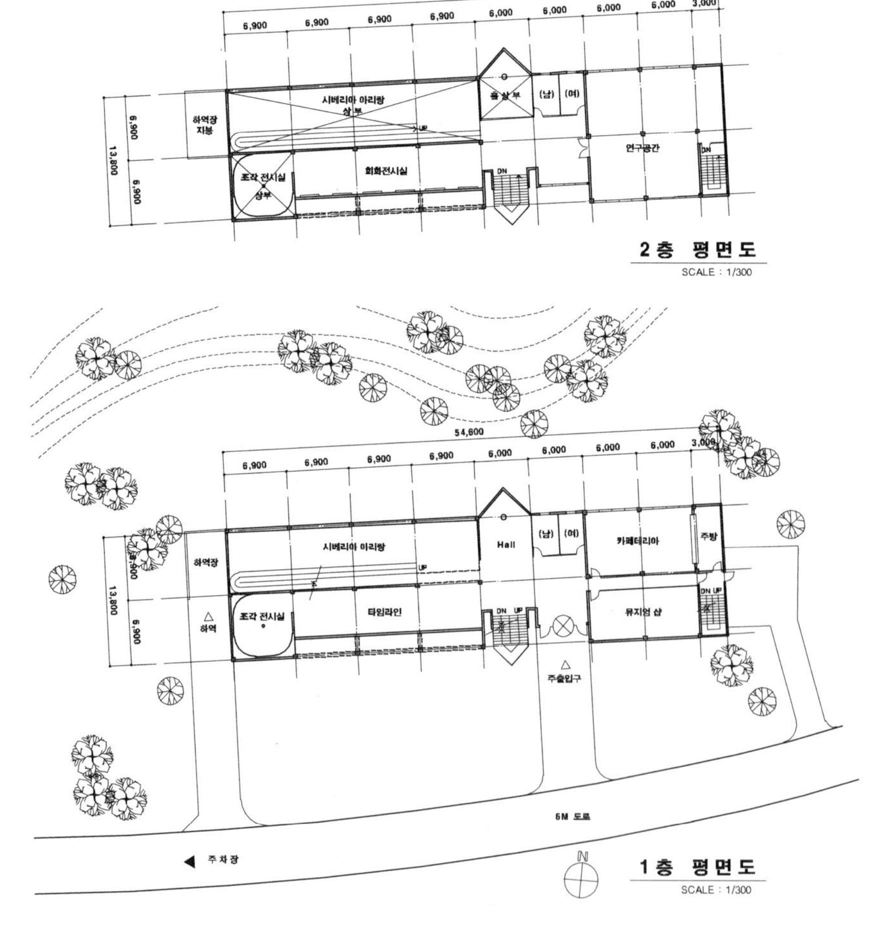


[그림 1-5 평면설계 출제유형 4]

개요

NOTE

# 2 이론

## 01. 개요

평면 계획이라 함은 주어진 기능의 어떤 건물 내부에서 일어나는 모든 활동의 종류, 규모 및 그 상호관계를 합리적으로 평면상에 배치함을 말한다. 따라서 건축평면계획은 2차원의 공간구성계획으로서 크기를 가진 여러 종류의 실을 어떻게 배치할 것인가 하는 문제를 해결하는 일이므로 입면설계의 수평적 크기를 나타낸다고 말할 수 있다. 그러나 입면이 평면을 좌우할 수 없으므로 건축설계에서 평면계획은 가장 기본적인 것이며, 공간구성의 목적이기도 하다.
결국 대지계획을 비롯한 여러 계획은 평면계획을 결정하기 위한 과정이며 합리적 평면을 도출하기 위하여 상호 발생하는 문제점을 요구조건과 개념에 최적화되도록 조절하여야 한다.

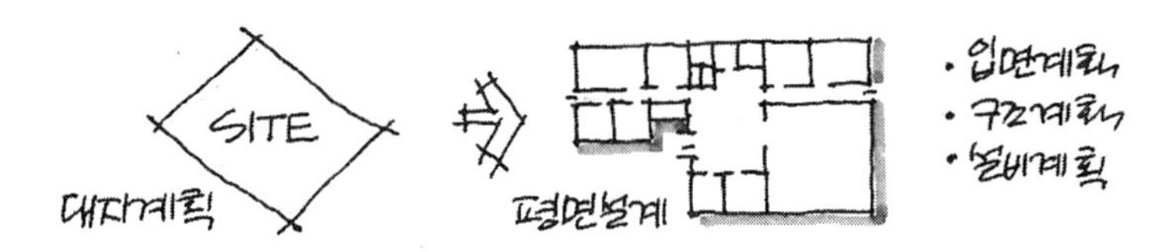


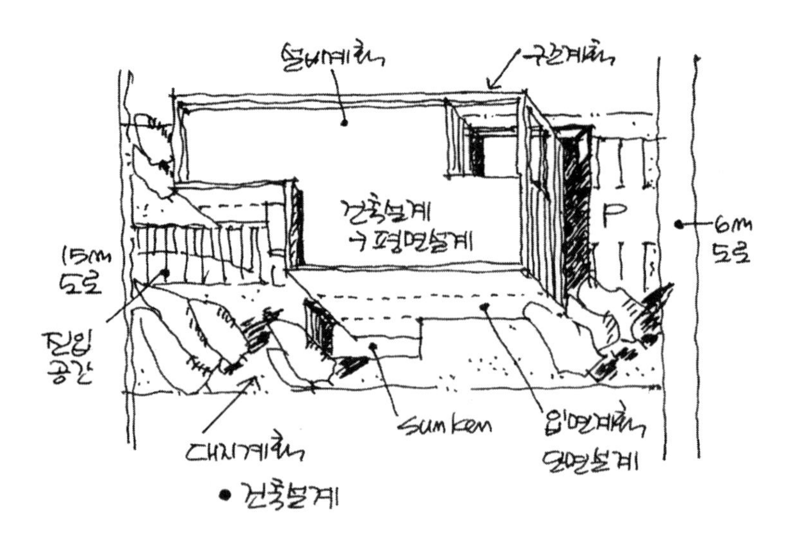


[그림 1-6 평면설계]

건축사 시험에서 대지현황은 지문만큼 중요하며 현황을 파악함에 있어 실수가 많이 발생한다.

## 02. 대지현황분석

건물을 설계함에 있어서 건물이 위치할 대지의 현황에 대한 분석은 매우 중요하다. 대지의 외부 및 내부현황에 대한 철저한 분석이 수반되어야 건축주의 요구사항과 건축가의 개념을 충실하게 반영할 수가 있다.

### 1. 대지외부조건

#### (1) 방위

① 향 고려

- 각 실의 성격에 따라 건축주의 요구조건 또는 각론에 의하여 향의 조건을 반영해야 한다.
- 향의 조건은 남향뿐 아니라 동향, 서향, 북향 등 다양하게 반영할 수도 있다.

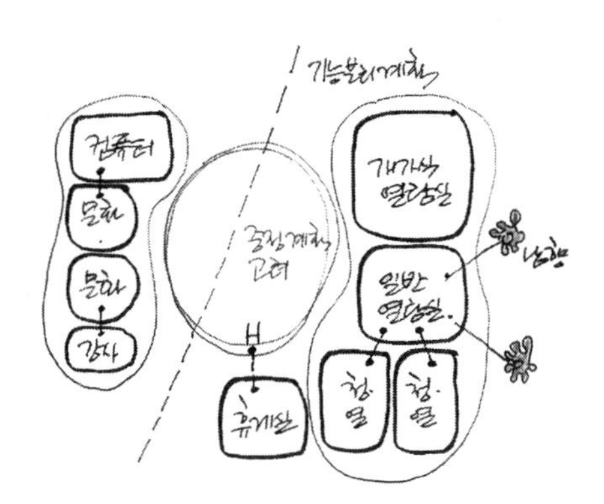


[그림 1-7 구역계획]

● 일조사선의 적용

분석조닝 뿐만 아니라 평면설계나 배치계획에서도 일조의 적용여부를 꼼꼼히 따져봐야 한다.

② 법규검토

- 건축물의 각 부분을 정북방향으로의 인접대지 경계선으로부터 다음 각호의 범위 안에서 건축조례가 정하는 거리 이상을 띄어 건축하여야 한다.
  - 높이 9미터 이하인 부분 : 인접대지경계선으로부터 1.5미터 이상
  - 높이 9미터를 초과하는 부분 : 인접대지경계선으로부터 해당 건축물의 각 부분의 높이의 2분의 1 이상
- 지역지구에 따라 정북일조 또는 정남일조의 적용여부를 반드시 체크해야 한다.
- 특히 건물규모가 3층 이상일 경우 일조의 적용대상이 된다면 이격거리가 커지므로 반드시 주의하여야 한다.

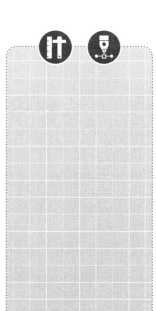

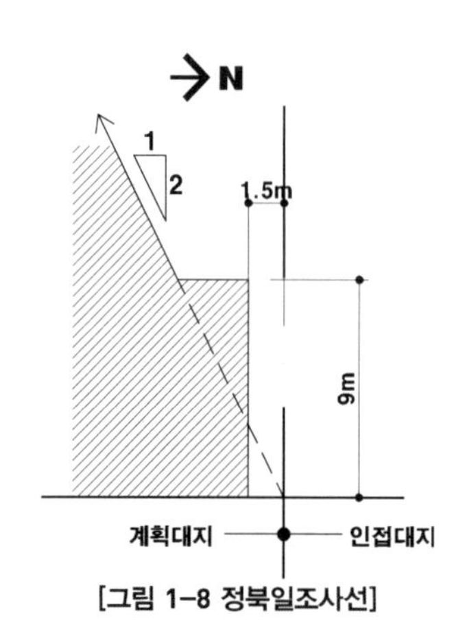

[그림 1-8 정북일조사선]

## (2) 도로

● 교통계획 예

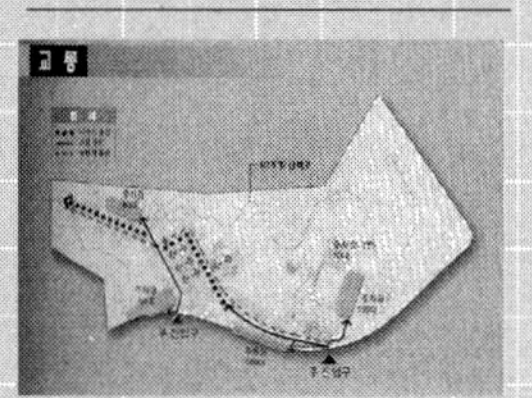
경기도 영어마을

① 동선계획

- 일반적으로 주도로에서 보행자의 출입을 고려하며 부도로에서 보행자의 부출입과 차량출입을 고려한다.
- 건물의 용도 및 건축주의 요구사항에 따라 주도로에서 차량이 출입할 수도 있으며 기타 출입구가 추가로 요구될 수도 있다.
- 대지와 접한 도로의 폭과 성격을 정확히 파악하여야 한다.
  (예 : 자동차 전용도로, 보행자 전용도로 등)

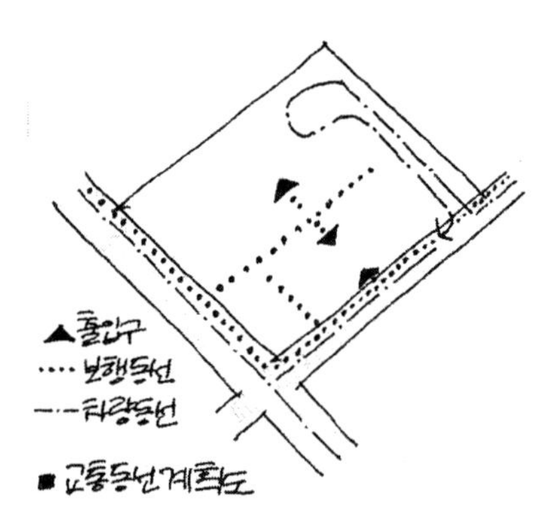

[그림 1-9 교통계획]

② 법규검토

● 건축물의 최고높이 제시

가로구역별 초고높이와 상관없이 건축물의 절대높이를 제시함으로써 옥탑의 설치를 제한할 수 있다. (ex. 2009년)

- 도로사선 규정이 삭제된 이후 대부분의 도로는 가로구역별 최고높이가 지정되어 있다.
- 가로구역별 최고높이는 도로를 기준으로 건물의 높이를 제한하며 자연히 건물의 층수와 층고에 영향을 주게 된다.

● **공원조망**

특정공간에 대하여 공원조망을 요구하는 경우 가급적 장변이 공원에 면하도록 한다.

● **도시축**

대지 주변에 도시축을 요구하는 특정요소가 없는 경우는 일반적으로 주도로축이 도시축을 형성한다.

## (3) 공원

① 주변에 공원이 제시되는 경우 공원은 일조사선의 완화, 시설이용자들의 동선연결(이 경우 공원에서의 부출입구가 생기게 된다) 또는 특정공간에서의 조망을 고려할 수 있다.

② 특정공간(실내공간 또는 옥외공간)에서의 조망은 건축주의 요구사항이나 각론적으로 해석이 가능하나 그보다 적극적 방법인 동선의 연결은 건축주의 요구사항에 의해 반영하도록 한다.

③ 또한 주변의 공원과 인접하여 대지 내 보행공간(휴게마당 등)을 배치하면 공원과의 시각적 연계뿐 아니라 보행공간의 기능성을 향상시킬 수 있다.

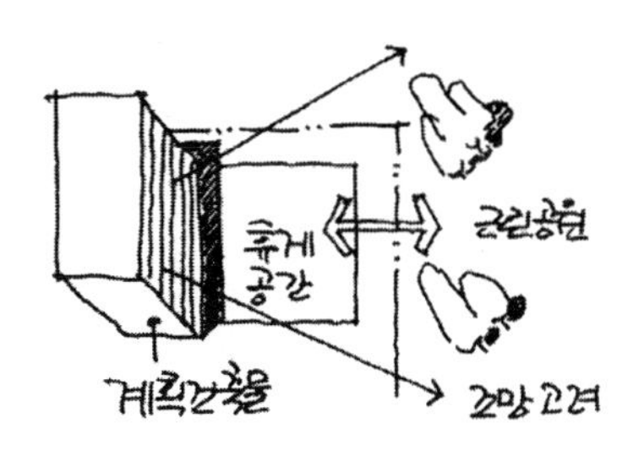


**[그림 1-10 주변 근린공원 고려]**

## (4) 주변건물의 영향고려

① 주변건물의 위치

- 도시계획 시 또는 단지계획 시 미관을 고려하여 건축물의 위치를 지정할 수 있다.
- 각 대지의 건축물이 도로로부터 일정한 이격거리를 반영함으로써 도시의 미관을 향상시킬 수 있다.
- 이는 미관지구의 지정 또는 각 계획구역의 지침에 의해 규정될 수 있다. 따라서 계획대지 주변 건물의 위치가 제시되어 있는 경우 그 위치가 계획건축물의 위치에 어떠한 영향을 줄 수 있는지 신중하게 검토될 필요가 있다.

② 주변건물의 기능

- 주변건물의 위치와 상관없이 주변 시설의 기능이 제시되는 경우 역시 계획대지의 건축물 계획에 큰 영향을 줄 수 있다.
- 인접대지에 계획 건축물의 임의의 기능과 유사한 기능이 배치되는 경우 상호간에 인접관계를 형성할 수 있으며, 더 나아가 연결다리 설치 등 동선의 연계까지도 검토할 수 있다.

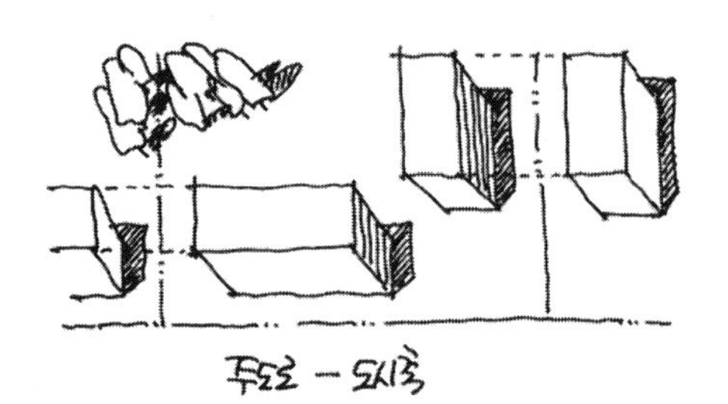


[그림 1-11 도시축의 고려]

● 주변기능의 영향

인접대지에 제시된 기능에 대한 고려는 평면설계뿐 아니라 배치계획에서도 매우 중요한 Check point가 될 수 있다.

- 반면에 계획 건축물에 좋지않은 영향을 줄 수 있는 기능(예 : 소음, 매연, 악취 등이 발생하는 시설)이 인접하는 경우 계획 건축물은 충분히 이격거리를 반영해야 할 수도 있다.
- 물론 계획 건축물에 아무런 영향을 주지 않는 기능이 올 수 있다.

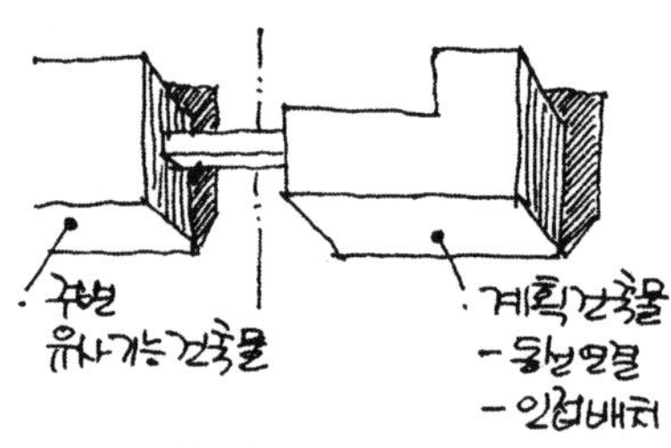


[그림 1-12 건물연계계획]

## 2. 대지내부조건

### (1) 수목

① 건물의 형태 유도

- 계획대지 내부에 위치한 수목은 반드시 보존해야 하므로 수목의 위치와 크기에 따라 건물의 위치 및 형태의 변화가 생길 수밖에 없다.
- 건물은 수목의 생장을 고려하여 수목으로부터 가급적 충분한 이격거리를 반영할 필요가 있으며, 특히 건물이 수목의 남쪽에 배치되어 수목에 음영을 제공하는 경우는 더더욱 충분한 이격거리를 반영할 필요가 있다.

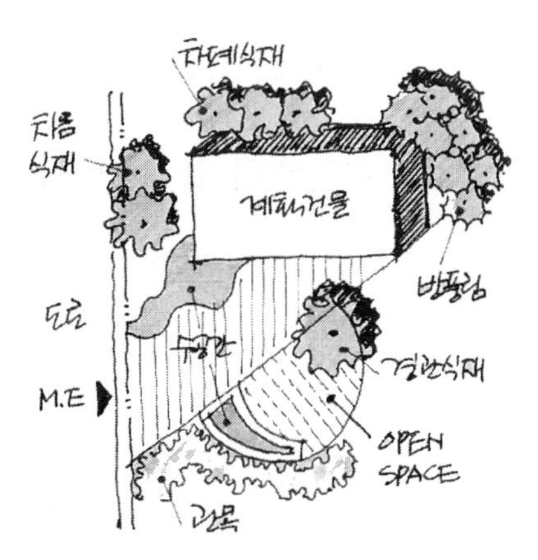

[그림 1-13 조경계획]

**●수목의 영향**

평면설계의 기출문제에서 수목은 무척 자주 제시되며 그럴 때마다 건물의 위치와 형태에 큰 영향을 주고 있다. (ㄱ자, ㄴ자, ㄷ자, ㅁ자 등)

**●수목의 기능**

수목은 그 외에도 에너지절약을 고려한 친환경요소로서 다양하게 계획될 수 있다.

• 활엽교목 : 남측면 에너지 절약 측면

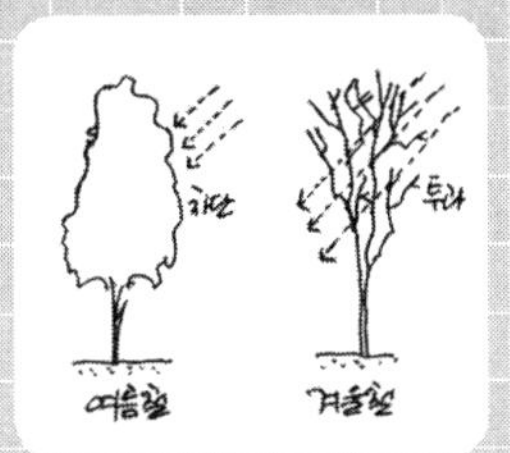

• 방풍림 : 북서풍 차단

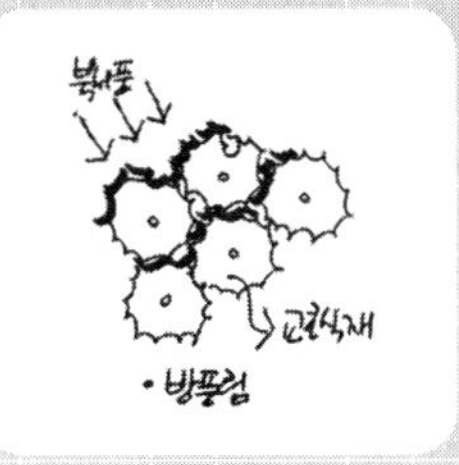

② 특정공간에서의 조망요구

• 수목은 또한 훌륭한 조망요소가 될 수 있으며, 실내공간 뿐 아니라 실외공간에서도 수목에 대한 조망을 반영할 수가 있다.

• 주로 동적인 성격의 기능보다는 정적인 성격의 기능에서 조망을 요구하는 경우가 많다.

③ 옥외공간과의 관계

• 휴게마당 등 정적인 성격의 옥외공간과 인접관계를 형성하기 쉬우며 더 나아가 옥외공간의 성격에 따라 수목을 포함하여 계획할 수도 있다.(예 : 자연학습장, 생태마당, 휴게마당 등)

• 반면, 운동장, 체력단련장, 행사마당 등 동적인 성격의 옥외공간은 각 기능의 원만한 수행을 위하여 수목을 포함하여 계획할 수 없다.

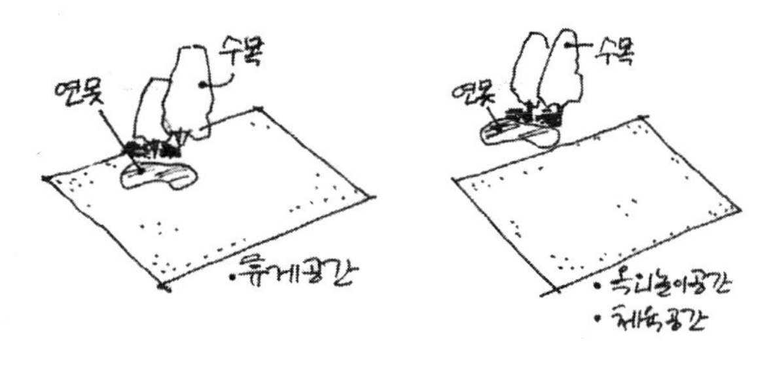

[그림 1-14 자연을 고려한 옥외공간]

④ 차폐기능

• 계획 대지 내 · 외부에 혐오시설 또는 전혀 성격이 다른 기능들이 배치될 경우 그 사이에 차폐용도의 수목을 배치할 수 있다.

• 수목은 시선뿐 아니라, 바람, 동선, 소음, 냄새 등 다양한 요소에 대한 차폐기능이 가능하다.

# 03. 평면계획

● 건축평면계획의 3요소

- 소요공간계획
- 공간규모계획
- 기능동선계획

## 1. 건물위치 및 외부공간 계획

### (1) 건물위치 및 형태

① 우선적으로 대지 안의 공지 규정 등과 같은 단순 이격거리에 의해 건축물의 위치가 결정되어질 수 있다.

② 정북일조와 같은 사선의 적용에 의해 건축물의 위치와 형태가 영향을 받을 수 있으며, 고층건물일수록 그 영향은 커진다.

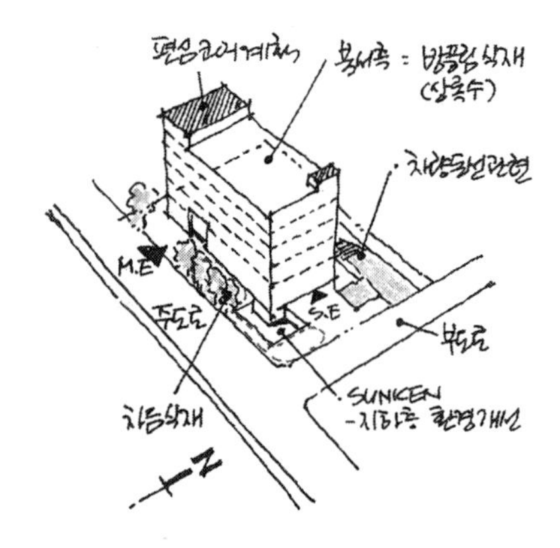


[그림 1-15 정북일조 적용]

③ 대지 내 수목과 요구된 옥외 공간 역시 건축물의 위치와 형태에 큰 영향을 줄 수 있다.

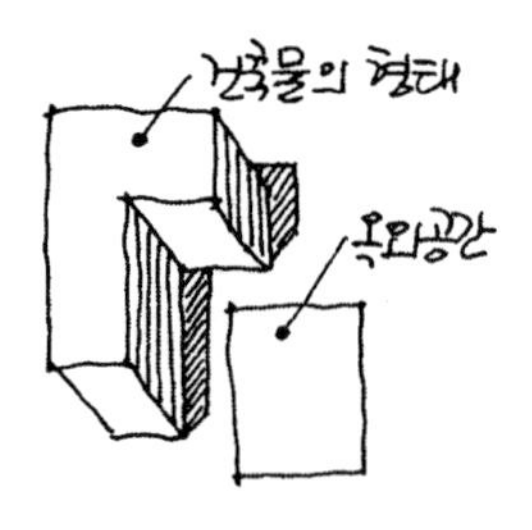


[그림 1-16 건축물과 옥외공간]

④ 수목 또는 옥외공간에 의한 건축물 형태의 변화는 자칫 단조로울 수 있는 건물형태에 변화를 줌으로써 자연스럽게 내부동선의 변화 및 서로 다른 성격의 기능을 분리하는 긍정적 효과가 될 수 있다.

● 건물의 형태

건축물의 형태는 건축가능영역의 형태를 따르며 복도의 형태는 건축물의 형태를 따르기 쉽다.

**● 옥외공간의 면적**

옥외공간의 면적은 제시될 수도 있고 제시되지 않을 수도 있다.

**● 평면 설계**

건축사 시험에서는 각론보다는 지문을 우선적으로 고려해야 한다.

### (2) 옥외공간(외부공간)

① 건축물의 설계에 있어서 그 테마에 따라 다양한 옥외공간이 요구될 수 있다.

② 다양한 옥외공간 중 모든 테마에서 공통적으로 요구될 수 있는 외부공간은 주차장, 진입마당, 휴게마당 등이 있다.

③ 각 옥외공간의 위치는 주변현황 및 계획 각론적으로 결정될 수 있으나, 때로는 건축주의 요구에 따라 그 위치가 지정될 수가 있다.

④ 옥외공간과 옥외공간 또는 옥외공간과 실내공간은 그 성격에 따라 인접, 연계, 조망 등 다양한 기능 관계를 구성할 수 있다.

## 2. 기능계획

### (1) 동선계획

① 접근동선

- 동선은 크게 보행동선과 차량동선이 있으며, 보행동선은 주출입동선과 부출입동선으로 구분할 수 있다.
- 보행주출입동선은 주도로에서 계획되며 차량동선과 보행부출입동선은 부도로에서 계획된다.

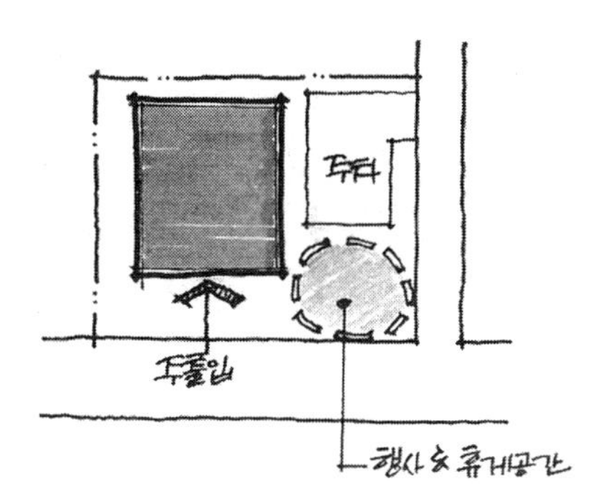


[그림1-17 2면 도로와 동선]

- 보행부출입동선은 건물의 후면, 측면 등 여러 방향에서 요구될 수 있다.

② 수직동선

- 수직동선은 일반적으로 계단과 승강기를 통하여 이루어진다.
- 주코어는 로비와 인접하여 계획하며 부코어는 피난 및 이용성을 고려하여 주로 복도 끝에 계획된다.

- 계단의 개수는 법적 조건 및 각론에 의해 2개 이상 계획될 수 있으므로 계획건축물의 용도와 규모를 잘 체크해야 한다.
- 승강기 역시 용도에 따라 화물용 승강기, 북리프트, 덤웨이터 등 다양하게 추가로 요구될 수 있다.

● **동선수단**

계단, 복도, 승강기, 에스컬레이터, 경사로 등

③ 수평동선

- 건물에 있어서 수평동선은 복도에 대한 동선을 의미한다.
- 대부분의 실들은 복도를 통하여 접근하므로 복도 계획은 건물설계에 있어서 매우 중요하다.
- 따라서 복도 동선이 명쾌하게 계획이 되어야 건물형태도 명쾌해지며 자연히 시설 이용자들의 접근성과 사용성을 향상시킬 수 있다.

### (2) 장애인을 고려한 계획

① 장애인 겸용 승강기 설치

- 장애인 전용 승강기를 계획할 필요는 없지만 모든 일반 승강기를 장애인 겸용 승강기로 계획하도록 한다.
- 장애인 겸용 승강기는 주 현관에서 접근성뿐 아니라 인지성도 고려하여 배치한다.

② 경사로

- 건물 내 · 외부에 단차가 발생하는 경우는 장애인을 고려하여 경사도 1/12 이하의 경사로를 계획한다.
- 다만, 층간 경사로는 건축주의 요구사항에 따라 반영하도록 한다.

● **공동화장실**

화장실의 위치는 각 층에서 동일하도록 하며 특정 층에서 화장실 계획이 배제되는 경우도 있음에 주의하자!

③ 장애인 화장실

- 일반화장실과 분리하여 계획하되, 남녀 구분하도록 한다.
- 일반화장실과 분리할 공간이 부족한 경우는 일반화장실 내부에 장애인용 부스를 크게 하여 계획하도록 한다.

### (3) 기본사항

① 실 형태 및 면적

- 각 실의 형태는 사각형으로 계획하며 실의 장단면비는 가급적 2 : 1을 넘지 않도록 한다.
- 제시된 각 실의 면적을 준수하되 5~10% 범위 내에서 허용오차가 가능하다.

● 창문의 갯수는 작도시간을 고려하여 1개실 또는 1개 스팬에 1개씩만 표현하도록 한다.

② 승강기 크기(내부 shaft 크기)

- 일반용(장애인용) 승강기 : 2.5~3m×2.5~3m
- 화물용 승강기 : 일반용 승강기와 동일하거나 크게 요구 가능(3m×6m)
- 북리프트 : 1.5~2m×1.5~2m
- 덤웨이터 : 1~1.5m×1~1.5m

③ 계단의 크기

- 3m×6m 내외로 계획
- 테마에 따라, 모듈 크기에 따라 또는 층고에 따라 조정 가능하다.
- 학교나 공공기관은 가급적 계단폭을 넓게 계획한다.

④ 복도의 너비

- **법적 조건(유효폭, 단위 m)**

| 구분 | 편복도 | 중복도 |
|---|---|---|
| 유치원, 초, 중, 고 | 1.8 | 2.4 |
| 공동주택, 병원, 오피스텔 | 1.2 | 1.8 |
| 기타 | 1.2 | 1.5 |

- 병원 복도 폭의 법적 조건은 1.8m 이상이지만, 가급적 계획상 2.4m 이상으로 계획한다.
- 병원과 교육기관을 제외한 일반 건축물은 중복도 기준 유효폭 1.8~2.1m 정도로 계획한다.

⑤ 외벽 마감

- 일반적으로 외벽 마감에 대한 특별한 언급은 없으므로 크게 고려할 필요 없다.
- 고층건물 등 일부 건물에서는 커튼월 방식이 요구될 수 있다.

⑥ 창호

- 커튼월을 요구하지 않은 경우 가능하면 벽면에 창문을 계획하도록 하자.
- 창문에 대한 표현 정도는 작도시간에 맞추어 적절히 하되 평면설계의 스케일이 1/200이므로 디테일한 표현은 고려할 필요 없다.

⑦ 가구배치

- 카페, 소극장, 개가열람실 등 특정실에 가구배치를 요구할 수 있다.

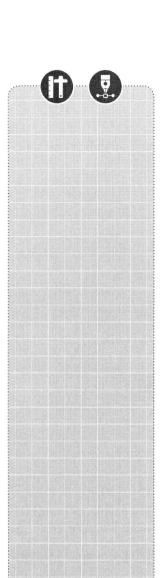

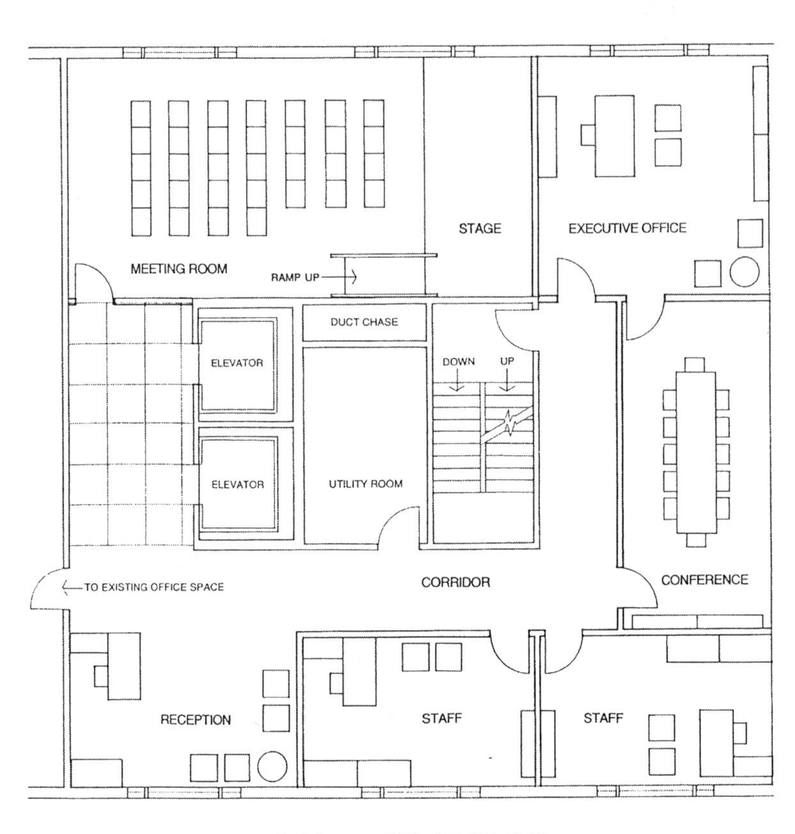


[그림 1-18 실별 가구배치 사례]

# 04. 계획 Process

**● 평면계획 process**

본 교재에서는 모듈계획법 위주의 진행 방법을 제시함

계획의 프로세스(process)를 결정하고 진행하는 것은 계획안을 요구조건에 최대한 가깝게 계획할 수 있도록 하는 것이며, 계획에서의 누락 또는 실수를 최소화시켜줄 수있다.

평면설계의 계획프로세스는 모듈계획법과 조닝계획법으로 구분하여 진행할 수 있으며 계획자의 성향에 따라 적용하도록 한다.

**[표 1-1] 계획 프로세스**

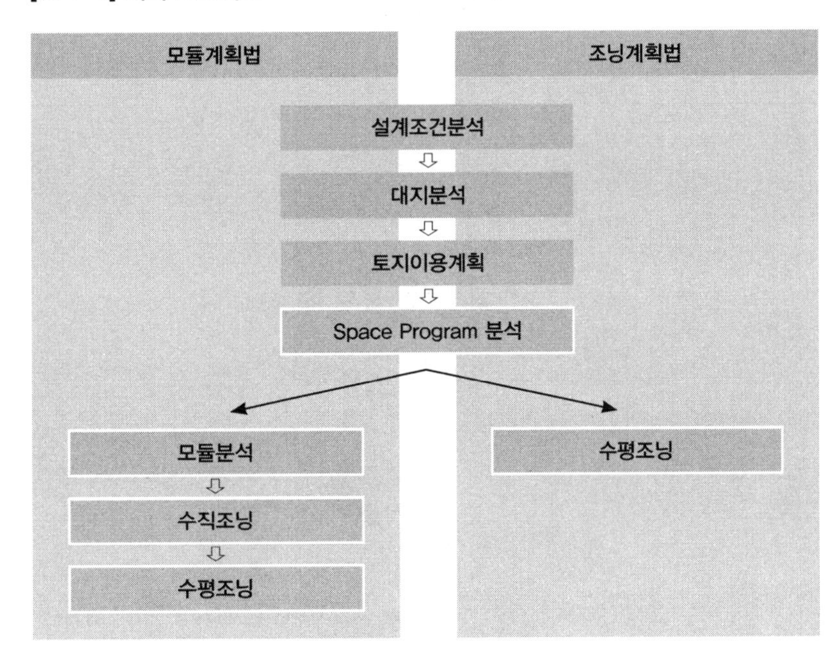


## 1. 모듈계획법

### [1] 설계조건 분석

**● 모듈계획법**

설계요구 조건에 제시된 각실의 면적을 분석하여 공통된 모듈을 정하여 계획하는 방법이다.
평면의 식별면적과 구조의 span을 어느 정도 연계하여 계획할 수 있는 장점이 있으나, 계획사고의 유연함을 방해할 수 있으므로 주의한다.

건축주의 요구조건을 수용하기 위해서는 제시된 조건들을 어떻게 반영할 것인가를 분석하고 계획방향을 설정하여야 한다.
설계조건 분석은 각 조건의 일반적 사항과 대지분석 및 토지이용계획에서 분석된 내용을 상호 보안하여 정밀한 분석을 하도록 한다. 특히 분석의 표현 도구로는 Diagram을 작성하는 것이 시각적 이해도를 향상시킬 수 있으며, 계획방향의 설정에 수월하다.

## (1) 설계개요 분석

① 시설의 용도와 대지의 지역지구에 따른 분석
② 시설의 규모와 구조 및 기타 조경, 주차 등의 조건

## (2) 설계 요구사항

① 주요기능의 배치  ② 동선의 계획
③ 일조, 조망의 조건  ④ 옥외공간의 계획
⑤ 피난동선 및 출구조건

## (3) 실별 조건

① 실별 유기적 연관성
② 주요실의 이용성 및 접근성
③ 특정실과 외부 공간(오픈 스페이스 조경 공간)과의 연계
④ 면적의 허용범위

### ⊙ 설계조건 분석 예

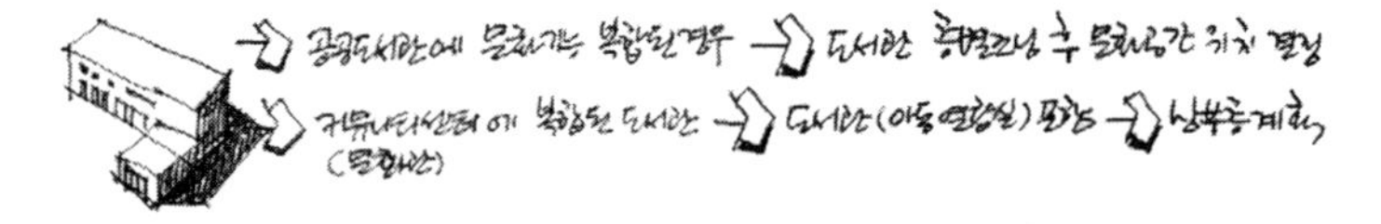

1. 과제개요

복합건 → 기능적인 도서관 → 기능별 조닝을 고려

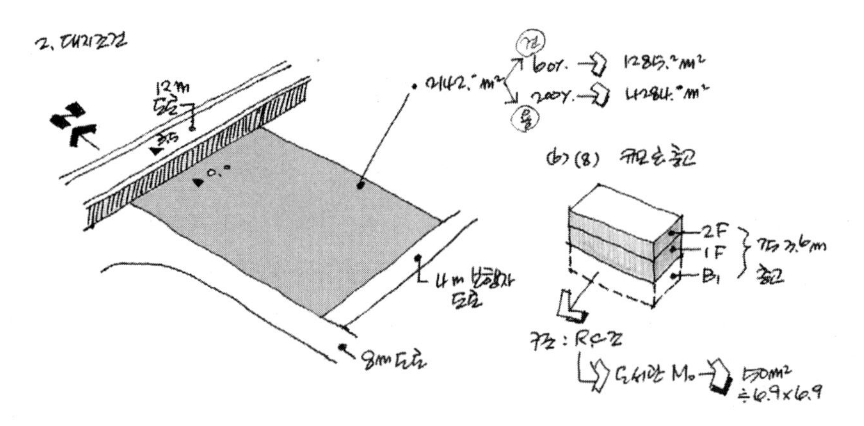


**● 설계지문의 구성**

① 과제의 개요
② 설계개요
③ 설계주안점
④ 실별요구조건
⑤ 도면작성요령
⑥ 유의사항

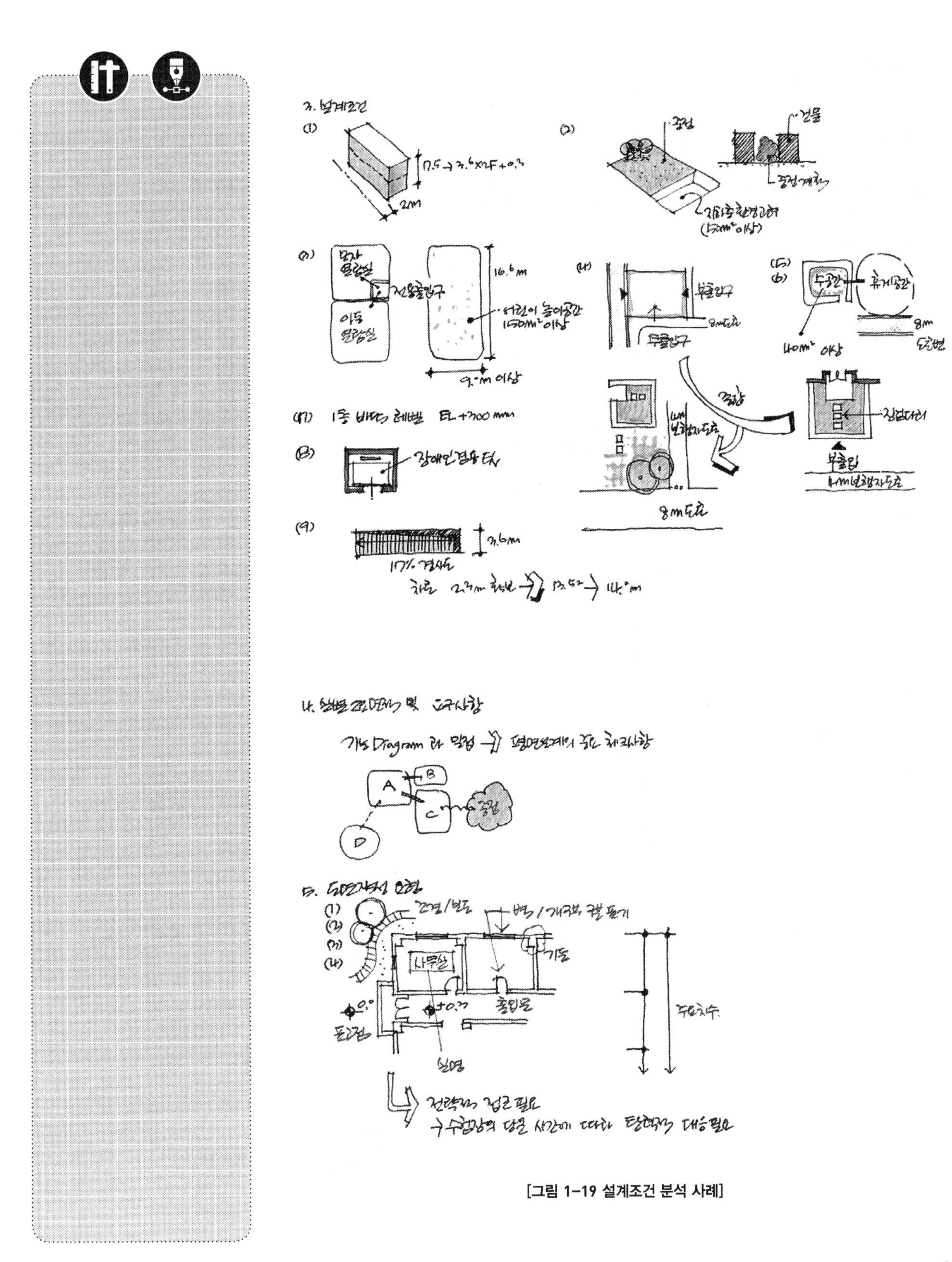


[그림 1-19 설계조건 분석 사례]

● 대지분석

① 설계조건에 제시된 사항들을 고려하여 대지분석을 수행함
② 대지의 기본적 특성 외에 특수 요구사항 등이 있을 수 있으므로 이에 대한 사항의 반영이 중요

## [2] 대지분석

대지계획의 자료분석 내용을 건축 설계화 하기 위한 단계이며, 대지의 context를 정확히 파악하여야 한다. 일조, 소음, 바람, 법규 등의 자료를 분석하고, 각종시설의 기능적 관계를 파악하도록 한다.

### (1) 자연요소 분석

① 수목에 의한 제한
② 홍수 범람 등에 의한 제한
③ 경사도에 따른 제한 등

### (2) 법규 제한 요소 분석

① 이격 거리에 의한 제한
② 일조권에 의한 제한

### (3) 대지 현황 분석

① 도로 조건에 의한 진 · 출입로 분석
② 주변대지의 성격 및 건축물의 용도 분석
③ 도로 및 주변 소음의 정도 분석

### (4) 설계조건 분석

① 기능의 연계에 의한 위치 분석
② 주변과의 연계 분석

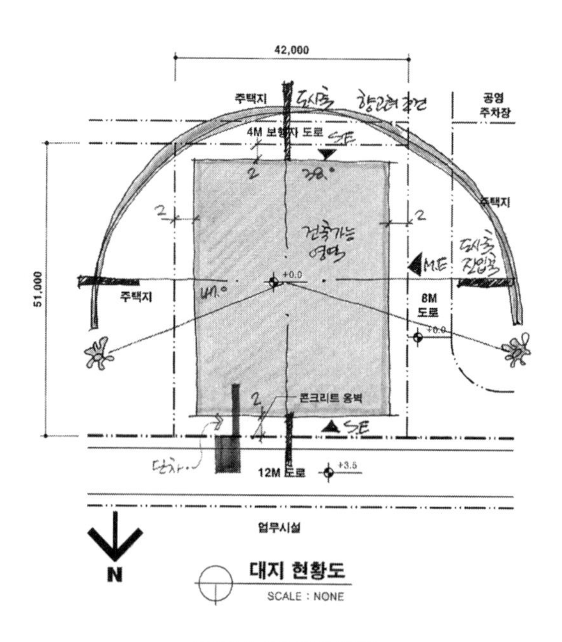


[그림 1-20 대지분석]

## [3] 토지이용계획

대지분석에 의해 검토된 건축가능영역과 기능의 연결, 주요 출입동선 등의 내용을 대지의 영역에 어떻게 기능별 적용이 가능한가를 검토하고 계획하는 것을 말한다. 건축물의 위치, 주출입동선, 차량동선, 주차장, 옥외 오픈스페이스 등의 각 기능별 위치를 대지에 결정한다.

### (1) 건축가능영역 표현

① 대지분석내용 적용
② Buildable Area 설정

### (2) 축 설정

① 도시구조축 : 도시가로축
② 방위축 : 자연축

### (3) 대지이용계획

① 건축물 위치 및 개략 형태 구획
② 건물 내부의 대기능과 공용공간의 위치 구획
③ 휴게공간, 주차공간 등의 공간 구획
④ 진입로와 차량 진 · 출입구 계획

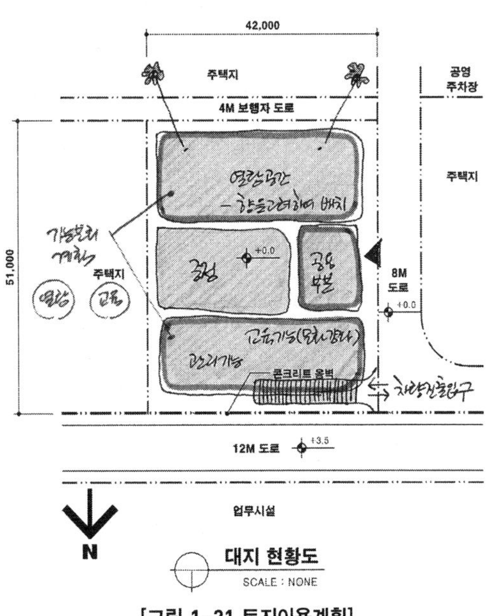


[그림 1-21 토지이용계획]

● 계획 Process

Space Program 이후의 단계를 2가지 방향으로 전개
- 모듈계획법
- 조닝계획법

## [4] Space Program 분석

각 소요공간의 규모계획을 분석하여 평면계획에 활용하기 위한 기준면적(공통면적=모듈면적)을 찾고 이를 기준으로 Diagram을 작성한다. Diagram을 기준면적과 변형면적의 관계를 파악하는 면적 Diagram과 소요공간의 실별 관계를 나타내는 기능 Diagram으로 나누어 분석한다.

### (1) 면적 Diagram

① 기준면적을 40~70m² 사이에서 결정한다.

② 각 소요실에 공통적으로 적용할 수 있는 면적을 선택한다.

③ 각 소요실 면적 중 대표면적을 기준으로 작성한다.

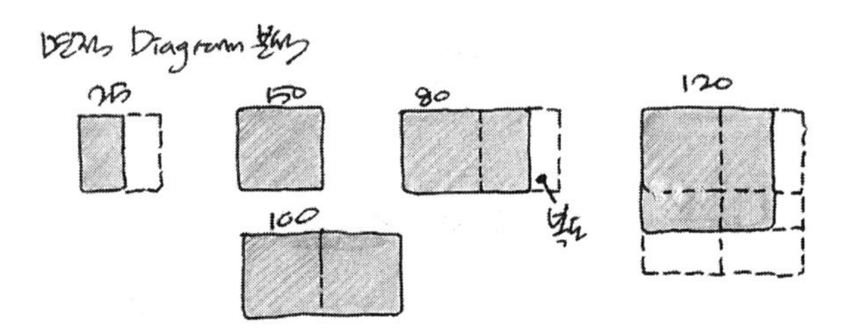


[그림 1-22 면적 다이어그램]

### (2) 기능 Diagram

① 각 소요실 간의 기능 관계를 표현한다.

② 기능 Diagram 표현시 면적을 고려한다.

③ 대지분석 및 토지이용계획의 사항을 반영한다.

④ 1번에 정리되는 것이 아니라 2~3회 Feedback하여 결정한다.

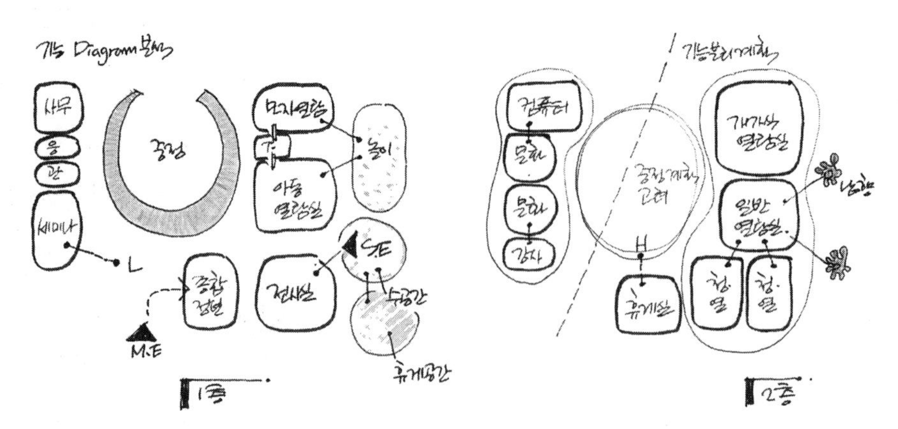


[그림 1-23 기능 다이어그램]

● 모듈과 Span

모듈과 구조 Span이 반드시 일치하는 것은 아니다.
ex) 40m²
60m² 모듈에서
– 거실 40m²
– 복도 20m²

## [5] 모듈(Module) 분석

Space Program에서 분석된 면적을 기존 모듈로 하여 모듈 Span, 1개층 모듈 수, 모듈 그리드의 Site 적용 단계로 계획을 진행한다. 일반적 평면의 계획을 건축공간의 활용과 구조계획의 합리성을 고려하기 위하여 일정한 Pattern의 Span을 활용하며 이러한 관점에서 모듈계획을 제시된 실 규모를 반영하는 좋은 계획방법이 될 수 있다.

### (1) 모듈 span 결정

① 면적에 제시된 공통기준을 찾아 합리적인 구조 Span으로 결정한다.
② Span과 모듈과의 관계는 다음 표를 참조한다.

[표 1–2] 모듈 결정

| 구분 | 6.0 | 6.3 | 6.6 | 6.9 | 7.2 | 7.5 | 7.8 | 8.1 | 8.4 | 8.7 | 9.0 |
|---|---|---|---|---|---|---|---|---|---|---|---|
| 6.0 | 36.0 | | | | | | | | | | |
| 6.3 | 37.3<br>40 | 39.69<br>40 | | | | | | | | | |
| 6.6 | 39.6<br>40 | 41.58<br>40 | 43.56 | | | | | | | | |
| 6.9 | 41.4<br>40 | 43.47 | 45.54 | 47.61<br>50 | | | | | | | |
| 7.2 | 43.2 | 45.36 | 47.52 | 49.68<br>50 | 51.84<br>50 | | | | | | |
| 7.5 | 45.0 | 47.25 | 49.5<br>50 | 51.75<br>50 | 54.0 | 56.25 | | | | | |
| 7.8 | 46.8 | 49.14<br>50 | 51.48<br>50 | 53.82 | 56.16 | 58.2<br>60 | 60.84<br>60 | | | | |
| 8.1 | 48.6<br>50 | 51.03<br>50 | 53.46 | 55.89 | 58.32<br>60 | 60.75<br>60 | 63.18 | 65.61 | | | |
| 8.4 | 50.4<br>50 | 52.92 | 55.44 | 57.96<br>60 | 60.48<br>60 | 63.0<br>60 | 65.52 | 68.04<br>70 | 70.56<br>70 | | |
| 8.7 | 52.2 | 54.81 | 57.42<br>60 | 60.03<br>60 | 62.64<br>60 | 65.25 | 67.86<br>70 | 70.47<br>70 | 73.08<br>70 | 75.69 | |
| 9.0 | 54 | 56.7 | 59.4<br>60 | 62.1<br>60 | 64.8 | 67.5 | 70.2<br>70 | 72.9<br>70 | 75.6 | 78.3 | 81.0 |

● 1개층 면적산정의 특수해

① 1층과 2층의 Open 또는 1층 특정실의 층고에 의해 2층 실구획 불가한 경우
- 1개층 면적산정
  전체면적/2층=1개층 면적
  전체면적=1층+2층 가정
  (2층+특정실)

② 분동인 경우
- 전용면적을 계산
  전용면적/전체면적×100
  =전용률
- 분동의 1개군 면적/층수
- 분동의 1개군 1층면적/전용률= 분동의 1개군 1개 층 전체면적

QUIZ 1.

● 1개층 모듈 수 구하기

〈설계조건〉
① 규모 : 지상 2층
② 지상층 면적 : 1760m²
③ 모듈 : 50m²
④ 특수조건
- 다목적홀(1, 2층 Open형) 240m²
- 2층 데크 100m²

문) 상기조건을 검토하여 1개층 모듈수를 구하라.

QUIZ 1. 답

- 전체면적 구하기
  1,760+240+100=2,100
- 1개층 면적 구하기
  2,100/2층=1050
- 1개층 모듈 개수 구하기
  1,050/50=21개

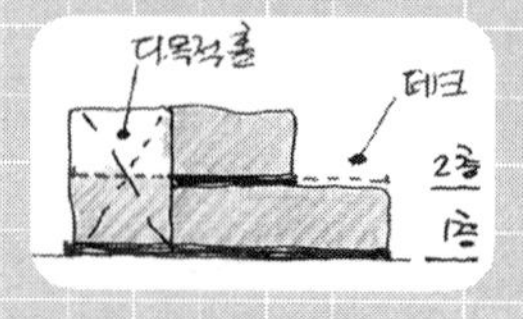


- 21개

## (2) 1개층 모듈수 결정

① 주어진 전체 면적을 층수로 나눈다.
② 구해진 층별 면적을 모듈면적으로 나누어 1개층 모듈(Mo)수를 산정한다.
③ 모듈 개수에 따른 모듈그리드를 가정한다.

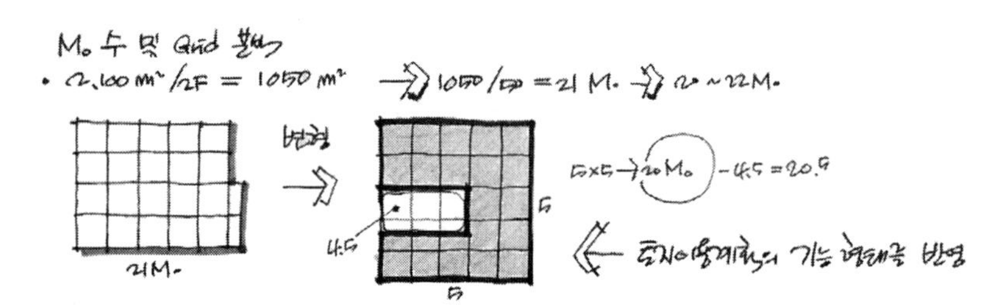


[그림 1-24 1개층 모듈 개수]

## (3) 모듈그리드의 Site 적용

① 대지분석과 토지이용계획의 범위 내에서 모듈그리드를 대지 내에 적용한다.
② 모듈그리드는 대지형태에 적용한다.
③ 수평조닝 과정에서 모듈그리드는 조정 또는 변경 가능하다.

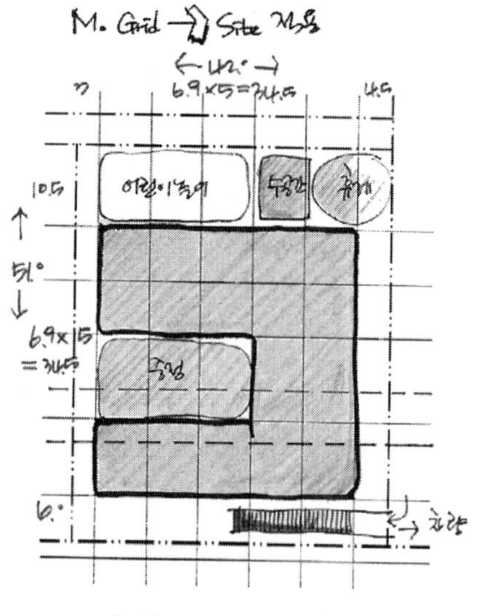


[그림 1-25 SITE 적용]

**QUIZ 2.**

● **수직조닝의 의미**

수직조닝의 목적은 층별 기능분리의 적절성 여부다. 실면적을 (   )로 전환하며 수평조닝을 수월하게 진행될 수 있도록 한다.

**QUIZ 2. 답**

실면적을 모듈로 전환하면 수평조닝의 모듈그리드에서 실의 크기를 확인하고 배치하기가 쉬워진다.

• 모듈

## [6] 수직조닝

층별로 실 조건이 제시되지 않을 경우 층별 기능 분리의 적절성 여부를 파악하여 면적에 따른 상하 위치의 관계를 분석하여 계획한다. 또한 면적으로 제시되어 있는 실들을 모듈에 의한 크기로 인식될 수 있도록 정리하는 단계이기도 하다.

### (1) 모듈에 의한 수직 그리드 작성

① 요구 층수와 1개층 모듈 수를 고려하여 수직 그리드를 작성한다.

- 그리드는 평면의 배열을 고려하여 각 층별 2열 또는 3열로 작성한다.
- 1층을 하부에, 상부층을 상부에 표현한다.

### (2) 수직조닝

① 일반적인 피난층 요구 기능

- 외부와의 직접적 연계가 요구된 실, 피난을 고려하여야 하는 실, 아동 · 노약자 관련실, 장애인 관련실 등은 피난이 가능한 층에 우선적으로 배치한다.
- 요구조건 및 상황에 따라서 피난층 계획실들이 달라질 수 있다.

② 층별 수직조닝 계획

- 2개층 Open 부위를 먼저 배치한다.
- 면적과 요구사항이 같은 실은 상하에 위치시킨다.
- 각 실들의 기능적인 부분을 반드시 고려한다.

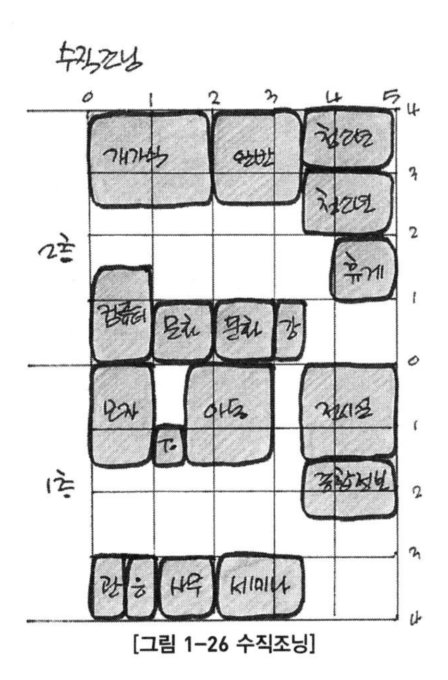


[그림 1-26 수직조닝]

## [7] 수평조닝

설계조건에서 검토된 내용을 토대로 각 실 간의 연관성을 고려하여 배치한다.
먼저, 특정한 요구 조건들의 실을 위치시키면, 검토할 경우의 수가 줄어든다. 특히, 1층 부분에서 외부공간과 연계되는 실을 주목하도록 한다.

① 대지분석과 설계조건에 의한 출입구 부분을 기준으로 공용 부분의 동선을 가정한다.
- 공용 부분을 따라 주용도의 실들이 향이 좋거나, 전망이 양호한 곳에 위치한다.
- 계단 등은 복도 및 공용와 연결동선이 간결하여야 하며 지상으로 피난이 쉬운 위치에 계획한다.

**● 지문 다시읽기**

수평조닝 중 지문 다시읽기는 무척 중요하다.
혹시나 누락된 조건을 발견하기 위함이며 계획이 모두 끝난 후 지문을 다시 읽는 것은 자칫 계획안을 수정하는 데 시간이 부족할 수 있으므로 가능하면 계획 중 지문을 전체적으로 다시 읽어보는 것이 필요하다.

② Space Pogram 분석 및 수직조닝의 분석 내용을 모듈과 그리드에 적용한다.
- Space Program의 기능 Diagram을 수평조닝을 위한 대지의 모듈 그리드에 적용한다.
- 수직조닝에서 분석된 기능별 수직 위치를 고려하고 실 크기를 모듈로 이해하여 적용한다.

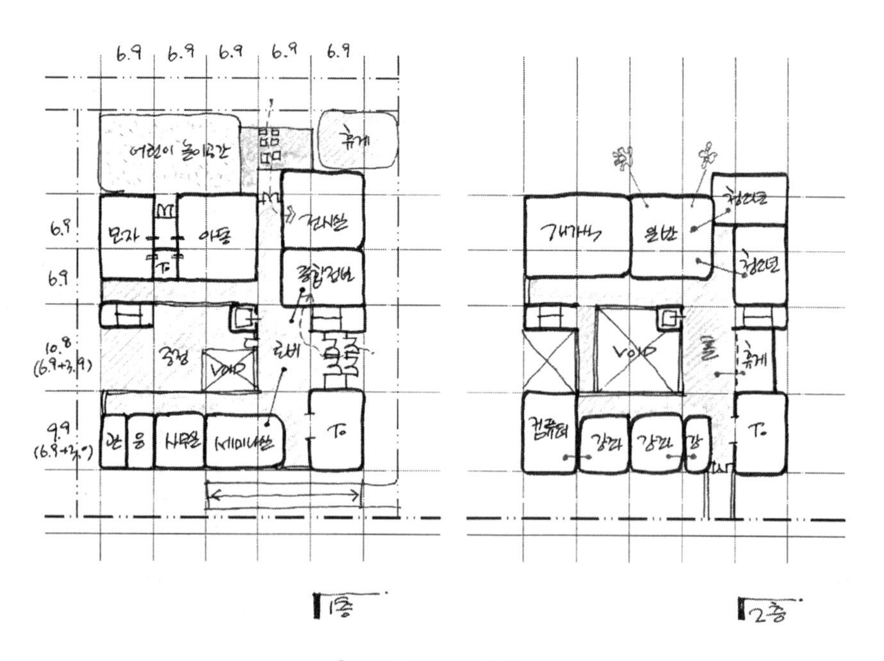


[그림 1-27 수평조닝]

## 2. 조닝계획법

건축설계 방법론에 다양한 이론이 있는 것처럼 평면계획을 위한 프로세스도 여러 방법이 있을 수 있다. 앞에서 설명한 모듈계획법을 이용할 수도 있고 기능 Diagram에서 계획을 발전시켜 나가는 조닝계획법을 적용할 수도 있다. 실무에서도 설계 프로세스의 접근이 다소 차이가 있듯이 개인별 성향 및 편의에 따라 평면계획 프로세스를 선택할 수 있고, 자신에게 맞도록 조정할 수도 있다.

조닝 계획법의 진행은 [1]~[4]단계의 과정은 모듈계획법과 같으나 스페이스 프로그램의 기능 Diagram에서 기존 면적의 그리드를 설정하여 수평조닝을 행하므로 어찌 보면 간단히 보일 수도 있다. 그러나 구조적인 해결 등이 다소 어려울 수 있는 단점이 있다.

### [1] [2] [3] [4] 단계 ☞ 모듈계획법 참조

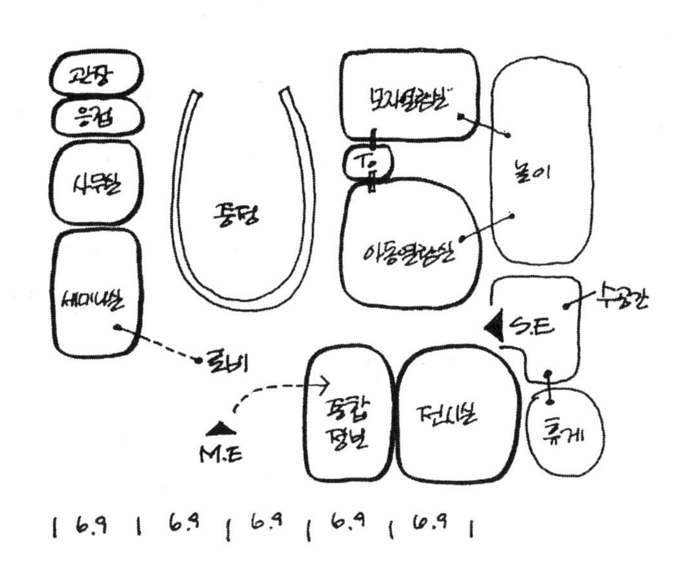


[그림 1-28 조닝계획법]

## [5] 블록 Diagram

① 스페이스 프로그램의 면적 Diagram에서 각 실을 사각형으로 구획하고, 복도 등의 동선을 표현한다.

② 실 사각형 구획 시 그리드를 고려하거나 공통된 치수의 개념을 반영한다.

③ 각 실의 출입구 위치 계획한다.

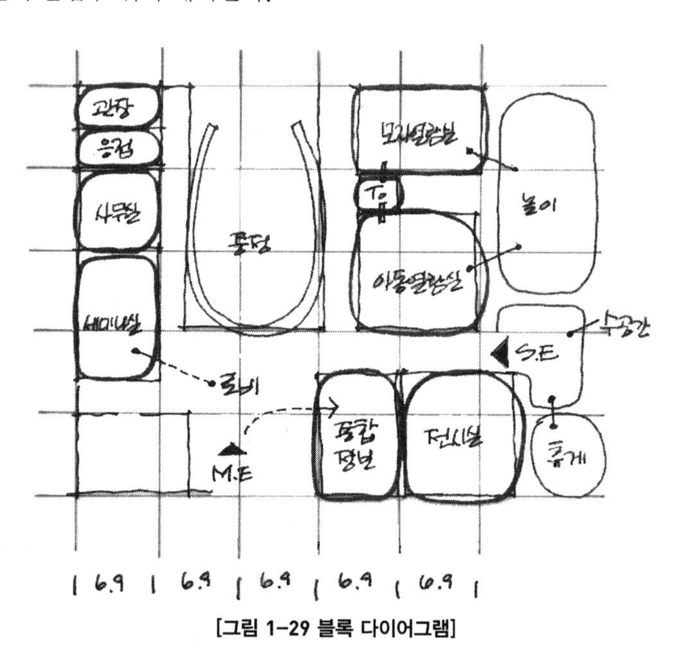

[그림 1-29 블록 다이어그램]

## [6] 평면계획

① 분석 Diagram에 기준면적에 의한 모듈 그리드를 반영한다.

② 구조 Span을 반영한다.

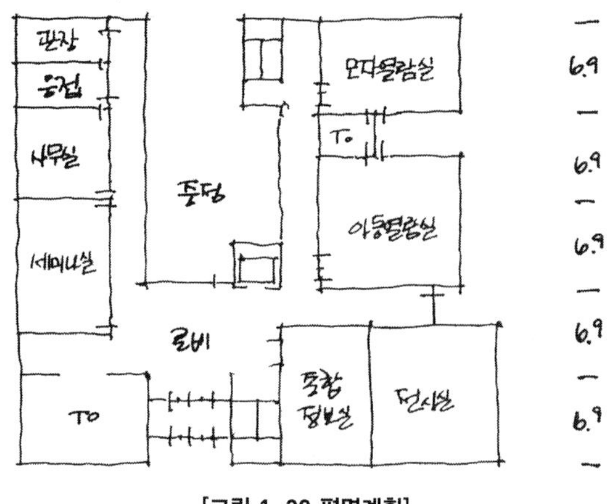

[그림 1-30 평면계획]

## 05. 체크리스트

### (1) 대지의 현황 분석

① 대지 내의 수목 및 연못 등의 현황을 파악하였는가?
② 보호 수목은 적정한 옥외 공간의 영역으로 활용 및 보존되었는가?
③ 실개천은 원형을 유지하여 보존하였는가?
④ 연못에 대한 조망은 확보하였는가?
⑤ 대지 내의 지형은 최대한 유지하여 계획하였는가?
⑥ 대지 지형의 높이차와 지형의 형태를 고려하여 계획하였는가?
⑦ 주변 대지의 현황을 분석하여 계획에 반영하였는가?
⑧ 주변 대지의 공원과 연결 동선을 계획하였는가?
⑨ 주변의 기존 건물은 계획대지의 신축 건물과 연관성을 갖는가?

### (2) 건축가능영역의 분석

① 지역, 지구에 따른 법규적 제한은 반영되었는가?
② 수목, 실개천 등의 자연환경으로부터 이격거리는 반영되었는가?
③ 토질에 따른 건축가능영역의 제한사항을 반영하였는가?
④ 쌈지공원, 공개공지 등의 옥외공간 계획에 따른 건축물의 제한은 고려하였는가?

### (3) 토지이용계획

① 대지 주변의 현황을 분석하여 기능적 위치를 고려하였는가?
② 대지의 출입동선을 고려한 공용공간의 영역을 설정하였는가?
③ 향과 조망을 고려한 조닝이 되었는가?
④ 에너지 절약을 고려한 조닝이 되었는가?
⑤ 보행동선과 차량동선의 분리에 의한 조닝이 되었는가?

### (4) 면적의 분석

① 제시된 실들을 계획하기 위한 모듈면적은 적절한가?
② 각 층별 계획면적은 파악하였는가?
③ 계획된 평면은 요구 면적의 허용범위 내에서 고려되었는가?

### (5) 기능계획

① 제시된 각실의 기능별 그루핑은 적절한가?
② 상위 계획의 기능조건은 반영하였는가?
③ 각 실 간의 인접, 근접 등의 연관성은 반영되었는가?
④ 이용성과 편리성을 요구하는 실들은 그 위치가 적절한가?
⑤ 조망을 요구하는 실은 주변 경관을 고려하여 배치하였는가?
⑥ 각론적 기능성은 적절한가?
⑦ 주계단, 로비, 홀, 복도 등의 이동 동선과 실들의 기능성은 효율적인가?

### (6) 동선계획

① 주출입 동선은 인지성이 확보되었는가?
② 주 코어는 층별 연결이 용이한 위치에 계획되었는가?
③ 복도는 명쾌한 동선으로 확보되었는가?
④ 피난동선을 고려하여 계단실 및 출입구를 계획하였는가?
⑤ 하역 및 서비스 동선을 고려하였는가?
⑥ 출입구 및 출입문은 개폐 방향이 적절한가?

### (7) 평면계획

① 대지에 순응하는 형태로 평면계획이 되었는가?
② 실 배치는 기능 분석에 따라 계획하였는가?
③ 무주공간을 요구하는 실이나 공연장, 다목적홀 등 각론상 기둥이 없어야 하는 기능들은 기둥을 배제한 평면계획이 되었는가?
④ 실의 비례는 장단변비가 1 : 2배를 넘지 않도록 계획하였는가?
⑤ 실의 형태는 적절한가?
⑥ 기존 평면을 증축한 경우에는 기존 동과의 연결통로를 계획하였는가?
⑦ 평면에서 창호는 향과 조망을 반영하도록 표현하였는가?
⑧ 안내 및 관리실은 주출입구 근처에 계획하였는가?
⑨ 코어 계획에서 계단실과 엘리베이터의 조합은 적절한가?
⑩ 화장실의 위치는 가급적 자연환기가 가능하도록 외기에 면하였는가?
⑪ 화장실은 남、여 구분하여 설치하였는가?
⑫ 장애인 화장실을 계획하였는가?
⑬ 엘리베이터는 이용 편의가 고려되었는가?
⑮ 장애인을 고려한 출입구 경사로 등이 계획되었는가?

NOTE

# ③ 익힘문제 및 해설

## 01. 익힘문제

### 익힘문제 1. Space Program 분석

● 설계의 조건

• 실별 조직표

| 층별 | 실명 | 면적($m^2$) |
|---|---|---|
| 1 | 다목적실 | 250 |
| | 창고 | 20 |
| | 세미나실 | 65 |
| | 사무실 | 35 |
| | 응접실 | 25 |
| | 관장실 | 25 |
| | 화장실 | 50 |
| | 소계 | 470 |
| 2 | 계획범위 제외 | |
| | 소계 | 220 |
| 공용부 (1, 2층) | 소계 | 520 |
| 총계 | – | 1,210 |

① 다목적실
• 1 · 2층 Open, 창고 출입 고려
• 무대측 주차장 연결 고려
② 세미나실
• 로비에서 출입
• 응접실 인접
• 향 고려 계획
③ 사무실
• 응접, 관장실 인접
• 공용부분 관리기능 포함
④ 수직동선
• 계단실², E/V 1대
⑤ 테라스
• $125m^2$ 계획(1층)
• 수공간 조망 가능

설계조건을 고려하여 면적 Diagram과 기능 Diagram을 작성하시오.

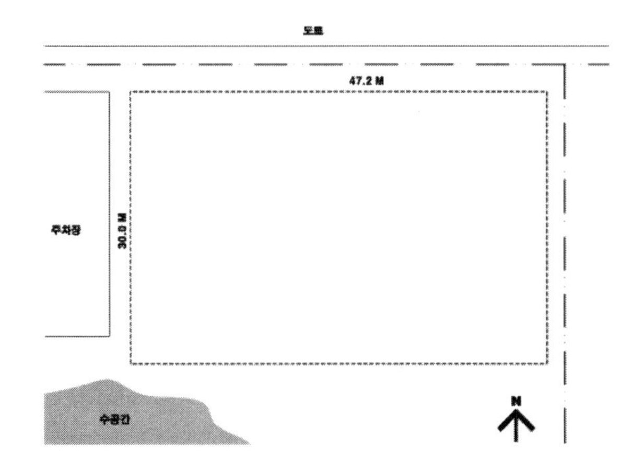


1. 면적 Diagram

2. 기능 Diagram

## 익힘문제 2. Module 분석

Space Program 분석(익힘문제 1)의 설계조건을 고려하여 모듈분석을 완성하시오.

**● 모듈분석**

① 1개 모듈
② 1개층 Mo 수
③ 모듈그리드의 대지 적용
(Mo그리드 → 적용)

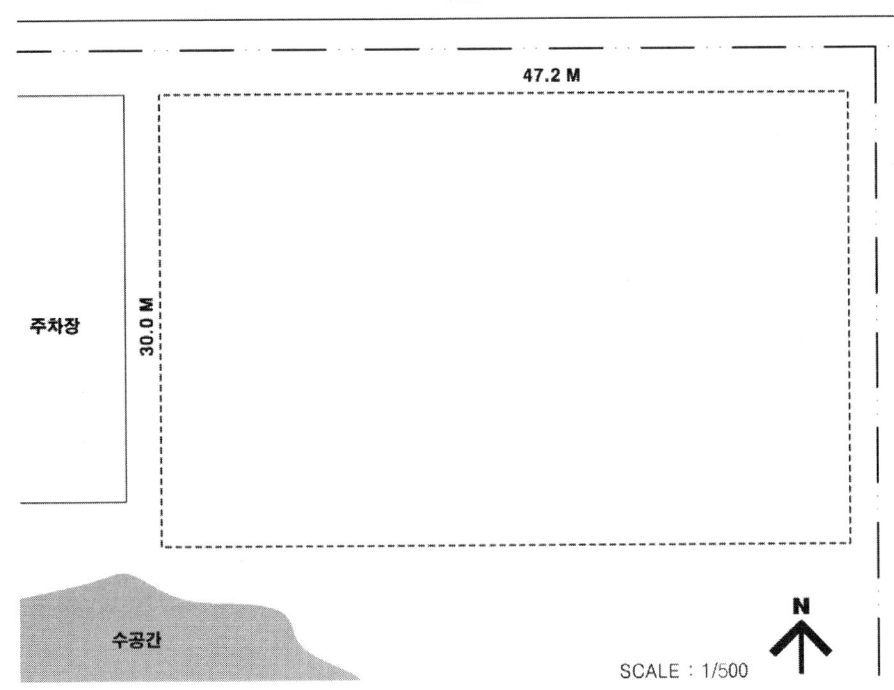

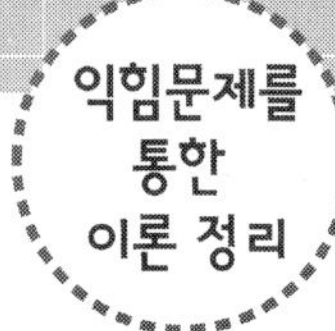


## 익힘문제 3. 수평조닝

● **수평조닝**

Space Program과 모듈 분석의 결과물을 이용하여 수평조닝을 완성

Space Program 분석(익힘문제1)의 설계조건을 고려하여 수평조닝을 완성하시오.

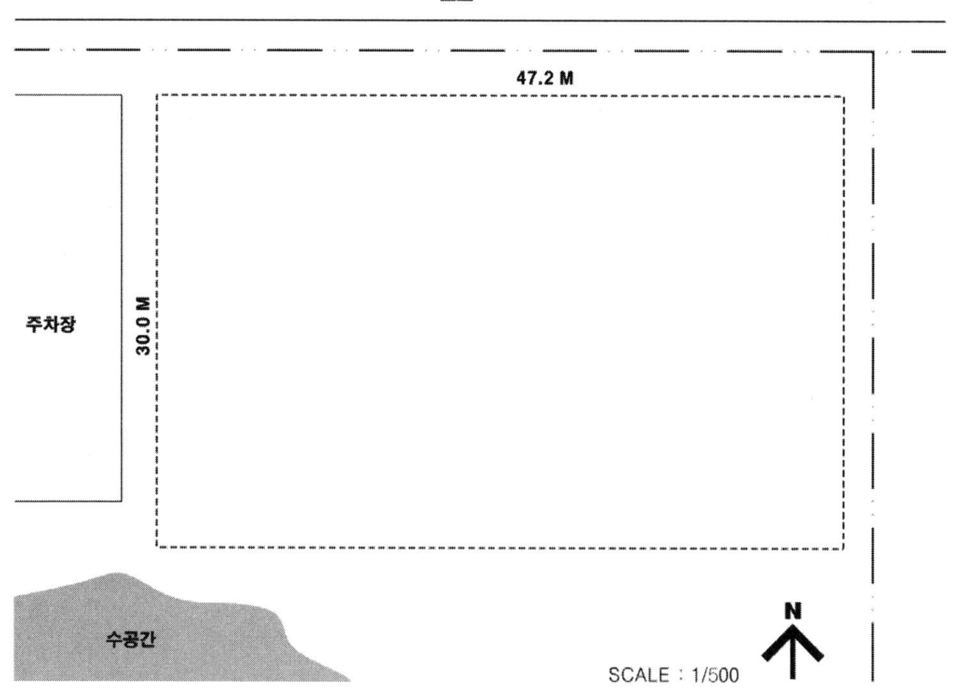

## 익힘문제 4. 조닝계획법 수평조닝

모듈계획법의 Space Program 분석(익힘문제 1)의 설계조건과 계획된 기능 Diagram에 의하여 조닝계획법의 수평조닝을 완성하시오.

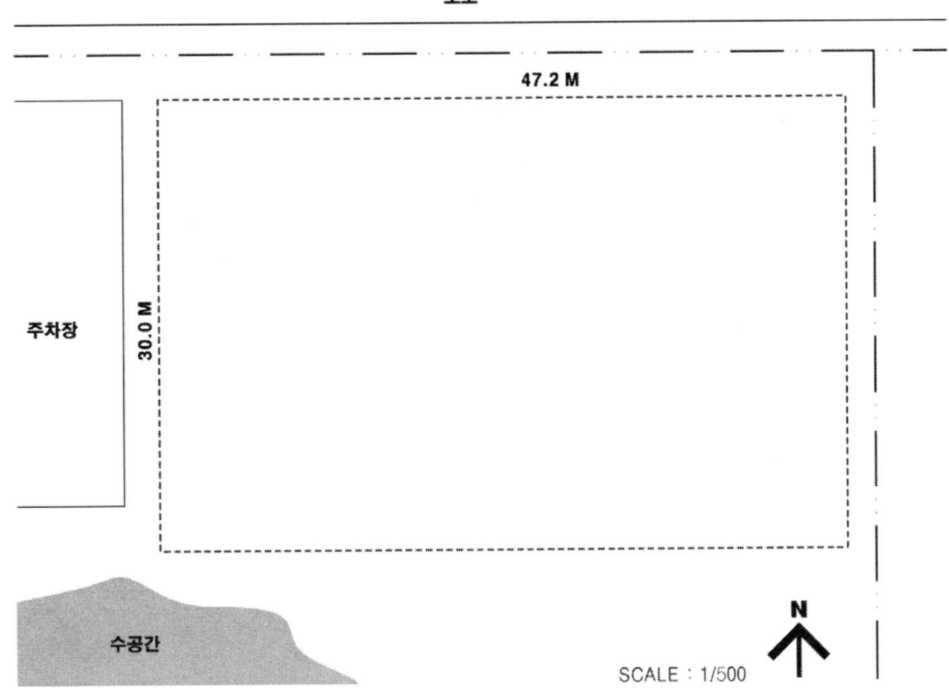

## 02. 답안 및 해설

### 답안 및 해설 1. Space Program 분석 답안

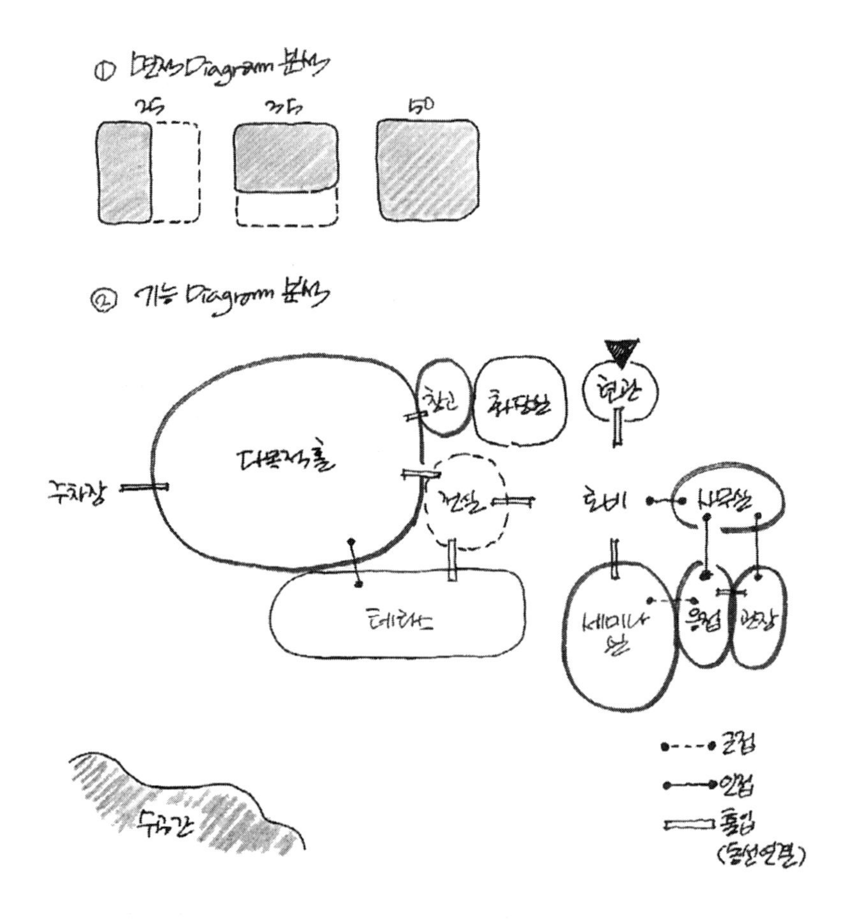

## 답안 및 해설 2. Module 분석 답안

① 1개 M. 17.2 × 6.9

② 1개층 M.수 계획

- 1210 + 250 = 1460 /2층 = 730 /50 = 14.6
  (전체) (대공간실) (총산면적) (1개층) (M.)
- 1층 14.6(15') + 2.5 (테라스) = 17.1 → ③
  도로

③ M. 그리드 → Site 적용

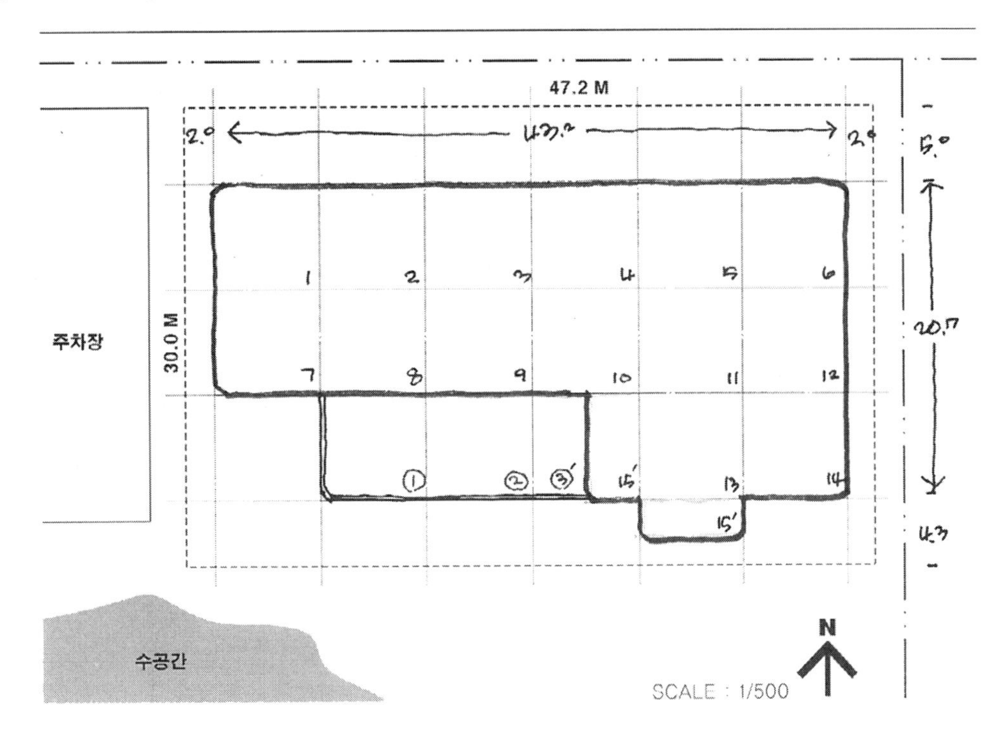

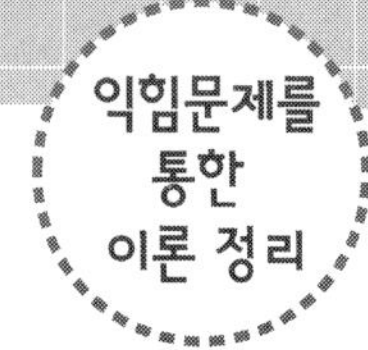


## 답안 및 해설 3. 수평조닝 답안

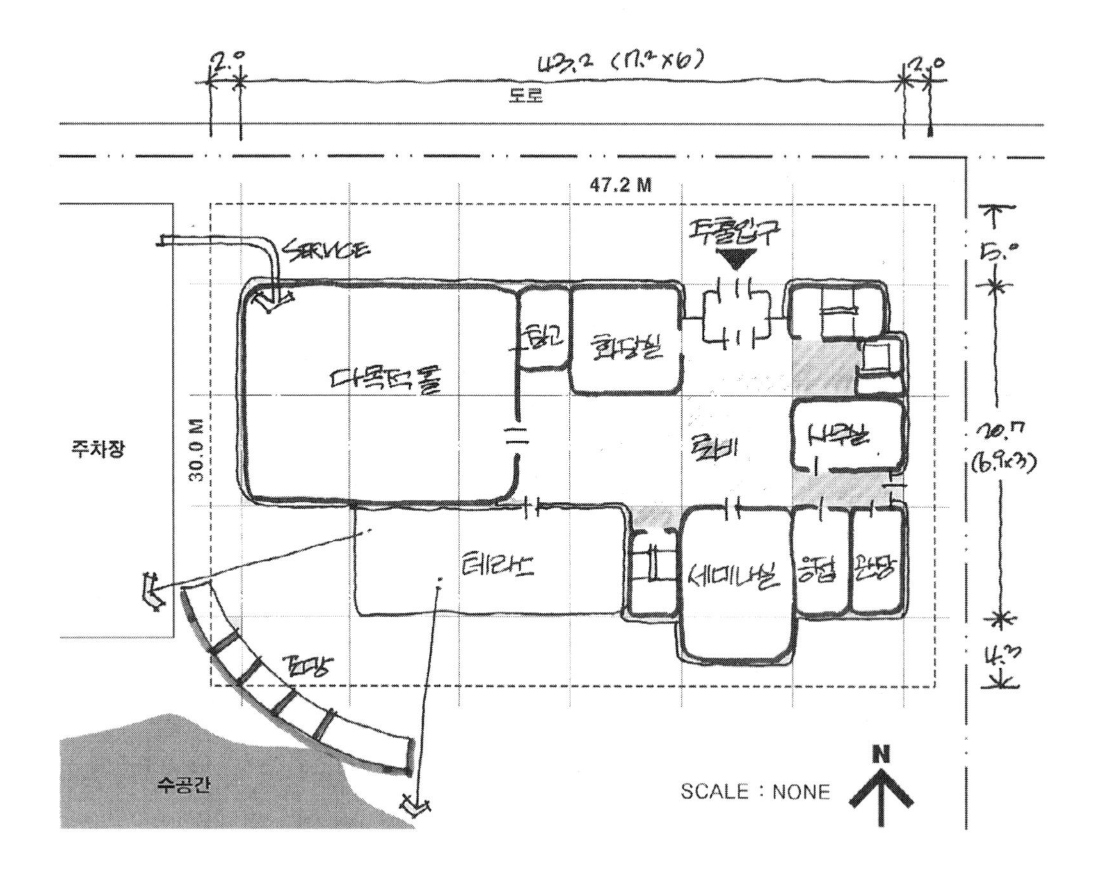

## 답안 및 해설 4. 조닝계획법 수평조닝 답안

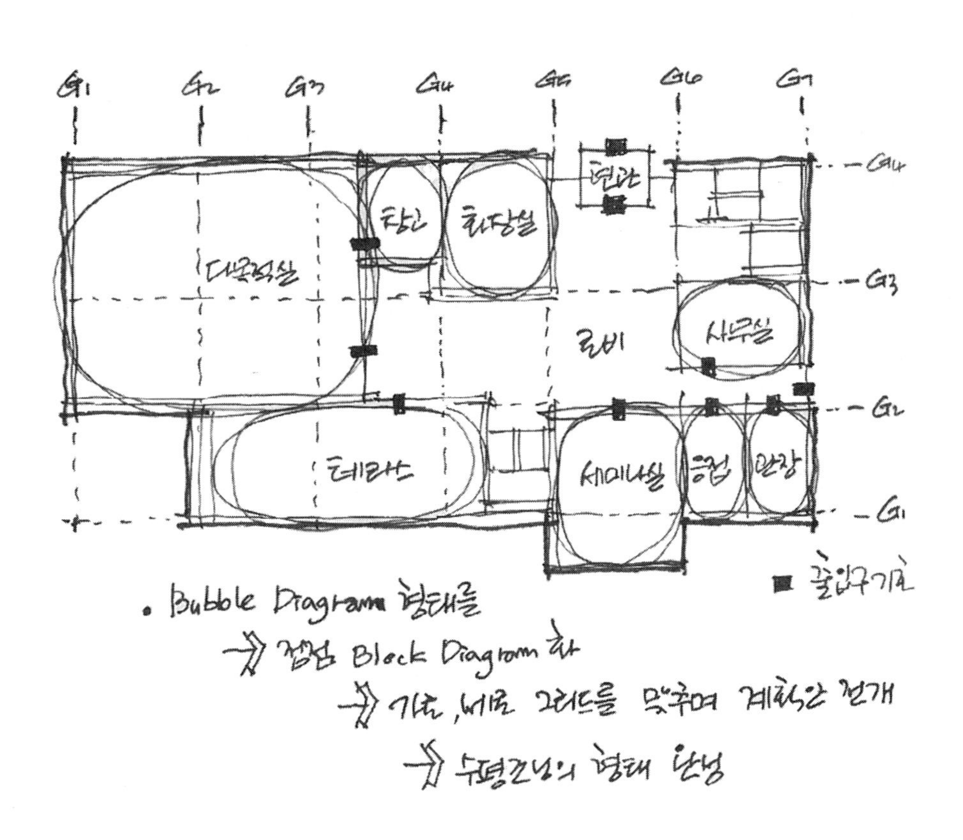

# 4 연습문제 및 해설

## 01. 연습문제

### 연습문제 ○○주민자치센터 평면설계

**1. 과제개요**

ㅇㅇ도시에 근린공원과 인접하여 주민자치센터를 신축하려 한다. 아래 설계조건에 따라 1층 및 2층 평면도를 작성하시오.

**2. 건축개요**

(1) 용도지역 : 준주거지역
(2) 계획대지 및 주변현황 : 대지 현황도 참조
(3) 건폐율과 용적률은 고려하지 않음
(4) 규모 : 지하 1층, 지상 2층
(5) 구조 : 철근콘크리트조
※ 다목적실 지붕은 기타구조 가능
(6) 층고 및 용도

| 층별 | 용도 | 층고 |
|---|---|---|
| 지상 2층 | 다목적실, 교육공간 등 | 4.2m |
| 지상 1층 | 전시실, 주민자치민원실 등 | 4.5m |
| 지하 1층 | 기계 · 전시실, 시청각실, 주민사랑방 등 | 4.5m |

※ 다목적실은 5.7m
(7) 주차장 : 지상주차 5대(장애인주차 1대 포함)
(8) 승용승강기 설비
① 장애인용 겸용이며 15인승 1대
② 승강기 샤프트 내부 평면치수 2.5m×2.5m 이상

**3. 설계조건**

(1) 건축물은 도로경계선 및 인접대지경계선으로부터 2m 이상 이격한다.
(2) 전면도로에 면하여 어울림마당(면적 100m² 이상)을 계획하며 근린공원과 연결한다.
(3) 건축물의 주출입구와 선큰(면적 80m² 이상 필로티 하부 가능)은 진입마당(면적 100m² 이상)을 통하여 접근한다.
(4) 다목적실에서 연결되는 발코니(면적 30m² 이상)를 계획하며 어울림마당을 바라보게 한다.
(5) 주민카페는 선큰과 인접한다.
(6) 지상주차장은 진입마당과 인접한다.
(7) 1층 바닥레벨은 G.L 기준+300mm이다.

**4. 실별 소요면적 및 요구사항**

(1) 실별 소요면적 및 요구사항은 〈표〉를 참조
(2) 각 실별 면적은 10%, 각 층별 바닥면적은 5% 범위 내에서 증감가능

**5. 도면작성요령**

(1) 1층 평면도에 조경, 보도 등 옥외 배치 관련 주요 내용을 표기한다.
(2) 주요치수, 출입문(회전방향 포함), 기둥, 실명 등을 표기한다.
(3) 벽과 개구부가 구분되도록 표기한다.
(4) 다목적실은 무대와 객석을 적절히 표현한다.
(5) 바닥레벨(마감레벨)을 표기한다.
(6) 단위 : mm
(7) 축척 : 1/400

**6. 유의사항**

(1) 도면 작성은 흑색연필로 한다.
(2) 명시되지 않는 사항은 관계법령의 범위 안에서 임의로 한다.

〈표〉 실별 소요면적 및 요구사항

| 층별 | 실명 | 단위면적(m²) | 실수 | 면적(m²) | 요구사항 |
|---|---|---|---|---|---|
| 1층 | 주민카페 | 80 | 1 | 80 | • 로비에서 출입 |
| | 주민자치 민원실 | 80 | 1 | 80 | • 로비에서 출입<br>• 센터장실과 인접 |
| | 센터장실 | 20 | 1 | 20 | • 회의실과 인접 |
| | 회의실 | 20 | 1 | 20 | |
| | 전시실 | 60 | 1 | 60 | • 로비에서 접근이 용이 |
| | 준비실 | 20 | 1 | 20 | • 전시실의 부속공간임 |
| | 화장실 | 40 | 1 | 40 | • 남 : 대변기 2, 소변기 2, 세면대 2<br>• 여 : 대변기 2, 세면대 2<br>• 장애인화장실 : 남・여 각각 설치 |
| | 로비, 계단, 승강기, 복도 등 | | | 155 | • 복도는 유효폭 2.3m<br>• 계단 1개소 |
| | 1층 계 | 475 | | | |

| 층별 | 실명 | 단위면적(m²) | 실수 | 면적(m²) | 요구사항 |
|---|---|---|---|---|---|
| 2층 | 문화교실 | 40 | 2 | 80 | • 향을 고려하여 배치<br>• 세미나실과 인접 |
| | 세미나실 | 20 | 2 | 40 | |
| | 체력단련실 | 80 | 1 | 80 | • 다목적실과 인접 |
| | 다목적실 | 130 | 1 | 130 | • 향을 고려하여 배치 |
| | 화장실 | 40 | 1 | 40 | • 남 : 대변기 2, 소변기 2, 세면대 2<br>• 여 : 대변기 2, 세면대 2<br>• 장애인화장실 : 남・여 각각 설치 |
| | 홀, 계단, 승강기, 복도 등 | | | 155 | • 복도는 유효폭 2.3m<br>• 계단 1개소 |
| | 2층 계 | 525 | | | |

<대지현황도 : 축척 없음>

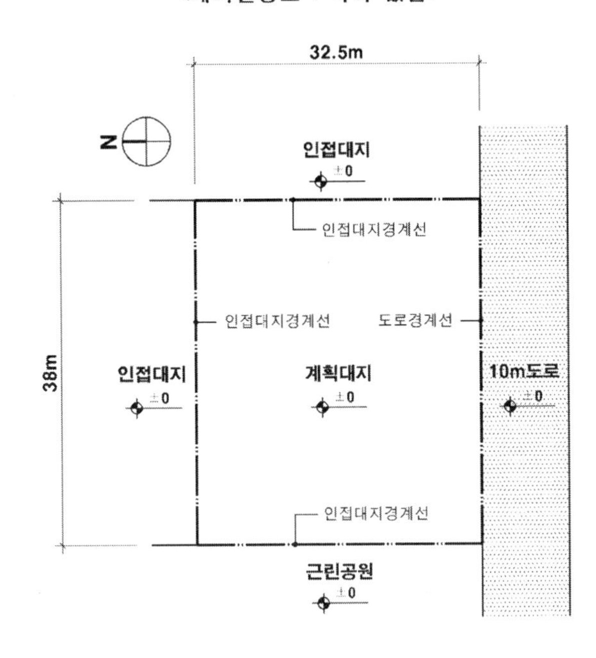

2층 평면도
SCALE : 1/400

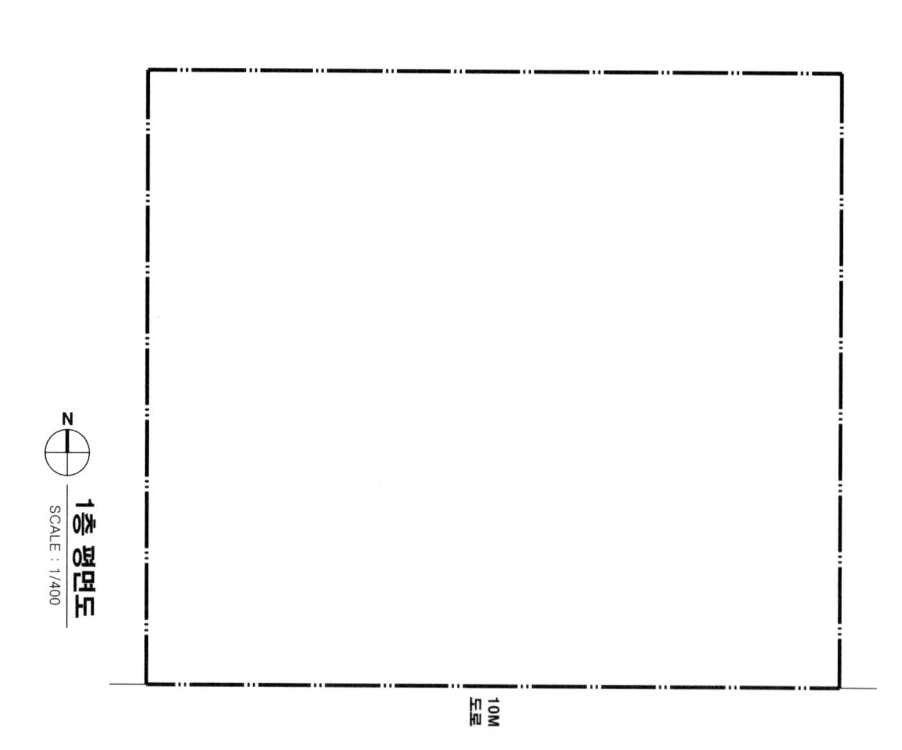

# 02. 답안 및 해설

## 답안 및 해설 ○○주민자치센터 평면설계

### (1) 설계조건분석

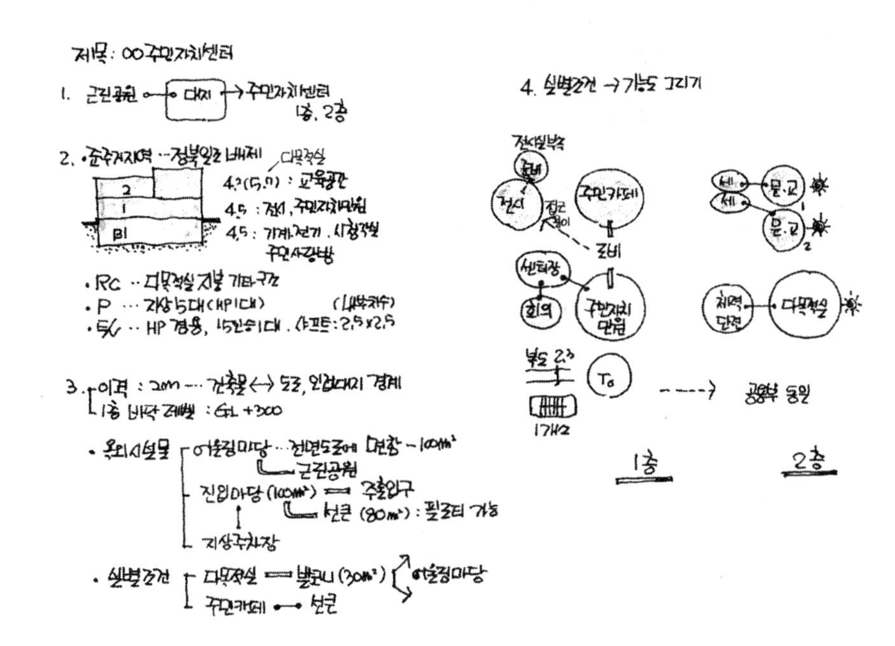


### (2) 대지분석

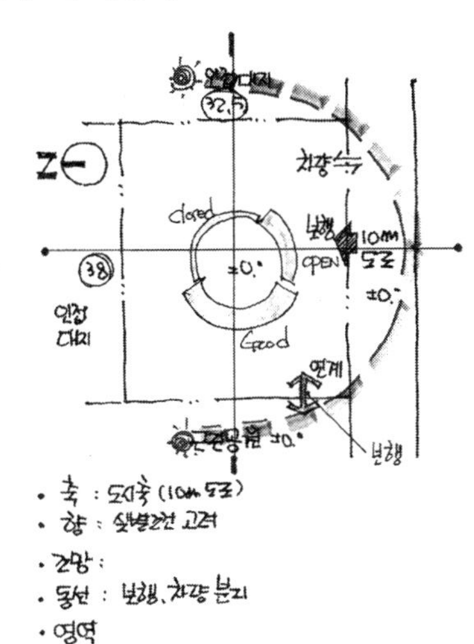

(3) 토지이용계획

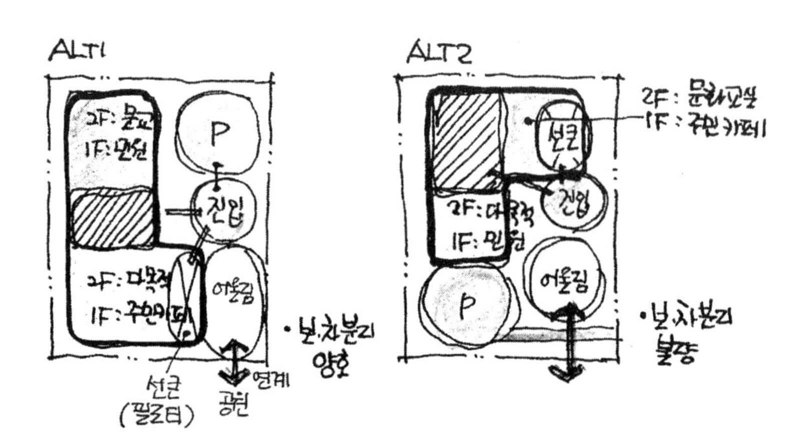

(4) **Space Program** 분석

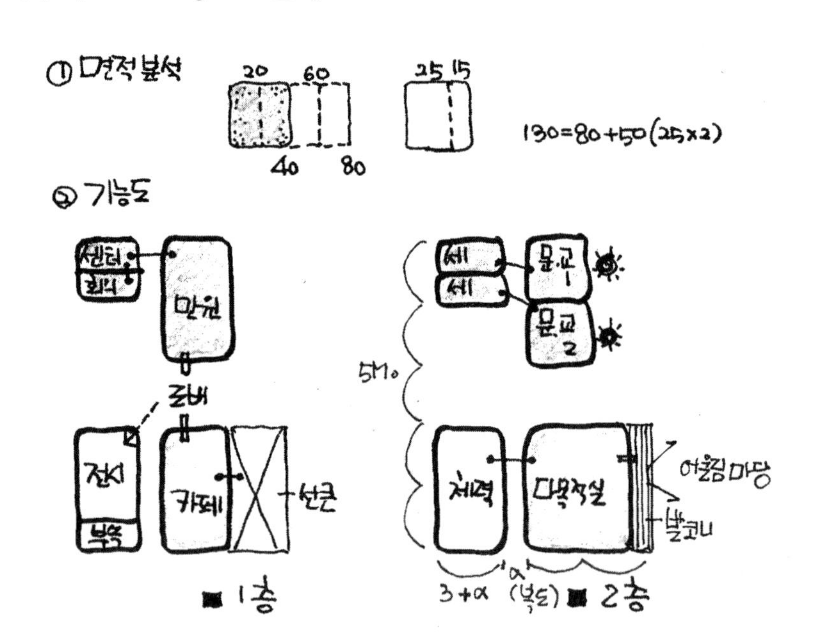

(5) 답안분석

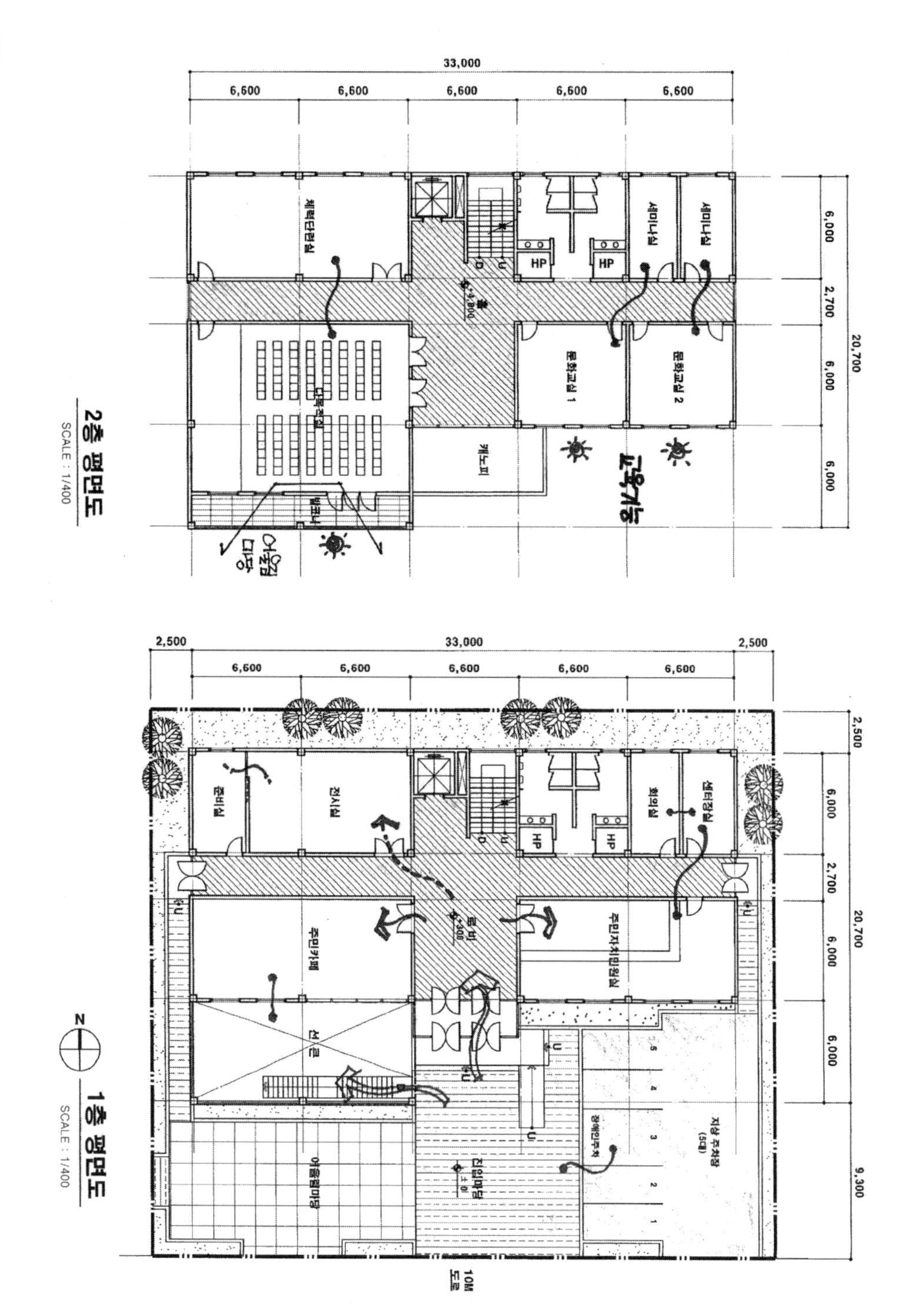
2층 평면도
SCALE : 1/400
33,000
6,600
6,600
6,600
6,600
6,600
6,000
2,700
6,000
6,000
20,700
세미나실
세미나실
문화교실 1
문화교실 2
캐노피
HP
HP
1층 평면도
SCALE : 1/400
2,500
33,000
2,500
6,600
6,600
6,600
6,600
6,600
2,500
6,000
2,700
6,000
6,000
20,700
9,300
준비실
전시실
회의실
주민카페
HP
HP
10M
도로

## (6) 모범답안

33,000
6,600
6,600
6,600
6,600
6,600
체력단련실
세미나실
세미나실
HP
HP
D
U
홀
+4,800
다목적실
문화교실 1
문화교실 2
캐노피
발코니
6,000
2,700
6,000
6,000
20,700
2층 평면도
SCALE : 1/400


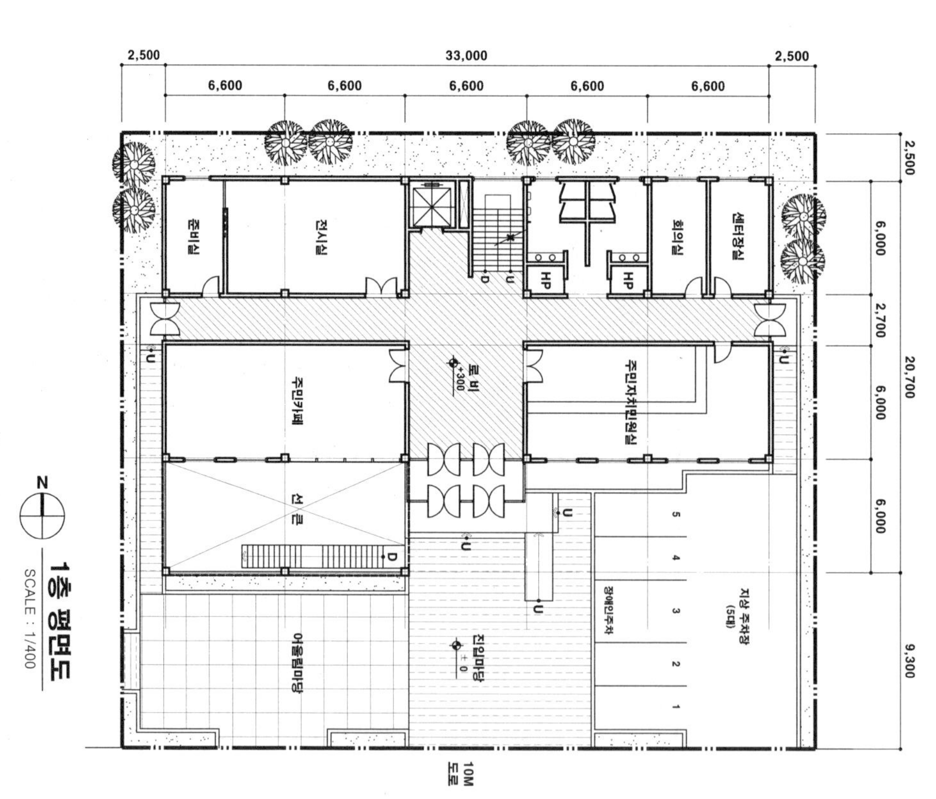

2,500
33,000
2,500
6,600
6,600
6,600
6,600
6,600
준비실
전시실
회의실
센터장실
HP
HP
D
U
로비
+300
주민카페
주민자치민원실
선큰
진입마당
±0
어울림마당
장애인주차
지상 주차장
(5대)
5
4
3
2
1
2,500
6,000
2,700
6,000
6,000
20,700
9,300
N
1층 평면도
SCALE : 1/400
10M
도로

NOTE

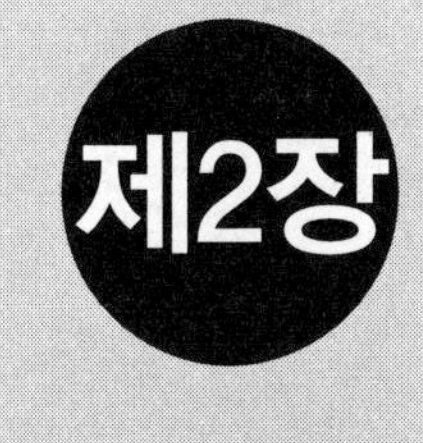


# 주거시설

# 1 단독주택

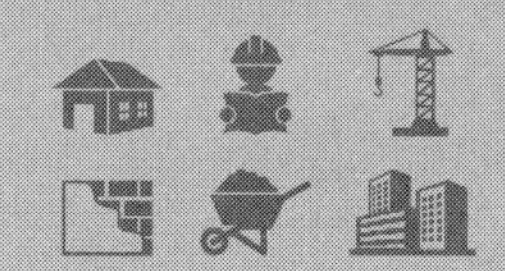

●유형분석

① '00 : 작업장이 있는 자연친화형 미술관

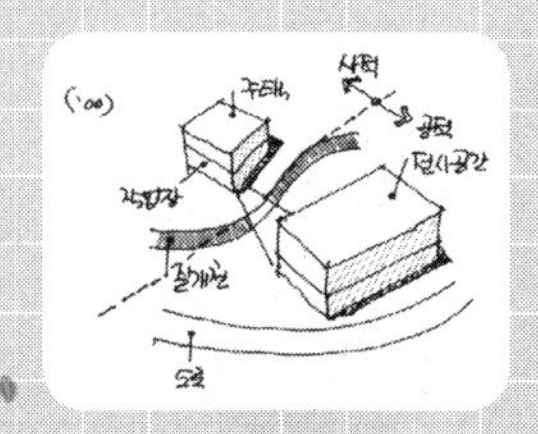

## 01. 개요

### 1. 주택이란?

#### [1] 주택의 정의

주택은 인간생활이 영위되는 장소로서, 주거의 기원은 공격적인 자연환경과 외적의 침입으로부터 보호받기 위한 장소(Shelter)라는 단순한 요인에서 출발하였지만, 생활양식의 발달에 따라 다양한 변천을 거쳐왔다. 현대의 주택은 기능적인 건축물임과 동시에 심리적인 면을 배려한 즐거운 가정생활을 영위할 수 있는 장소가 되어야 한다.

#### [2] 주택이 갖는 목적

① 쉘터의 기능
② 의료품, 식료품의 저장
③ 생식 및 생육
④ 단란한 가정 생활 영위
⑤ 수면 휴식을 통한 활력의 재생산
⑥ 사회적 지위, 라이프 스타일을 표현하는 심볼

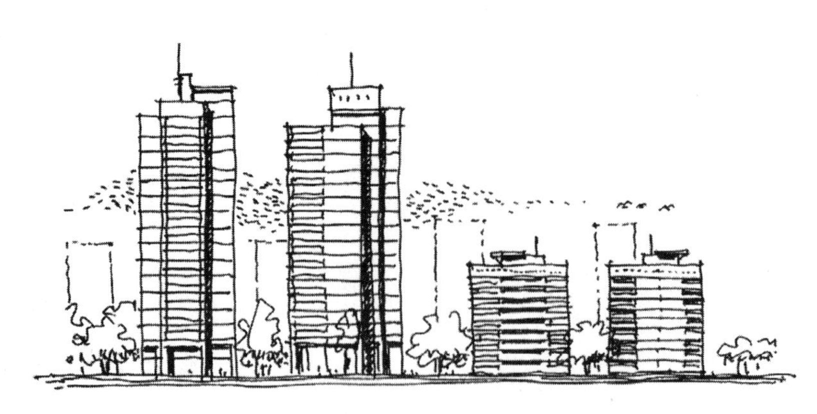

[그림 2-1 주택]

**● 단독주택의 특징**

비교적 가족단위의 개체성이 잘 보존될 수 있고, 개인의 취향에 맞게 주거계획을 세울 수 있다. 대문과 정원이 개별 택지마다 이루어지며, 건물은 인접한 다른 건물과 일정한 거리 이상 떼어서 건축되어야 한다.

**● 기타 주택**

① 3세대 동거형 주택
: 부모세대, 자녀세대, 손자세대
: 중간의 독립성 확신
• 동거형
• 인거형
② 세컨드 하우스
• 가사노동이 적음
• 일반주택에 비해 적은 수납공간
• 일반주택에 비해 방배치 간단
③ 겸용주택
: 주거, 비주거 부분 복합
• 1층 일부 겸용형
• 1층 겸용형
• 1, 2층 전면도로 측 겸용형

## 2. 단독주택의 분류

### [1] 법규적 분류

#### (1) 단독주택

단독주택은 단일 가구(家口)를 위해서 단독택지 위에 건축하는 형식이다.

#### (2) 다중주택

학생, 직장인 등 다수인이 장기간 거주할 수 있는 구조, 독립된 주거형태가 아니며, 1개동의 주택으로 쓰이는 바닥면적의 합계가 330m² 이하, 주택으로 쓰는 층수(지하층은 제외한다)가 3개층 이하인 주택

#### (3) 다가구 주택

주택으로 쓰이는 층수(지하층 제외)가 3개층 이하이며 1개동의 주택으로 쓰이는 바닥면적(부설주차장 면적 제외)의 합계가 660m² 이하로 세대수는 19 이하가 거주하는 주택

### [2] 주거양식에 따른 분류

[표 2-1] 주거양식에 따른 분류

| 구분 | 한식주택 | 양식주택 |
|---|---|---|
| 생활방식 | 좌식 생활 : 온돌 | 입식 생활 : 침대 |
| 구조방식 | • 목조가구식<br>• 바닥이 높고 개구부가 작다. | 벽돌 조적조 또는 철근콘크리트조이며 바닥이 낮고 창이 적다. |
| 평면구성 | • 조합적 · 폐쇄적 · 분산적<br>• 안방, 건넌방 등 위치에 따른 호칭 (방이 위치별로 분화) | 분화적 · 개방적 · 집중적 침실, 거실 등 용도에 따른 호칭(방이 기능별로 분화) |
| 공간특성 | • 기능의 혼용으로 융통성이 높다.<br>• 각 실의 프라이버시 결여 (공간이 문으로 구획되어 실의 독립성이 낮다.) | • 기능의 독립으로 융통성이 낮다.<br>• 각 실의 프라이버시 보장 (공간이 벽으로 구획되어 실의 독립성이 높다.) |
| 가구설치 | 공간계획과 분리 | 공간 계획과 밀착 |
| 난방방식 | 방마다 개별 설치 | 한곳에서 집중관리 |

● 단독주택

단독주택은 그 규모로 볼 때 건축사시험에서 단독으로 출제되기는 힘들다.

## 3. 단독주택의 계획방향

### [1] 주거의 질적 수준

#### (1) 1인당 거주면적

① 최소 기준은 10m²/인

② 적정 면적은 16.5m²/인

〈비교〉 1인당 거주면적

• 한계기준 : 14m²  • 병리기준 : 9m²  • 표준기준 : 16m²

### [2] 단독주택 계획에 기본방향

① 생활의 쾌적성 증대

② 가사 노동의 경감

③ 가족 중심의 분위기

④ 개인적 공간의 확보(프라이버시)

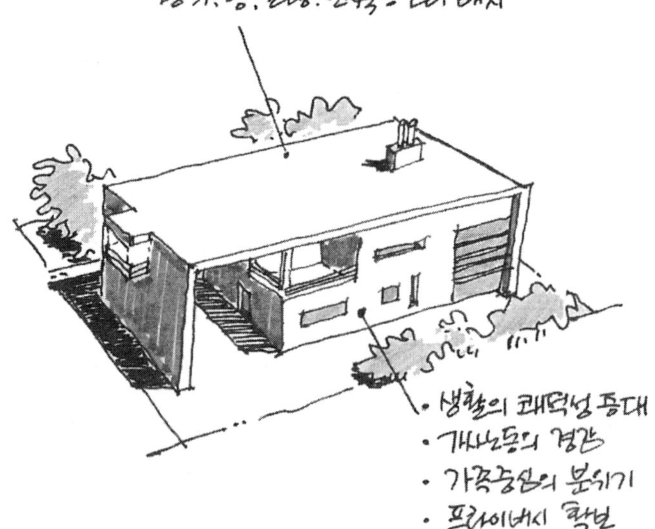


[그림 2-2 단독주택 계획방향]

# 02. 배치계획

## 1. 대지조건

① 전망, 일조, 통풍이 양호한 곳이어야 한다.
② 지반이 견고하고, 배수가 좋은 곳이어야 한다.
③ 대지 형상은 방형의 직사각형이어야 한다.
④ 대지 면적은 건축면적의 3배 이상, 5배 이하가 좋다.
⑤ 경사지의 경우 구배는 1/10 이하로 하고, 북향이 아니어야 한다.

## 2. 배치계획

① 배치계획은 대지와 건축물, 정원, 서비스 야드(Service Yard), 대문에서 현관까지의 접근통로, 자동차의 접근통로, 조경 등과의 관계를 결정하는 작업이다.
② 배치 계획은 일조, 통풍, 프라이버시, 방화, 차음 등을 고려하고 건물 주위의 외부공간 및 주위환경과의 관계를 배려한다.

- 대지 북측에 건물을 배치하여 동지시 4시간 이상의 일조를 확보한다.
- 동측은 겨울의 일사를 받고 서측은 여름철의 일사를 방지한다.
- 북측은 인접건물에의 일조영향 등을 고려한다.
- 건물배치에는 도로, 현관, 출입구, 정원 및 주차장 등을 계획한다.
- 실과 방위와의 관계
  - 건축물 전체 방위 : 남측을 제외하고는 동측 18° 이내, 서측 16° 이내로 계획한다.
  - 방위에 따른 실 배치를 한다.

**● 토지의 효율성**

단독주택은 건축과 정원 등의 사유욕구(私有慾求)가 만족됨으로써 옥내외의 사생활이 가장 잘 보장되나, 토지의 이용 면에서 효율이 가장 낮은 형식이다.

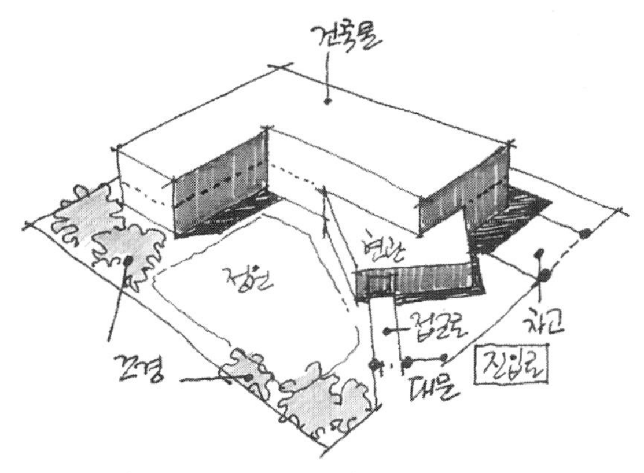


[그림 2-3 배치계획]

# 03. 평면계획

## 1. 공간 및 기능 분석

### [1] 공간 구성

① 공적 생활 공간 : 거실, 식사실, 응접실 등
② 사적 생활 공간 : 침실, 서재 등
③ 가사 노동 공간 : 부엌, 가사실, 벽장, 창고, 다용도실 등
④ 생리 · 위생 행위 공간 : 화장실, 욕실, 세면장 등
⑤ 기타 공간 : 현관, 출입구, 계단, 복도, 차고 등

●공간구성의 융통성

단독주택은 공동주택에 비해 공간구성의 융통성이 크며 계획대지에 따라 다양한 평면계획을 도출할 수 있다.

●공간분류

① 단란공간 : 거실, 식당, 응접실, 가족실
② 작업공간 : 부엌, 가사실, 서비스 야드
③ 개실공간 : 침실, 욕실

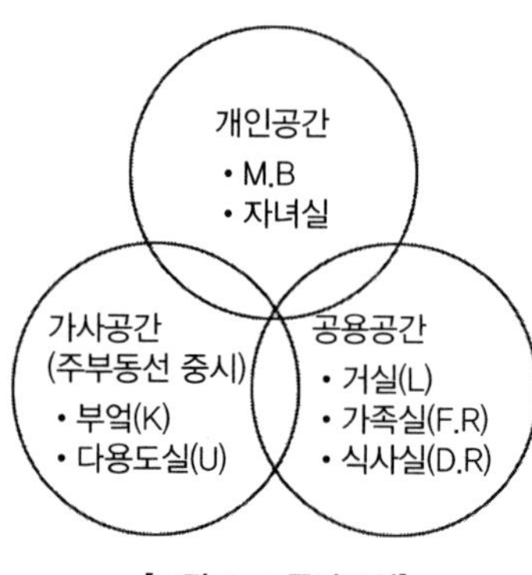


[그림 2-4 공간구성]

### [2] 기능도

●내 · 외부 기능

실내 공간과 실외 공간의 유기적 연결을 고려하고 풍부한 공간감을 연출

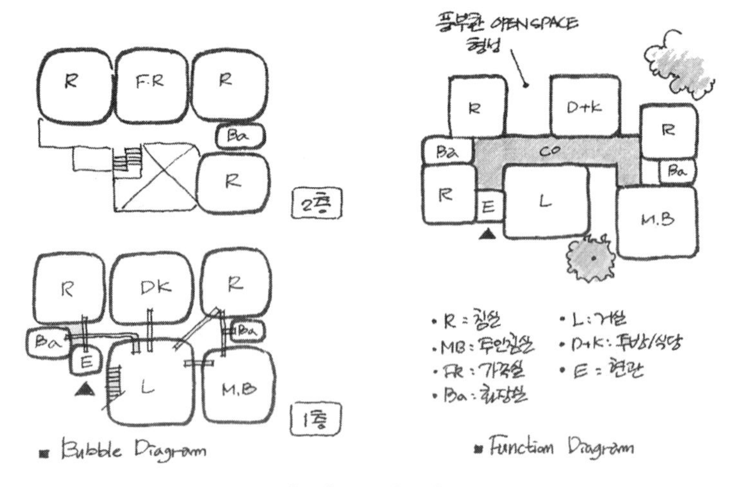


[그림 2-5 기능도]

● 거실

2층 이상의 단독주택에서 거실은 일반적으로 상부를 OPEN시켜 층고를 높게 구성하여 개방감을 극대화시킨다.

## 2. 세부계획

### [1] 거실(Living Room ; L)

#### (1) 위치 및 배치

① 남향 또는 일조, 통풍, 조망이 양호한 곳에 배치한다.

② 타 실로의 통로가 되어서는 안 되며, 현관 · 식당 · 부엌과 가깝게 배치한다.

③ 침실과는 대칭의 위치가 좋으며, 주택의 중심부에 둔다.

④ 테라스로 출입이 용이하도록 한다.

#### (2) 규모

일반적으로 4~6m²/인, 평균 16.5m²로 계획

#### (3) 거실의 좌석배치

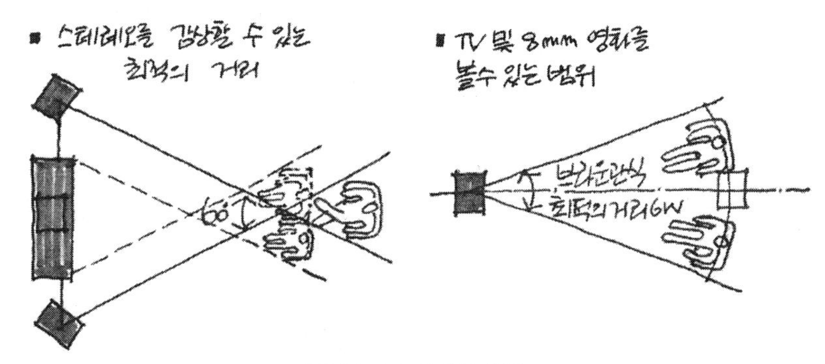


[그림 2-6 거실 좌석 배치]

[그림 2-5 [수졸당] 거실에서 마당으로의 전경]

## [2] 식사실(Dining Room ; D)

식사실은 남측이나 동측에 설치한다. 거실, 부엌에 인접하면 주부의 동선도 짧아지고 편리하다.

### (1) 계획 상세

① 부엌, 식기실과 인접하고 거실과 가깝게 배치한다.

② 소형의 경우 부엌과 직접 연결하며, 대형은 팬트리(Pantry, 배선대)를 통해 연결하는 것이 양호하다.

③ 규모는 4인 기준으로 7.5m²로 계획한다.

● 식사실의 계획

- 다이닝키친의 경우 주부동선은 짧아 양호하나 단란한 식사 분위기가 부족하다.
- 리빙다이닝형 계획을 권장

### (2) 거실, 부엌의 겸용인 경우의 구성방법

① 다이닝 키친(DK) : 식사실과 부엌을 겸용

② 리빙 다이닝(LD) : 거실과 식사실을 겸용

③ 리빙 다이닝 키친(LDK) : 거실과 식사실 그리고 부엌을 겸용

### (3) 식사실 가구 배치

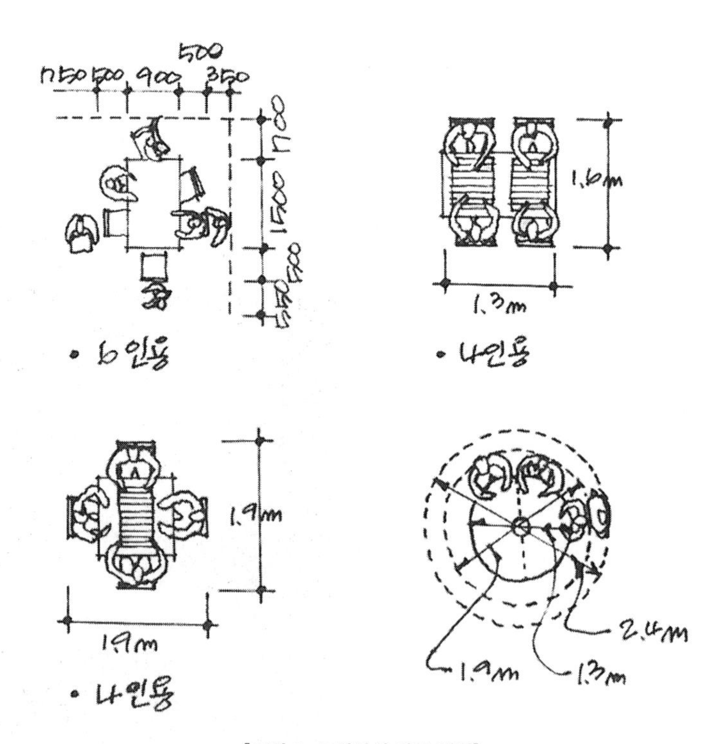


[그림 2-8 식사실 가구 배치]

**● 거실, 식당, 부엌의 구성**

거실(Living), 식당(Dining), 부엌(Kitchen)의 3공간을 어떻게 구분할 것인지에 따라서 L+D+K, L+DK, LD+K, LDK 등의 타입으로 나눌 수 있다.

## [3] 부엌(주방, Kitchen ; K)

### (1) 부엌의 상세 계획

① 주부공간으로 밝고 쾌적한 곳에 배치하여 아이의 놀이를 감시할 수 있어야 한다.

② 거실과 근접시키며, 방위상 동 · 남측이 유리하고 서측은 피한다.

③ 크기는 소주택의 경우 5m²(약 1.5평), 연면적의 8~10%으로 한다.

④ 작업순서

- 냉장고 → 준비대 → 개수대 → 조리대 → 가열대 → 배선대
- 개수대는 창을 면하며, 냉장고, 개수대, 가열대를 삼각형으로 이어 그 길이가 3.6~6.6m 내외로 한다.
- 작업면 높이는 82~85cm가 적당하다.

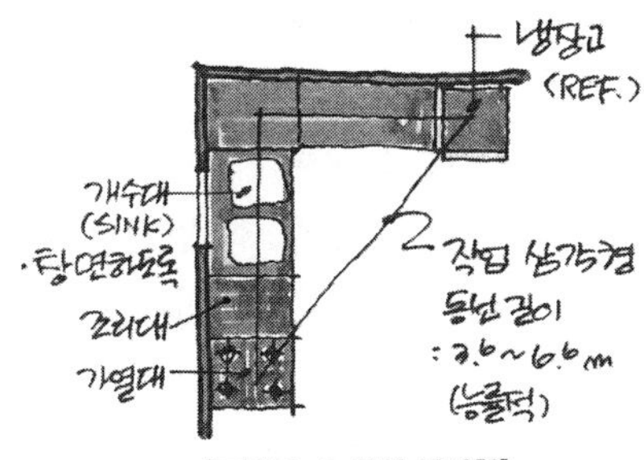


[그림 2-9 작업 삼각형]

### (2) 평면계획

평면형식 : ㄱ, ㄴ, ㅡ자형

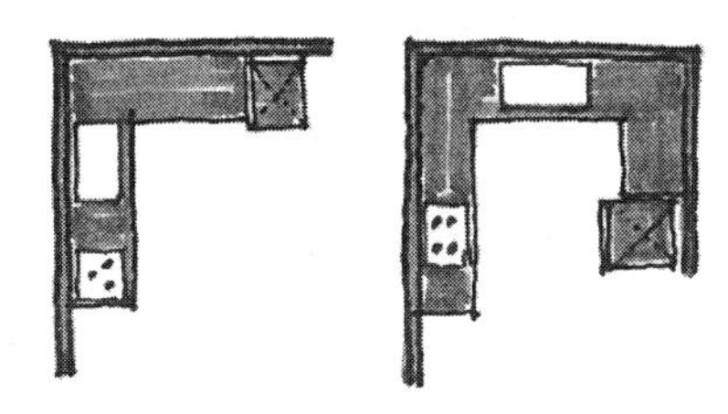

[그림 2-10 평면형식]

### (3) 평면계획의 예

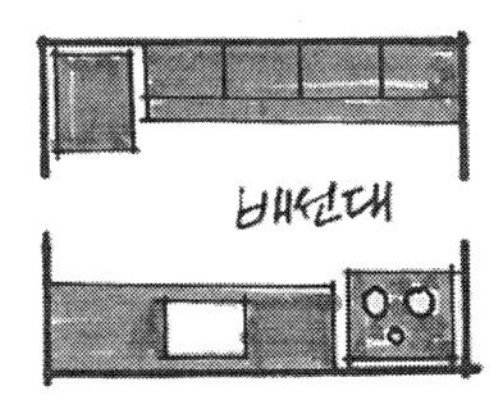


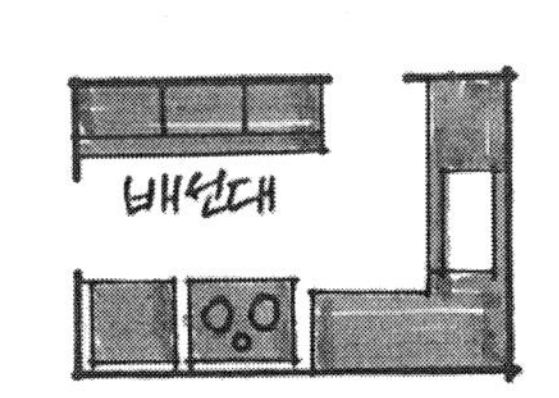


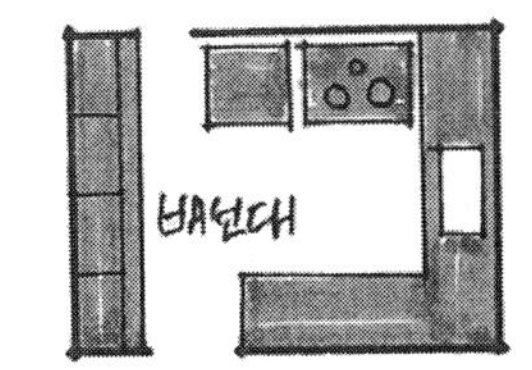


[그림 2-11 평면계획 사례]

**● 주택의 향**

주택의 대부분의 실은 남향을 선호한다. 공동주택은 단독주택에 비하여 많은 실이 남향을 받는 데 어려움이 있다. 하지만, 요즘은 중규모 평형 이상에서는 최소 3Bay, 4Bay를 구성함으로써 단독주택 못지않게 많은 남향을 확보하고 있다.

## [4] 응접실(Reception Room ; R)

손님을 맞기 위해서는 현관 구조를 고려해야 하며, 이를 정원과 함께 계획해야 한다. 소규모 주택에서는 응접실을 두지 않으며, 거실 혹은 서재와 겸용하는 경우가 많다.

## [5] 침실(Bed Room ; B)

### (1) 성격

정적, 독립성, 안전성, 침 · 식 분리를 원칙으로 한다.

### (2) 위치

① 남측, 동남측, 남서측이 양호하다.

② 거실, 부엌, 식당과 분리하고, 도로를 피하고 조용한 공지에 면하도록 한다.

### (3) 공간 계획

① 부부침실 : 독립성, 안정성을 보장하고 정원쪽으로 배치하며 남동 측이 유리하다.

② 아동침실 : 주간(놀이, 학습), 야간(정리, 취침)으로 분리하며 연령, 성별을 고려하고, 자유롭고 독립적인 분위기를 확보하며 거실과는 멀고 가사실과 근접시키는 것이 좋다. 낮은 창과 난간을 설치하는 것이 좋다.

③ 노인침실 : 안전성과 단란성을 확보하고 일조, 전망이 양호하며, 욕실, 화장실 등과 근접시키는 것이 좋다.

### (4) 규모

1인실의 경우 10m², 2인실은 20m² 정도로 한다.

### (5) 침대 배치

침대 배치와 주변 공간의 계획

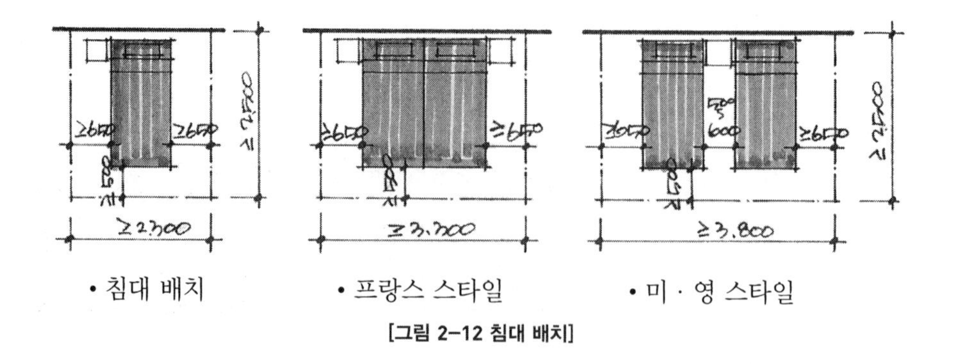


• 침대 배치 • 프랑스 스타일 • 미 · 영 스타일

[그림 2-12 침대 배치]

## [6] 서재(Library)

서재는 집주인이 일을 하거나 접객을 위해서 사용되므로 조용한 장소가 좋다. 소규모 주택에서는 부부침실과 겸하는 경우가 많다.

## [7] 가사실

① 가사실은 세탁, 재봉, 청소, 의류 정리 등의 작업이 이루어진다.
② 거실, 부엌 근처에 계획한다.

## [8] 벽장, 창고, 다용도실, 기타

① 일상적으로 사용되는 물품을 각실의 벽장, 창고에 수납한다.
② 이불류, 계절에 따라 달라지는 양복, 하의류는 다용도실에 수납한다.

## [9] 화장실

① 거실 및 침실에 가까운 위치에 설치한다.
② 크기 : 최소 0.9×0.9m, 양변기의 경우 0.8×1.2m

**● 욕실과 화장실**

주택에서는 욕실과 화장실을 겸하여 사용하는 경우가 많다.
다만, 공동과 전용의 구분은 필요하며 특히 단독주택에서는 화장실을 3개 이상 계획하는 경우도 많다.

## [10] 욕실

거실과 침실 중간에 배치하며 침실, 부엌과 가깝고 현관, 응접실과 격리시키는 것이 좋다.

### (1) 크기

① 표준 1.6~1.8m×2.4~2.7m, 최소 0.9~1.8m 또는 1.8×1.8m
② 천장고 2.1m 이상, 세면기 높이 70~75cm

### (2) 평면계획의 예

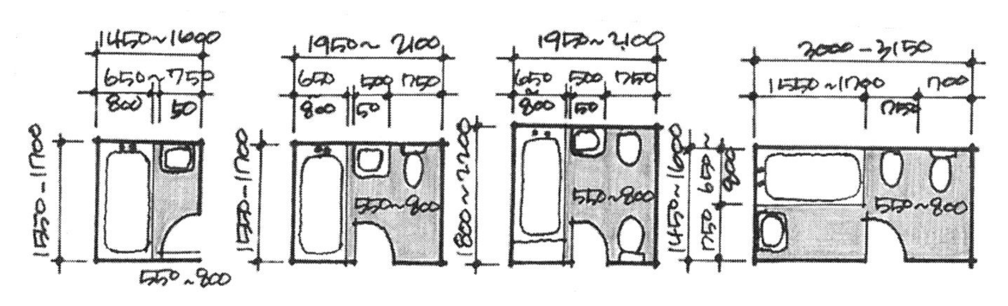


[그림 2-13 욕실 평면계획]

## [11] 세면장 및 화장실

① 세면장은 욕실의 전실로서 탈의실과 겸용해도 된다.

② 화장실은 가사실, 침실 세면장 등과 겸해서 설치하는 경우가 많다.

●현관의 위치

대문에서 현관까지의 접근동선은 원활이 이루어지도록 계획

## [12] 현관 및 출입구

① 현관은 친숙한 분위기로 하며, 거실, 부엌 등의 통로 역할을 하도록 계획한다.

② 현관 홀은 약간 넓게 확보하며 간단한 접객으로 이용할 수 있다.

③ 외부에서의 위치는 대지 형태, 방위, 도로와의 관계로 결정하며, 대체로 북, 북서, 서측에 배치하는 것이 좋다.

④ 크기는 폭 1.2m, 깊이 0.9m 이상으로 하며, 단높이는 10~20cm 정도로 한다.

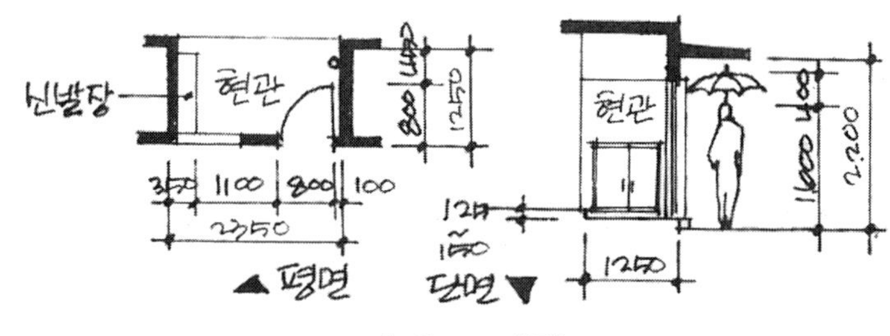


[그림 2-14 현관]

# 04. 사례

## [사례 1]  문호리 주택

- o.c.a 건축, 임재용

- 발췌 : Contemporary Architecture 단독주택, A&C 산업도서출판공사

### 1층

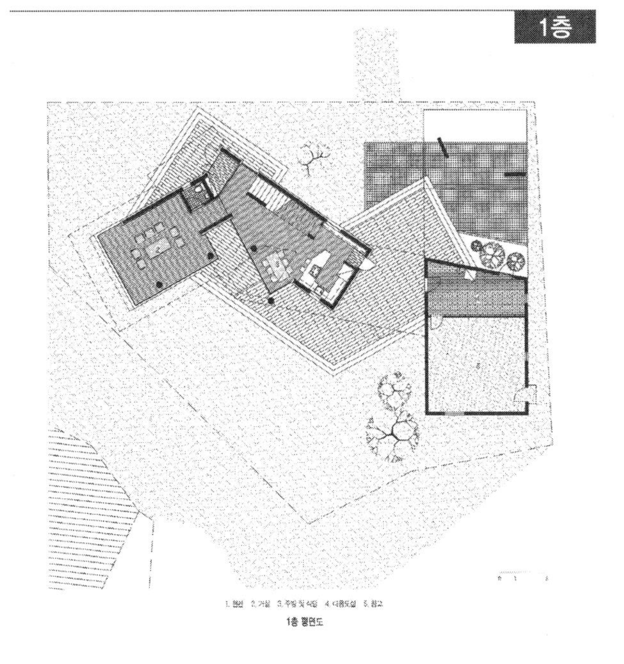

1. 현관 2. 거실 3. 주방 및 식당 4. 다용도실 5. 창고

1층 평면도

### 2층

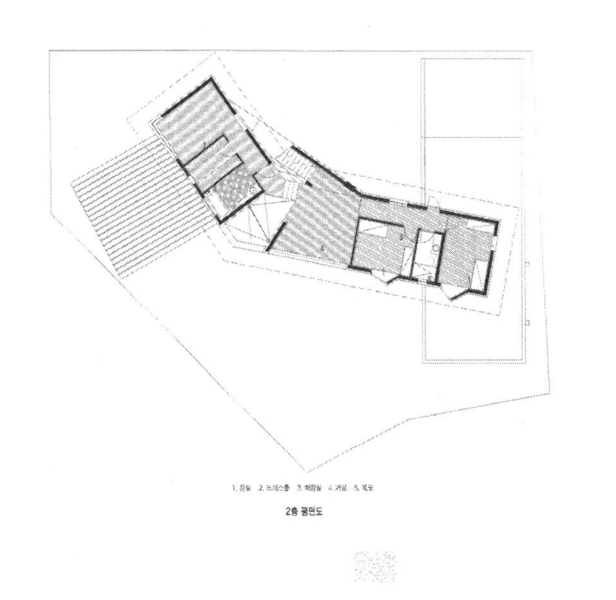

1. 침실 2. 드레스룸 3. 화장실 4. 거실 5. 복도

2층 평면도

## [사례 2]　담제헌

● 인하대학교, 임종엽

● 발췌 : Contemporary Architecture 단독주택, A&C 산업도서출판공사

1층

1. 방
2. 안방
3. 거실
4. 가족실
5. 주방 / 식당
6. 욕실
7. 화장실
8. 파우더 / 드레스룸
9. 현관
10. 계단실 / 복도
11. 실내정원
12. 주차장
13. 하부 오수 처리실
14. 후정

2층

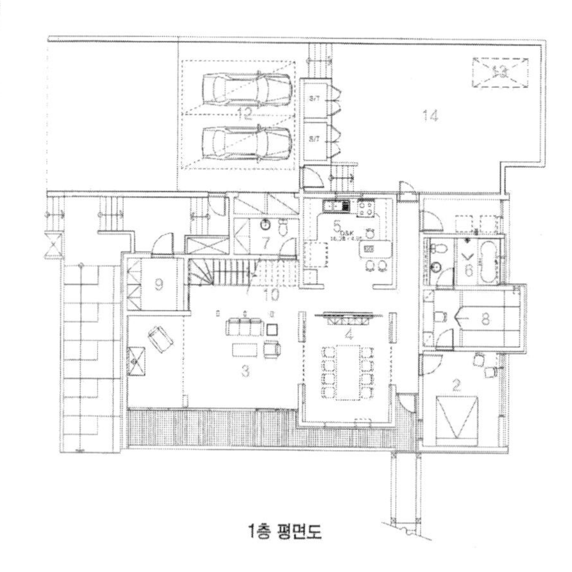

1층 평면도

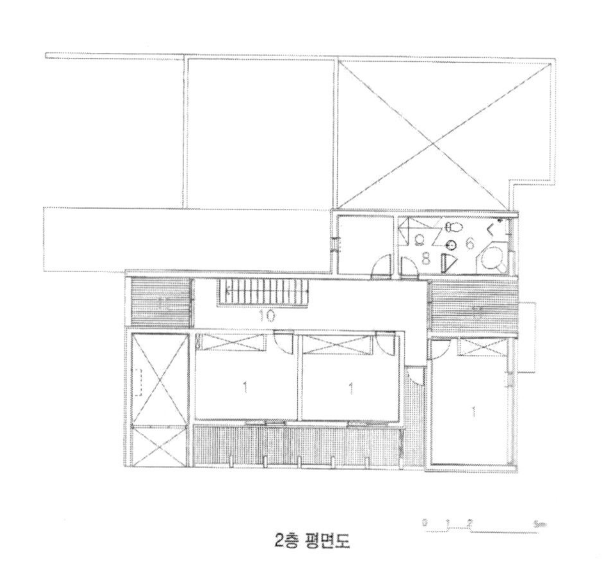

2층 평면도

NOTE

# 2 공동주택

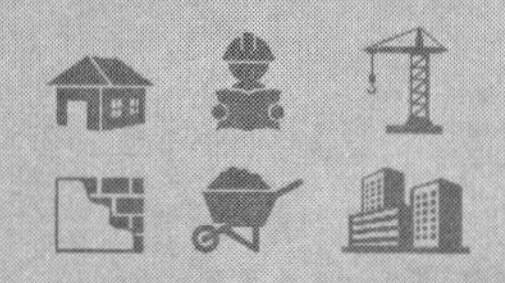

● 유형분석

① '93 : 도시형 주택을 겸한 근린생활시설

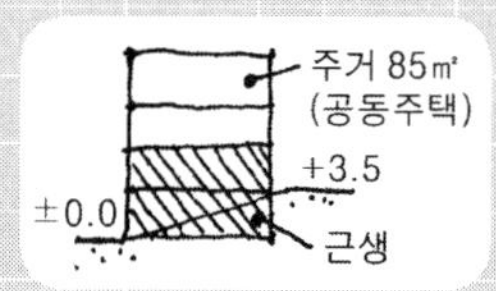


- 지형 특성 3.5m 경사지 → 1·2 층 출입동선 계획

② '99 : 근린생활시설이 있는 가변성 연립주택

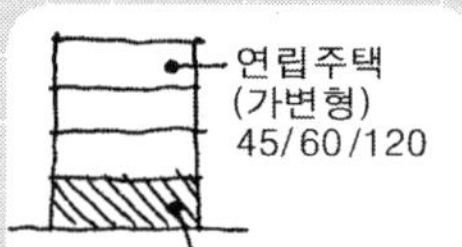


- 가변형
- 가로변 공익성
- 활엽교목
- 건폐율 30%(풍치지구)

③ '06 : 공동주택 및 근린생활시설 평면설계

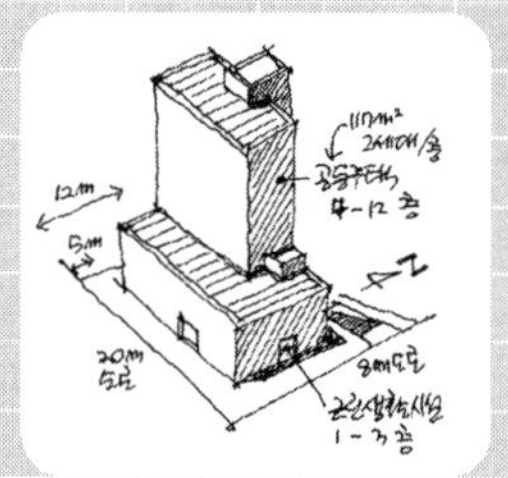

- 상업지역
- 층별 117m² 2세대
- 근생위치 지정 : 남향, 북서측

## 01. 개요

### 1. 공동주택이란?

#### [1] 공동주택의 정의

공동주택은 경제적 발달과 더불어 직업의 다양화, 전통적인 대가족 제도에서 핵가족화 등으로 인하여 인구 증가율이 점차 커짐에 따라 주거공간 확보에 어려움이 생겨 적은 면적에 많은 세대수를 거주시킬 수 있는 건축계획을 필요로 하게 됨에 따라 나타난 주거형태로 주택, 시설, 설비를 합리적이고도 효율적으로 설치하여 좋은 주거환경을 만들어 생활 향상을 지향하는 주택군이다.

#### [2] 공동주택의 특징

[표 2-2] 공동주택의 특징

| 장점 | 단점 |
|---|---|
| ① 대지 점유면적의 절감과 대지의 효율적 이용이 가능<br>② 설비 집중화가 가능<br>③ 공용 용지의 확보가 가능<br>④ 유지 관리비의 절감이 가능 | ① 프라이버시와 같은 정서적 측면이 약화<br>② 획일적 형태로 세대별 독자성이 결여<br>③ 고층화에 따른 건축비의 상승이 우려 |

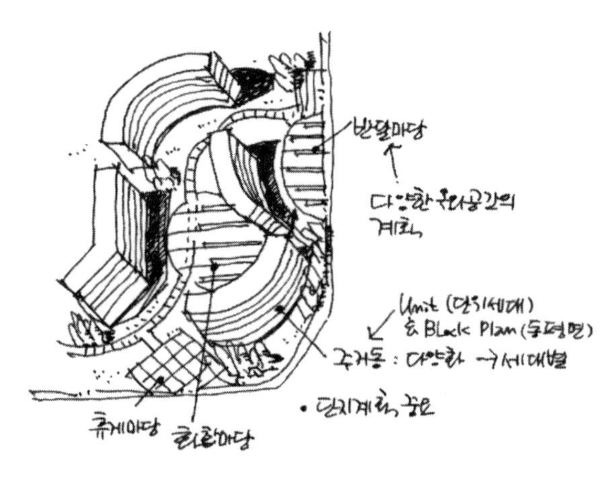


[그림 2-15 공동주택]

## 2. 공동주택의 분류

### (1) 법적 분류(층수 산정 시 지하층은 주택의 층수에서 제외한다.)

① 아파트 : 주택으로 쓰이는 층수가 5개층 이상인 주택

② 연립주택 : 주택으로 쓰이는 1개동의 바닥면적 합계가 660m²를 초과하고, 층수가 4개층 이하인 주택

③ 다세대 주택 : 주택으로 쓰이는 1개동의 바닥면적 합계가 660m² 이하이고, 층수가 4개층 이하인 주택

④ 기숙사 : 학교 또는 공장 등에서 학생 또는 종업원 등을 위하여 쓰는 것으로 독립된 주거 형태가 아닐 것

● **평면계획**

세대의 조합형식 및 접근방법에 따라 분리되며, 단지계획과 밀접한 관계가 있다.

### (2) 평면형식에 의한 분류

[표 2-3] 평면형식에 의한 분류

| 명칭 | 형식 | 내용 |
|---|---|---|
| 편복도형 | | 거주자의 환경을 같은 질로 만들고자 할 때 채용하는 일반적인 형식 |
| 중복도형 | | 주거밀도를 높게 할 때 채용한다. 방위에 따라 생기는 환경조건의 차이를 설비를 이용해서 보완하도록 배려 |
| 홀 형 | | 중앙복도와 같이 거주밀도를 높게 할 수 있다. 거주실 부분을 탑모양으로 계획하는 경우에 채용한다. |
| 계단실형 | | 거주실을 소그룹으로 묶어서 전체를 구성해 나가는 경우 등에 채용한다. |

### (3) 단면형상에 의한 분류

[표 2-4] 단면형상에 의한 분류

| 구분 | 플랫형 | 스킵형 | 메조넷형(1주거가 2층에 겹친 것) | 스킵 메조넷형 | 메조넷형 | 클로스메조넷형(다른 주거와 겹침) |
|---|---|---|---|---|---|---|
| 단면형 | | | | | | |
| 접지형 | | | | | | |
| 적용예 | | | | | | |

# 02. 배치계획

## 1. 고려사항

### (1) 입지조건

① 주변 환경, 즉 소음, 매연, 채광, 방화 등을 충분히 고려하여 배치한다.

② 쾌적한 단지조성을 위하여 충분한 공간을 확보하고 단지 내의 경관을 고려한다.

### (2) 법규조건

① 정북(정남) 일조사선 : 건축물 높이의 1/2 이상 이격한다.

② 채광일조 : 건축물 높이의 1/2 이상 이격한다.
단, 근린상업, 준주거지역에서는 건축물 높이의 1/4 이상 이격한다.

③ 인동간격 : 건축물 높이의 1/2 이상 이격한다. 단, 도시형 생활 주택은 1/4 이상 이격한다.

**● 배치조건**

- 인동간격을 조절하여 최대한의 일조시간을 확보
- 주변에 휴식, 놀이시설, 녹지 공간을 충분히 확보
- 최소한의 프라이버시를 유지
- 여러 시설물과의 이용거리 고려

### (3) 보행자 동선

① 일반사항

- 대지 주변부의 보행자 전용도로와 연결한다.
- 목적 동선은 최단거리로 요구하며 오르내림이 되도록 없게 한다.
- 어린이 놀이터나 공원 등 보행자 전용 도로에 인접해서 설치한다.
- 보행자 공간을 쾌적하게 하기 위해서는 주거동 자체 및 주거동의 필로티 이용, 스트리트 퍼니처, 도로의 텍스처, 식재, 기타 섬세한 배려가 필요하다.

② 계획사항

- 주도로에서 근생의 주출입구, 부도로에서 근생의 부출입구와 주거의 출입구를 계획한다.
- 대지가 접한 도로 상황과 상관없이 근생과 주거의 출입구는 주거의 프라이버시 확보를 위해 항상 분리한다.

### (4) 차량동선

① 일반사항

- 최단거리 동선이 요구되며 알기 쉽게 배치한다.
- 주차장과 합리적인 연결 동선을 계획한다.
- 긴급 차량 동선을 확보한다.
- 소음대책을 강구한다.

② 계획사항

- 지상주차장 계획을 요구하는지 아니면 지하주차장 진입 경사로만을 요구하는지 잘 파악한다.
- 지하주차장 진입경사로의 요구폭을 확인하며 경사도를 준수한다.
  (직선 약 1/6, 곡선 약 1/7)
- 대지와 전면도로가 레벨차가 있는 경우도 경사도를 계획한다.

### (5) 옥외공간

① 진입마당, 휴게마당, 나눔마당 등 다양한 옥외공간이 요구될 수 있다.

② 각종 사선에 의하여 이격된 부분에 옥외공간들이 배치되는 것이 일반적이다.

③ 주거의 옥외공간과 근생의 옥외공간은 분리하여 계획한다.

## 2. 배치계획 시 반영할 연립주택의 형태

[표 2-5] 연립주택의 형태

| 명칭 | 형태 |
|---|---|
| 2호 연립 | 1층 박공지붕 / 2층 박공지붕 / 2층 평지붕 |
| 연속 건물 | 1층 박공지붕 / 1 1/2층 박공지붕 / 1 1/2층 평지붕 / 1 1/2층 편박공 / 2층 평지붕 |
| 중정형 건물 | 1층 편박공 / 1층 평지붕 |
| 타운하우스형 연립 | 2층 박공지붕 / 2층 평지붕 / 박공지붕 / 3층 평지붕 |

〈참고〉 타운 하우스(Town House)

Common Space라고 하는 공동정원에 연속저층(低層)으로 건축된 주택을 말한다. 본래는 영국 귀족들이 사는 교외주택(Country House)에 대한 도시 내 주택을 뜻하였으나, 제2차세계대전 후 북아메리카를 중심으로 주택지의 개발 · 설계방법의 기술개발과 목조 · 패널(틀)벽공법의 개량 · 개발이 합쳐져 새로운 형식의 교외주택으로서 정착되었다. 단독주택과 공동주택의 장점을 겸한 것으로 1~2층의 단독주택이 10~100가구씩 모여 정원과 담을 공유하는 단독주택群이다. 개인의 프라이버시를 보호하면서 동시에 방범 · 방재 등 관리의 효율성을 높인 주거형태다.

● 주거동계획

① 단위세대와 Block plan의 구성관계를 이해
- 복도형
- 계단실형

② 단위세대의 규모 및 형태는 동평면에 영향을 미치며, 이는 단지의 배치계획과 밀접한 관계가 있다.

# 03. 평면계획

## 1. 기능계획

### (1) 복합기능

① 주상복합형태로 계획되는 경우 상부에는 주거를, 하부에는 근생을 계획하도록 한다.

② 주거동과 상가동이 분리되는 경우 프라이버시를 고려하여 주거동은 안쪽에 상가동은 도로변에 배치한다.

### (2) 세대 내부의 계획 방향

① 거실, 주방, 식당, 침실, 화장실 등으로 구성되어 있다.

② 각 실은 통과 동선이 생기지 않도록 한다.

③ 동선은 단순하게 하고 부엌은 식당과 연결한다.

④ 단위평면이 2면 이상 외기에 접해야 한다.

⑤ 단위평면의 주요 거실을 모퉁이에 배치하지 않아야 한다.

⑥ 모퉁이에서 타 주거가 들여다보이지 않아야 한다.

⑦ 현관이 계단에서 가까워야 한다.

⑧ 기능도(계단실형)

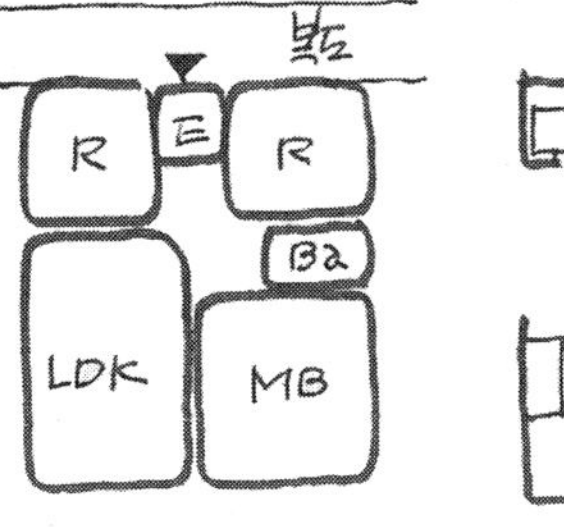


- 전용 $60m^2$ 이하(18평형)
- 분양 $80m^2$ 이하(24평형)(복도형)

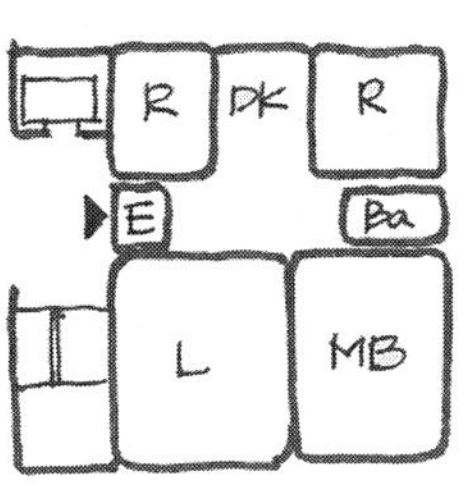


- 전용 $60m^2$ 이하(18평형)
- 분양 $80m^2$ 이하(24평형-계단실형)

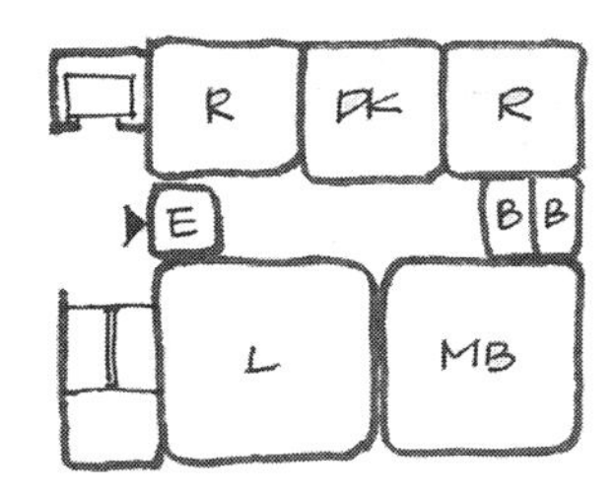


- 전용 $85m^2$ 이하(25.7평형)
- 분양 $110m^2$ 이하(33평형-계단실형)

**[그림 2-16 공간 구성 계획]**

⑨ 사례 사진

[그림 2-17 단위세대 평면 사례]

## 2. 모듈

① 공동주택의 모듈은 일반적으로 60m²(7.2m×8.4m)를 사용하지만, 최근에는 다양한 unit의 계획으로 모듈도 다양해지고 있다.

② 모듈이 7.2m×8.4m인 경우 1Bay는 3.6m로 계획한다.

③ 주거와 근생이 1동으로 계획되는 경우 근생의 모듈은 상부 주거의 모듈을 따르기 쉽다.

④ 블록평면(Block Plan)

- 계단실형

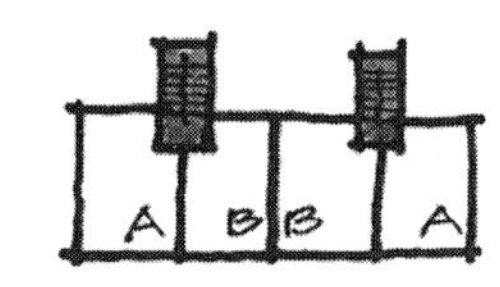


- 편복도형

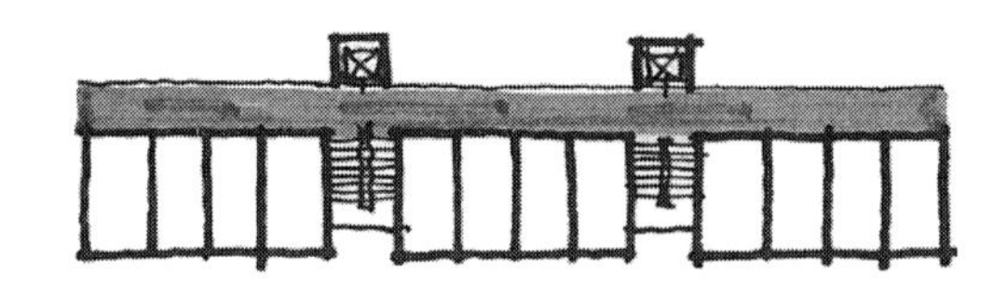

● Black Plan 평면형

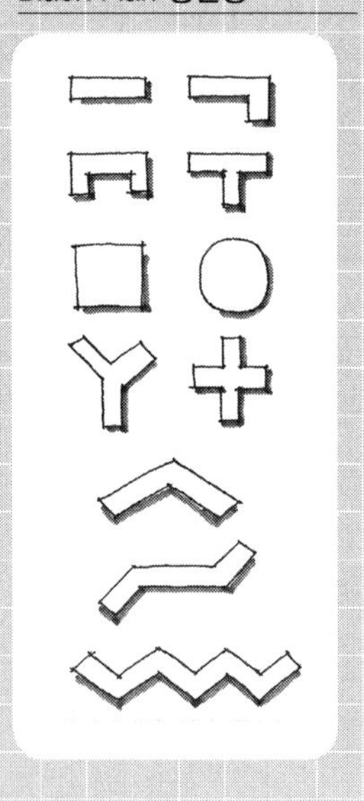

• 타워형

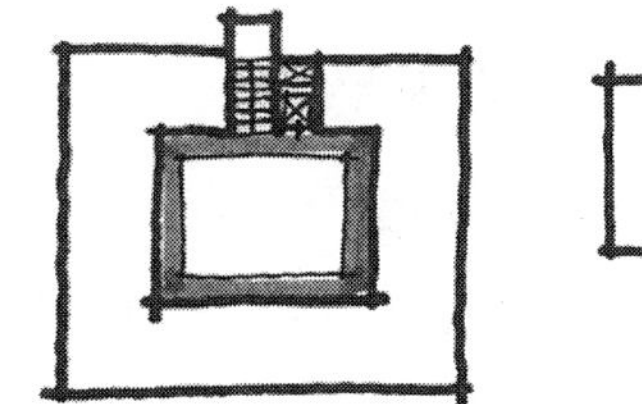

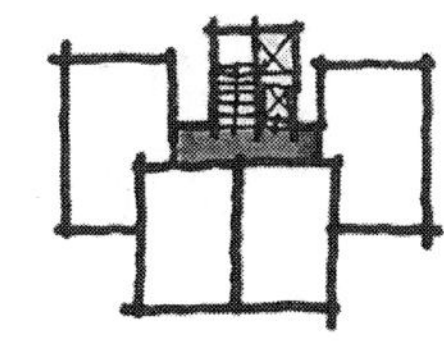

• Block Plan과 배치

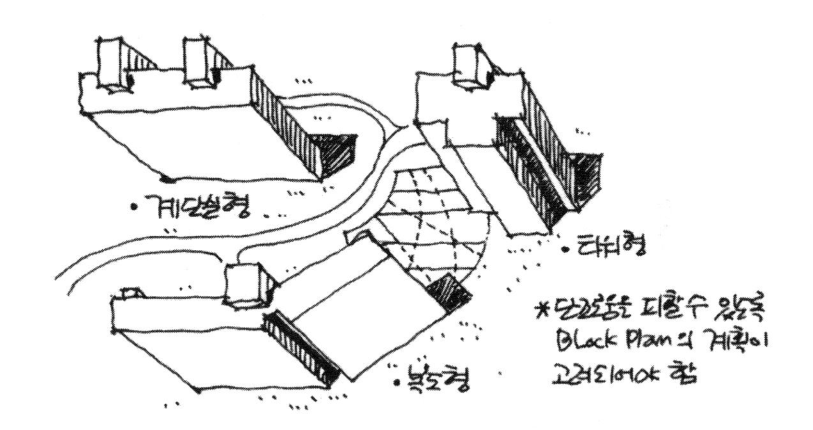


[그림 2-18 블록평면]

## 3. 단위세대 계획

① $45m^2$ : LDK+1R+1Ba

② $60m^2$ : LDK+2R+1Ba

③ $85m^2$($90m^2$) : L+DK+3R+2Ba+1Dr

④ $117m^2$($120m^2$) : L+D+K+4R+2Ba+1Dr
LD+K+4R+2Ba+1Dr
L+DK+3R+2Ba+1Dr

⑤ 모듈치수를 조정하면 다양한 unit 구성이 가능해진다.

⑥ 가변형 unit

- $60m^2$ : LDK+2R+1Ba → LDK+1R+1Ba(L+R=L)
- $85m^2$($90m^2$) : L+DK+3R+2Ba+1Dr → L+DK+2R+2Ba+1Dr(L+R=L)
- $117m^2$($120m^2$) : L+D+K+4R+2Ba+1Dr → L+D+K+2R+2Ba+1Dr (L+R=L, R+R=R)

**● 단위세대 Bay계획**

남측(전면)에 면하는 실의 계획을 Bay 개념으로 이해

① $82m^2$(25평형)
- 전용 $60m^2$(18평형)
  - 2 Bay
  - 3 Bay(최근 경향)

② $110m^2$(33평형)
- 전용 $85m^2$(25.7평형)
  - 2 Bay
  - 3 Bay(최근 경향)
  - 4 Bay(최근 변형)

**● 실별기호**

- 거실 : L
- 침실 : R
- 주방 : K
- 식사실 : D
- 화장실 : Ba
- 옷방 : Dr
- 다용도실 : Ut
- 창고 : St
- 보일러실 : B

## 4. 세부계획

### [1] 단위평면 세부계획

#### (1) 거실 · 식당

① 천장고는 2.4m 이상, 최상층은 방한, 방서를 위해 10~20cm 정도 높인다.

② 소규모의 경우 DK형으로 하고, 중규모의 경우 L+DK형 또는 LD+K형으로 한다.

#### (2) 부엌

외기에 접하는 곳에 배치하고, 부엌 앞에 3.3m²이상의 베란다를 설치한다.

#### (3) 발코니

유희, 일광욕, 건조장으로 사용하며 높이 1.2m의 난간과 개방형으로 한다.

#### (4) 현관

① 문이 밖여닫이일 경우 최소크기는 80×80cm(안으로 열 경우 80×130cm)로 한다.

② 신발장, 우산걸이 공간 : 35×80cm

③ 홀 스페이스 : 80×80cm

#### (5) 화장실, 욕실

일반적으로 욕실과 화장실은 겸용으로 계획하며 환기를 충분히 한다. 바닥은 낮게 하며 출입구는 안여닫이로 한다.

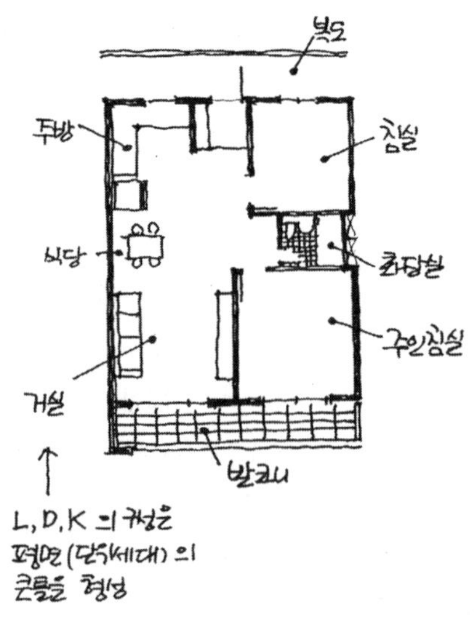


[그림 2-19 단위평면 세부계획]

### (6) 복도

① 매스형태를 복도형으로 구성하는 경우 중복도는 유효폭 1.8m 이상 편복도는 유효폭 1.2m 이상으로 계획한다.

② 공동주택을 중복도로 구성하는 경우는 드물다.

**[표 2-6] 거실, 주방, 식당 형식에 의한 분류**

| 형식 | | 내용 |
|---|---|---|
| DK | DK 7~9 | • 식사(D)와 취침은 분리하지만, 단란(L)은 취침하는 곳과 겹친다.<br>• 소규모 주택형의 각실을 분리하면, 너무 협소하기 때문에 일반적으로 주방 겸 식당실(DK)과 거실겸 침실은 개방적으로 연결한다. 거실겸 침실은 전용되는 온돌방으로 하는 경우가 많다. |
| LDK | LDK형 | • 최소한의 넓이로 공용실(식사와 단란하게 보내는 곳)과 사실(취침 등)을 분리한다.<br>• LDK가 일체가 되므로 안정된 거실의 확보가 어렵다.<br>• LDK의 면적이 크면 간단한 칸막이로 K와 D를 분리할 수 있다. |
| LD+K | LD 13~15 – K 5~6 | • LD는 동일실로 하고, K를 분리한다.<br>• 식사실을 중심으로 단란한 생활형에 적합하다. |
| L+DK | L 12~13 – DK 9~10 | • DK는 동일실로 하고, L을 분리한다.<br>• L을 독립시켜 생활에 충실을 기하는 경우에 적합하다.<br>• DK는 가사의 편리함과 주방일을 하면서 단란하게 모이므로 생활에 편리하다.<br>• DK를 식사실로만 하는 경우와 가족이 모이는 곳으로 하느냐에 따라 다르다. |
| L+D+K | L 12~13 – D 7~8 – K 5~6 | • L, D, K를 각각 분리한다.<br>• 각 실을 용도에 따라 분리할 수 있다.<br>• 불충분한 규모로 형식적인 분리를 하는 경우 오히려 생활에 불편을 가져온다. |
| S | S – (LDK) | • L, D, K의 공간 이외에 특별한 용도의 공간을 만든다.<br>• 접객용, 서재, 플레이 룸, 기타 취미에 따른 용도로 한다. |

# 04. 사례

## [사례 1]  양재동(102.212) 장기전세주택

●(주)강남종합건축사무소, 최병찬, 정세진

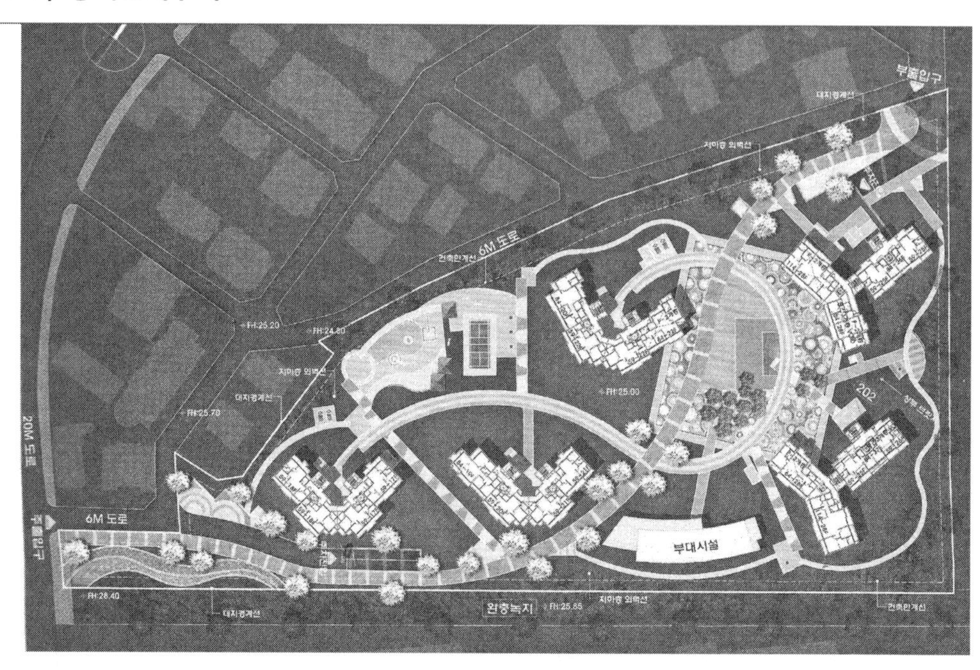


●발췌 : 「설계경기」, 도서출판 에이엔씨

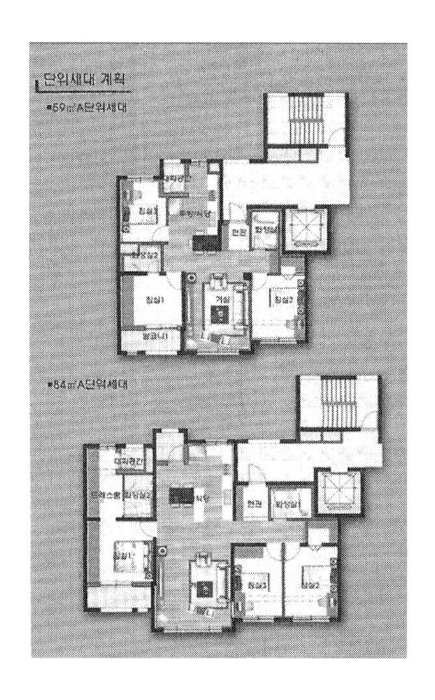


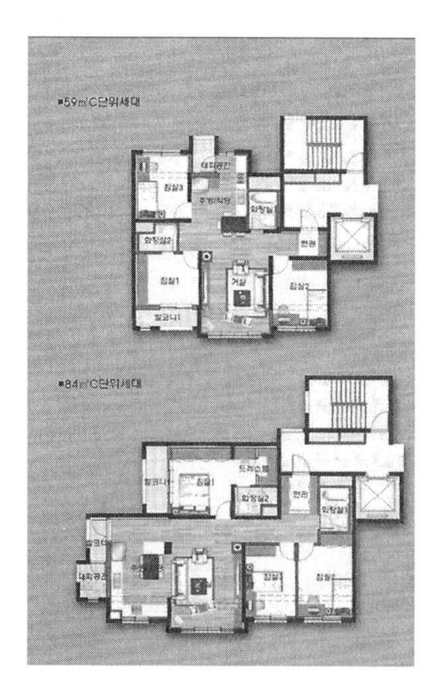


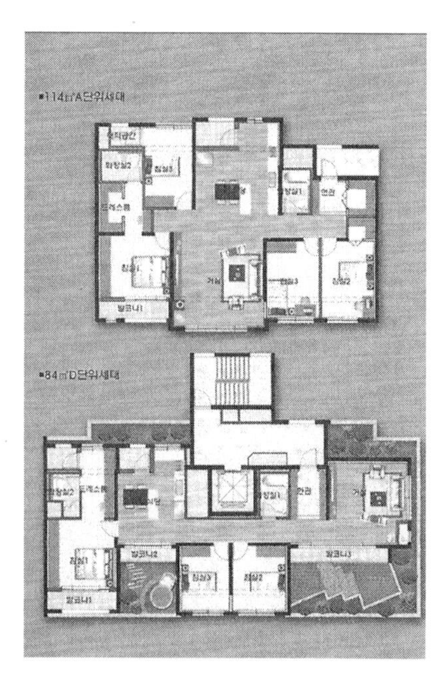

## [사례 2]  동북권역(노원지구) 3, 4단지 아파트

● 엄&이건축, 이관표 · 김영찬
이담건축, 김남수

●발췌 : 「설계경기」,
도서출판 에이엔씨

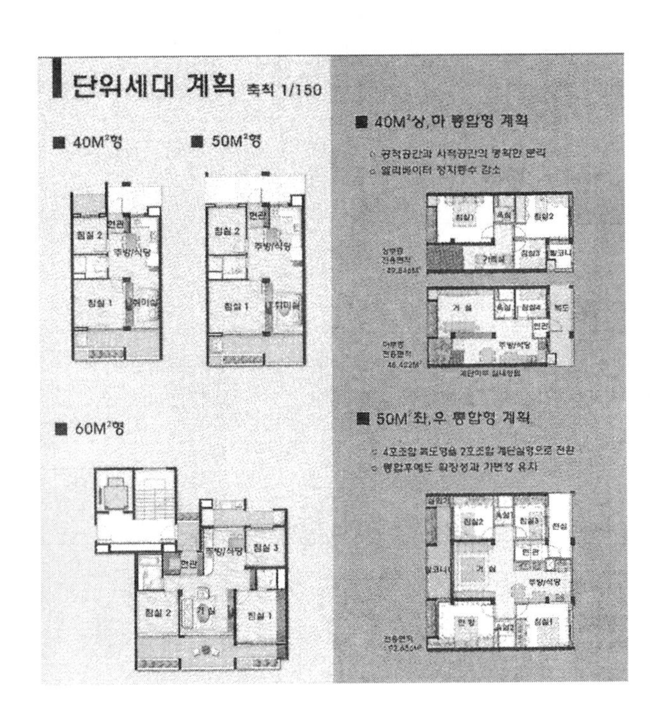


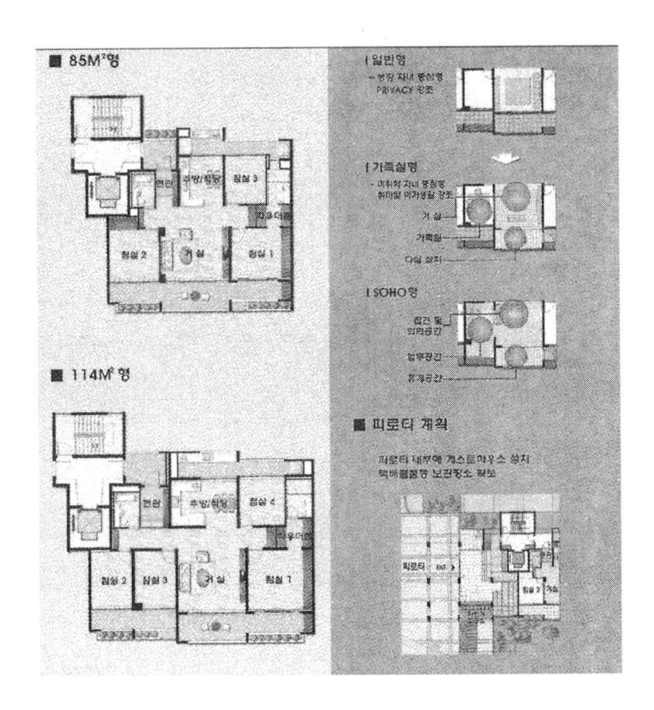

## [사례 3] 남양주 가운지구 공동주택단지

● 신도시건축, 우재동 · 고형석

● 발췌 : 「설계경기」, 도서출판 에이엔씨

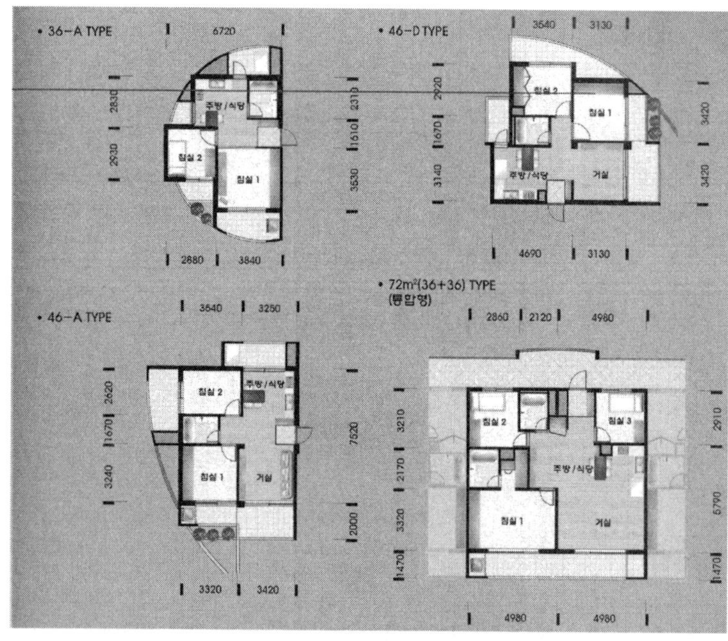


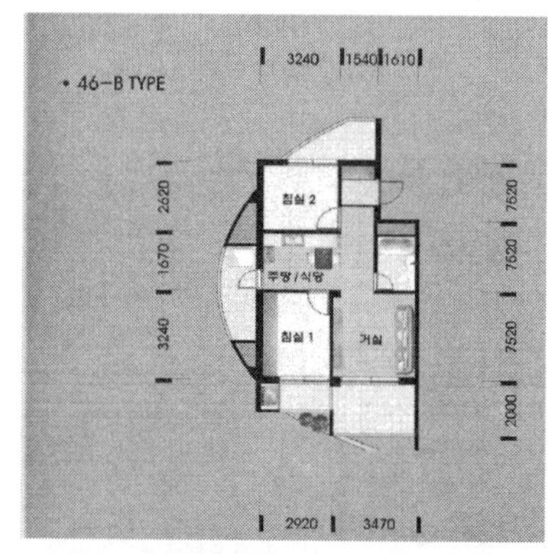


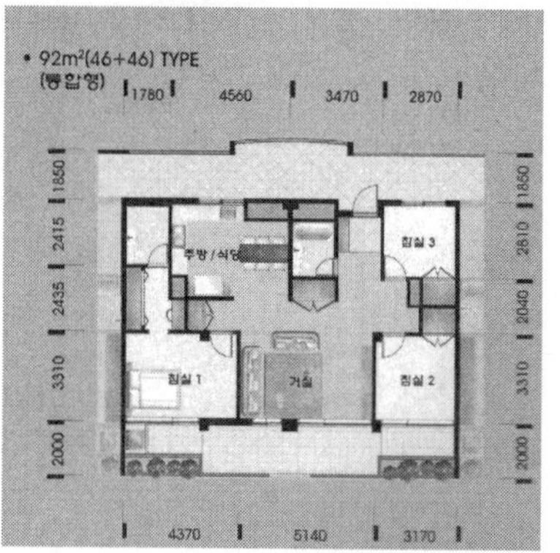

NOTE

# ③ 기숙사

## 01. 개요

### 1. 기숙사의 정의

기숙사(Dormitory, Boarding House)는 일반적으로 공동주택에 준해서 취급되어지며, 생계가 같지 않은 독신자들의 집단적 생활을 영위하기 위한 주거 형식을 말한다.

#### (1) 기숙사의 분류

① 종업원(근로자) 기숙사
② 학생(초, 중, 고, 대) 기숙사
③ 독신자 기숙사

## 02. 배치계획

### 1. 기본 사항

① 기숙사는 보편적으로 주거지역이나 공장 부지 내 또는 대학 캠퍼스 내 인근에 위치하고 있으므로, 주변환경이나 단지 마스터플랜을 고려하여야 한다.
② 일반적으로 거주동과 공용동을 분리하여 계획하여야 하고, 거주동은 동서로 길게하고 남쪽에 옥외 공간을 형성하는 것이 바람직하다.

● 기숙사의 채광

기숙사는 공동주택이지만 법규상 인접대지 경계선으로 부터의 채광사선은 고려하지 않으며, 인동거리만 적용한다.

### 2. 배치계획

① 동배치
- 대지 여건에 따라 거주동과 공용동의 수평 · 수직적 분리방법을 판단하고 동별 혹은 층별 남, 여 구분을 원칙으로 한다.

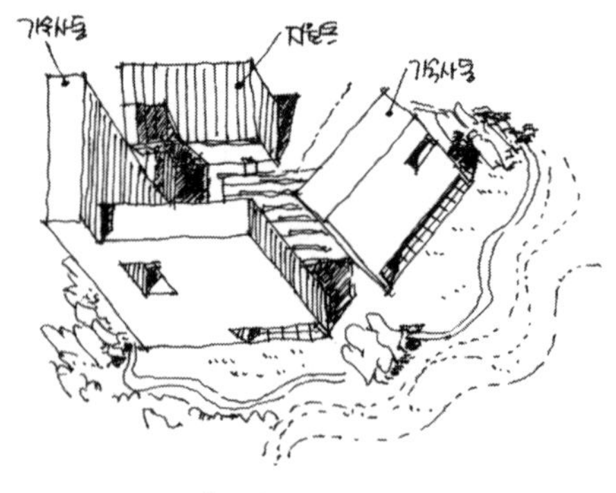


[그림 2-20 배치계획]

② 방위

- 숙박실은 가급적 남향을 고려하되, 거주동이 중복도인 경우 일부 숙박실은 남향배치가 힘들어진다.

③ 동선계획

- 보행자와 차량의 동선분리는 일반적인 접근법이다.
- 주도로에서는 보행자 주출입, 부도로에서는 보행자 부출입과 차량출입을 고려한다.

④ 옥외공간

- 진입마당, 휴게공간, 주차장, 행사마당, 운동공간 등이 계획될 수 있으며 가급적 건물의 남쪽에 배치한다.
- 차량동선은 지상주차장, 지하주차장 진입 경사로, 하역공간 등으로 구성될 수 있다.

## 03. 평면계획

### 1. 기능분석

● 주거기능과 복합

주거기능을 조합하는 시설들의 평면계획 및 조닝계획에서 주거기능의 프라이버시 확보에 의한 계획 유형을 이해

① 공용기능(지원기능)과 주거기능을 구분하여 계획하고 공용부는 접근하기 쉬운 위치에 계획한다.

② 도심형 기숙사는 층별 조닝에 의한 기능분리를 유도하고 전원형 기숙사는 MASS 분리에 의한 수평적 기능분리를 고려한다.

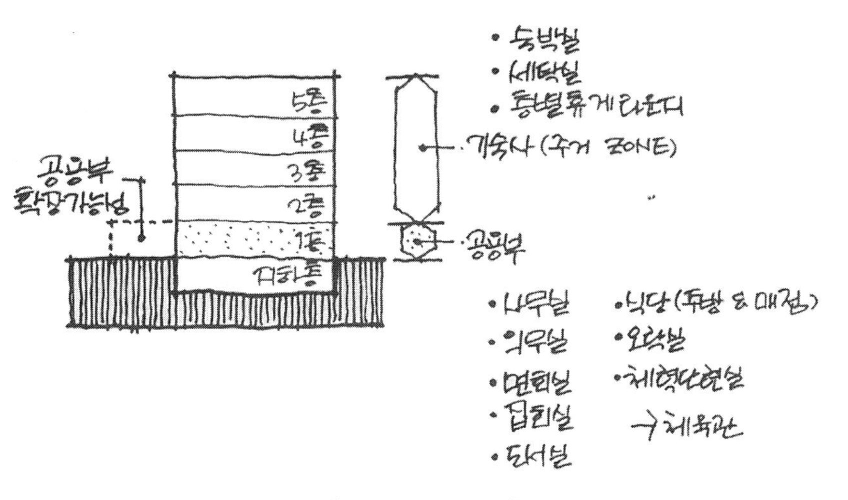


[그림 2-21 기능분석]

## 2. 모듈과 단위세대

① 50m²(7.2m×7.2m, 4~6인) 모듈이 일반적이나, 대지의 크기나 형태에 따라 변형이 가능하다.

② 주거시설의 공통적 1Bay인 3.6m를 전후하여 기본틀을 구성한다.

③ 단위세대구성

• 1인 또는 2인 기준의 단위세대는 아래 그림과 같이 구성되며 다양한 형태로 변형이 가능하다.

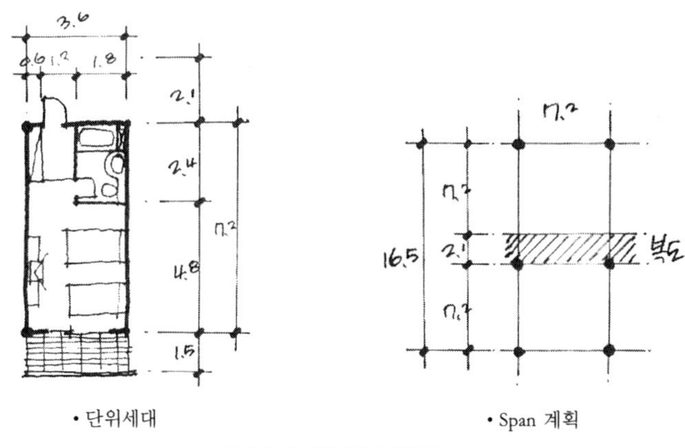


• 단위세대　　　　• Span 계획

**[그림 2-22 단위 세대]**

## 3. 블록플랜(Block Plan)

① 도심지에 계획되는 기숙사는 경제성을 고려하여 주로 중 · 고층형, 집중형, 중복도형으로 계획된다.

② 전원에 계획하는 기숙사는 주로 ㄱ자, ㄴ자, ㄷ자, ㅁ자 등 다양한 형태의 저층형, 분산형으로 계획된다.

**[표 2-7] 블록 플랜**

| 편복도형(기본) | 중복도형 | 아뜨리움형 |
|---|---|---|
| | | |
| 변형 1 | 변형 2 | 변형 3 |
| | PRIVACY 문제! | |

● 기본사항

① 기숙사는 침실 계획이 중요하고 침실의 향은 남향이 최우선이나 조건에 따라 동향, 서향, 북향 순으로 계획하며 중복도형도 가능하다.
② 침실의 크기는 단변과 장변의 비가 1:2를 넘지 않도록 하고 개구부는 가급적 크게 계획
③ 식당 주방부에 서비스 차량의 접근이 가능하면 좋으나 조닝 구성에 따라 차량의 접근이 곤란해도 보편적으로 규모가 작으므로 무방

● 복도폭

중복도 기준으로 계획상 유효폭 1.8~2.1m 정도로 계획한다.

## 4. 세부계획

### [1] 단위세대 세부계획

#### (1) 침 실

① 침실 거주인원 : 1실 2~6인, 최대 16인

② 1인당 최소면적 2.5m$^2$, 보통 5.0~10m$^2$

③ 실 깊이

- 일면 채광일 때 : 개구부 너비×1.5≤실 깊이≤6m
- 양면 채광일 때 : 개구부 너비×2.0≤실 깊이≤10m

### [2] 공용부분 세부계획

#### (1) 식 당

① 소요면적 : 0.9~1.2m$^2$/인

② 통로의 너비 : 1.0m 이상

③ 주방의 소요면적 : 0.4m$^2$/인 또는 1/3~1/4×식당면적

#### (2) 보건시설

① 의무실 : 6~15m$^2$

② 휴양실 : 5m$^2$, 휴양자 1인(휴양자 수=수용인원의 4%)

③ 간호실 : 6~15m$^2$

#### (3) 오락시설

① 오락실 : 0.2m$^2$/인, 20m$^2$/100인, 70~80m$^2$/500인

② 담화 · 휴게실 : 오락실이나 현관 로비 일부를 이용한다.

③ 집회실 : 식당이나 실내 체육시설과 겸용으로 계획 가능하다.

#### (4) 교양시설

① 독서실 : 도서실, 신문잡지실 등을 활용하거나 또는 오락실, 담화실 등을 이용한다.

② 가사실 : 여자 수용인원의 1/2~1/10 이동시 사용 가능한 공간이다.

③ 자습실 : 학생 기숙사의 경우 2~4명당 1실 정도로 계획한다.

#### (5) 관리시설

① 사무실 : 16~20m$^2$ 정도

② 사감실 : 12~15m$^2$

# 04. 사례

## [사례]  서울대학교 간호대 기숙사

● 건정건축, 노형래

● 발췌 : 「설계경기」, 도서출판 에이엔씨

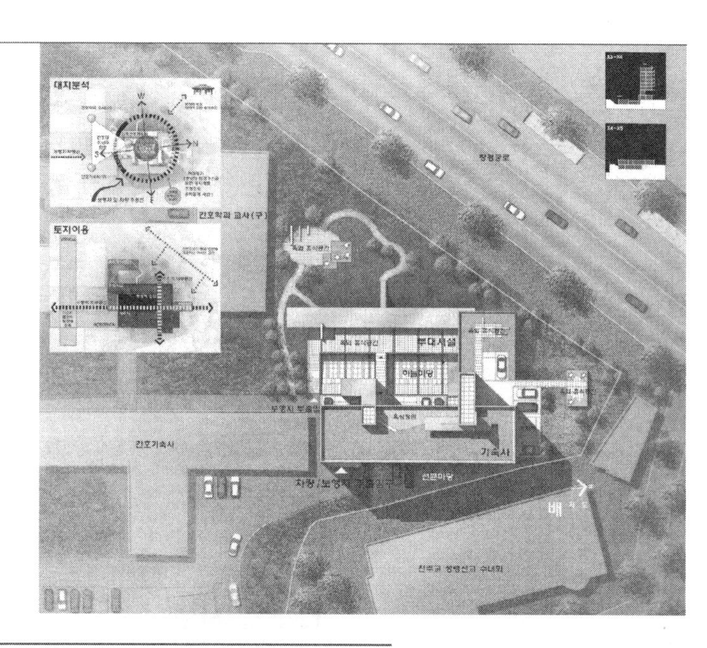


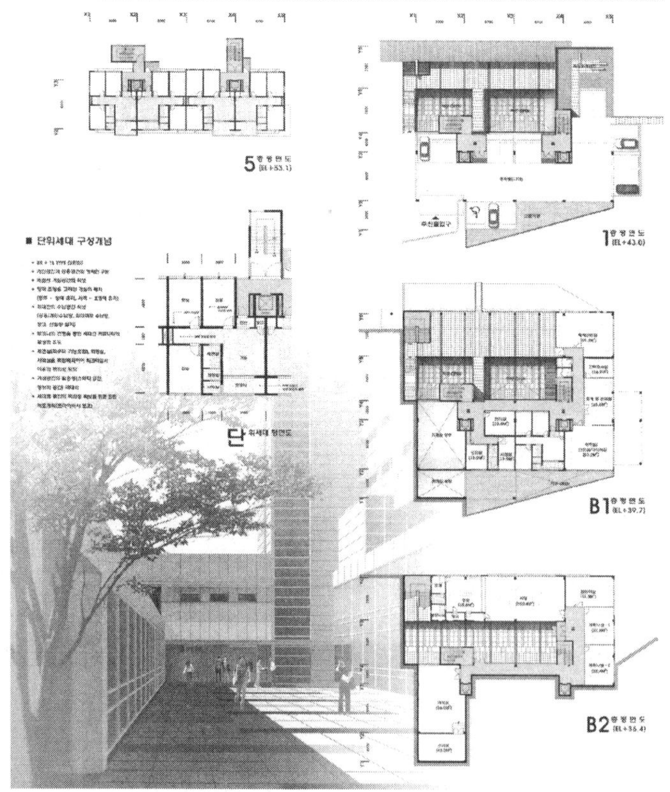

NOTE

# 4 익힘문제 및 해설

## 01. 익힘문제

### 익힘문제 1. 공동주택 UNIT 계획

60m² 단위세대의 기능 Diagram 및 평면 스케치를 완성하시오.

① UNIT 평면 스케치하기

② 기능 다이어그램 그리기

- 침실 2
- 화장실 1
- 현관 1
- 주방 및 식당+거실 1(LDK 형식)
- 복도식 평면

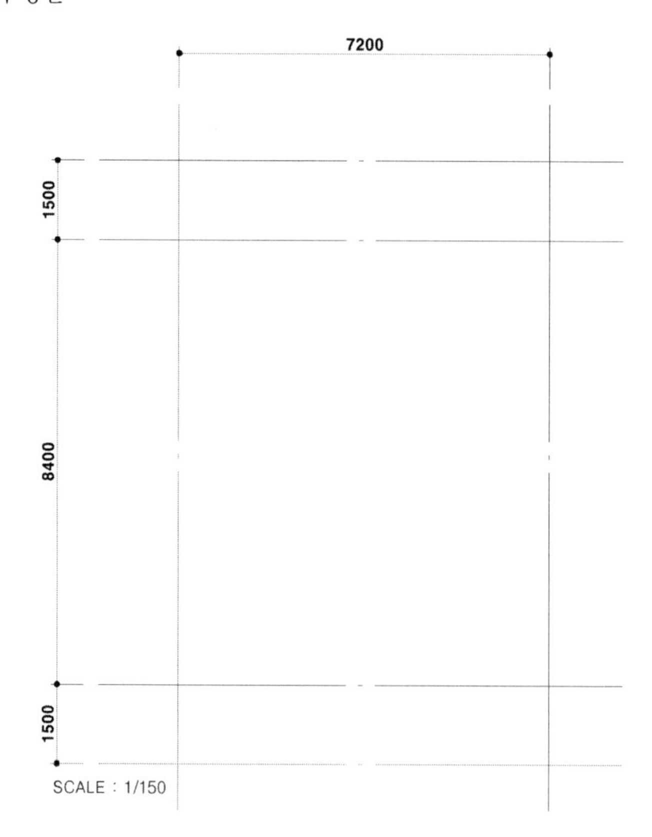

## 익힘문제 2. 기숙사 UNIT 계획

기숙사 UNIT의 기능 Diagram 및 평면 스케치를 완성하시오.

① UNIT 평면 스케치하기
- 기본형과 침실 분리형(침실 1, 주방 및 식당 1. 현관 1, 화장실 1)

② 기능 다이어그램 그리기
- 기본형 Diagram
- UNIT 면적 $25m^2$
- 현관 1
- 화장실 1
- 침실 1

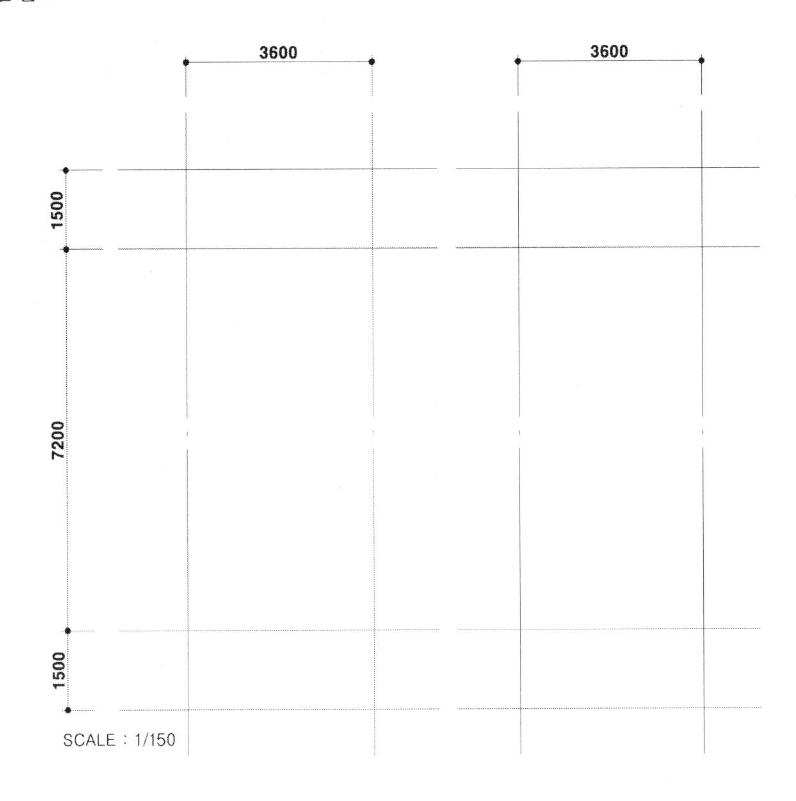

## 02. 답안 및 해설

### 답안 및 해설 1. 공동주택 UNIT 계획 답안

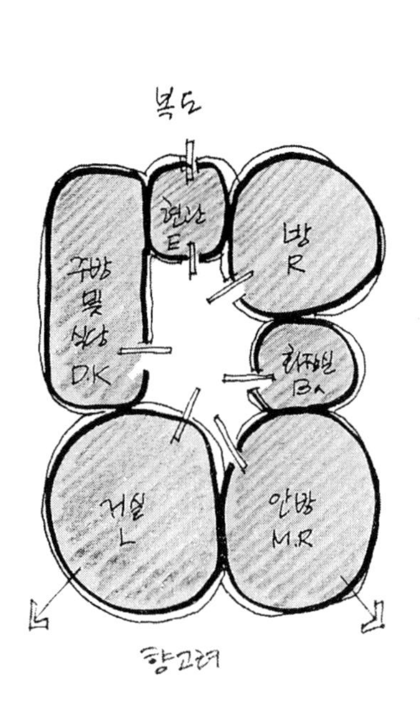


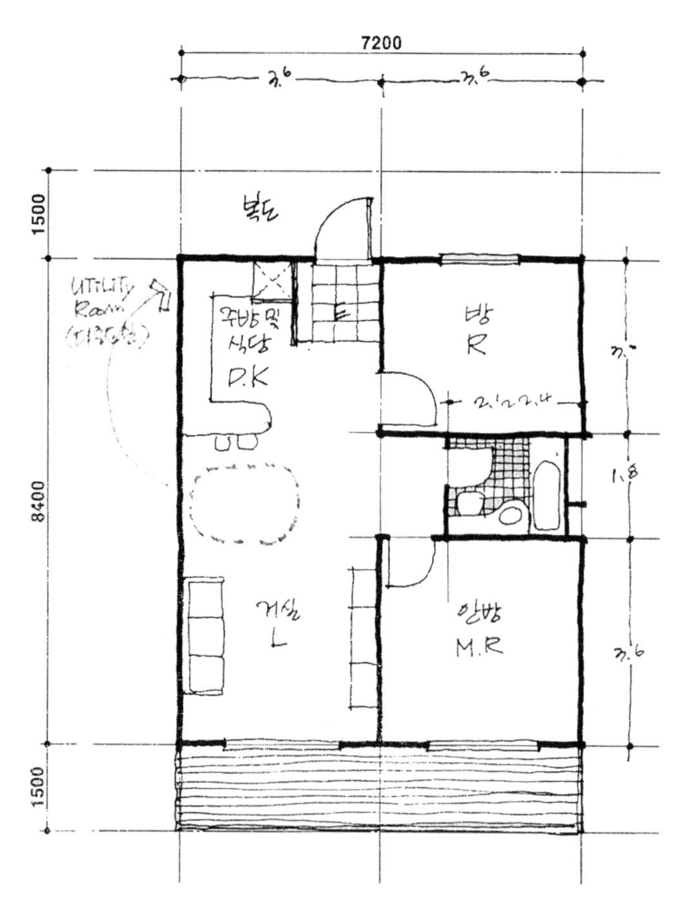


SCALE : NONE

## 답안 및 해설 2. 기숙사 UNIT 계획 답안

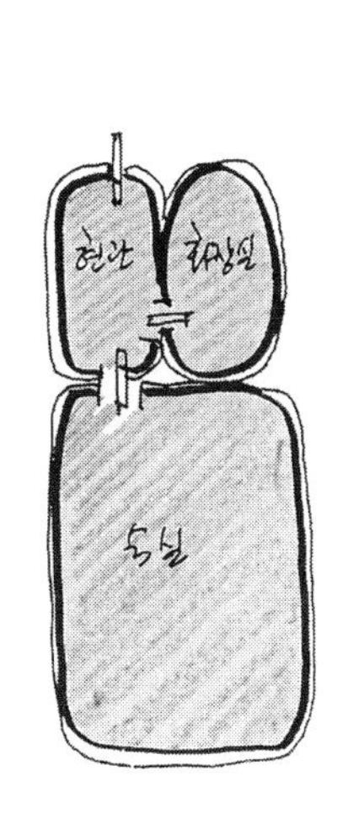

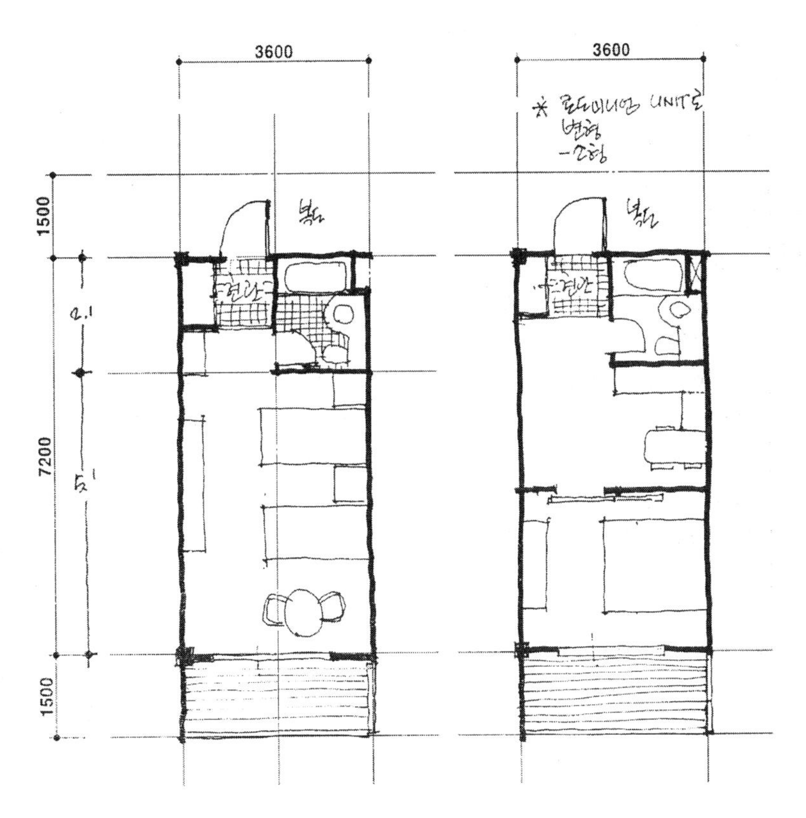

연습문제를 통한 계획 정립

# 5 연습문제 및 해설

## 01. 연습문제

**연습문제** 공동주택 및 근린생활시설의 평면설계

### 1. 과제개요

도심지 내 공동주택 및 근린생활시설을 신축하고자 한다. 아래 사항을 고려하여 1층 및 4층 평면도를 작성하시오.

### 2. 건축개요

(1) 용도지역 : 일반상업지역(주변 인접대지 모두 동일 지역)
※가로구역별 최고 높이제한 : 45m 이하
(2) 주변현황 : 대지 현황도 참조
(3) 계획부지면적 : 1,477.75$m^2$
(4) 규모 : 지하 4층, 지상 12층
(5) 구조 : 철골철근콘크리트조
(6) 층별 용도 및 층고

| 구분 | 층별 | 용도 | 층고 |
|---|---|---|---|
| 지하 | B4층 | 기계실 및 전기실 | 5.5m |
| | B1~B3층 | 주차장 등 | 3.6m |
| 지상 | 1~2층 | 근린생활시설, 공동주택부대시설 | 3.9m |
| | 3~12층 | 공동주택 | 3.0m |

※ 2층 : 근린생활시설의 바닥면적 합계는 380$m^2$로 하며, 공동주택 부대시설의 바닥면적 합계는 210$m^2$로 한다.

(7) 외벽마감 : 임의
(8) 냉난방설비
① 근린생활시설 : 층별공조방식
② 공동주택 : 세대별 개별 냉난방 방식
(9) 주차는 지하주차장을 이용하는 것으로 하며, 지상주차는 계획하지 않는다.
(10) 건폐율 및 용적률은 고려하지 않는다.

### 3. 설계조건

(1) 건축물의 외벽은 인접대지경계선으로부터 1m 이상, 도로경계선으로부터 3m 이상 이격한다.
(2) 기둥과 기둥사이의 거리 : 12m 이하
(3) 지하 주차장 출입
① 자주식(경사로 폭 6m, 경사도 1/6)
② 필로티 하부 이용
(4) 근린생활시설 출입구 : 주출입구를 16m 도로 측에 배치하고, 부출입구를 10m 도로 측에 배치한다.
(5) 공동주택
① 1개동을 향이 양호하도록 배치한다.
② 측별 길이(발코니 깊이 포함)는 12m 이하로 계획한다.
③ 주거출입구는 10m 도로측에 계획하며, 경비실을 인접시킨다.
(6) 1층 바닥레벨 : EL+300mm
(7) 조경 : 임의로 계획
※ 단, 대지 북측에는 공동주택 이용자를 위한 휴게마당을 250$m^2$ 이상 계획
(8) 근린생활시설 1, 2, 3은 도로에서의 이용성을 고려한다.

### 4. 실별 소요면적 및 요구사항

(1) 실별 소요면적 및 요구사항은 〈표〉를 참조
(2) 각 실별 면적은 10%, 각 층별 바닥면적은 5% 범위 내에서 증감 가능

### 5. 도면 작성 요령

(1) 1층 평면도에 배치관련 주요 내용을 표시
(2) 공동주택의 세대는 1개 세대만 표현
(3) 기둥, 벽, 개구부 등이 구분되도록 표현
(4) 실명, 주요치수 등을 표기
(5) 단위 : mm
(6) 축척 : 1/400

### 6. 유의사항

(1) 도면 작성은 흑색연필로 한다.
(2) 명시되지 않는 사항은 관계법령의 범위 안에서 임의로 한다.

〈표〉 실별 소요면적 및 요구사항

| 위치 | 구분 | 실명 | 면적(m²) | 요구사항 |
|---|---|---|---|---|
| 1층 | 공동주택 | 계단실 | 18 | 특별피난계단 |
| | | 승강장 | 15 | 특별피난계단 및 비상용 승강기의 부속실 기능 |
| | | 승강기 | 7 | 비상용 승강기 |
| | | 복도 | 15 | |
| | | 주민공동시설 | 60 | |
| | | 경비실 | 30 | |
| | | 소계 | 145 | |
| | 근린생활시설 | 근린생활시설1 | 80 | 16m 도로에서의 이용성 고려 |
| | | 근린생활시설2 | 40 | |
| | | 근린생활시설3 | 80 | 도로에서의 이용성 고려 |
| | | 공조실 | 25 | |
| | | 공용공간 | 155 | 로비, 복도, 계단1개소(특별피난계단), 승강기, 화장실(장애인용 남, 여 포함) 등 |
| | | 소계 | 380 | |
| | 1층 계 | | 525 | |

| 위치 | 구분 | 실명 | 면적(m²) | 요구사항 |
|---|---|---|---|---|
| 4층 | 공용 | 계단실 | 18 | 특별피난계단 |
| | | 승강장 | 15 | 특별피난계단 및 비상용 승강기의 부속실 기능 |
| | | 승강기 | 7 | 비상용 승강기 |
| | | 소계 | 40 | |
| | 세대 1 | 현관 | 5 | |
| | | 거실 | 15 | 식당과 근접, 향 고려 |
| | | 침실1(안방) | 12 | 측벽에 인접, 향 고려 |
| | | 침실2 | 10 | 침실1에 근접, 측벽에 인접 |
| | | 침실3 | 12 | 출입구와 근접, 향 고려 |
| | | 부엌 및 식당 | 10 | |
| | | 화장실1 | 5 | 출입구 · 거실 · 침실3에 근접 |
| | | 화장실2 | 4 | 안방전용, 옷방에서 직접 연결, 측벽에 인접 |
| | | 옷방 | 3 | 안방 전용 |
| | | 복도 및 기타 | 9 | |
| | | 소계 | 85 | |
| | 세대 2 | 세대1과 동일 | 85 | 세대1과 대칭배치 |
| | | 소계 | 85 | |
| | 4층계 | | 210 | |

〈대지현황도 : 축적 없음〉

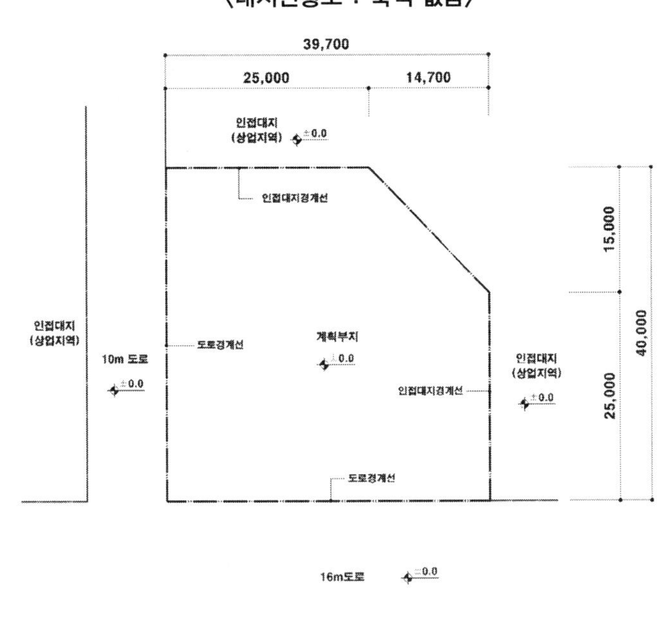


인접대지
(상업지역)

**4층평면도**

축척 : 1/400

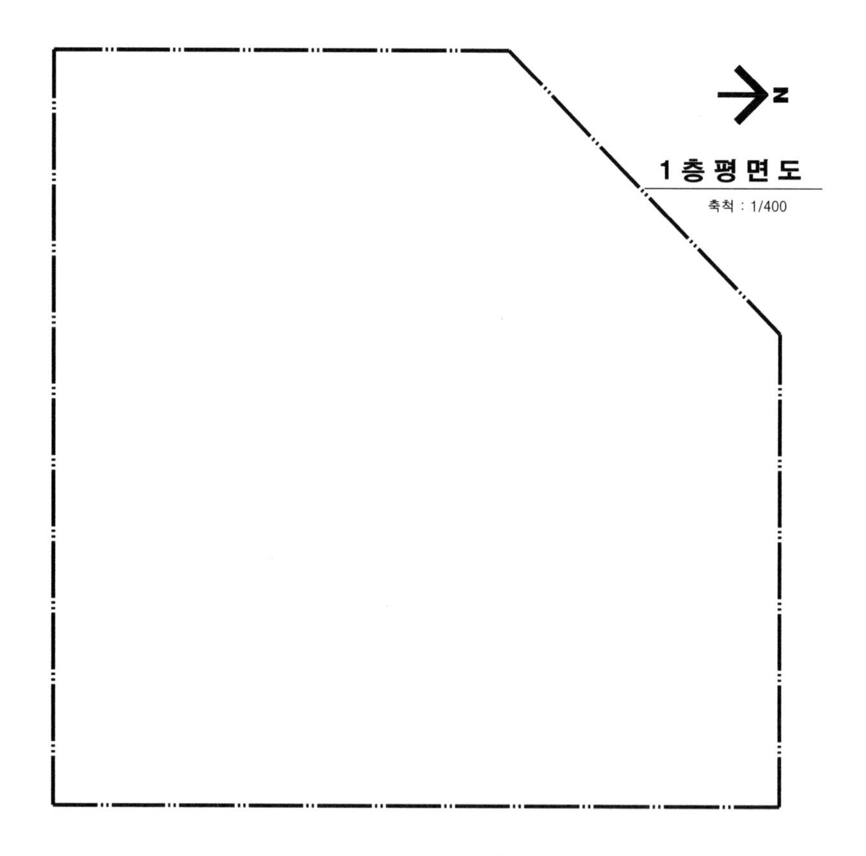

**1층평면도**

축척 : 1/400

# 02. 답안 및 해설

## 답안 및 해설 공동주택 및 근린생활시설의 평면설계

### (1) 설계조건분석

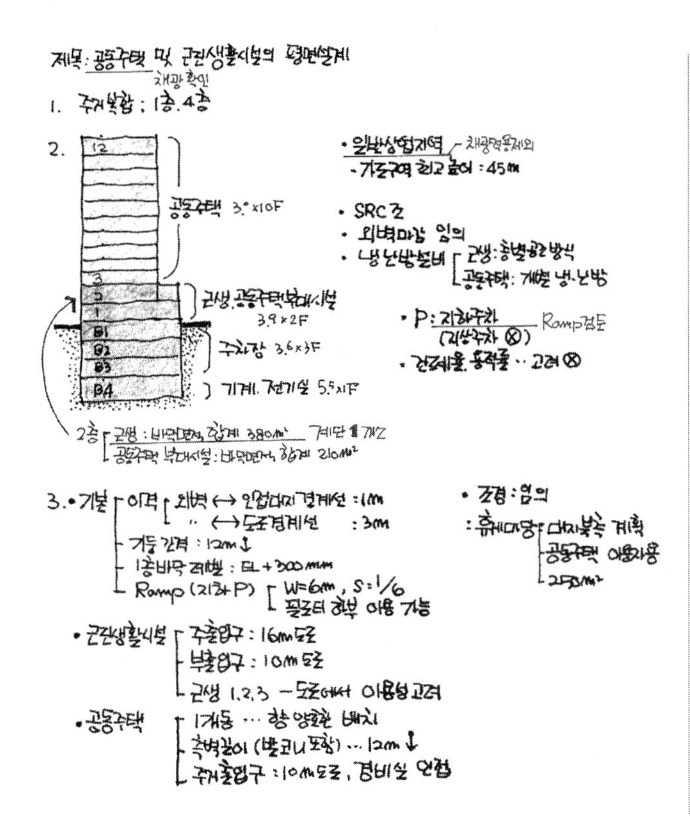


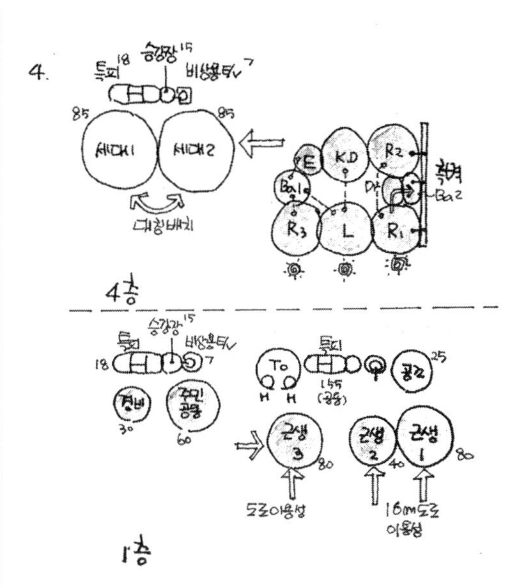

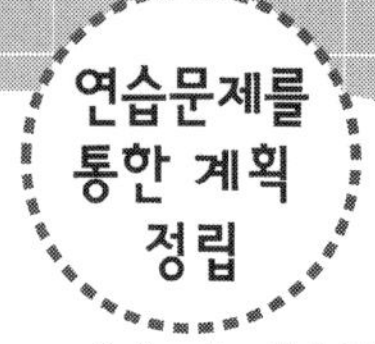


## (2) 대지분석

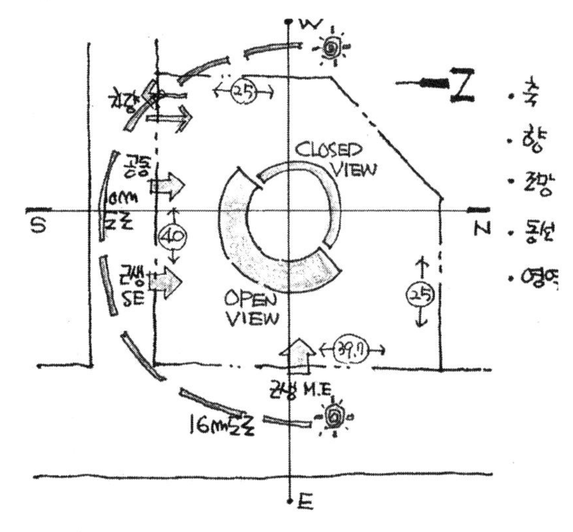


## (3) 토지이용계획

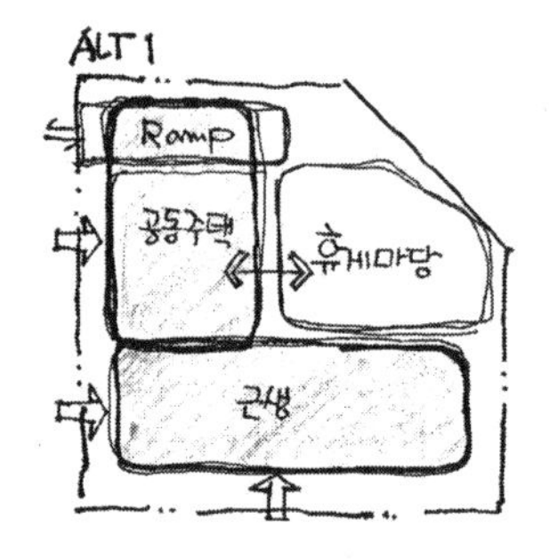


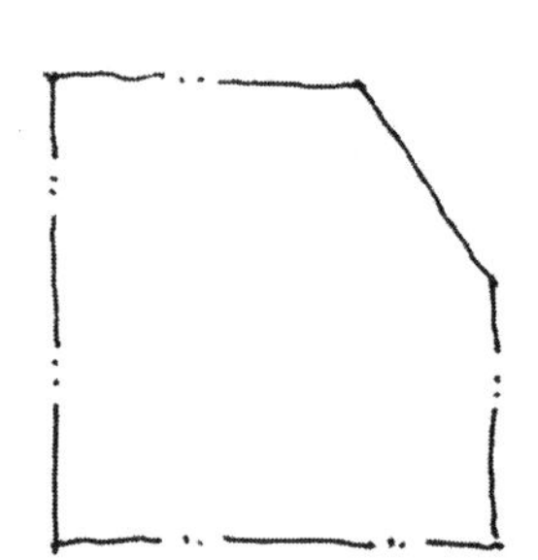

## (4) Space Program 분석

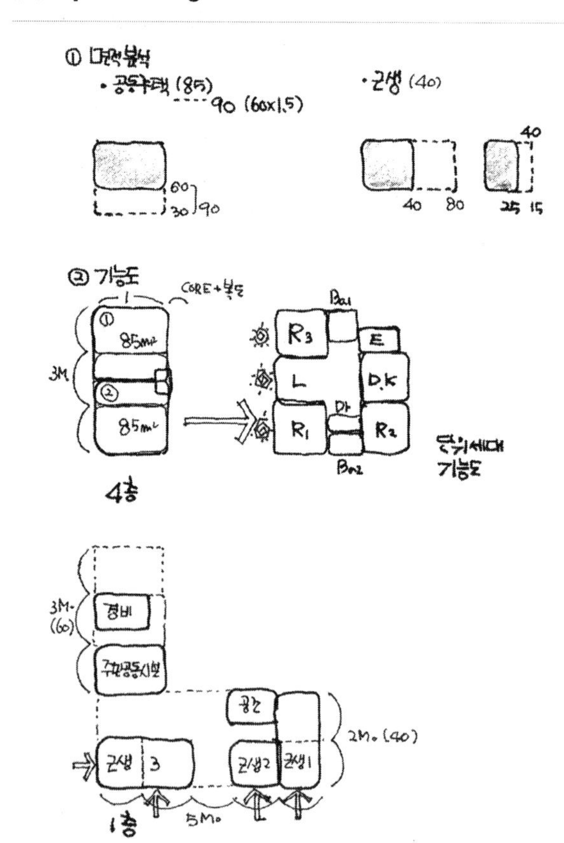

(5) 모듈분석

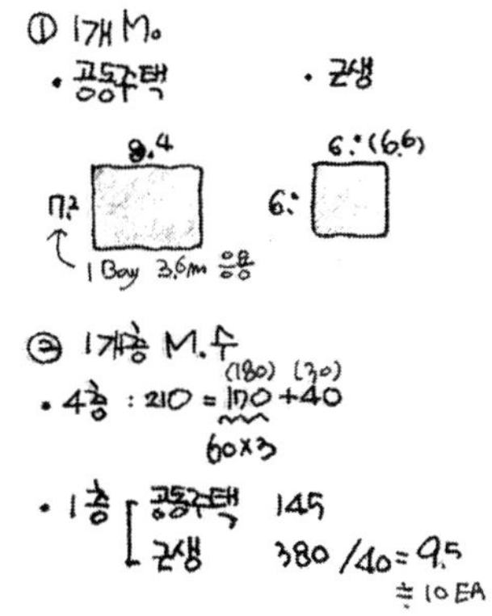


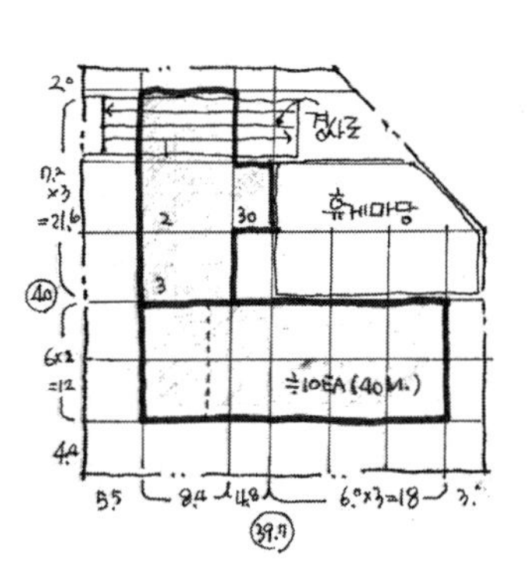


(6) 수직&수평조닝

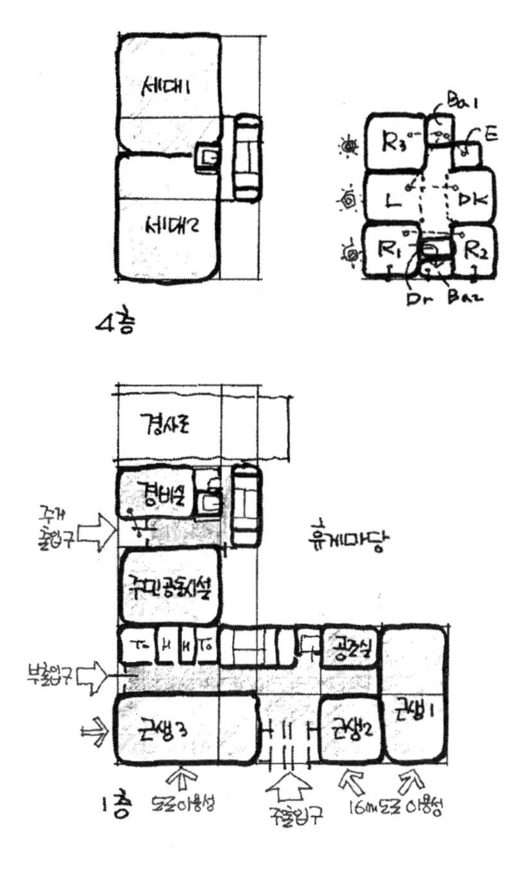

연습문제를 통한 계획 정립

(7) 답안분석

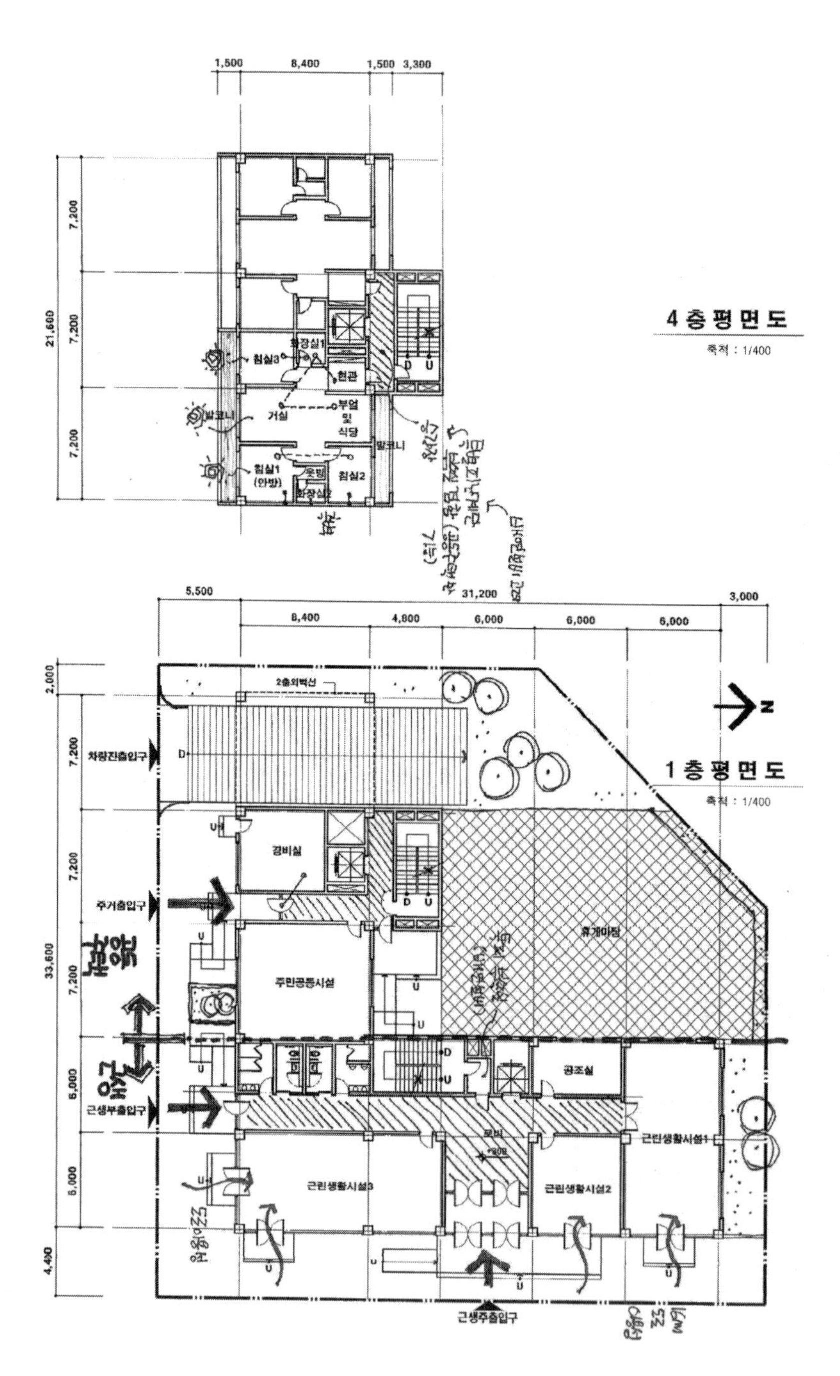

## (8) 모범답안

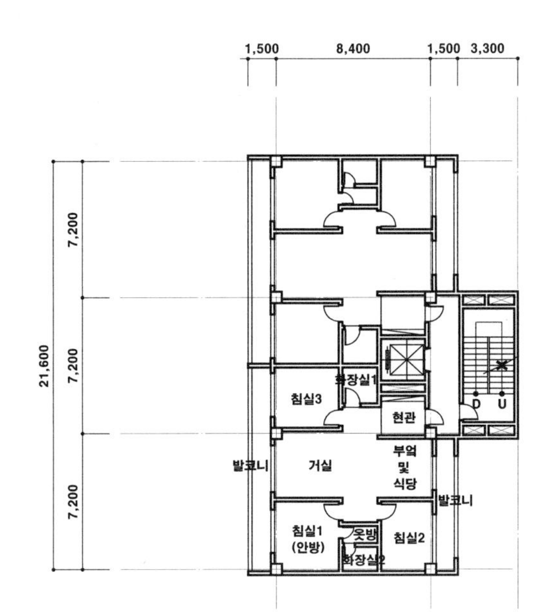


**4층평면도**

축척 : 1/400

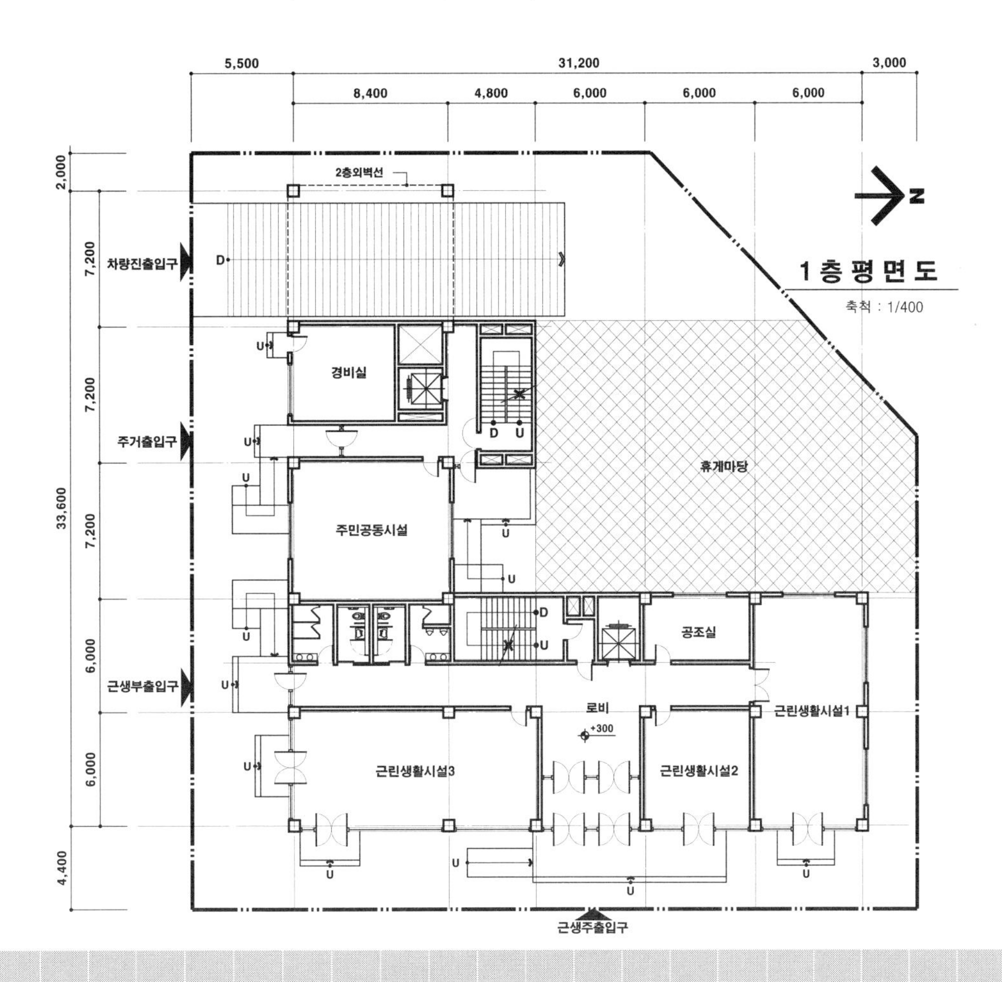


**1층평면도**

축척 : 1/400

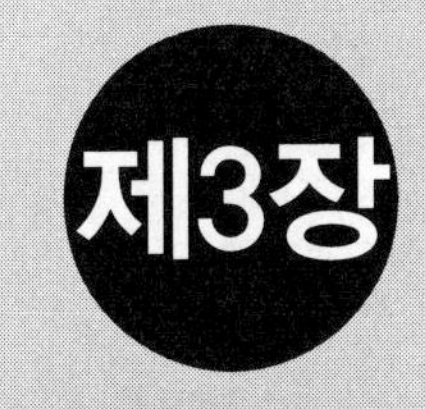


# 업무 및 교육시설

# 1 근린생활시설

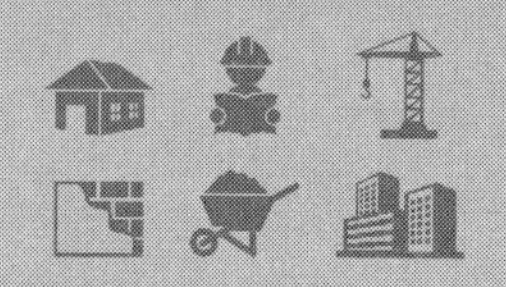

## 01. 개요

● 평면설계 Key Word

① 대지주변 현황
② 대지 내 현황
③ 평면계획
 • 기능 및 동선 계획
 • 실 규모 계획
④ 합리적 대안

### 1. 근린생활시설

가까운 곳에서 생활에 필요한 수요를 공급할 수 있는 시설을 말한다.슈퍼마켓, 일용품 등의 소매점에서부터 음식점, 의원, 소규모 공공기관까지 다양한 시설을 포함한다.

#### [1] 근린생활복합시설

(1) 근린생활시설+주거시설

저층부에 근린생활시설을 계획하고, 상부에 단독, 다가구, 다세대 및 공동주택 등의 시설을 복합하는 형식을 말한다.

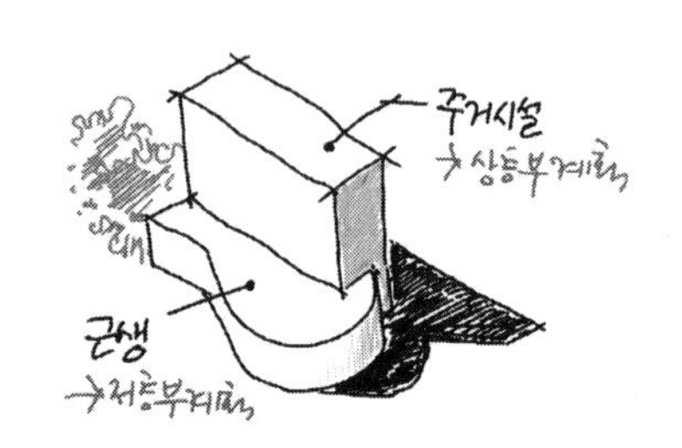


(2) 근린생활시설+업무시설

저층부에 근린생활시설을 계획하고, 상부에 사무소 등의 업무시설 용도를 복합하는 형식을 말한다.

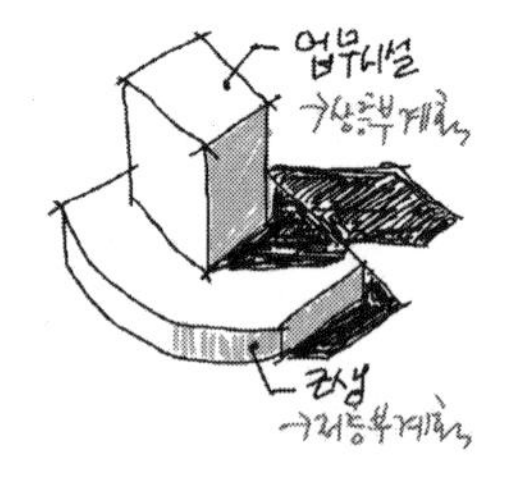


[그림 3-1 근생복합사례]

### 2. 근린생활시설의 분류

● 근린생활시설 1종, 2종

일상생활과 좀더 밀접한 것이 1종으로 분류된다.

#### [1] 제1종 근린생활시설

가. 식품 · 잡화 · 의류 · 완구 · 서적 · 건축자재 · 의약품 · 의료기기 등 일용품을 판매하는 소매점으로서 같은 건축물(하나의 대지에 두 동 이상의 건축물이 있는 경우에는 이를 같은 건축물로 본다. 이하 같다)에 해당 용도로 쓰는 바닥면적의 합계가 1천 제곱미터 미만인 것

나. 휴게음식점, 제과점 등 음료 · 차(茶) · 음식 · 빵 · 떡 · 과자 등을 조리하거나 제조하여 판매하는 시설(제4호너목 또는 제17호에 해당하는 것은 제외한다)로서 같은 건축물에 해당 용도로 쓰는 바닥면적의 합계가 300제곱미터 미만인 것

다. 이용원, 미용원, 목욕장, 세탁소 등 사람의 위생관리나 의류 등을 세탁 · 수

선하는 시설(세탁소의 경우 공장에 부설되는 것과 「대기환경보전법」, 「수질 및 수생태계 보전에 관한 법률」 또는 「소음 · 진동관리법」에 따른 배출시설의 설치 허가 또는 신고의 대상인 것은 제외한다)

라. 의원, 치과의원, 한의원, 침술원, 접골원(接骨院), 조산원, 안마원, 산후조리원 등 주민의 진료 · 치료 등을 위한 시설

마. 탁구장, 체육도장으로서 같은 건축물에 해당 용도로 쓰는 바닥면적의 합계가 500제곱미터 미만인 것

바. 지역자치센터, 파출소, 지구대, 소방서, 우체국, 방송국, 보건소, 공공도서관, 건강보험공단 사무소 등 공공업무시설로서 같은 건축물에 해당 용도로 쓰는 바닥면적의 합계가 1천 제곱미터 미만인 것

사. 마을회관, 마을공동작업소, 마을공동구판장, 공중화장실, 대피소, 지역아동센터(단독주택과 공동주택에 해당하는 것은 제외한다) 등 주민이 공동으로 이용하는 시설

아. 변전소, 도시가스배관시설, 통신용 시설(해당 용도로 쓰는 바닥면적의 합계가 1천제곱미터 미만인 것에 한정한다), 정수장, 양수장 등 주민의 생활에 필요한 에너지공급 · 통신서비스제공이나 급수 · 배수와 관련된 시설

자. 금융업소, 사무소, 부동산중개사무소, 결혼상담소 등 소개업소, 출판사 등 일반업무시설로서 같은 건축물에 해당 용도로 쓰는 바닥면적의 합계가 30제곱미터 미만인 것

### [2] 제2종 근린생활시설

가. 공연장(극장, 영화관, 연예장, 음악당, 서커스장, 비디오물감상실, 비디오물소극장, 그 밖에 이와 비슷한 것을 말한다. 이하 같다)으로서 같은 건축물에 해당 용도로 쓰는 바닥면적의 합계가 500제곱미터 미만인 것

나. 종교집회장[교회, 성당, 사찰, 기도원, 수도원, 수녀원, 제실(祭室), 사당, 그 밖에 이와 비슷한 것을 말한다. 이하 같다]으로서 같은 건축물에 해당 용도로 쓰는 바닥면적의 합계가 500제곱미터 미만인 것

다. 자동차영업소로서 같은 건축물에 해당 용도로 쓰는 바닥면적의 합계가 1천 제곱미터 미만인 것

라. 서점(제1종 근린생활시설에 해당하지 않는 것)

마. 총포판매소

바. 사진관, 표구점

사. 청소년게임제공업소, 복합유통게임제공업소, 인터넷컴퓨터게임시설제공업소, 그 밖에 이와 비슷한 게임 관련 시설로서 같은 건축물에 해당 용도로 쓰

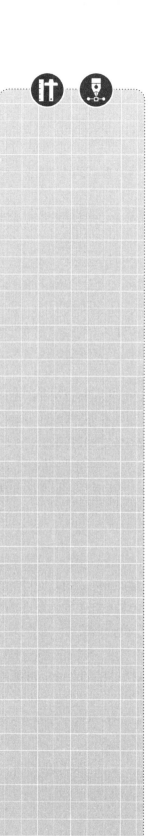

는 바닥면적의 합계가 500제곱미터 미만인 것

아. 휴게음식점, 제과점 등 음료 · 차(茶) · 음식 · 빵 · 떡 · 과자 등을 조리하거나 제조하여 판매하는 시설(너목 또는 제17호에 해당하는 것은 제외한다)로서 같은 건축물에 해당 용도로 쓰는 바닥면적의 합계가 300제곱미터 이상인 것

자. 일반음식점

차. 장의사, 동물병원, 동물미용실, 그 밖에 이와 유사한 것

카. 학원(자동차학원 · 무도학원 및 정보통신기술을 활용하여 원격으로 교습하는 것은 제외한다), 교습소(자동차교습 · 무도교습 및 정보통신기술을 활용하여 원격으로 교습하는 것은 제외한다), 직업훈련소(운전 · 정비 관련 직업훈련소는 제외한다)로서 같은 건축물에 해당 용도로 쓰는 바닥면적의 합계가 500제곱미터 미만인 것

타. 독서실, 기원

파. 테니스장, 체력단련장, 에어로빅장, 볼링장, 당구장, 실내낚시터, 골프연습장, 놀이형시설(「관광진흥법」에 따른 기타유원시설업의 시설을 말한다. 이하 같다) 등 주민의 체육 활동을 위한 시설(제3호마목의 시설은 제외한다)로서 같은 건축물에 해당 용도로 쓰는 바닥면적의 합계가 500제곱미터 미만인 것

하. 금융업소, 사무소, 부동산중개사무소, 결혼상담소 등 소개업소, 출판사 등 일반업무시설로서 같은 건축물에 해당 용도로 쓰는 바닥면적의 합계가 500제곱미터 미만인 것(제1종 근린생활시설에 해당하는 것은 제외한다)

거. 다중생활시설(「다중이용업소의 안전관리에 관한 특별법」에 따른 다중이용업 중 고시원업의 시설로서 국토교통부장관이 고시하는 기준에 적합한 것을 말한다. 이하 같다)로서 같은 건축물에 해당 용도로 쓰는 바닥면적의 합계가 500제곱미터 미만인 것

너. 제조업소, 수리점 등 물품의 제조 · 가공 · 수리 등을 위한 시설로서 같은 건축물에 해당 용도로 쓰는 바닥면적의 합계가 500제곱미터 미만이고, 다음 요건 중 어느 하나에 해당하는 것

1) 「대기환경보전법」, 「수질 및 수생태계 보전에 관한 법률」 또는 「소음 · 진동관리법」에 따른 배출시설의 설치 허가 또는 신고의 대상이 아닌 것

2) 「대기환경보전법」, 「수질 및 수생태계 보전에 관한 법률」 또는 「소음 · 진동관리법」에 따른 배출시설의 설치 허가 또는 신고의 대상 시설이나 귀금속 · 장신구 및 관련 제품 제조시설로서 발생되는 폐수를 전량 위탁처리 하는 것

더. 단란주점으로서 같은 건축물에 해당 용도로 쓰는 바닥면적의 합계가 150제곱미터 미만인 것

러. 안마시술소, 노래연습장

# 02. 배치계획

## 1. 방위

- 근린생활시설은 향보다는 접근성과 인지성 확보가 중요하다.
- 일반적으로 방위와 상관없이 도로에 면하여 계획하도록 한다.

## 2. 도로체계

### (1) 1면 도로에 접한 대지

① 가능한 많은 근린생활시설이 도로에 면할 수 있도록 계획한다.

② Mass와 주차장의 위치 계획은 일조권 등의 법규 제한과 연계하여 검토한다.

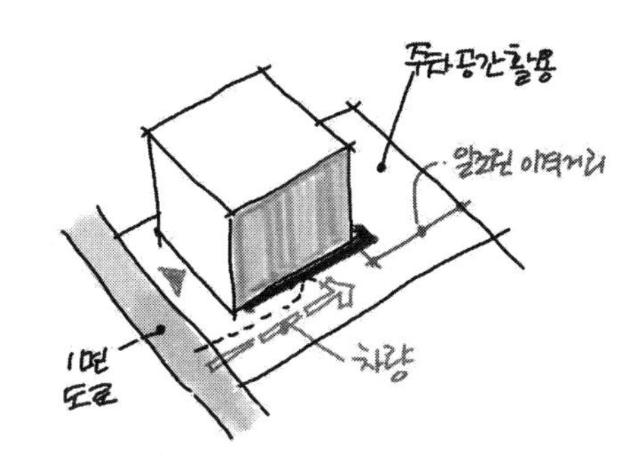


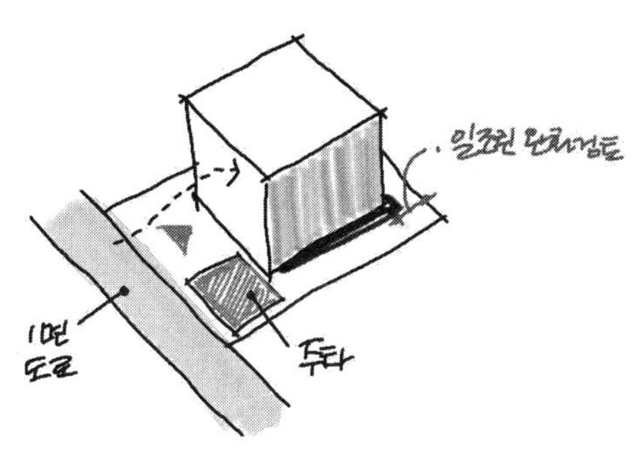


[그림 3-2 1면 도로에 접한 대지]

③ 기타 기능과 복합된 경우에는 근생의 접근동선과 분리하여 동선을 계획한다.

- 주거시설과 복합인 경우 프라이버시를 확보할 수 있는 동선 확보

**● 출입동선 계획**

복합시설의 소규모 대지일 경우라도 보·차분리와 용도별 출입 동선의 구분은 중요한 고려사항임

- 근생 : 주도로
- 주거 : 부도로

## (2) 2면 도로에 접한 대지

① 주도로에는 근린생활시설의 출입동선을 계획하고 부도로에서 복합기능의 출입동선을 계획한다.
- 보행동선의 접근이 양호한 곳에 근린생활시설계획

② 차량동선을 위한 출입을 교통량이 적은 부도로에서 계획한다.

③ 주차장은 부도로 쪽에 계획하여 주도로에서의 보행 접근성을 향상시킨다.

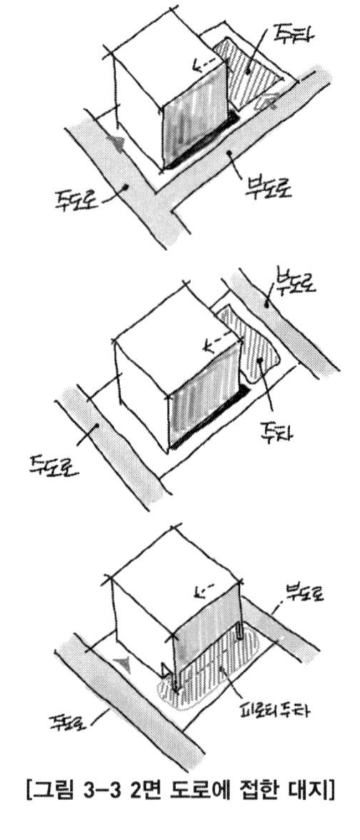


[그림 3-3 2면 도로에 접한 대지]

**●3면 도로 경사대지**

3면 도로에 접한 대지의 현황이 평면인지, 경사면인지의 판단은 건물의 레벨과 출입동선의 결정에 중요한 자료가 된다.

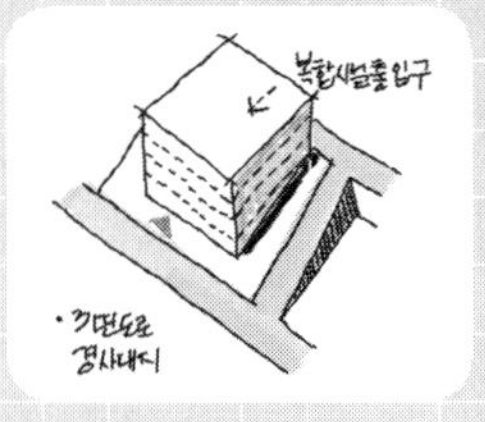


## (3) 3면 도로에 접한 대지

① 3면 이상 도로에 접한 경우 도로의 교통량이 가장 많은 도로(주도로)에서 근린생활 시설의 접근동선을 계획하고, 부도로 측에서 복합시설의 접근동선을 계획한다.
- 부도로가 2개 이상 되므로 차량동선과 복합시설의 출입동선을 분리하여 계획 가능
- 대지의 레벨 차이가 있는 경우 주도로 측 레벨을 기준으로 근린생활시설계획

② 복합시설 계획에서 주차장의 용도를 구분하여 계획할 경우 보행출입동선과 같은 도로에서 차량진출입동선의 계획도 가능하다.

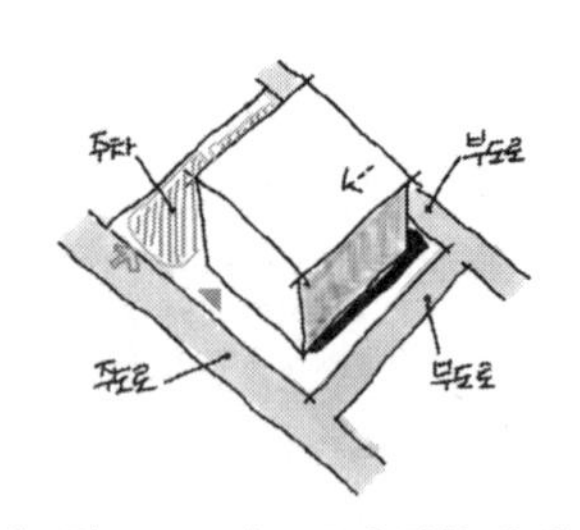


[그림 3-4 3면 도로에 접한 대지]

## 3. 옥외공간

진입마당, 휴게마당 등 다양한 마당이 요구될 수 있으며, 사용자가 다른 경우 동선분리에 주의한다.

## 4. 주차장

근린생활시설과 기타기능이 복합되어 계획되는 경우 각 기능에서 주차장이나 하역공간을 각각 요구할 수 있으며, 이 경우 각 기능의 차량동선은 분리시켜 계획한다.

**NOTE**

# 03. 평면계획

## 1. 기능분석

① 근린생활시설과 복합하는 시설은 상부에 계획하며, 저층부에는 근린생활시설을 계획한다.
  • 근린생활시설의 용도가 사람들의 이용성을 고려하여야 하는 것이므로 접근성 및 이용성 반영

② 근린생활시설과 기타시설의 배치는 수평분리에 의한 계획도 가능하다.
(ex. 공동주택의 단지계획에서 근린생활시설의 계획)

③ 근린생활시설동이 분리 배치되는 경우 접근성과 사용성을 고려하여 근린생활시설의 상부층과 하부층 배치를 신중히 검토한다.

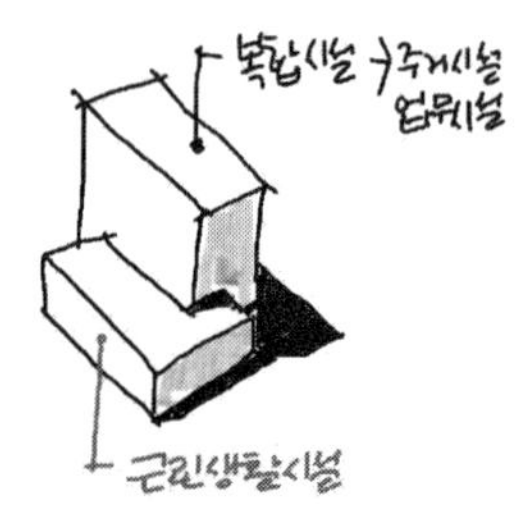

[그림 3-5 근생+복합시설]

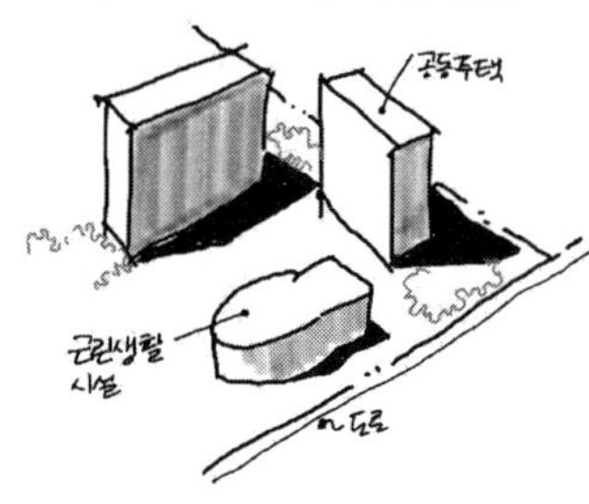

[그림 3-6 근생수평분리계획]

## 2. 모듈(Module) 계획

① 모듈은 40m², 50m², 60m² 모두 가능하다.
② 상부 복합시설의 모듈에 의해 근린생활시설의 모듈이 결정될 수 있으므로 신중히 결정한다. 이때, 상부 기타시설을 벗어난 부분은 이형모듈이 가능하다.

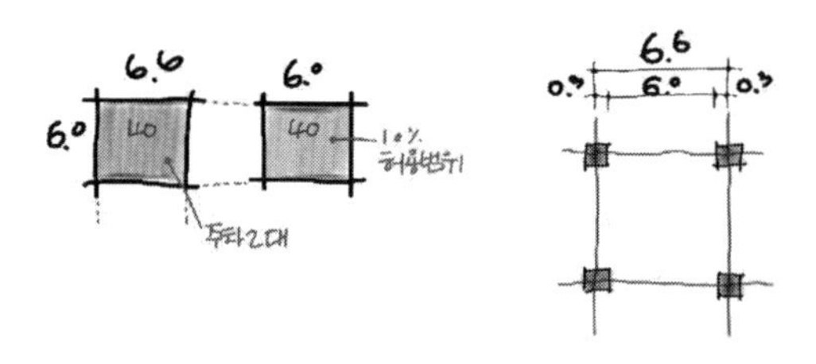

[그림 3-7 근린생활시설 모듈 계획]

## 3. 세부계획

근린생활시설이 기타시설과 복합되는 경우 코어의 분리가 평면계획의 중요한 변수가 될 수 있다.

● 기능분석

근린생활시설과 복합하는 용도는 일반적으로 수직조닝에 의한 기능분석 계획
• 주거 : 부도로

QUIZ 1.

● 모듈 결정하기

다음의 조건을 고려하여 모듈을 결정하시오.

① 1층 근생
  • 슈퍼마켓 40m²
  • 부동산 20m²
  • 기타 근생 점포 20m² 또는 40m²
② 2~4층 주거시설
  • 60m²형
  • 90m²형
  • 45m²형

→ 모듈은 (   )m²이다.

QUIZ 1. 답

• 각 기능 조건을 모두 고려하여야 하나 주거시설에 의한 모듈 결정을 고려
• 1층 40m²는 복도를 제외한 면적이므로 주거 60m²의 모듈을 이용하여 해결

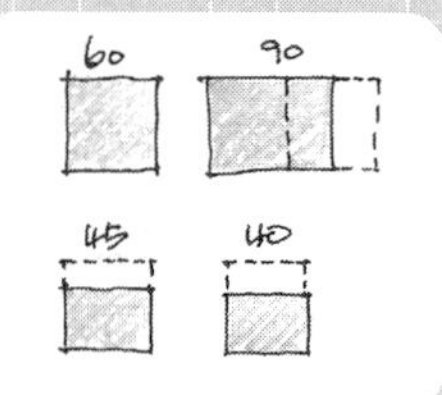


• 60m²

## (1) CORE의 위치 계획

① 양단 코어형

• 건물 형태가 장방형일 때

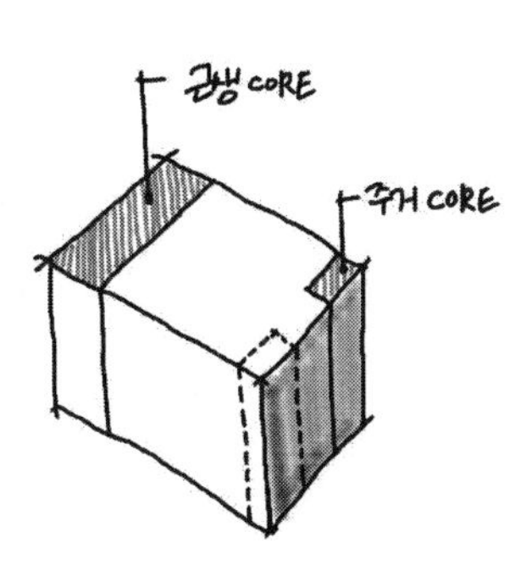


[그림 3-8 근생 양단 코어]

② 편심 코어형

• 건물 형태가 정방형에 가까울 때

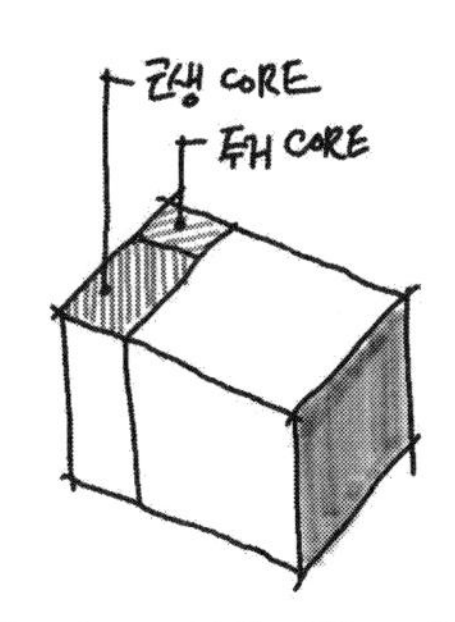


[그림 3-9 근생 편심 코어]

③ 중앙 코어형

• 비교적 규모가 클 때

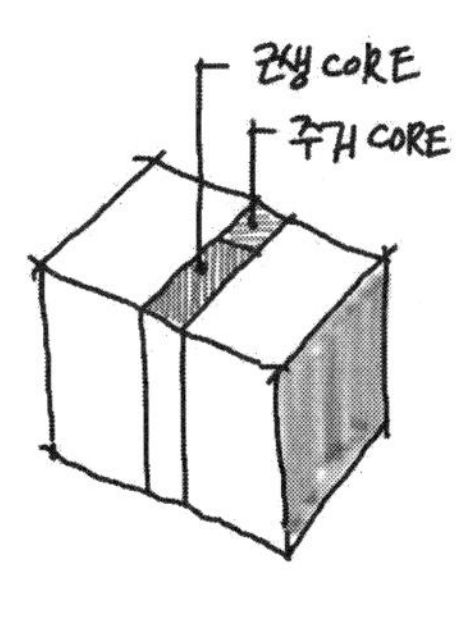


[그림 3-10 근생 중앙 코어]

**● 근린생활시설의 코어 계획**

① 소규모 건축물일 경우가 많으므로 CORE의 Compact한 계획 준비
② 특히 화장실 규모는 최소로 계획 가능한 사례 연구 필요

**● 계단의 기본 규모**

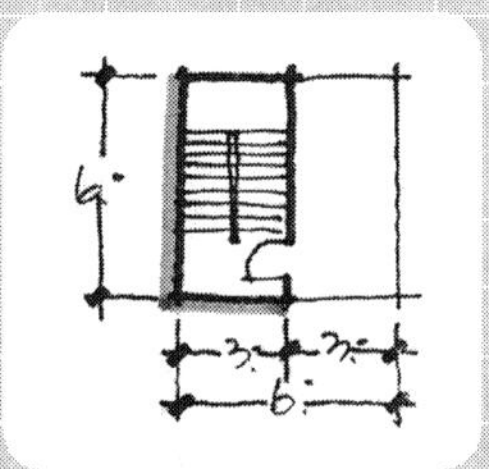

## (2) CORE 계획 사례

– 주거 복합 사례를 중심으로

① 후면 배치

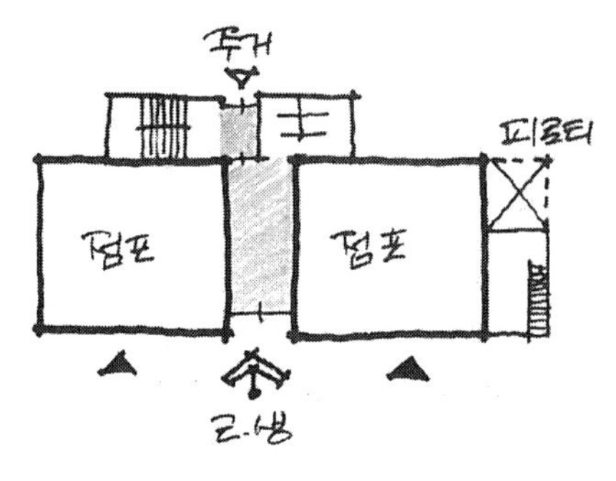


[그림 3–11 후면 배치]

② CORE 양단 배치 1

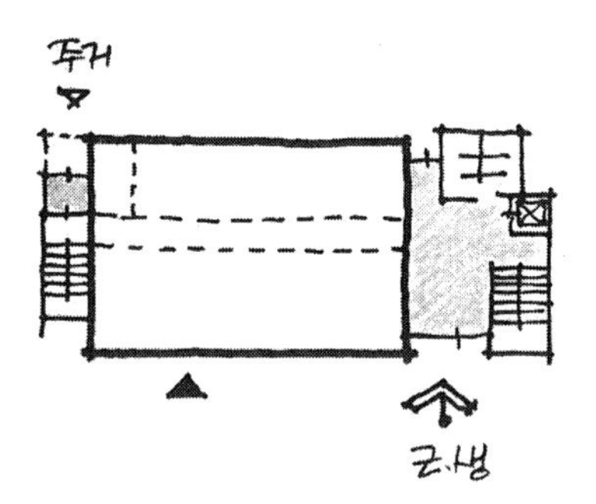


[그림 3–12 양단 배치 1]

③ CORE 양단 배치 2

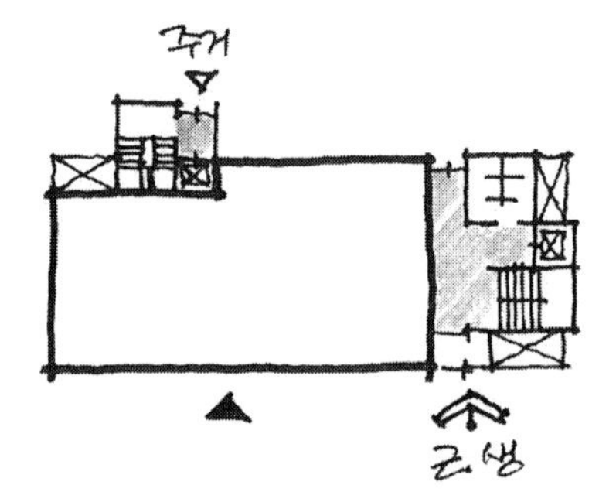


[그림 3–13 양단 배치 2]

**● 근린생활시설 화장실**

요구 면적에 따라 또는 출입문 유무에 따라 다양한 형태의 화장실 계획이 가능하다.

## (3) 화장실 계획

남, 여 분리 계획을 원칙으로 하며 소규모 화장실 계획의 방법을 익혀둔다.

① 기본형식

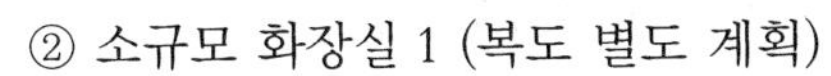

② 소규모 화장실 1 (복도 별도 계획)

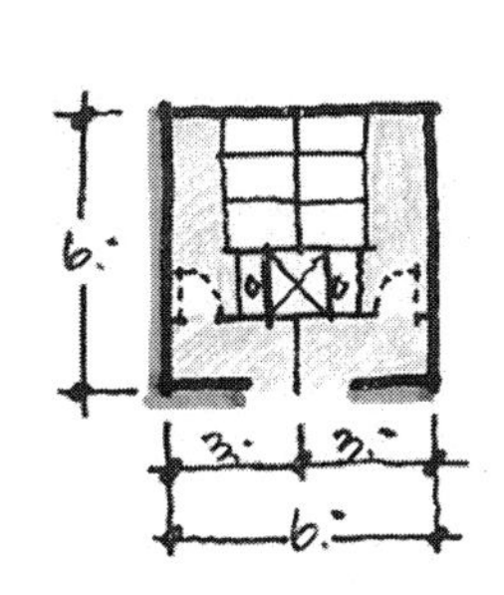


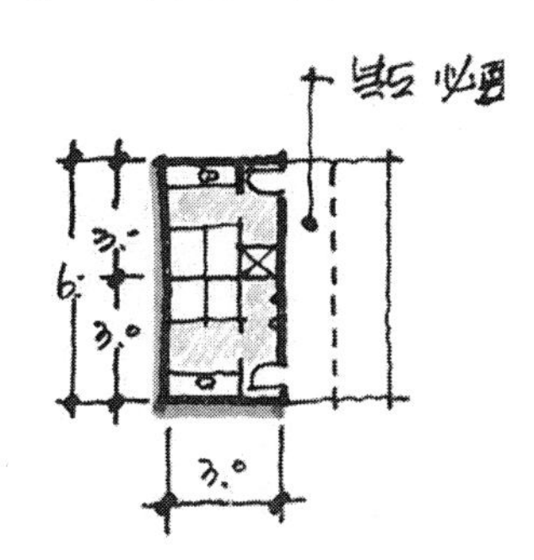


③ 소규모 화장실 2 (복도 포함 계획)

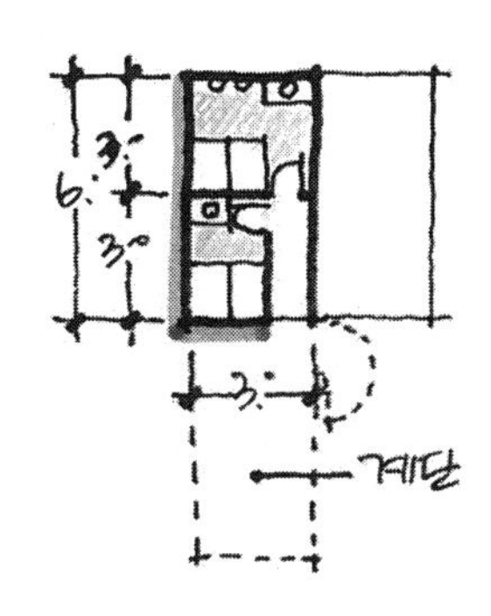


④ 소규모 화장실 3

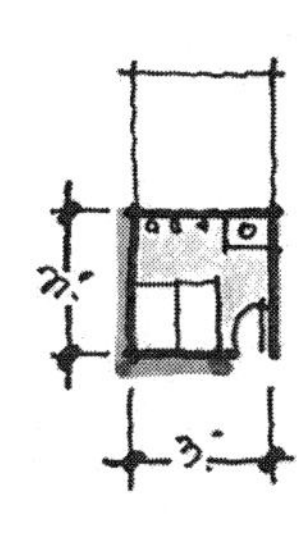


**[그림 3-14 근생화장실 계획]**

## 04. 사례

### [사례 1] 목선아트센터

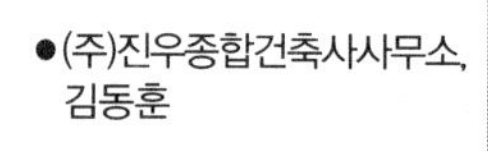

● (주)진우종합건축사사무소, 김동훈

● 발췌 : 「근린생활시설」, A&C 산업도서출판공사

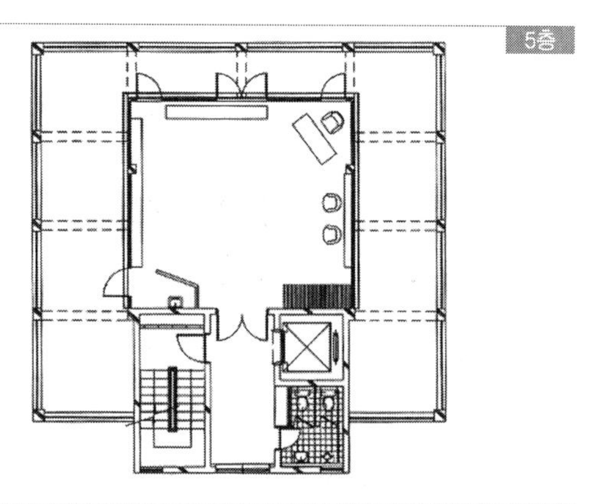

5층

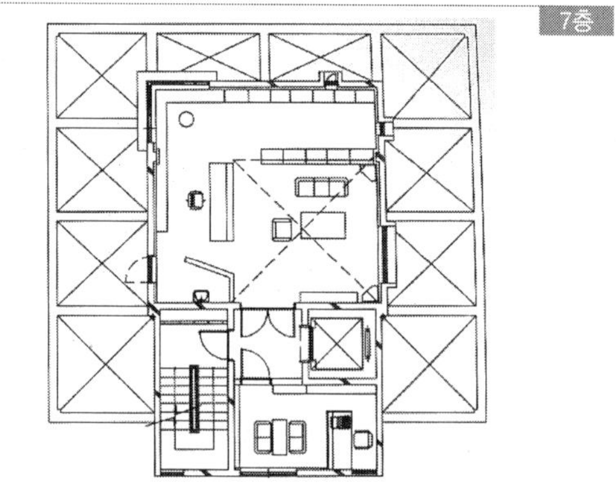

7층

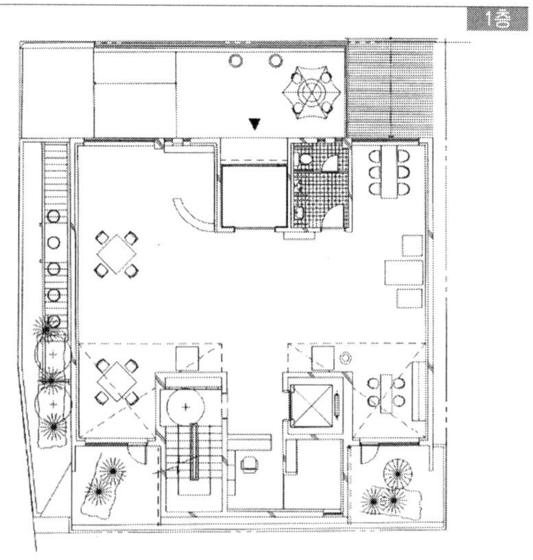

1층

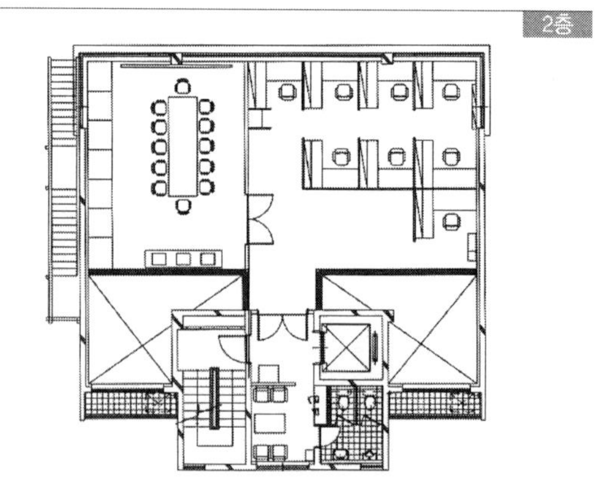

2층

## [사례 2] 청담동 93-8 빌딩

● 디자인 리젠 장건축, 배규환

● 발췌 : 「근린생활시설」, A&C 산업도서출판공사

5층

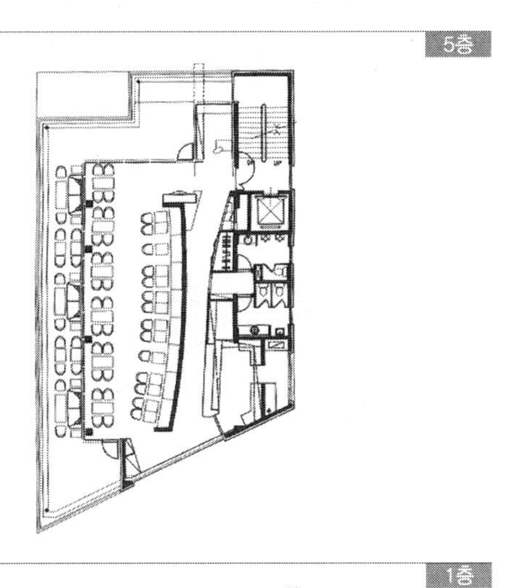

7층

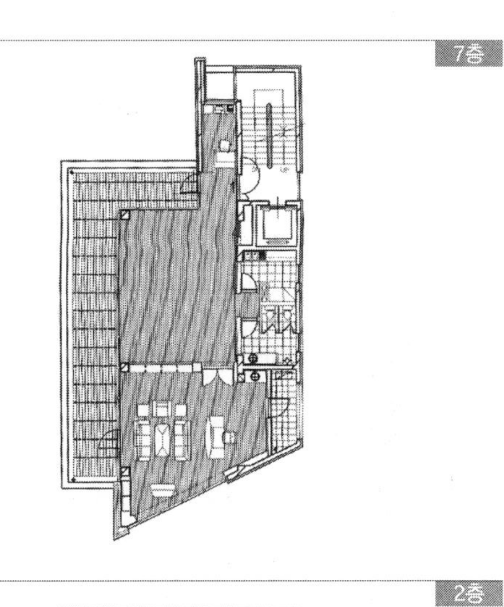

1층

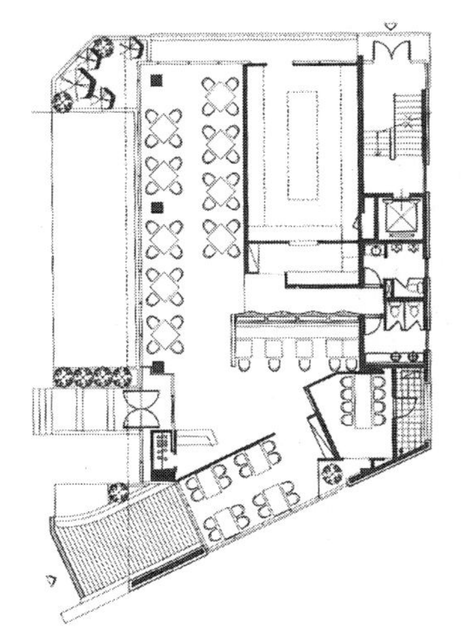

2층

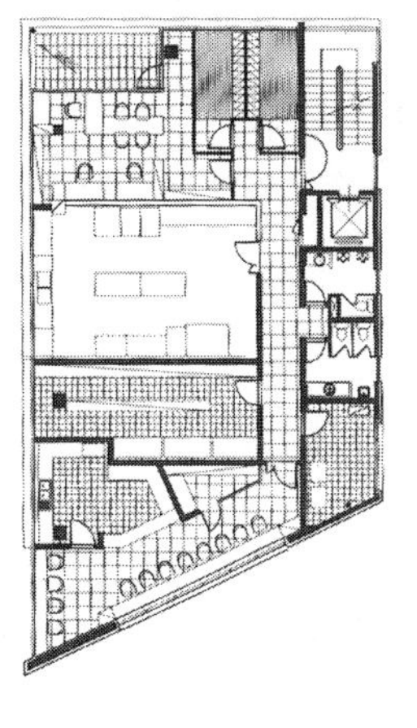

## [사례 3]　청량리 소방소

●(주종합건축사사무소, 최오용

●발췌 : 「설계경기」, 도서출판 에이엔씨

3층

1층

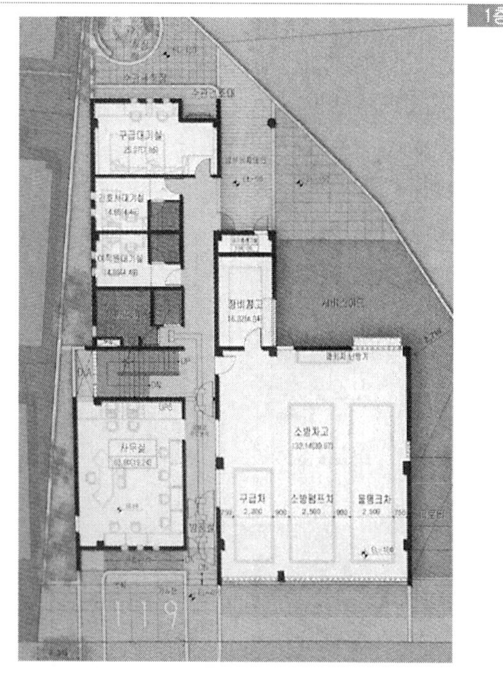

2층

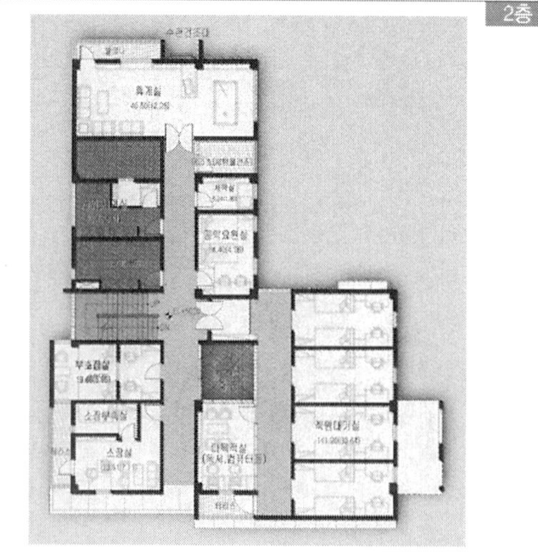

NOTE

# ② 업무시설

## 01. 개요

### 1. 업무시설

#### (1) 업무시설의 정의

업무시설(사무소 건축)이란 그 주요 용도를 사무 작업을 위해 사용하는 건축물을 말한다. 현대의 업무 내용은 고도화되고 광범위하여 사무소 건물의 역할은 변화하고 있다. 또한 사무소 건축은 정보를 중심으로 한 중추 관리기능을 담당하는 역할이 많아졌다.

#### (2) 정보화사회의 사무소 건축

① 도시민이 낮시간을 대부분 보내는 장소로서 생활과 밀접한 장소로 변화
② 단순사무 노동력이 감소되고 두뇌노동이 증가되어 집무공간으로서의 오피스 개념이 '오피스라이프형'의 환경으로 변화
③ 개인의 능력을 최대한 발휘할 수 있도록 쾌적한 환경 조성
④ 컴퓨터에 의한 업무스트레스 해소를 위한 사람의 접촉을 유도하는 공간적 · 환경적 배려 필요
⑤ 회의, 협의, 접대 등 사람과의 커뮤니케이션이 OA화에 따라 중심이 되어야 함
⑥ 정보화 사회에서의 융통성(Flexibility)은 OA화의 대응, 공간의 다양화, 지속가능한 가능성을 의미함

cf) 인텔리전트 빌딩
인텔리전트 빌딩은 첨단 정보빌딩, 스마트(Smart) 빌딩으로도 불린다. 빌딩자동화(BA ; Building Automation), 사무자동화(OA ; Office Automation), 정보통신시스템(TC ; Tele Communication) 등이 건축환경과 유기적으로 통합되어 쾌적한 환경에서의 사무 능률을 극대화시킴과 동시에 건설과 관리 면에서의 경제성을 추구할 수 있는 빌딩이다.

[그림 3-15 업무시설 투시도 예]

● 정보화사회의 사무소 개념

| 조직의 관리 |
| --- |
| • (조직)변화에 유연한 충분한 사무공간<br>• 조직<br>• 단순 사무공간<br>• 단일기능건축<br>• 시간 · 공간적 제한 |

⇩

| (지적)생산성 향상 |
| --- |
| • 창의적 작업환경<br>• 팀, 개별, 다양화 고도화<br>• 긴장과 휴식이 있는 생활공간 공용공간<br>• 복합 · 가로 · 도시<br>• 시간 · 공간적으로 자유로와짐 |

● 인텔리전트 빌딩계획

| 분류 | 내용 |
| --- | --- |
| 융통성 (Flexibility) | 구조계획, 사무공간계획, 칸막이벽 시스템 등 |
| 개별제어 (Personal Control) | 공조 · 환기 · 배연계획 · 조명계획 · 안전 등 |
| 확장성 (Expansion) | 층고 · 천장고 · 천장 내부공간 · 전기 샤프트공간의 확보, 유지관리 시스템, 기계실 등 |
| 쾌적성 (Amenity) | 계단 · 복도, 엘리베이터 홀, 출입구 등 |

● 법규 제한

업무시설의 계획 시 법규·분석에 의한 이격거리 검토가 중요함

Q UIZ 3.

● 배치계획

다음의 조건에 보행동선과 차량동선을 표기하시오.

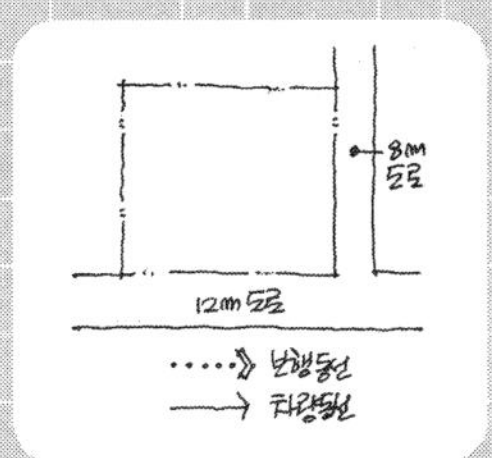

Q UIZ 3. 답

● 배치계획

보행동선은 주도로에서의 접근을 고려하며, 차량동선의 접근은 차량의 통행량이 적은 부도로에서 진출입을 계획한다. 다만, 부도로에서 접근하는 보행동선을 추가로 계획하여 원활한 동선처리가 이루어지도록 한다.

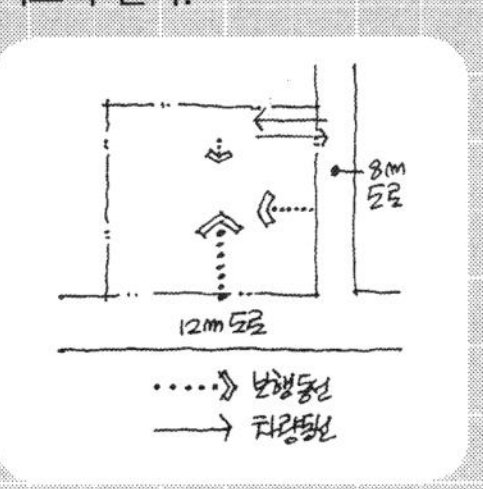

# 02. 배치계획

## 1. Open Space 계획

① 좋은 업무 환경 구축을 위하여 Open Space를 계획하고, 법적 인센티브를 얻을 수 있다.

② 채광, 통풍조건 또는 사람과 차의 출입 동선계획, 녹지, 휴식공간과 주차장 확보를 위한 Open Space를 계획한다.

③ 공개공지 확보에 따른 용적률 및 높이제한 등을 완화하여 적용한다.

## 2. 접근동선 계획

### (1) 차량동선 계획

① 차량 동선계획에는 전면도로의 너비, 교통량, 교통규제, 주차방식, 건물의 출입구 등을 고려한다.

② 사람과 차량의 동선은 분리함으로써 주차장이 대규모인 경우는 들어오는 차와 나가는 차의 동선이 교차되지 않도록 계획한다.

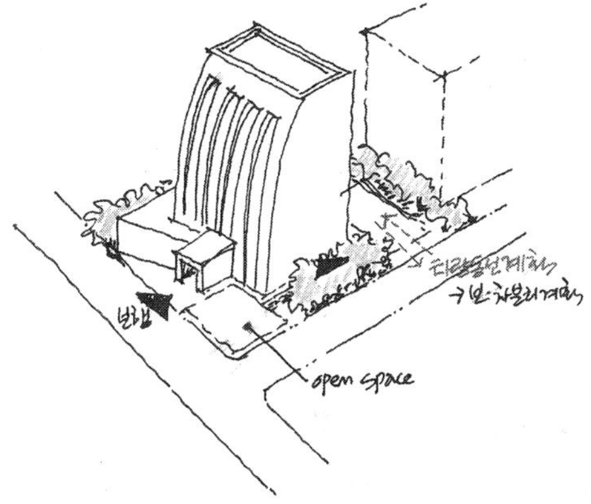


[그림 3-16 업무시설 스케치]]

### (2) 보행동선 계획

① 사람의 동선은 단순하고 알기 쉽게 하며, 자동차의 동선과 교차하지 않도록 계획한다.

② 평면적인 해결책으로서는 건물 전면에 아케이드나 필로티를 설치한다.

③ 입체적인 해결책으로서는 도로에서 직접 계단이나 에스컬레이터를 이용하여 지하층 또는 2층 이상의 옥상광장을 통하여 출입하도록 계획한다.

④ 교통이 혼잡한 교차점에서는 보도나 육교로부터 직접 2층의 출입구를 이용하여 출입하는 경우가 많다.

## 3. 옥외공간

진입마당, 휴게마당, 선큰 뿐 아니라 접근성, 인지성 및 법적 인센티브 확보를 위해 공개공지 계획을 고려한다.

## 4. 주차장과 법규에 의한 배치계획

### (1) 5층 내외의 중규모 업무시설 배치

① 정북방향의 일조를 고려하고, 소규모의 지상주차를 계획한다.
② 환경을 고려한 조경계획이 되도록 한다.

**● 입체적 접근 동선**

대규모 업무시설의 경우 접근 동선의 편리와 혼잡방지를 위해 지하철 이용자들이 지하에서 건물로 바로 출입할 수 있도록 동선을 계획한다.

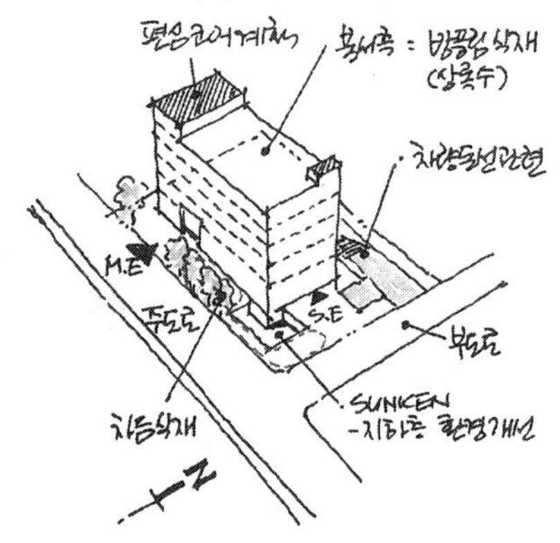


[그림 3-17 중규모 업무시설 배치 시 고려사항]

### (2) 10층 이상의 대규모 업무시설 배치

① 정북방향의 이격거리를 고려하여 지상에 주차장을 계획한다.
② 주차동선을 원활히 계획하고, 보 · 차를 분리하여 계획한다.

**● 일조사선 이격**

일조권을 적용하여야 하는 지역지구 내에서 업무시설을 건축하는 경우 규모가 커질수록 정북이격거리가 고려되어야 하므로 주차장 등의 활용방안 모색

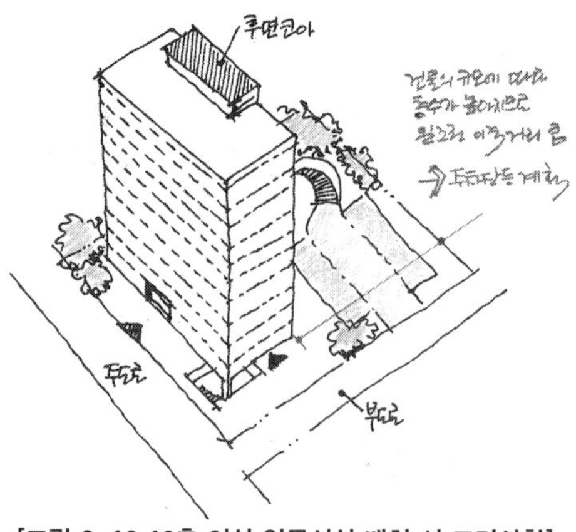


[그림 3-18 10층 이상 업무시설 배치 시 고려사항]

# 03. 평면계획

## 1. 기능계획

● 기능의 복합

업무시설과 복합할 수 있는 기능은 다양하며, 이때 복합기능과의 영역결정이 중요한 계획 고려사항임

① 업무시설의 영역과 지원기능, 공용기능의 조화로운 계획이 요구되며 적절한 비율로 배분한다.

② 업무시설은 주로 상부에 계획되며, 하부에는 근린생활시설, 문화시설, 복지시설 등이 계획된다.

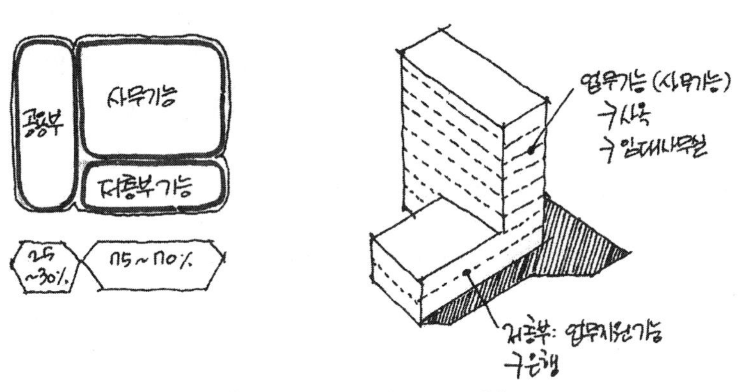


[그림 3-19 업무시설 기능 계획]

## 2. 기본사항

● 사무소건축의 계획 경향

① 창의적 작업환경
② 업무중심의 복합체
③ 공공성의 도입
- 아뜨리움
- 도시가로의 연장
④ 쾌적환경의 구축
- 자연요소의 도입
- 공간의 다양화
⑤ 도시에 대한 다양한 해석과 배려
- 풍경으로서의 건축
- 도시광장 : 저층개방 및 포켓파크
⑥ 기업문화의 표현

① 평면형은 가급적 단순하게 처리하고, 외부 창과 내부 홀 또는 복도와의 거리는 층고의 2~3배 정도가 좋다.

② 규모나 형태에 따라 코어 방식을 결정하고 층수나 연면적을 고려하여 엘리베이터를 계획한다. 특히, 지하 3층이나 지상 11층 이상 시 특별 피난계단을 설치하고, 높이 31m 이상 시 비상용 엘리베이터를 검토한다.

③ 1층 계획은 선큰(Sunken), 필로티(Piloti), Open 등 가급적 개방감 있게 하고, 로비나 홀을 여유있게 계획한다.

④ 코어 배치는 균형있게 하고(가급적 북측 배치), 코어 벽과 외벽을 제외한 칸막이벽은 분할 임대가 가능하도록 계획한다.

⑤ 임대 면적과 코어부의 관계인 렌터블비의 균형이 중요하다.

$$\text{• 렌터블비} = \frac{\text{임대면적(수익부분의 면적)}}{\text{연면적}} \times 100$$

$$= 65 \sim 75\%(\text{표준 } 70\%)$$

## 3. 모듈계획

### (1) 중 · 소규모 업무시설

① 주로 R · C 구조로 계획한다.

② 40m², 50m², 60m² 범위의 모듈을 적용한다.

### (2) 대규모 업무시설

① 주로 SRC, S조로 계획한다.

② 대부분 장스팬(최대 18m 까지 가능)으로 계획한다.

③ RC 구조와 달리 특정모듈을 사용하지 않으며 건축가능 영역과 실면적을 고려하여 적절한 스팬을 선택한다.

● 업무시설의 저층부 계획

[5] 은행계획 참조

## 4. 세부계획

### [1] 주출입 부분의 계획

① 업무시설 뿐 아니라 대부분의 시설은 오른쪽 그림과 같이 로비 주변에 주코어와 안내, 화장실 등이 배치된다.

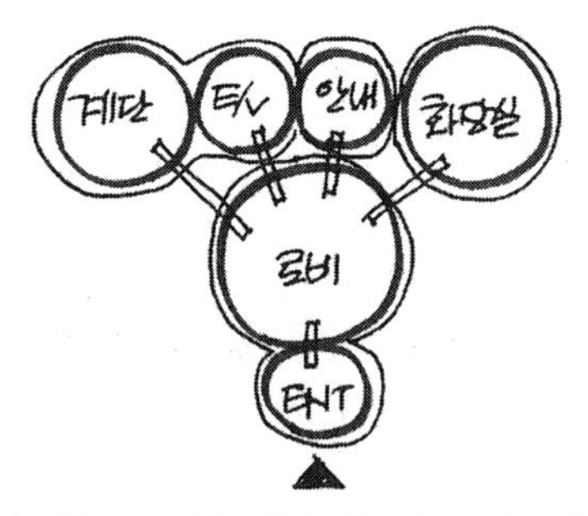


[그림 3-20 업무시설 1층 공용부 기능도]

● 승강기위치

승강기는 장애인겸용 승강기로 계획하는 만큼 주현관에서의 접근성 뿐 아니라 인지성도 고려하여 계획한다.

② 소규모 시설에서 주코어는 계단과 승강기로 구성되며, 일반적으로 서로 인접하여 계획한다.

③ 화장실도 로비에서의 접근성을 고려하되 현관에서 화장실 내부가 보이지 않도록 계획한다.

- 1층 공용부 평면도
  - 중규모 편심 코어형
  - E/V 1대 설치

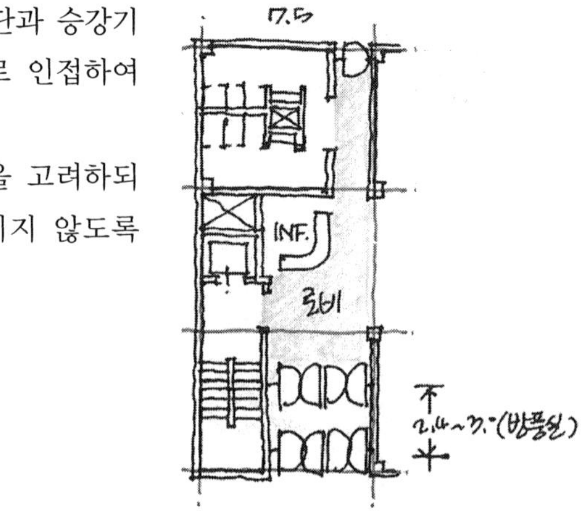


[그림 3-21 업무시설 1층 공용부 평면]

## [2] 오피스 레이아웃

① 개실형식(복도형 : Corridor Office)

복도를 통하여 각 층, 각 실로 들어가는 형식으로 한 방의 크기가 5인 이하의 넓이로 분할되어 복도로 이어져 있는 것이 특징이다. 건물의 안길이가 10m 정도인 좁은 빌딩에서 많이 볼 수 있다.

- 장점
  - 개실 설치가 용이하며 프라이버시가 양호하다.
  - 실 성격에 따라 실내 인테리어를 달리할 수 있다.
- 단점
  - 감독이나 커뮤니케이션이 어렵고, 칸막이 설치 시 장래의 변화에 대응이 어렵다.
  - 복도형으로 인한 공간의 낭비가 많다.
  - 칸막이 설치로 큰 회의나 작업을 공동으로 하기 어렵다.
- 유형
  - 단일지역 배치(편복도식) : 채광, 환경, 위생상 좋으나 경제적이지 못하다.
  - 2중 지역 배치(중복도식) : 동서축 배치가 좋고, 중간 규모 사무실에 적합하다.
  - 3중 지역 배치(2중 중복도식) : 고층 전용 사무소에는 좋으며, 임대 사무실에는 불리하다.

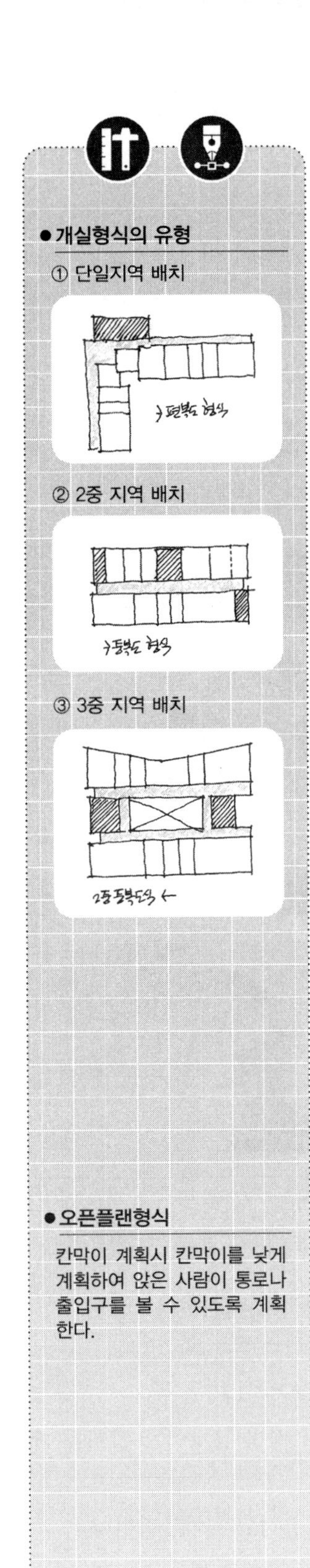

● 개실형식의 유형
① 단일지역 배치
편복도 형식
② 2중 지역 배치
중복도 형식
③ 3중 지역 배치
2중 중복도식
● 오픈플랜형식
칸막이 계획시 칸막이를 낮게 계획하여 앉은 사람이 통로나 출입구를 볼 수 있도록 계획한다.


② 그룹 스페이스 형식

5~15명 정도의 중간 사무실로 나누어지는 형식이다. 작은 그룹별 업무에 적합하다. 건물은 15~20m 정도의 폭이 필요하다.

③ 오픈플랜 형식(개방형, Open Plan Office)

안길이가 큰 업무공간에 아무런 공간적 분할을 하지 않고 그리드에 따라 가구를 배치하여 사용하는 형식이다.

- 장점
  - 통로가 최소화되어 공간 낭비가 적다.
  - 작업 흐름이 유연하고, 감독과 커뮤니케이션이 양호하다.
  - 반복 작업을 조직화할 수 있으며, 실내 개조가 용이하다.

[그림 3-22 오피스 빌딩 투시도 사례]

• 단점

  – 책상의 서열화로 비우호적 분위기를 줄 수 있다.

  – 소음이 많고 산만하며 개인의 주위 환경을 통제하기 어렵다.

## [3] CORE 계획

### (1) CORE의 유형

● 중규모 업무시설 CORE 계획

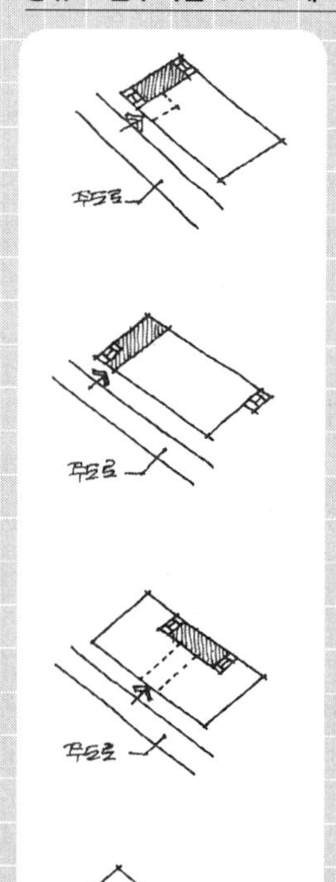


① 소규모 : 편심코어

② 중규모 : 편심코어, 후면코어

③ 대규모 : 후면코어, 중심코어

| 대규모 : 중심코어 | 중규모 : 편심코어(양단) |
|---|---|
| | |
| **소규모 : 편심코어** | **하이테크건물 : 편심코어** |
| | long Span |

[그림 3-23 업무시설 규모와 코어 구성]

### (2) 승강기(E/V) 계획

• 승강기의 배치는 직선형으로 배치할 경우에 4대 이하로 배치한다. (양쪽 접근 고려)

• 1개소에 6대를 설치할 경우에는 그림과 같이 대면배치한다.

• 승강기 정원의 50%가 탑승하는 인원으로 가정하여 적정 규모의 승강기를 계획한다.

• 홀의 규모는 1인당 0.5~0.8m²을 기준으로 하며 폭은 4m가 이상적이다.

승강기는 3대까지만 1열로 계획하되 1열로 4대를 계획하는 경우는 가급적 좌우 양쪽에서의 접근동선을 고려한다.

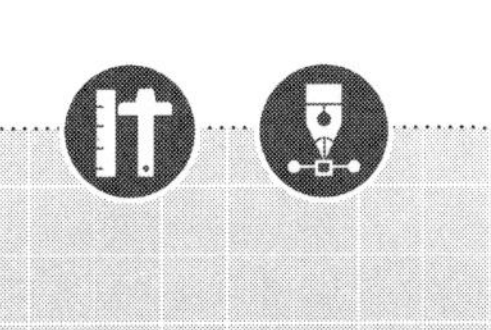

| 1그룹 | 2그룹 이상 |
| --- | --- |
| 직선배치 4대 이하 | 고속행 통로 저속행<br>직선배치 |
| 3.5~4.5<br>대면배치 6대 | ≥6.0<br>고속행 저속행<br>대면배치 6대 |
| 3.5~4.5<br>대면배치 8대 | 3.5~4.5 3.5~4.5<br>고속행 저속행<br>대면배치 6대 |

[그림 3-24 승강기의 양호한 평면 배치 예]

**● 코어의 작도**

코어와 화장실은 숙련되지 않으면 작도시간이 많이 걸리는 부분이다. 따라서, 다양한 형태를 많이 그려보는 것이 필요하다.

## (3) CORE의 세부형태

① 계단

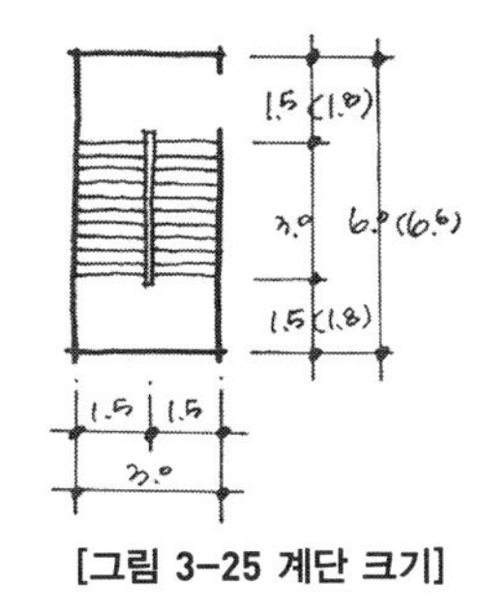


[그림 3-25 계단 크기]

② 엘리베이터

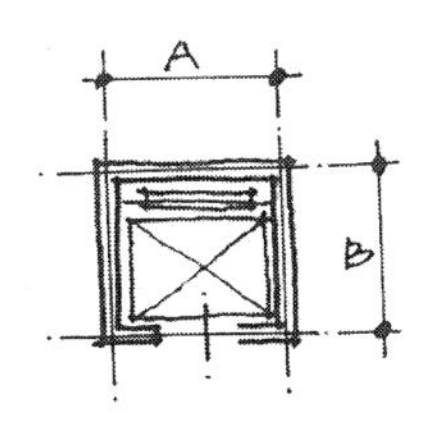


**● 엘리베이터 크기**

| 구분 | A | B |
| --- | --- | --- |
| 8인승 | 2.0m | 1.8m |
| 13인승 | 2.3m | 2.3m |
| 15인승 | 2.5m | 2.5m |
| 시험용 | 2.5m~3.0m | 2.5m~3.0m |

[그림 3-26 승강기 크기]

③ 화장실

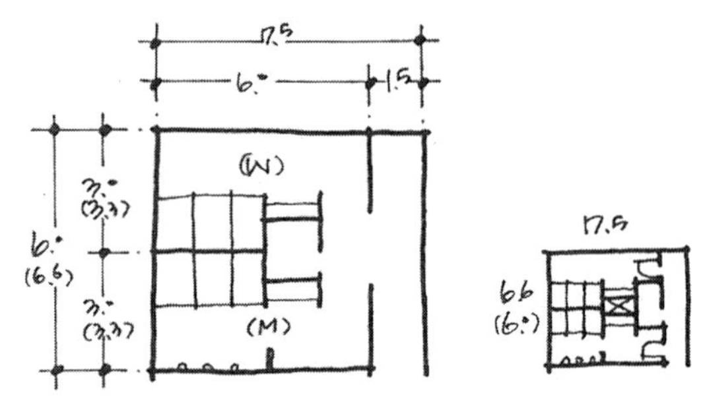


[그림 3-27 화장실 계획]

### (4) 대규모 업무시설의 코어 계획 방법

① 코어설계 영역을 3m 내외의 그리드로 나누어준다.

② 코어의 폭은 9m 내외보다 6m 내외로 계획하는 것이 코어계획에 유리하다.

③ 주계단은 최대한 이격하여 배치하여, 승강기는 현관에서 접근성과 인지성을 고려하여 배치한다.

④ 기준층에서 코어는 복도와 길게 면하여 사용성을 높이도록 한다.

## [4] 은행 계획

### (1) 대지조건

① 대지 주변 인구밀도 및 지역개발 등 장래 발전성이 있는 지역

② 교통이 편리하고 사람 눈에 잘 띄는 곳 : 길모퉁이, 대로변

③ 비즈니스센터나 번화가에 접한 곳

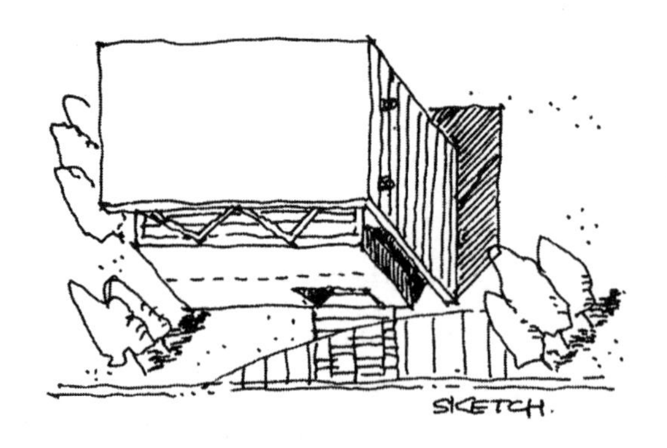


[그림 3-28 소규모 업무시설 스케치 예]

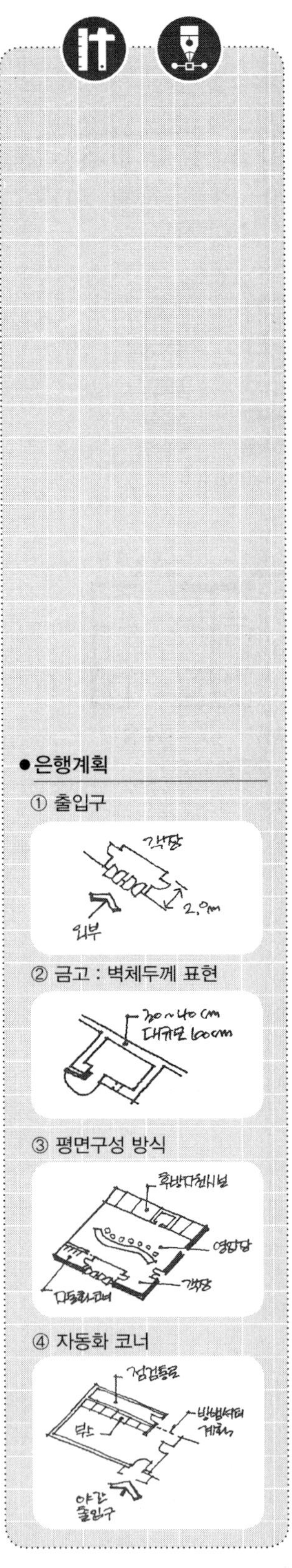

● 은행의 위치

고층업무 빌딩에서 은행은 주로 1층에 계획되나, 1층에 공간이 부족한 경우 2층에 계획되기도 한다.

## (2) 세부계획

① 주출입구는 가급적 방풍실을 계획하며, 안쪽문은 안여닫이로 계획하고 바깥문은 외여닫이 혹은 자재문으로 계획한다.

② 영업실은 카운터에 면해 객장과 접하며 손님과 밀접한 관계이므로 영업실 전반을 한눈에 볼 수 있게 하는 것이 좋다.

- 영업장과 객장의 비
  - 과거(70 : 30)
  - 현재(50 : 50)
- 영업 카운터 : 높이 100~110cm, 폭 60~80cm, 창구 150~170cm
- 후방지원시설 : 상담실, 숙직실, 금고, 지점장실, 탈의실(남, 여), 휴게실, 식당 등
- 2층까지 은행인 경우 : 내부계단 설치

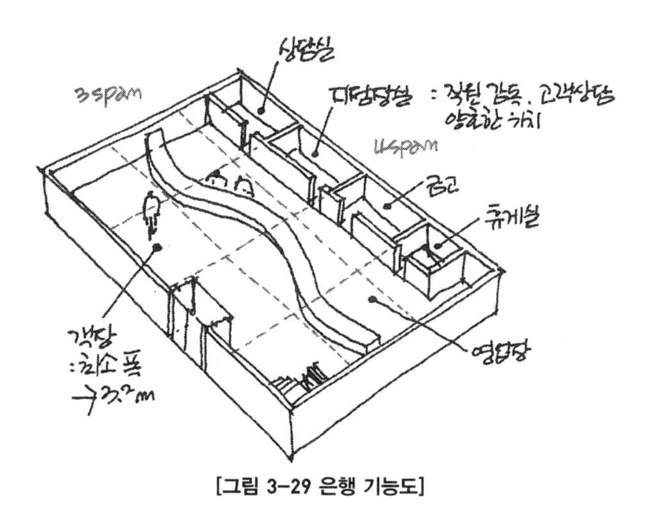


[그림 3-29 은행 기능도]

③ 금고는 영업실과 가깝게 계획하며, 구조는 바닥, 벽, 천장 등 모두를 철근콘크리트로 하는 것이 원칙이다.

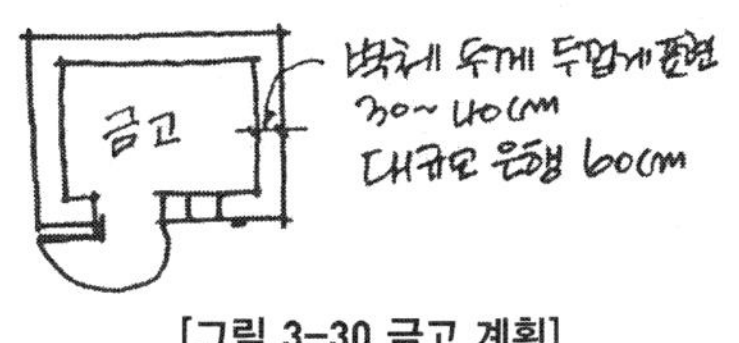


[그림 3-30 금고 계획]

④ 지점장실이나 상담실은 주위가 잘 보이는 안쪽 공간에 고객상담이 쉬운 위치에 계획한다.

# 04. 사례

## [사례 1]　임대용 벤처오피스 빌딩

● 희림건축, 이영희 · 정영균

● 발췌 : 「설계경기」, 도서출판 에이엔씨

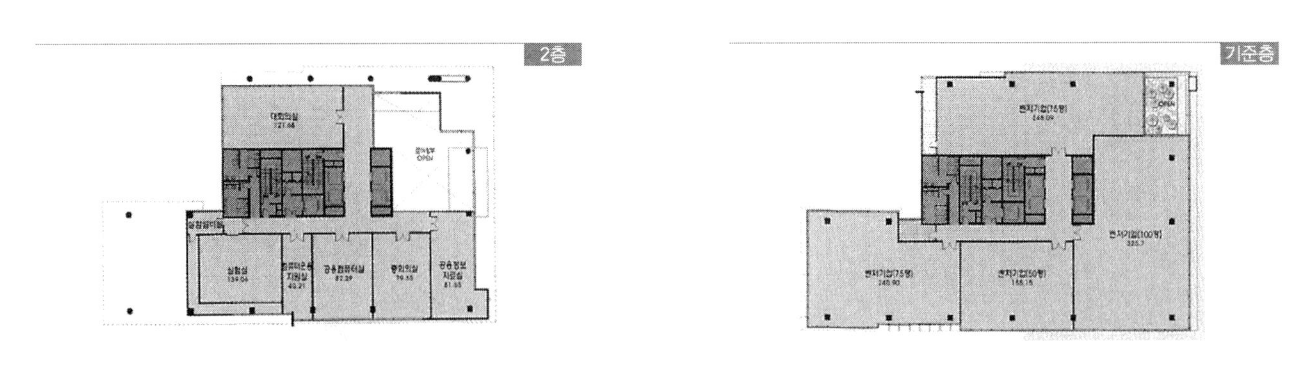


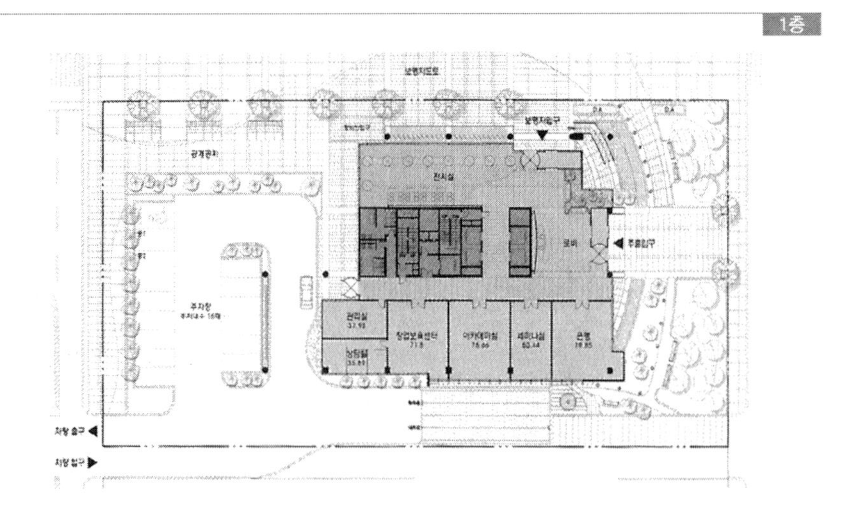

## [사례 2]  강동구청 별관

● 사이건축, 박주환 · 백경무

● 발췌 : 「설계경기」, 도서출판 에이엔씨

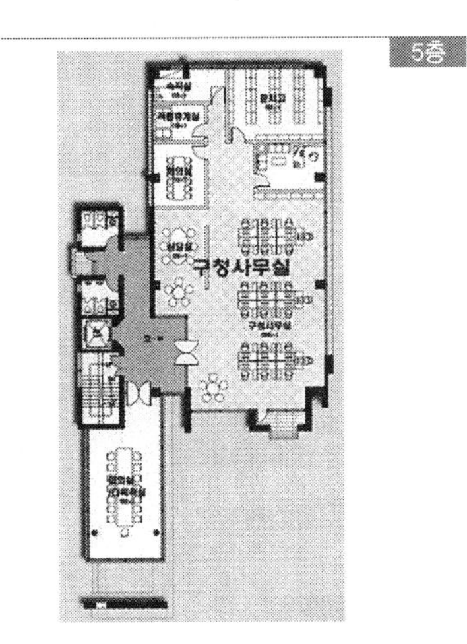


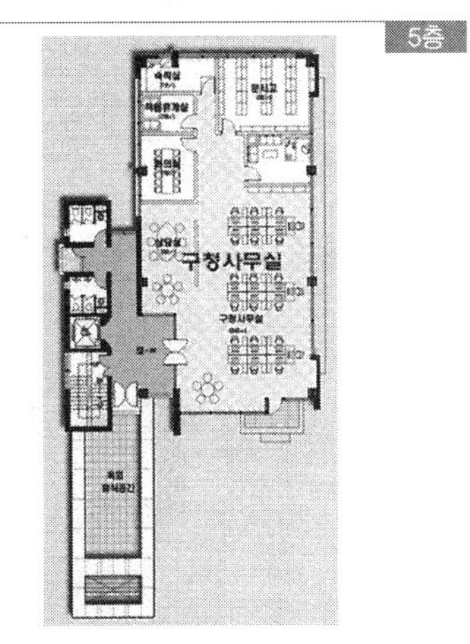


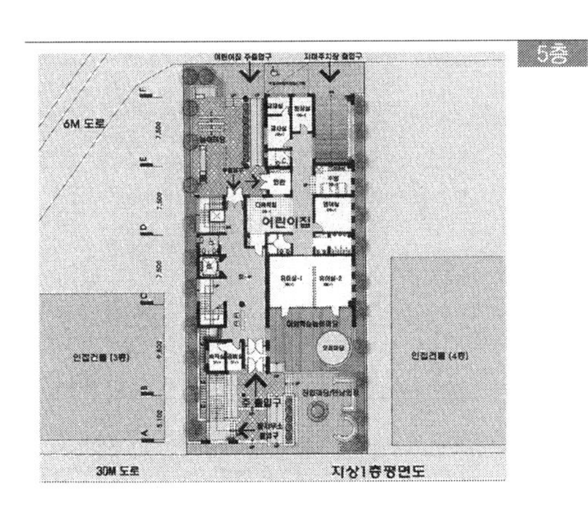


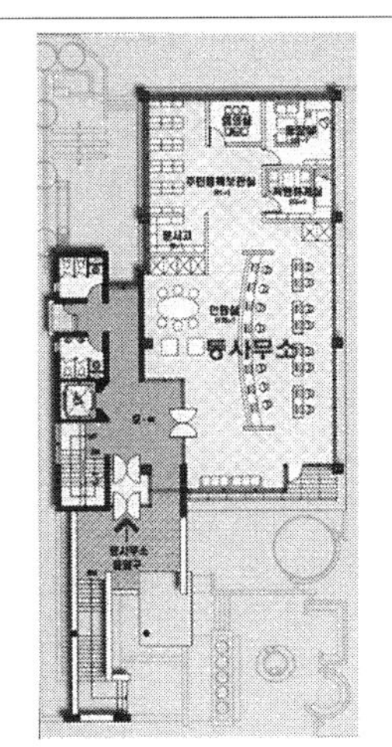


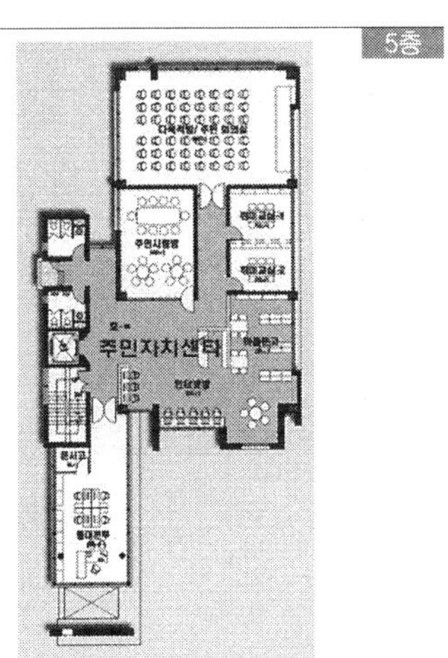

## [사례 3] 한국토지공사 전남지사 사옥

● 희림건축, 이영희 · 정영균

● 발췌 : 「설계경기」, 도서출판 에이엔씨

기준층

기준층평면도

1층

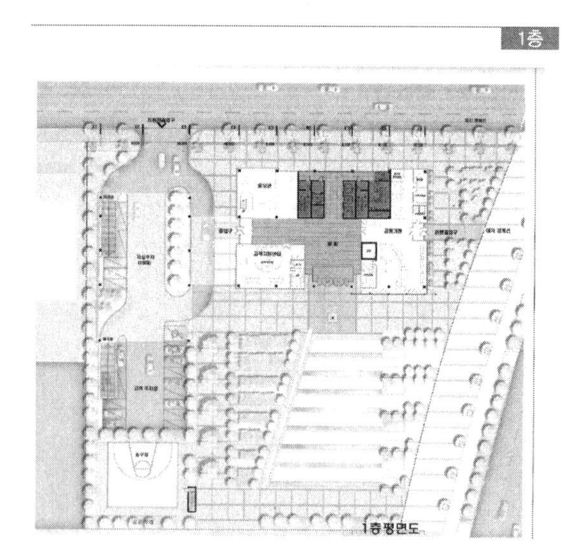

1층평면도

1층

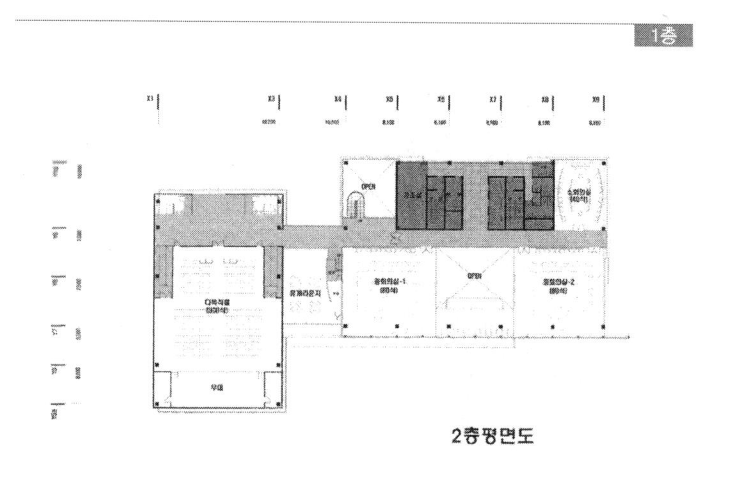

2층평면도

NOTE

# 3 상업시설(백화점)

● 백화점 계획

① 백화점은 쇼핑센터의 핵점포로서의 역할 수행
② 주요 체크사항
- 동선계획
  - 이용객, 종업원, 상품, 판매동선
- 에스컬레이터의 위치
- 매장계획

● 대지규모

① 대규모 백화점
- 4,000~10,000m²

② 중소 백화점
- 1,000~4,000m²

● 대지와 도로의 관계

- 이용객 동선
- 종업원 동선
- 차량 동선

## 01. 배치계획

### [1] 대지조건

① 대지의 형태는 정사각형에 가까운 직사각형으로 1변 주요도로에 면하고, 다른 1변 또는 2변이 상당한 폭을 가진 도로에 면하고 있는 것이 이상적이다.

② 물품의 인수, 발송을 위한 교통로는 주요도로의 고객이용 교통로와 교차되지 않도록 분리하여 계획한다.

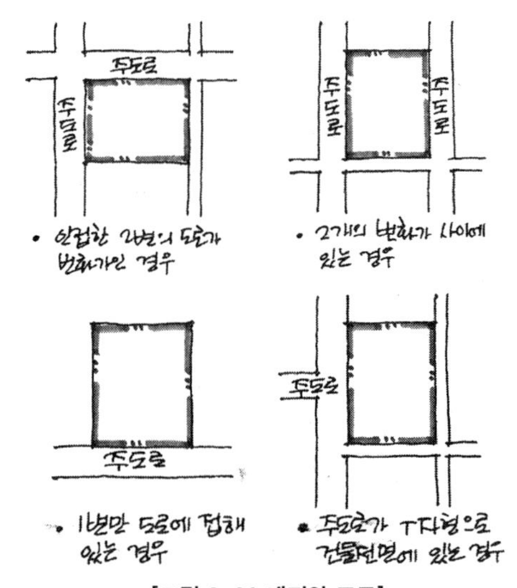


[그림 3-31 대지와 도로]

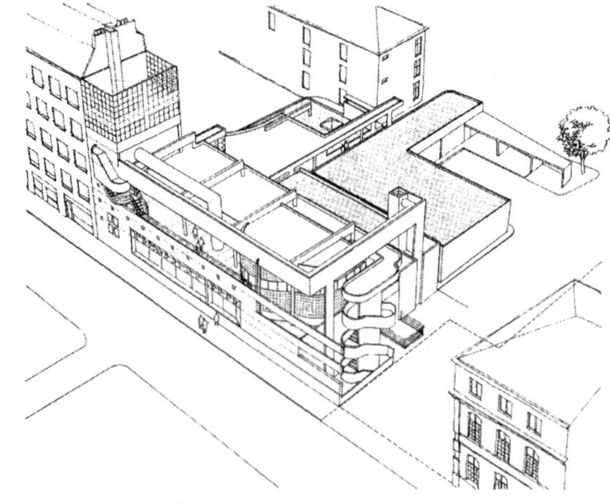

[그림 3-32 상업시설 조감도]

**● 동선계획**

① 주도로
- 이용객 동선 접근

② 부도로
- 종업원, 상품, 차량동선

**● 도로와 출입동선의 관계**

① 1면 도로에서의 동선

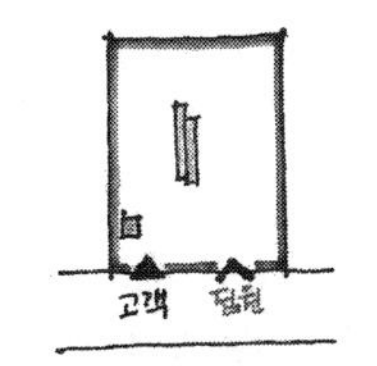


② 2면 도로에서의 동선

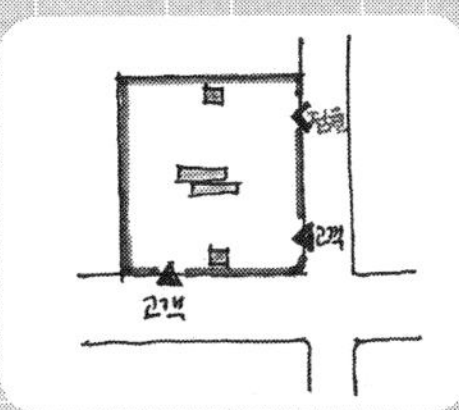


③ 3면 도로에서의 동선

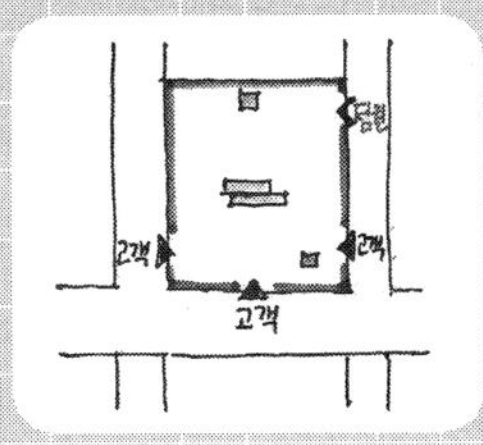


**● 도로의 조건과 Design**

① 2면, 3면 도로의 경우 모퉁이의 Design을 고려하여 랜드마크적 건물로 계획
② 전망용 Elevator 등의 계획

## [2] 배치계획

### (1) 기본사항

① 보행 동선과 관리 및 상품, 차량 동선 등을 분리하고 지상 혹은 지하층에 상품 하역시설을 고려한다.

② 백화점 고객을 위한 진입 공간을 여유있게 확보하고, 외부 조경 및 휴게시설을 설치한다.

### (2) 도로조건에 따른 배치 계획

① 1면 도로인 경우
객용 출입구와 종업원 및 서비스용 출입구가 동일 방향으로 되어 있으므로 양면의 동선이 교차하지 않도록 고려한다.

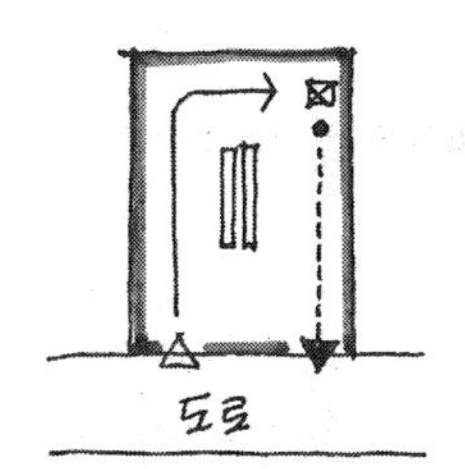


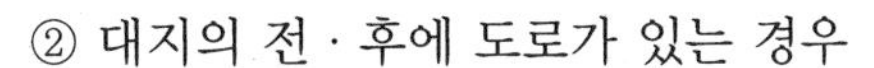
② 대지의 전 · 후에 도로가 있는 경우
- 사람이 많이 통행하는 쪽으로 객용 출입구를 설치하며, 통행이 적은 쪽에는 종업원 및 서비스용 출입구를 설치하여 동선을 분리한다.
- 경우에 따라서는 사람의 통행이 적은 쪽에 객용 부출입구 설치가 가능하다.

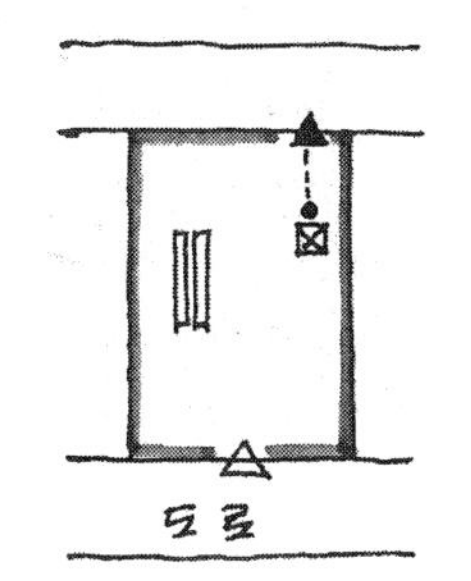


③ 2면 도로인 경우(코너부 대지)
객용 출입구와 종업원 및 서비스용 출입구가 분리되며, 기능적인 평면계획이 쉽고, 건축물의 정면과 측면 양쪽을 모두 강조할 수 있는 장점이 있다.

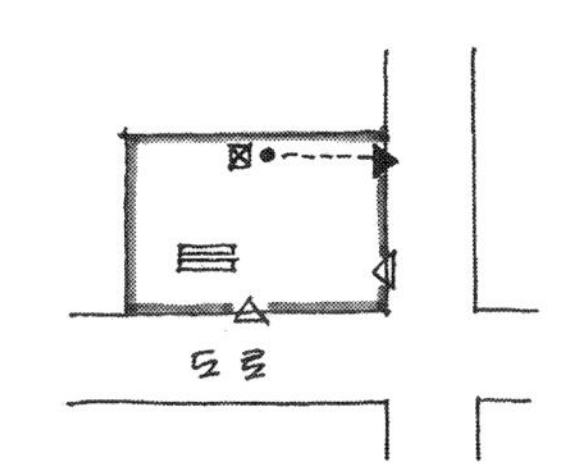


④ 3면 도로인 경우
코너부의 경우에 비해 객용의 동선처리가 쉬우며, 건물이 지니고 있는 디자인의 독자성이 훌륭하게 강조된다.

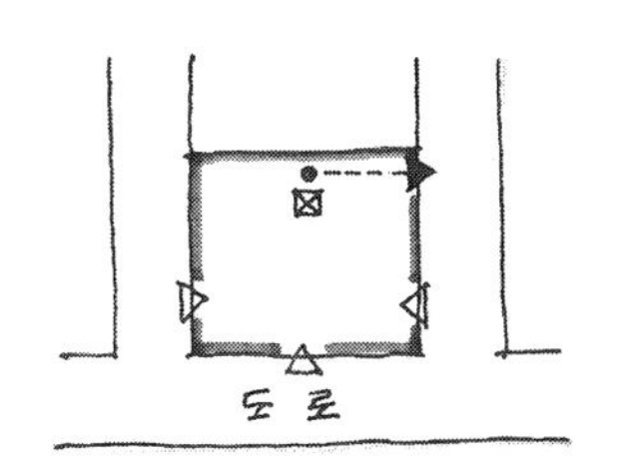


[그림 3-33 도로와 동선]

# 02. 평면계획

## [1] 기능분석

### (1) 기능구성

● 백화점 기능계획

백화점을 구성하는 기능별 영역의 이해와 동선처리 방향 등을 연계하여 계획

[표 3-9] 백화점의 기능

| 구분 | 기능 |
|---|---|
| 고객권 | • 고객용 출입구, 통로, 계단, 휴게실, 식당 등의 서비스 시설 부분<br>• 판매권 등 매장에 결합하며 종업원권과 분리 |
| 종업원권 | • 종업원의 입구, 통로, 계단, 사무실, 식당 등 기타 부분<br>• 고객권과는 별개의 계통으로 독립되며 매장 내에 접하고 있고, 매장 외에 상품권과 접하게 된다. |
| 상품권 | • 상품의 반입 · 보관 · 배달을 행하는 부분<br>• 판매권과 접하며 고객권과는 절대 분리 |
| 판매권 | • 백화점의 가장 중요한 부분인 매장이며, 상품을 전시하여 영업하는 장소<br>• 고객의 구매 의욕을 환기시키고 종업원에 대한 능률 좋은 환경을 배려<br>• 백화점의 경영을 좌우하는 매장 수익성과 밀접한 판매 부분으로 시설구성은 매장의 면적에 비례하고, 고객의 동선에 영향을 받는다. |

● 백화점 기능의 수직 조닝

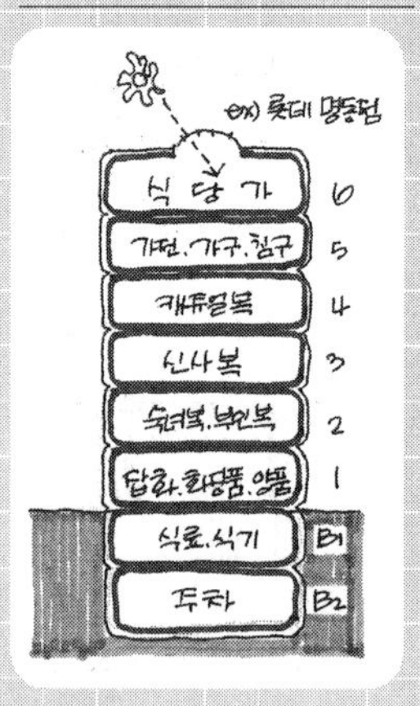

### (2) 기능도

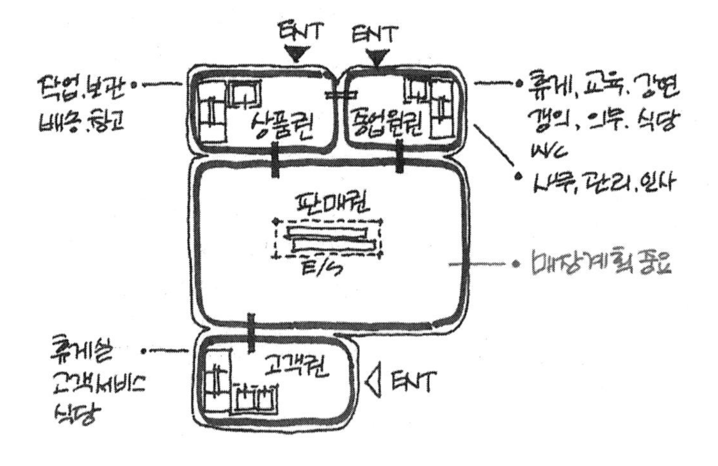


[그림 3-34 백화점 기능도]

## [2] 모듈계획

### (1) 일반적 모듈

9.0×9.0m, 9.3×9.3m (미국 L.A 대로변에 위치한 백화점)

### (2) 최근의 경향

① 7~8m : 대형 엘리베이터를 1 Span에 2대 계획하고 에스컬레이터 설치가 가능하다.

② 9~9.3m : 1 Span에 3대의 주차계획이 가능하며, 자유유선형 판매대의 효율적 레이아웃이 가능하다.

### (3) 모듈계획

주차 3대가 가능하며 에스컬레이터와 층고의 관계를 고려하여 결정한다.

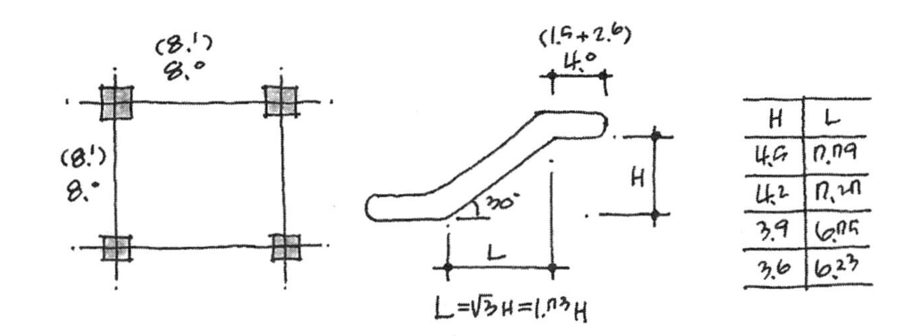


[그림 3-35 백화점 모듈계획]

## [3] 세부계획

### (1) 기본사항

① 백화점 계획에서 가장 중요한 것은 매장 계획과 수직 동선인 코어(에스컬레이터 포함) 계획이다.

② 매장은 융통성이 있고, 연속된 판매공간으로 구성되어야 하며, 동일 층에서는 수평적 레벨차가 없게 계획한다.

③ 매장의 주통로와 부통로 사이는 최소 3m, 보통 6m 정도를 고려한다.

④ 백화점은 많은 사람이 모이는 곳이므로 피난 계획상 코어는 양단 코어형으로 고객용 2개소 이상, 종업원 및 상품용으로 1개소 이상 계획하는 것이 좋으며, 에스컬레이터는 매장 중심부에 계획하는 것이 양호하다.

⑤ 에스컬레이터의 평면상 길이(12~15m 내외) 표현에 주의하고 방화구획에 유의한다.

● 백화점의 모듈

주차규모와 에스컬레이터 등에 의한 가능 모듈을 분석한 결과 7~8m 정도 고려

QUIZ 4.

● 경간결정

층고 4.5m에서 경사도 30°의 에스컬레이터를 설치할 경우 1 Span 내에 가능한 경간은?

QUIZ 4. 답

에스컬레이터 장비의 추가여분을 제외하여 검토해 본다. 계산식은 tan(탄젠트)를 이용하여 4.5/tan30°=7.79m로 계산할 수 있다.
물론 에스컬레이터의 수평구간에 설치되는 장비 등을 고려할 경우에는 7.79+4.0m+4.0m=15.79m가 된다.

• 7.79m

단순히 높이와 경간을 고려했을 경우

● 백화점 설계

백화점은 실외 계획보다는 매장의 매대 계획이 주가 되므로 건축사 시험에 적합하지는 않다.

## (2) 매장계획

① 좋은 평면계획은 매장 전체를 보는 데 장애가 되는 요철을 배제해야 한다.

② 매장 내의 통로는 주통로와 부통로, 분산통로 등으로 계획한다.

③ 매장 배치방법
- 직각 배치
- 사선형 배치
- 자유유선형 배치
- 방사형 배치

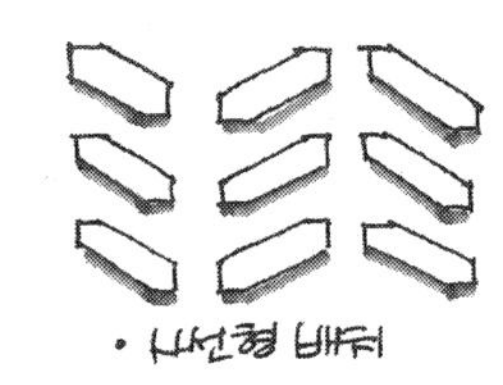

[그림 3-36 매장 배치계획]

④ 통로계획

| 주통로 | 3.3m : 매대 앞 2인, 3인 통행 |
|---|---|
| 부통로 | 2.6m : 매대 앞 2인, 2인 통행 |
| 내측통로 | 1.9m : 매대 앞 2인, 1인 통행 |
| 편측통로 | 1.4m : 매대 앞 1인, 1인 통행 |

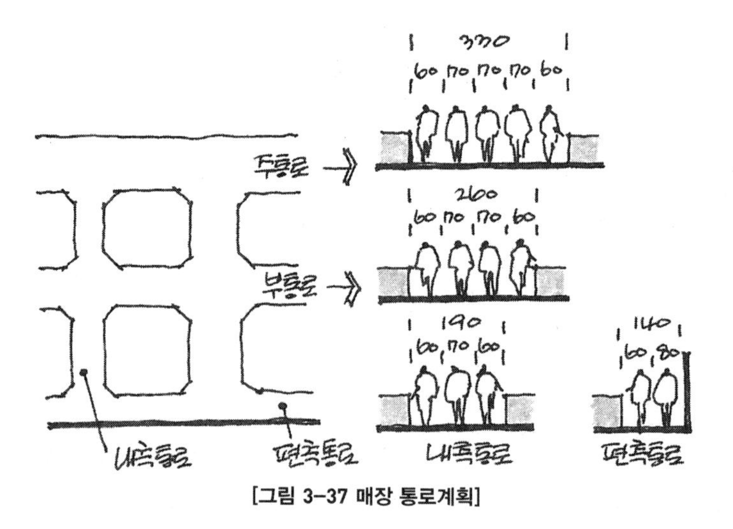


[그림 3-37 매장 통로계획]

● 에스컬레이터 유형별 배치

① 단속식 배치(직렬식)

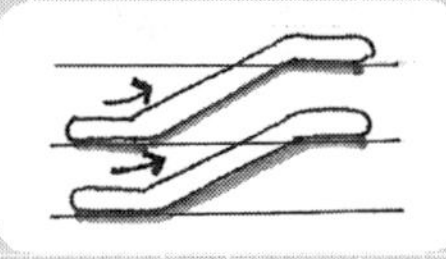

- 승객의 시계가 가장 양호
- 에스컬레이터의 위치가 부각
- 각층의 연속적 승강 불가
- 손님의 시선이 한 방향으로 한정

② 연속적 배치(병렬식)

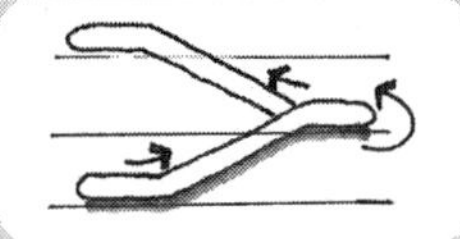

- 각층의 연속적 승강 가능
- 에스컬레이터의 위치가 부각
- 시계 양호
- 상행 · 하행 에스컬레이터를 따로 배치
- 손님의 시선이 양방향으로 가능

③ 교차식 배치

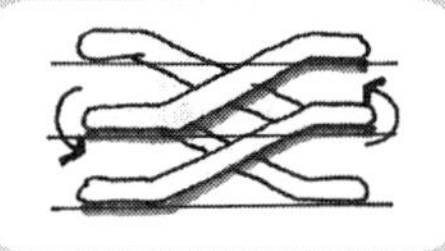

- 연속적으로 승강
- 승강의 위치가 이격
- 손님의 시계가 좁음
- 에스컬레이터의 위치가 부각되지 않음
- 에스컬레이터의 측면 매장의 전망이 불량

### (3) CORE 계획

① 계단

- 다수의 사람이 모이는 장소이므로 피난계단 및 특별피난계단을 고려한다.
- 5층 이상을 매장으로 사용하는 경우는 옥상광장 및 2개소 이상의 피난 및 특별피난계단을 계획한다.
- 고객용은 2개소 이상, 관리 및 상품수송용은 1개소 이상 필요하다.

② 엘리베이터

- 연면적 1,500~2,000$m^2$/1대, 1대 수용인원 15~20인으로 산정한다.
- 중소백화점 연면적 10,000$m^2$ 이하에 있어서는 출입구 정면의 반대쪽에 배치한다.
- 대형 백화점의 경우 승강기를 3~4군데로 분리배치하여 접근성, 사용성을 높이도록 계획한다.

③ 에스컬레이터

- 매장면적 3,000$m^2$에 대하여 상 · 하 1조를 설치한다.
- 설치위치는 매장의 중앙부가 좋다.
- 출입구에서 곧 알아볼 수 있는 위치가 바람직하다.
- 배치방식은 직렬식, 병렬식, 교차식이 있다.

**NOTE**

## 03. 사례

### [사례 ] 두산타워

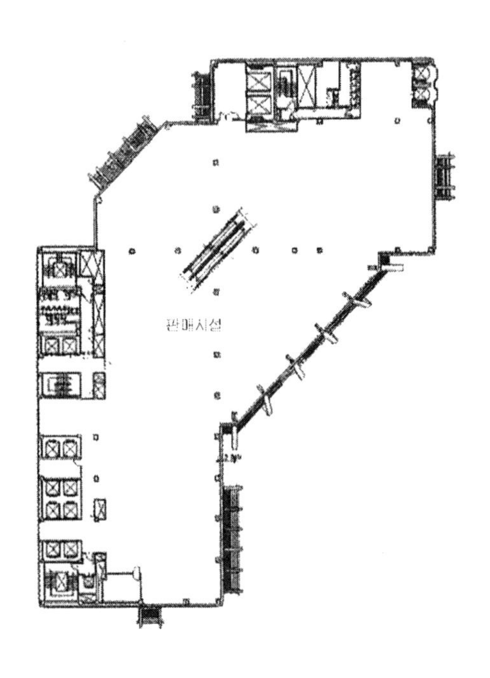


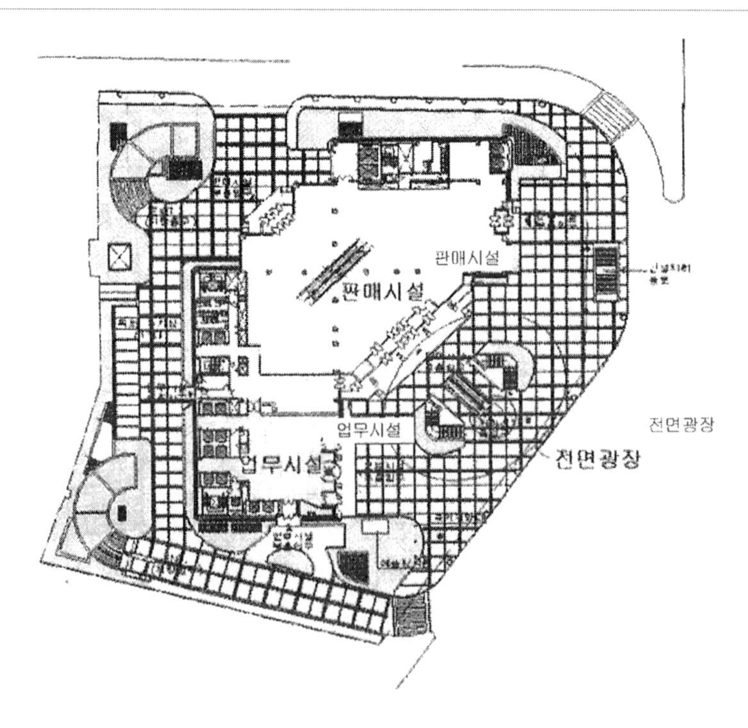

NOTE

# 4 교육시설

## 01. 개요

● 학교건축의 이해

① 다양한 학습활동을 가능하게 하는 학습공간
② 학습자의 '생활의 장'으로서 학습 환경
③ 학교를 지역주민의 평생교육을 위한 '개방되어진 장'으로의 공간
④ 하이테크 수단을 이용해 교육미디어나 학교건축성향 향상

### 1. 학교건축

#### (1) 학교건축의 정의

현재 교육제도는 많은 변화를 거쳐왔으며, 그에 따라 학교건축 또한 기능적인 요소와 더불어 건물배치의 합리화, 공간의 합리적 구성 및 효율성, 건물의 채광 및 설비와 건축물의 의장적인 요소에 큰 비중을 두어 설계가 이루어지고 있다. 학교건축 계획이란 학생과 교원이 장기간에 걸쳐 매일 전개되는 학습활동의 내용을 생각하여 건축적으로 처리해 가는 기본적 조건을 말한다.

#### (2) 학교건축의 발전방향

학교설계는 지금까지 표준설계도서 등에 의한 편복도 일자형의 획일적인 평면이 보편화되었으나, 과학기술의 발전, 정보 전달 수단의 발전 등과 같은 급속한 환경변화의 기류 속에서 지금까지의 고정되고 획일화된 시스템으로부터 전환을 도모할 필요가 있다.

사회의 변화나 교육제도의 변화에도 능동적으로 대응할 수 있는 건축계획적 평면이 구성되어야 하며, 학습환경을 최대한 능률적으로 만들어 낼 수 있는 건축공간 및 건축물이 되어야 한다.

또한, 열린 학교의 개념으로서 지역사회에 봉사하는 사회교육의 장으로서의 역할을 수행해야 하는 커뮤니티 시설로서의 인식도 확산되고 있다. 보다 적극적으로 그 지역의 사회문화적 · 지리적 · 경제적 제 특성들을 교과내용에 채택하여 학교와 사회의 상호 순환적인 연결고리를 형성하는 것도 바람직할 것이다.

[그림 3-38 학교 조감 스케치]

● 유치원

① 유치원은 시설의 분류가 복지시설과 관련된 기능으로 보여지기도 함
② 학교개념을 반영한 유치원 평면계획
- 열린학교개념
- 영역별 독립성확보
- 종합교실형

● 정규학교

정규학교는 그 규모상 평면설계에 출제되기는 힘들다. 배치계획에 출제되거나 아니면 일부 증축하는 문제로 평면설계에 출제될 수 있다.

## 2. 학교건축의 분류

우리나라 교육제도에 의한 학교의 종류는 다음과 같이 분류할 수 있다.

[표 3-11] 학교의 분류

| 구 분 | | 내 용 |
|---|---|---|
| 정규 학교 | 초등학교 | 국민생활에 필요한 기초적인 초등 보통교육을 목적으로 한다. |
| | 중학교 | 초등학교에서 받은 교육의 기초 위에 중등 보통교육을 하는 것을 목적으로 한다. |
| | 고등학교 | 중학교에서 받은 교육의 기초 위에 고등 보통교육과 전문교육을 하는 것을 목적으로 한다. |
| | 대학 | 국가와 인류사회에 필요한 학술의 심오한 이론과 그 광범위하고 정밀한 응용방법을 연수 및 연구하며, 지도자적인 인격도약을 목적으로 한다. |
| 교육대학과 사범대학지사형 | | 교육대학 및 사범대학은 초등학교, 중학교, 고등학교의 교원 양성을 주된 목적으로 한다. |
| 기술학교, 고등기술학교 | | 국민생활에 직접 필요한 직업의 지식과 기술의 연마를 목적으로 한다. |
| 실업전문학교 | | 산업기술을 연마하여 중견기술인의 양성을 목적으로 한다. |
| 공민학교, 고등공민학교 | | 초등교육을 받지 못하고 연령을 초과하거나, 또는 일반적인 성인에게 국민생활에 필요한 보통교육과 공민적 사회교육을 목적으로 한다. |
| 특수학교 | | 맹아, 농아, 정신박약아, 기타 심신장애자에게 초등 및 중등교육기관에 준한 교육과 그 실체적인 생활 지식 및 기능을 가르치는 것을 목적으로 한다. |
| 유치원 | | 유아를 보육하며, 적당한 환경을 제공하여 심신의 발육을 조장하는 것을 목적으로 한다. |
| 기타 | | 이상의 학교와 비슷한 명칭을 사용할 수는 없지만, 그와 유사한 교육기관을 말한다. 예를 들면 국방부에서 주관하는 육군사관학교, 해군사관학교, 공군사관학교 등이 있으며, 이외에 경찰대학, 신학교 등이 있다. |

● 제7차 교육과정

시행에 따른 학교 건축의 변화에 대한 학습 필요
① 교과교실의 활성화
② 수준별 교실의 융통성
③ 교사연구실과 교과교실의 공간 구성
④ 다목적 강당의 지역주민을 위한 계획
⑤ 이동공간의 충분한 확보
⑥ 홈베이스 및 홈룸 구축

## 3. 제7차 교육과정

### [1] 제7차 교육과정 개정 내용

#### (1) 기본생활습관 형성과 기초교육의 충실

① 기초 · 기본교육의 충실
② 기본생활습관 형성 교육의 강화

#### (2) 재량활동의 확대와 열린 교육의 강화

① 학생의 자기 주도 학습 및 범교과 학습 활동의 촉진
② 단위 학교의 교육과정 편성 · 운영의 자율성 확대 교육

#### (3) 학습부담 경감과 교과 구조의 점진적 확대

① 3, 4학년 학생의 학습부담 경감
② 학년별 수업시간 수의 조정
③ 실과 실습 교육 강화

#### (4) 교과 학습 내용의 최적화와 수준의 조정

① 교과 학습 내용의 선정에 따른 교과별 최소 수업시간 수 조정
② 교사와 학생의 교수 · 학습부담 감축 조정

#### (5) 교과 및 영역의 명칭 변경

① 학년제 개념에 기초하여 일관성 있게 조정(과학 및 외국어)
② 학교 및 교사의 자율성 부여, 학생의 선택권 보장(재량 활동)

#### (6) 통합교과 개념의 재정립

① 저학년 통합교과의 합리적 조정
② 학생의 자기 주도적 학습 능력을 촉진시키기 위한 창의적인 교육 활동

## [2] 제7차 교육과정을 위한 초등학교 소요시설 종류

[표 3-12] 제7차 교육과정을 위한 초등학교 소요시설

| 구분 | 소요 시설 종류 | | |
|---|---|---|---|
| 교수 · 학습공간 | 보통교실 | 학급 교실, 수준별 교실 | |
| | 특별교실 | 과학과<br>영어과<br>음악과<br>미술과<br>실과<br>체육과 | 과학실<br>어학실습실<br>음악실<br>미술실<br>기술 · 갖어실<br>옥내체육관 |
| | 다목적 공간 | 학년 전용 다목적 공간 | |
| | 특별학급 | 특별학급교실 | |
| 학습지원 공간 | 교육정보센터(도서실), 시청각실, 교과별 미디어센터, 방송실, 학습자료실, 컴퓨터실, 전 학년 전용 다목적 공간, 학생전용 회의실 | | |
| 교사편의 공간 | 학년별 교과연구 및 협의실, 교사 전용 휴게실, 탈의실 | | |
| 관리 공간 | 교장실, 서무실, 교무실, 회의실, 상담실, 숙직실, 인쇄실, 서고/창고, 등사실, 급탕실, 전산실, 학부모 운영회실 | | |
| 보건위생 공간 | 급식실, 화장실, 양호실 | | |
| 공용 공간 | 복도, 계단, 승강기, 현관, 테라스, 라운지 등 | | |

● 설계 : (주)건정종합건축사사무소, 노형래

● 발췌 : 「설계경기」, 도서출판 에이엔씨

[그림 3-39 부산해운대 초등학교 조감도]

# 02. 배치계획

## 1. 대지조건

① 간선도로 및 번화가의 소음으로부터 격리된 곳
② 학교의 성장에 의한 장래 확장을 고려
③ 대지의 형상은 정사각형에 가까운 사각형이 바람직함
④ 평탄한 대지가 바람직하나 고저차가 있는 경우 그것을 살려 변화 있게 계획

## 2. 배치계획

●배치계획 시 주요 고려사항
① 향을 고려한 동배치
• 남향배치 우선
• 동향배치 가능
→ 초등학교 저학년
② 소음을 고려한 동배치
• 교사동의 경우 소음원으로부터 충분한 이격거리 확보

### [1] 고려사항

① 이미지의 차별화와 통일감 있는 공간 : 학년별 구분, 저 · 고학년의 구분 혹은 학교 전체의 이미지 단일화로 일체감이 얻어질 수 있도록 계획한다.
② 자연을 살리는 계획 : 대지 내 경사지의 녹지활용 등 자연 환경을 살리는 계획이 되어야 한다.
③ 주변 환경과의 조화 : 학교가 주변 환경으로부터 독립되어 부조화되지 않도록 주변의 맥락을 고려한다.
④ 방위 : 각 교실, 체육관, 옥외 운동장은 일조, 통풍이 양호하도록 계획한다.
⑤ 공해를 줄이는 계획 : 주변의 공해(도로, 공장, 소음, 일조, 건물로부터의 시선 등) 및 인근에 미치는 공해(그늘, 소음, 시선, 모래먼지 등)를 충분히 고려한다.
⑥ 학교 개방을 고려한 계획 : 옥외 운동장, 옥내 체육관, 각종 코트, 풀 등은 지역주민에게 개방할 수 있도록 한다.
⑦ 어프로치 : 어프로치 시 교사나 체육관, 옥외 운동장 등 전체가 파악될 수 있도록 한다. 현관을 알기 쉬운 위치에 계획한다.
⑧ 옥외 운동장 : 각종 체육실기, 특별 교육 활동, 놀이, 운동회 등이 행해지며, 강당이 없는 경우 전체 조회가 행해지기도 한다. 교사와 운동장 사이에는 나무를 심거나 교사의 배치방법에 의해 운동장과 교사를 시각적으로 차단하는 것이 좋다. 필요한 크기의 트랙 및 코트를 확보하고, 일조와 통풍이 잘되는 위치를 고려하며, 전교생이 단시간에 출입을 할수 있도록 배려한다.
⑨ 동선의 분리 : 서비스 동선과 다른 동선은 분리, 사람과 자전거, 자동차의 동선이 교차되지 않도록 계획한다.

**●동선계획 주요사항**

① 보 · 차 분리 계획
② 원활한 이동 동선
③ 충분한 복도 공간 확보
④ 연령별 동선 계획

## [2] 동선계획

① 출입구는 학군과의 연계성과 보행자 분리 등을 감안하여 2개소로 계획하며, 주도로에 정문을, 부도로에 후문을 계획한다. 이때 정문은 보행출입을 고려하고, 후문은 보행자와 차량출입을 모두 고려한다.

② 유사시와 서비스 차량을 제외한 대지 내에 차량의 동선과 보행자 동선이 교차되지 않도록 계획하여 쾌적한 옥외 환경을 조성한다.

③ 주차장은 가급적 교직원과 방문객을 분리하고, 식당, 강당 등의 서비스 동선을 고려한다.

④ 모든 교사동은 교사 및 학생들의 이동이 원활하도록 연결 통로를 설치한다.

⑤ 교육지원 및 행정시설은 교사동의 중심부에 위치시켜 학생지도에 편리하도록 배치한다.

⑥ 특별교실, 교과교실, 다목적홀 등 중 · 고학년과 개방의 대상이 되는 시설은 지역주민의 이용이 편리한 위치에 배치한다.

⑦ 복도 등 동선공간은 통행에 지장이 없도록 충분한 폭으로 계획한다.

⑧ 심신 장애 아동 등의 이동이 편리하게 이루어질 수 있도록 적정한 시설을 배치한다.

## [3] 배치계획

① 학군과의 연계성을 고려하여 어린이, 방문자, 차량 등의 이동 시 상호 간섭이 일어나지 않도록 배치계획을 수립한다.

② 학년별 영역을 확보할 수 있도록 계획한다.

③ 특별교실, 저 · 고학년 행정 · 관리시설을 구분하고 각 영역의 연계성과 독립성을 충분히 감안하여 계획한다.

④ 저학년, 고학년의 영역을 분리하고 각각의 외부공간을 확보한다.

⑤ 교사동과 교사동의 인동간격을 최대한 확보하여, 일조 · 통풍을 양호하게 계획한다.

⑥ 운동장의 규모는 가능한 최대 규모를 확보하여 어린이의 활발한 옥외활동을 촉진한다.

⑦ 다양한 외부 공간(저학년 놀이공간, 중학년 놀이공간, 자연학습장, 휴게마당, 선큰가든, 분수대 등)을 확보한다.

⑧ 아동 등의 학교 진입 시 건물로 인한 위압감을 최소화할 수 있도록 배치한다.

**●운동장의 크기**

① 200m 트랙

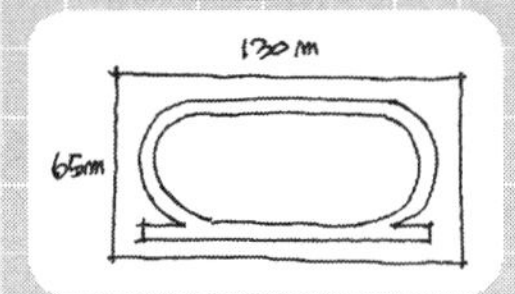


② 250m 트랙

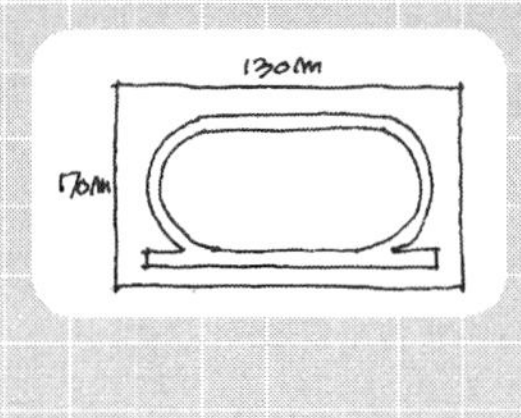

● 제7차 교육과정의 개정에 따른 교사의 유형

① 분산 병렬형
- 영역별 독립성 확보

② 클러스터형
- 교과별 독립성을 확보하되, 홈베이스, 정보센터 등의 중심기능으로의 연결 고려

## [4] 교사의 배치 유형

### (1) 폐쇄형

① 협소한 대지의 효율적 이용 가능

② 화재 및 비상시 불리

③ 일조, 통풍 등 환경조건 불리

④ 운동장 소음 교실에 영향

⑤ 교사 주변에 활용되지 않은 부분이 많은 결점

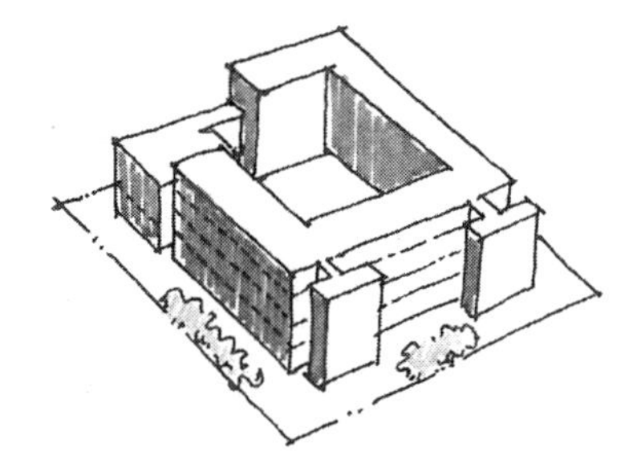

### (2) 분산 병렬형

① 일종의 Finger Plan이다.

② 운동장이 한편에 있어 소음 및 기타 환경 조건에 유리

③ 건물 사이는 놀이터와 정원으로 이용가능

④ 편복도 시 복도 면적이 크고 단조로워 유기적 구성이 어려움

⑤ 대지에 여유가 있어야 함

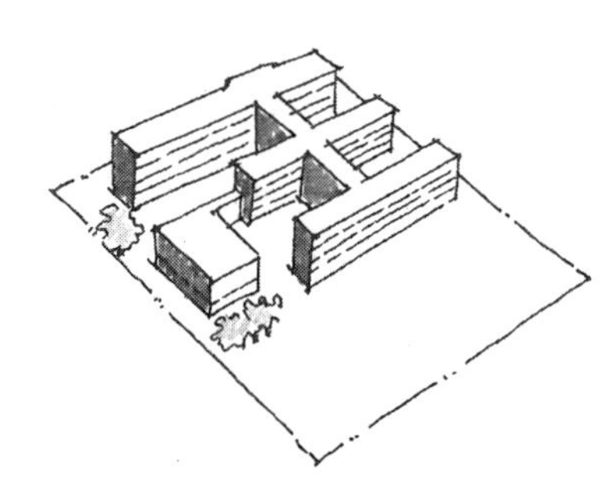

### (3) 집합형

① 교육구조에 따른 유기적 구성 가능

② 물리적 환경이 양호

③ 동선이 짧아 학생 이동이 유리

④ 시설물의 지역사회 이용 등의 다목적 계획 가능

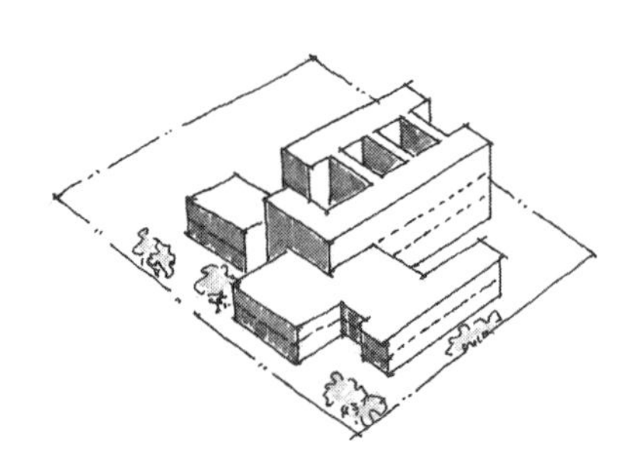

### (4) 클러스터형

① Team-Teaching System에 유리

② 중앙에 학생 중심시설, 외곽에 특별교실을 두어 동선의 흐름이 원활함

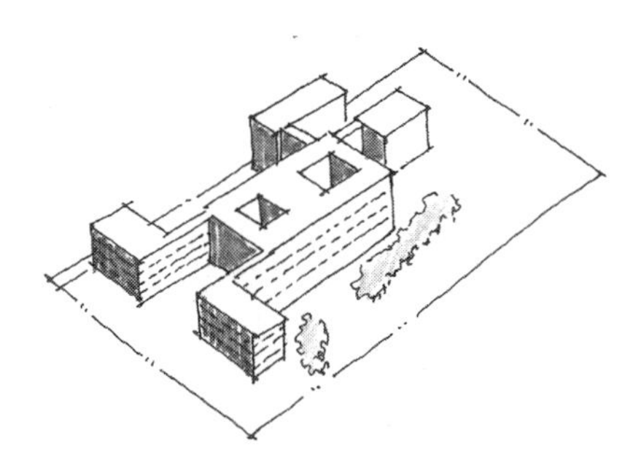

[그림 3-40 교사의 배치 유형]

● **배치계획의 유형**

① 교과별 영역성 확보
② 풍부한 옥외공간 형성
③ 유기적 연결동선 고려

## [5] 배치계획의 사례

① 초등학교 배치

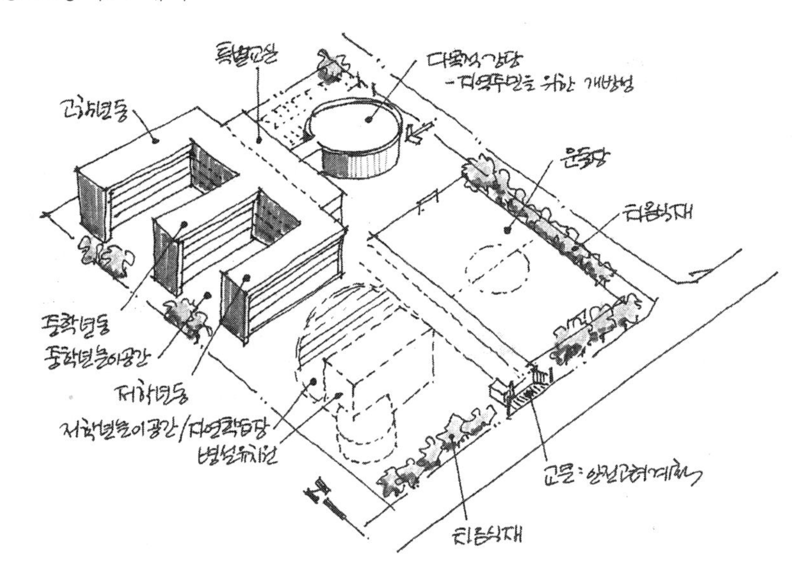


**[그림 3-41 초등학교 배치 사례]**

② 중 · 고등학교 배치

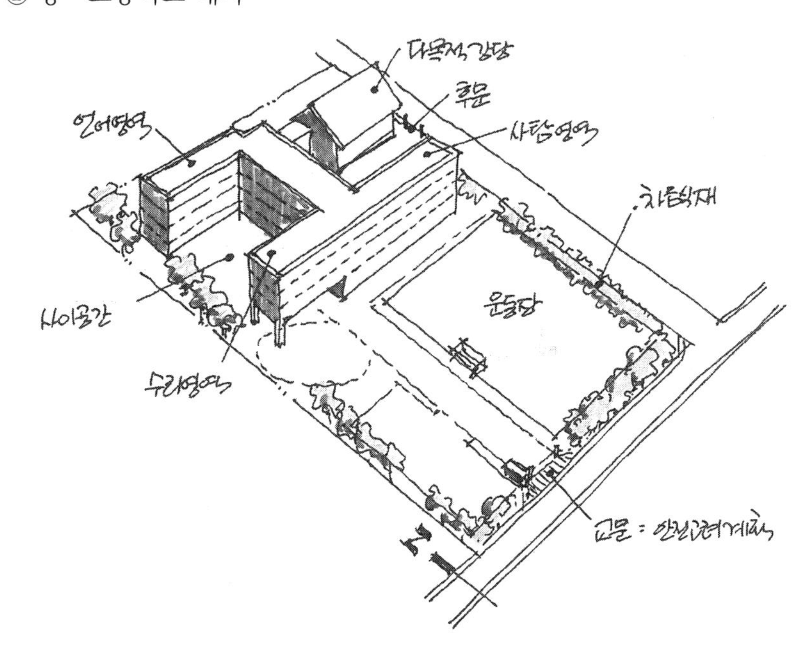


**[그림 3-42 중 · 고등학교 배치 사례]**

# 03. 평면계획

## 1. 기능분석

- 초등학교와 중학교의 기능구성은 큰 차이가 없다.

### (1) 초등학교 기능도

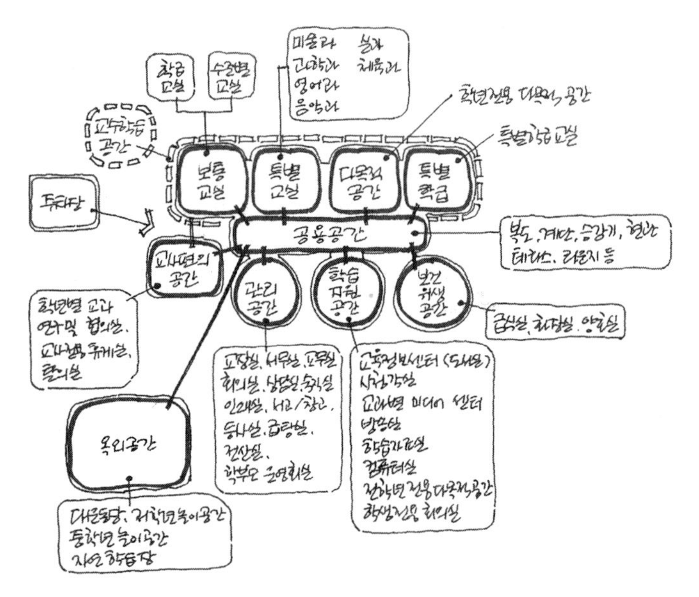


[그림 3-43 초등학교 기능도]

### (2) 중 · 고등학교 기능도

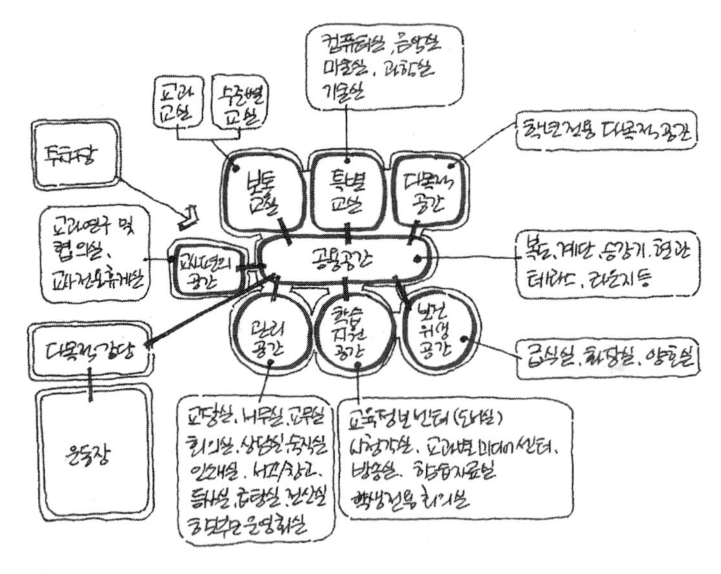


[그림 3-44 중 · 고등학교 기능도]

## 2. 모듈 및 블록 플랜

### (1) 모듈 계획

① 전통적인 모듈은 7.5×9m를 활용하였으나, 최근 학습형태 및 구성인원의 변화 등으로 8.0×8.0m, 8.4×8.4m 등의 정방형 모듈을 사용하기도 한다.

② 교과교실의 기본 모듈을 중심으로 특별교실, 수준별 교실 등으로의 변화를 고려한다.

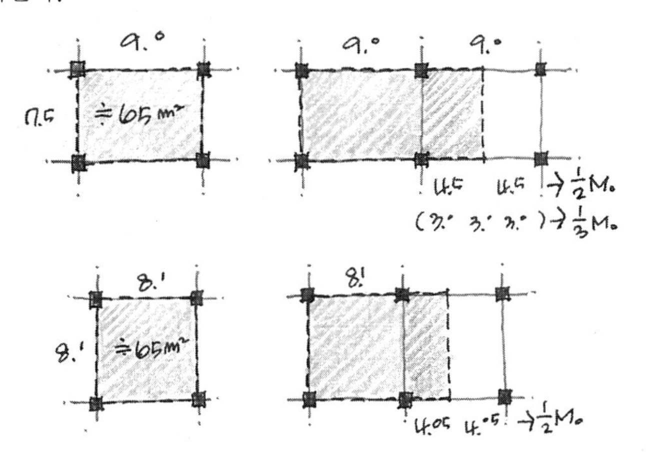

[그림 3-45 학교 모듈]

③ 유치원의 경우 초등학교의 종합교실 개념으로 구성되기도 하나, 모듈은 40m², 50m², 60m² 등으로 작게 계획이 가능하다.

### (2) 블록 플랜(Block Plan)

● 블록 플랜

블록 플랜은 교과별 영역의 결정에 따른 기본 패턴 형성

① 제7차 교육과정에 적합한 교육환경을 구성한다.

② 협력학습, 능력별 학습 등과 같은 열린 교육을 위하여 열린 공간(다목적 공간)을 확보한다.

③ 학년별로 하나의 클러스터를 형성하고 저학년과 고학년을 분리하여 하나의 공간을 구성한다.

④ 1개 학년을 하나의 블록으로 구성하여 보다 아늑하고 효율적인 학습환경을 조성한다.

⑤ 다양한 교육, 학습형태에 대응할 수 있도록 하나의 블록 내에서 공간구성의 가변성을 확보한다.

QUIZ 5.

**● 교사동의 향**

교사동은 남향 배치를 원칙으로 하되 초등학교의 경우 (    )은 동향이 가능하다.

문) 상기조건을 검토하여 1개층 모듈수를 구하라.

**● 다목적 공간의 명칭 예**

① 다목적실
② 다목적 공간
③ 홀
④ 학습 센터
⑤ 러닝 스페이스
⑥ 러닝 센터 · 워크스페이스
⑦ 오픈 스페이스 등

QUIZ 5. 답

초등학교 저학년동은 오전학습 위주의 교육과정이 구성되어 있어 정오부터 저녁까지 일조가 필요한 것은 아니다. 오전 내내 일조가 양호하도록 배치하면 된다. 따라서 초등학교 저학년동의 경우 동향 배치가 가능하다.

• 저학년동

## 3. 평면 계획 시 고려사항

① 학년별 교사동에 학급교실과 열린공간 그리고 교사실을 하나의 단위로 구성하여, 다양한 학습내용과 생활에 탄력적으로 대응할수 있도록 계획한다.

② 열린공간은 복도 포함 4m 이상의 폭을 확보하여 다양한 학습공간의 구성이 가능하도록 함으로써 열린교육에 적합하도록 한다.

③ 학습편성의 가변성을 고려(2~3학급 편성)한다.

④ 평면에 곡선을 도입하여 부드러운 초등학교 이미지를 연출한다.

⑤ 장래 각 시설의 수요, 기능 등의 변동에 대응하여 시설배치를 변경할 수 있도록 유연하게 계획한다.

⑥ 교육공간의 주향이 남향을 향하도록 계획하여 일조, 채광이 양호한 환경을 조성하고, 열린 조망을 즐길 수 있도록 계획한다.

⑦ 교무 관련 공간에서 옥외공간의 움직임을 파악할 수 있도록 평면을 구성한다.

⑧ 전교생(복수학년)을 대상으로 교육에 대응하는 공간으로서, 그리고 지역사회 개방시설로서 다목적 공간을 최대한 확보하고 동선 계획을 배려한다.

⑨ 화장실 및 코어의 계획은 모든 학급에서 이용이 편리하도록 계획한다.

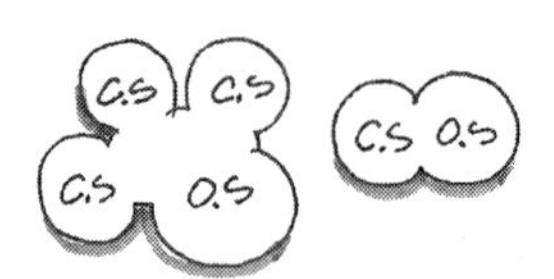


• 교실과 공간적인 연속

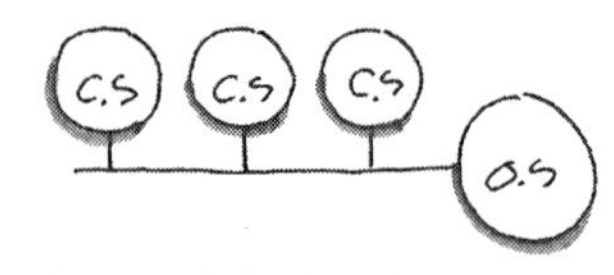


• 복도 등에서 간접적으로 엑세스

학년 공유 Open Space

전학년 공유 Open Space

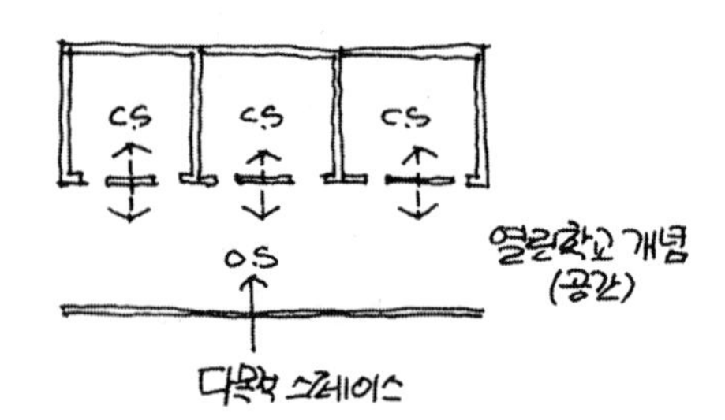


[그림 3-46 Open Space 구성 예]

● 최근 학교의 운영방식

제7차 교육과정 개정에 의하여 교과교실형을 유도하고 있으며 수준별 교실 등의 활용으로 학업성취도 향상에 무게를 두고 있다.

## 〈참고〉 학교 운영방식

단위 교실 평면의 형태를 결정하는 중요한 요소

[표 3-13] 학교 운영방식

| 종류 | 방법 | 장점 | 단점 | 비고 |
|---|---|---|---|---|
| U형 (종합 교실형) | 교실 수는 학급 수와 일치하며 각 학급은 자기 교실 안에서 모든 교과를 학습한다. | 학생의 이동이 전혀 없고 각 학급마다 가정적인 분위기 조성이 가능하다. | 시설의 정도가 낮은 경우에는 가장 빈약한 예가 되며, 특히, 초등학교 고학년의 경우에는 무리가 있다. | 초등학교의 저학년에 가장 적합하며 외국에서는 1개 교실에 1~2개의 화장실이 있다. |
| U-V형 (일반 교실 + 특별 교실형) | 일반교실은 각 학급에 하나씩 배당하고 그 밖에 특별교실을 갖는다. | 전용의 학급 교실이 주어지기 때문에 홈룸 활동 및 학생의 소지품을 두는 데 안정적이다. | 특별교실을 확충하면 일반 교실의 이용률은 낮아진다. 따라서, 시설의 수준을 높일수록 비경제적이다. | 우리나라 학교의 70%를 차지하고 있으며 가장 일반적인 형이다. |
| V형 (교과 교실형) | 모든 교실이 특정 교과를 위해 만들어지고 일반 교실은 없다. | 각 학과에 순수율이 높은 교실이 주어지며, 따라서 시설의 수준(이용률)은 높아진다. | 학생이 이동이 심하다. 순수율을 100%로 하는 한 이용률은 반드시 높다고 할 수없다. | 이동에 대비해서 소지품을 보관할 장소와 이동에 대한 동선에 유의해야 한다. |
| E형 (U · V형과 V형의 중간) | 일반 교실 수는 학급수보다 적고 특별교실의 순수율은 반드시 100%가 되지는 않는다. | 이용률을 상당히 높일 수 있으므로 경제적이다. | 학생의 이동이 비교적 많다. 학생이 생활하는 장소가 안정되지 않고 많은 경우에는 혼란을 가져온다. | |
| P형 (플라톤형) | 각 학급을 2분단으로 나누고 한쪽이 일반교실을 사용할 때 다른 한쪽은 특별교실을 사용한다. | E형 정도로 이용률을 높이면서 동시에 학생의 이동을 정리할 수 있다. 교과 담임제와 학급 담임제를 병용할 수 있다. | 교사 수와 적당한 시설이 갖춰지지 않으면 실시가 어렵다. 시간을 배당하는 데 상당한 노력이 든다. | 미국의 초등학교에서 과밀을 해소하기 위해 운영되고 있다. |
| D형 (달톤형) | 학급과 학생을 없애고 학생들은 각자의 능력에 따라 교과를 선택하고 일정한 교과가 끝나면 졸업을 한다. | 교육방법에 기본적인 목적이 없으므로 시설면에서 장단점을 말할 수 없다. 하나의 교과에 출석하는 학생수가 일정치 않으므로 크고 작은 여러 형태의 교실을 설치해야 한다. | | 우리나라의 사설학원, 야간 외국어 학원, 직업학교, 입시학원 등 |
| 개방 학교 (Open School) | 학급단위의 수업을 부정하고 개인의 능력 · 자질에 따라 무학년제로 하여 다양한 학습 활동을 하도록 한다. 기존의 교실에 비해 넓고 변화 가능한 공간으로 구성한다. | 각자의 흥미 · 능력 · 자질 등에 따라 Grouping하여 참여할 수 있기 때문에 잘 적용되면 가장 좋은 방법이 될 수 있다. | 변화가 심한 다양한 교과과정에 충분히 대응할 수 있는 교원의 자질과 풍부한 교재 그리고 교육기자재의 활용이 전제가 된다. | 초등학교 저학년이나 유치원 등에 적용시켜 보거나 혹은 전체 학급 중 일부분을 이러한 방식으로 적용해 볼만하다. |

## 4. 세부계획

### [1] 일반교실

① 일반교실은 남향 또는 동남향으로 배치하는 것을 원칙으로 한다.

② 동학년의 교실은 같은 층의 동일한 조건으로 배치한다.

③ 초등학교의 경우 일반교실은 3, 4, 5, 6학년이 사용한다.

④ 7.5×9.0=67.5m²/45인

⑤ 천장고 : 3.0m , 층고 : 3.6~3.9m

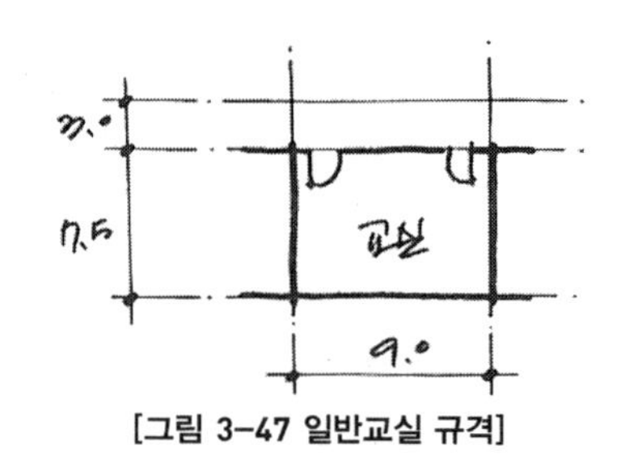


[그림 3-47 일반교실 규격]

### [2] 종합교실

① 종합교실형은 초등학교 1, 2학년이 사용하고, 고학년과 분리시킨다.

② 7.5×12m 또는 7.5×13.5m로 실내에 Work Space와 교사실, 화장실을 계획한다.

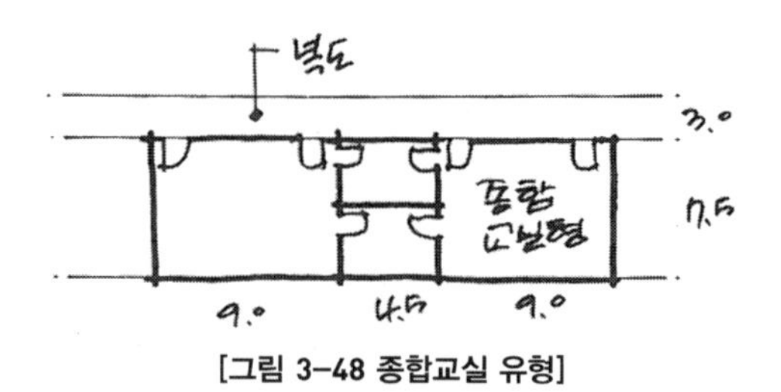


[그림 3-48 종합교실 유형]

### [3] 교과교실

① 교과별로 하나의 cluster를 형성하며, 각 클러스터는 종합교실과 유사하게 부속시설들을 가진다(ex. 계단, 화장실, 연구실, 교구보관실 등)

② 교과별로 학생들의 이동이 많으므로 홈베이스와 홈룸 지정이 필요하다.

## [4] 특별교실

① 자연 과학실

- 가급적 아래층에 위치(전기, 가스, 급배수 시설 필요)
- 준비실 확보

② 음악실 : 15.0×7.5m(교사준비실 포함) : 흡음벽, 소음 없는 위치, 강당과 인접

③ 컴퓨터실 : 12.0×7.5m(교사, 프린터실 포함)

④ 미술, 공작실 : 북측 채광, 음악실과 접근 피함, 기타 실과도 이격배치

⑤ 기술교실 : 중학교 이상 실업계 학교에 필요

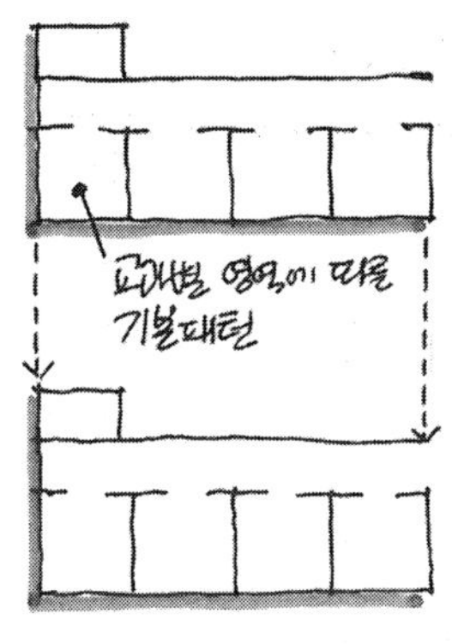

[그림 3-49 교과교실 유형]

**● 수준별 교실**

학생들의 학업능력에 맞추어 교실을 구분하되, 인원이 지정되어 있지 않으므로 가변형 벽체로 구성한다.

## [5] 기타 교실

① 어학실습실

② 시청각실

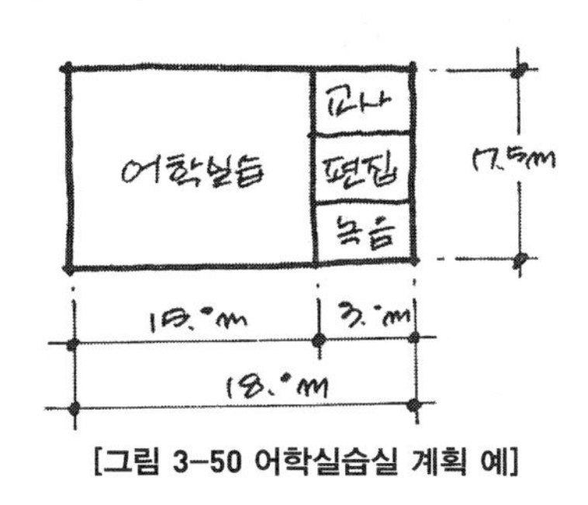


[그림 3-50 어학실습실 계획 예]

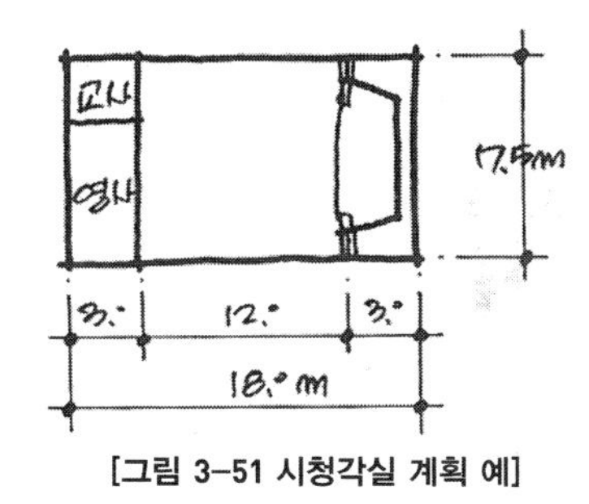


[그림 3-51 시청각실 계획 예]

③ 도서실

- 개가식
- 학교의 모든 곳으로부터 접근하기 편리한 위치

④ 강당

- 초등학교(27.0×18.0m)
- 중 · 고등학교(36.0×24.0m)

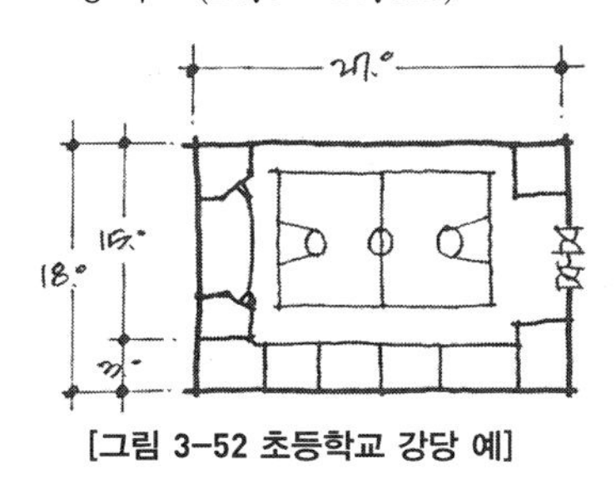


[그림 3-52 초등학교 강당 예]

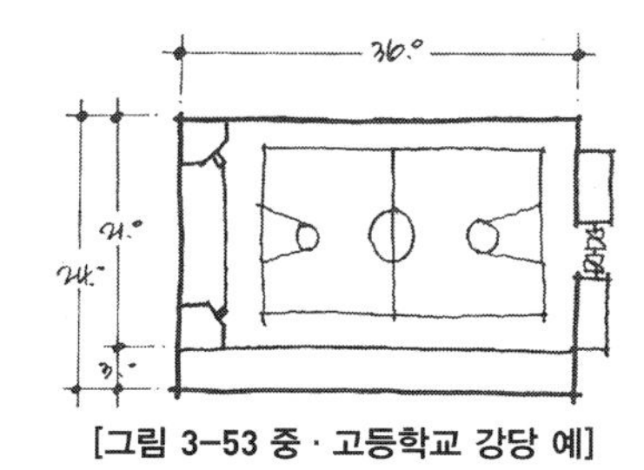


[그림 3-53 중 · 고등학교 강당 예]

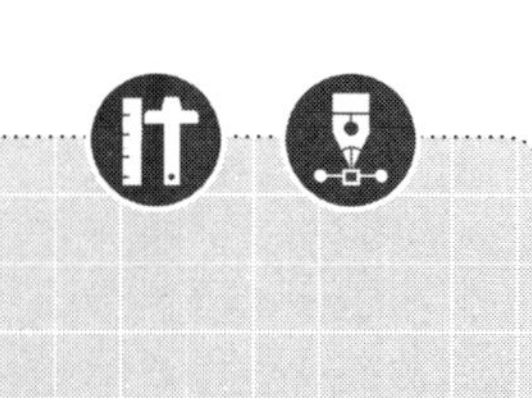

## [6] 행정 · 관리시설

① 교장실

② 교감 및 교무실

③ 서무실

④ 인쇄실

⑤ 자료실

⑥ 숙직실

## [7] 공용시설

① 화장실

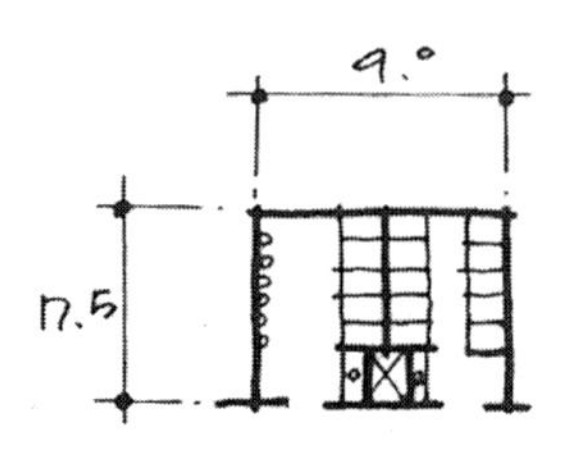


② 계단실

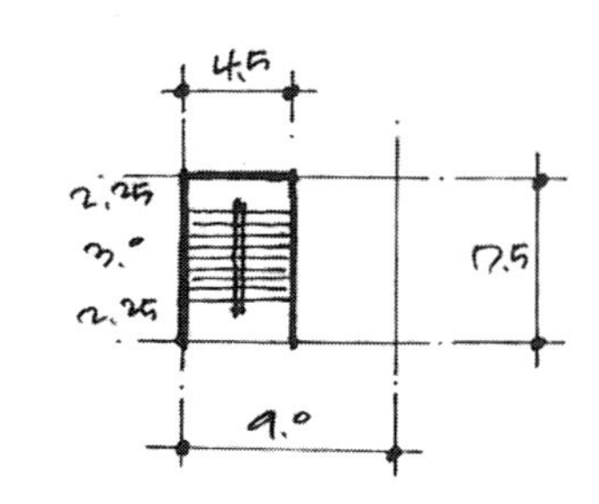


③ 복도

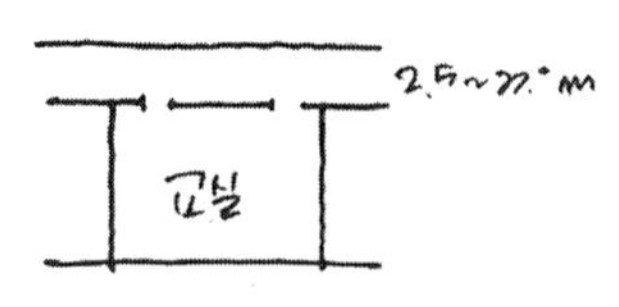


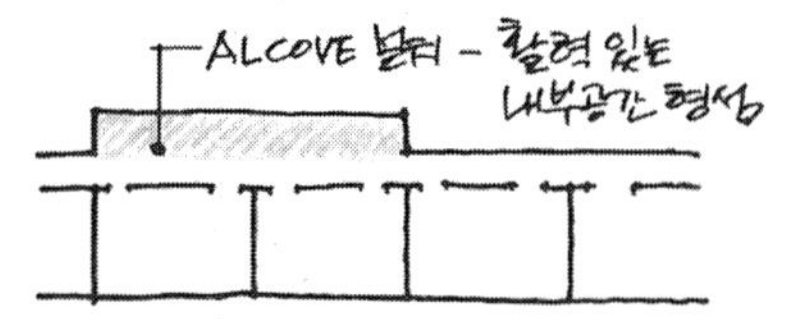


[그림 3-54 공용부분 계획 예]

## [8] 지원시설

① 휴게실

② 양호실 : 운동장 연계, 조용한 위치

③ 급식시설

- 매점
- 식당 : 2~3회 교대, 1m²/인, 서비스 차량 진 · 출입 차량 동선과 학생 동선 분리

④ 방송실

● 계단폭

일반적으로 계단폭은 1.2m 이상으로 계획하나 학교는 1.5m 이상이며 학생들의 이용성 및 안전을 위하여 더 넓게 계획하기도 한다.

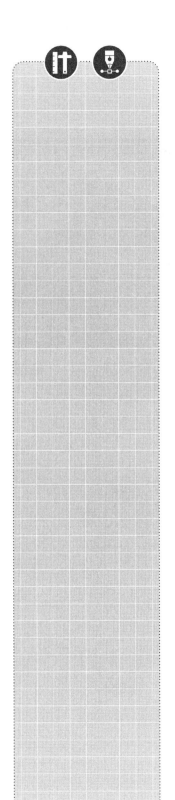

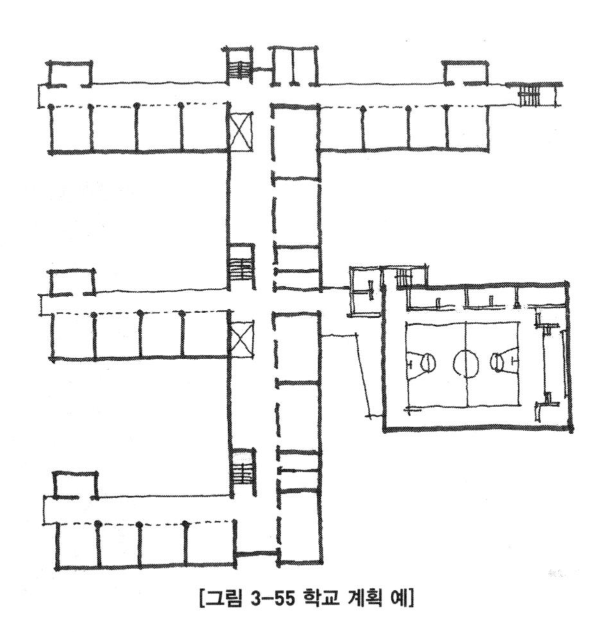

[그림 3-55 학교 계획 예]

NOTE

# 04. 사례

## [사례 1] 용인 상현고등학교

- (주)디엔비 건축사사무소,
  조도연

- 발췌 : 「설계경기」,
  도서출판 에이엔씨

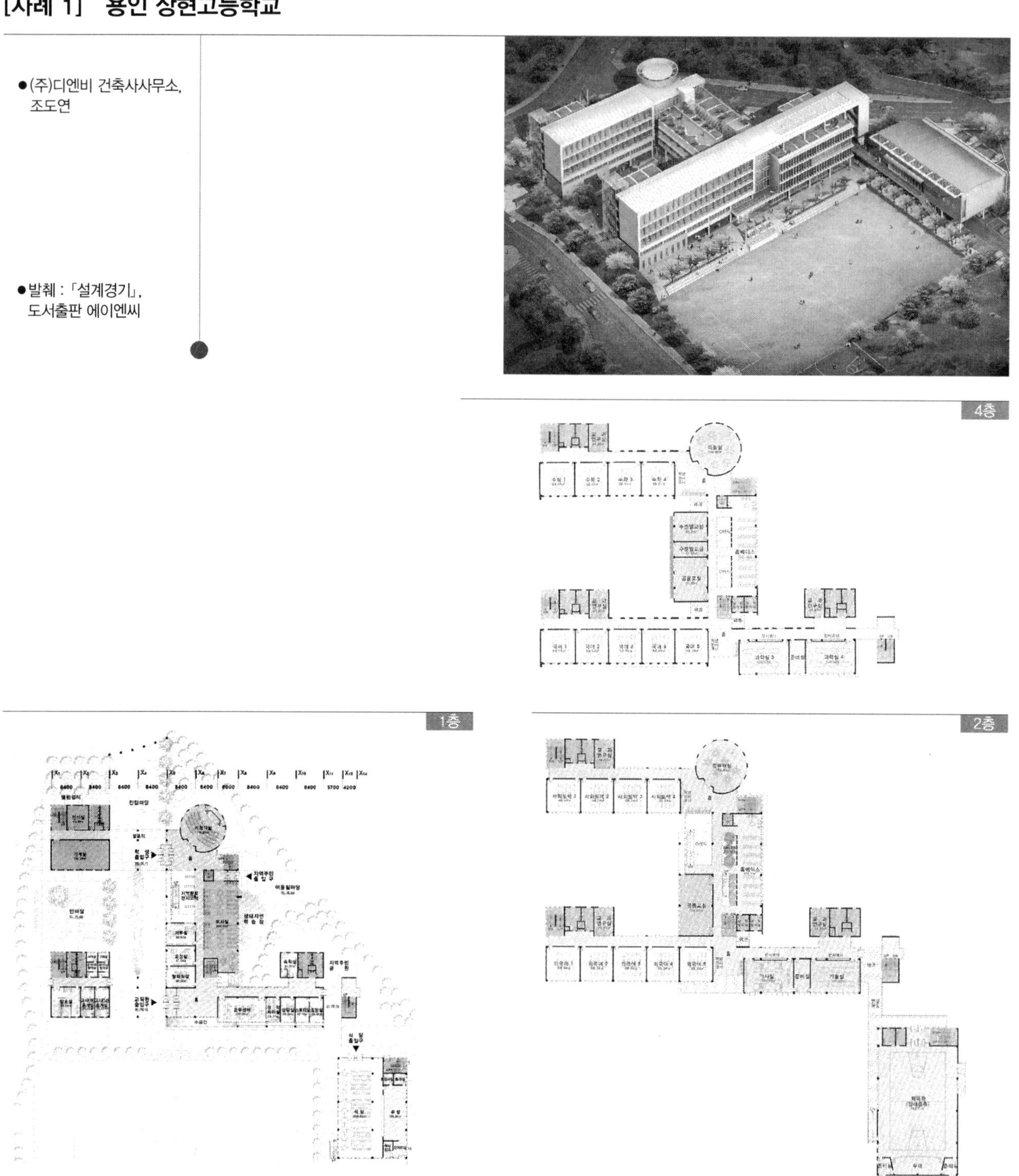

## [사례 2] 부경대학교 다목적 공학연구동

●(주)성림종합건축사사무소,
임장열 · 최근호

●발췌 : 「설계경기」,
도서출판 에이엔씨

15층

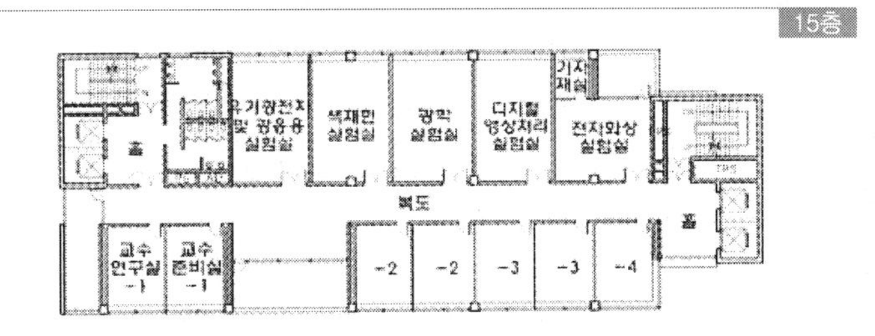


2층

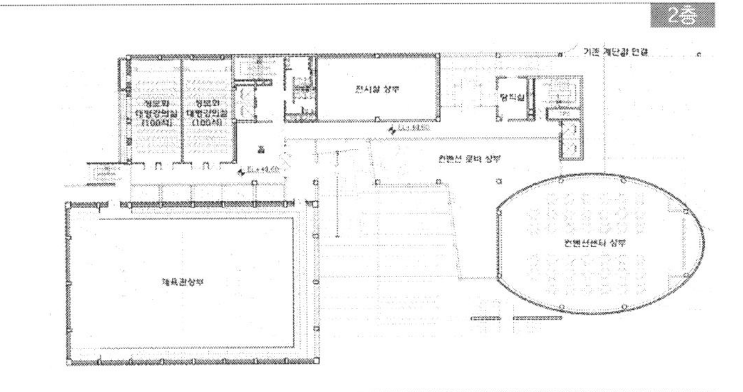

1층

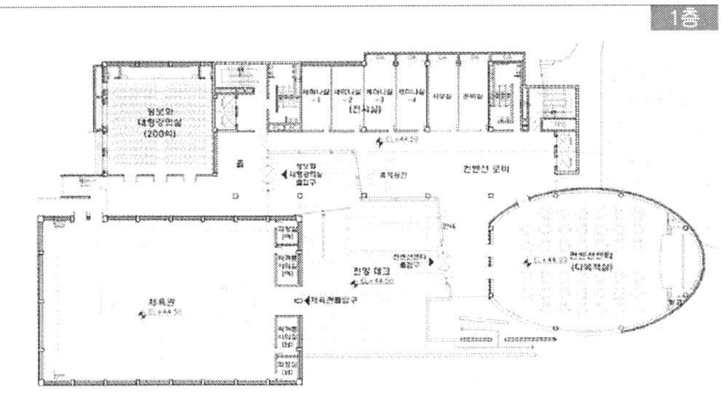

익힘문제를 통한 이론 정리

# 5 익힘문제 및 해설

## 01. 익힘문제

### 익힘문제 1. 설계사무소의 수평조닝 계획

다음은 설계사무소의 기준층 평면이다. 평면 내부의 실계획을 완성하시오.

〈설계조건〉

- 계단 : 1개소
- 화장실 : 1개소(남 · 여 구분)
- 설계실 : 1,600m²
- 부소장실 : 40m²
- 도면창고 : 20m²
- 휴게실 : 20m²

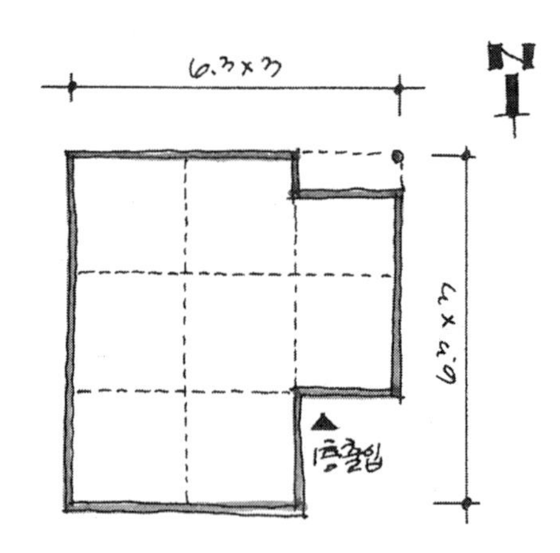

## 익힘문제 2. CORE 및 평면조닝 계획

다음의 평면에 아래 조건을 고려한 조닝을 완성하시오.

〈설계조건〉

- 계단실 : 2개소
- 화장실 : 1개소(남 · 여 구분)
- 엘리베이터
- 사무공간
- 수평 피난동선을 고려
- 필요에 따라 복도 계획

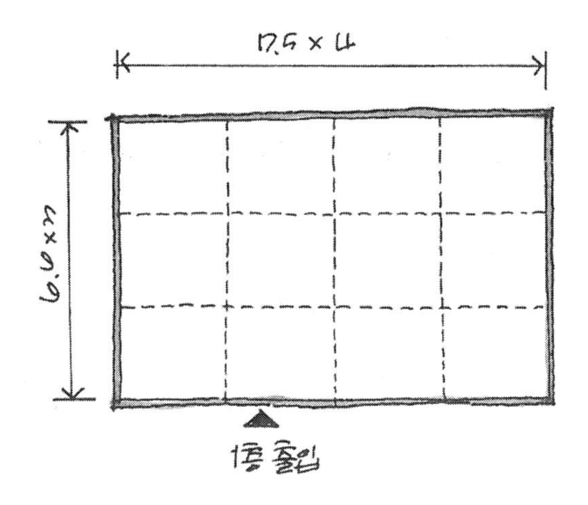


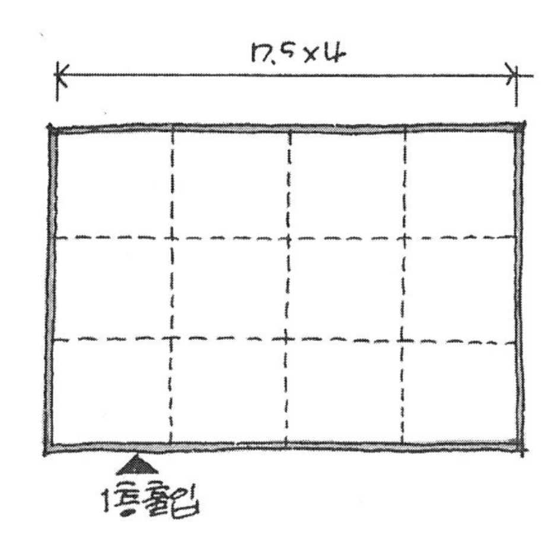

## 익힘문제 3. 백화점 1층 수평조닝 계획

아래 제시된 모듈을 기준하여 수평조닝을 완성하시오.

〈설계조건〉

- 전망용 엘리베이터 2대 + 계단실
- 고객용 엘리베이터 1대 + 계단실
- 화물용EV + 계단실 + 창고 + 공조실
- 화장실 + 휴게실
- 에스컬레이터

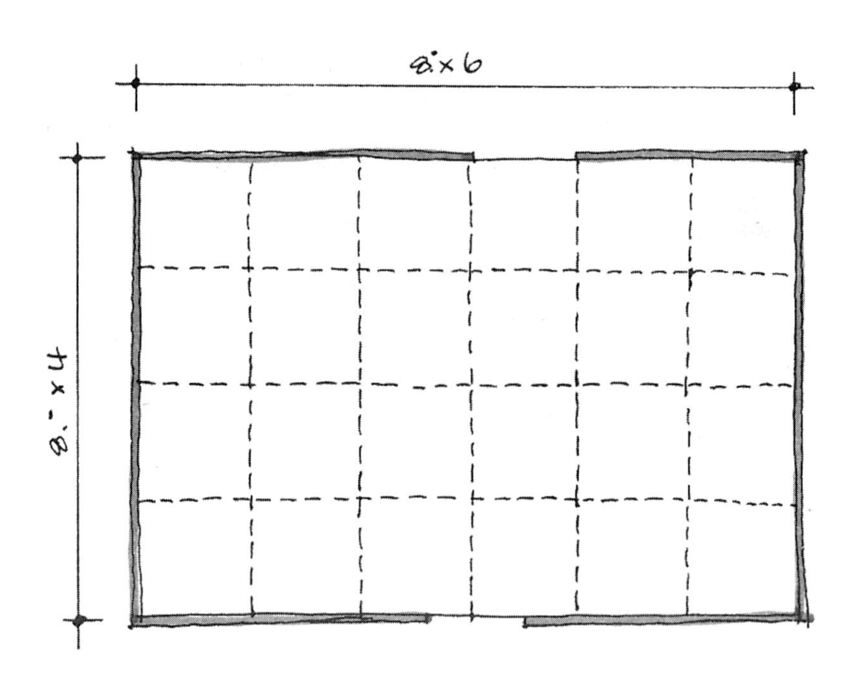

## 익힘문제 4. 초등학교의 교사동의 수평조닝 계획

다음 조건을 고려하여 수평조닝 계획을 완성하시오.

〈설계조건〉

- 초등학교 각 학년별 6학급
- 기존 건물의 Pattern을 유지할 것
- 향을 고려하여 배치

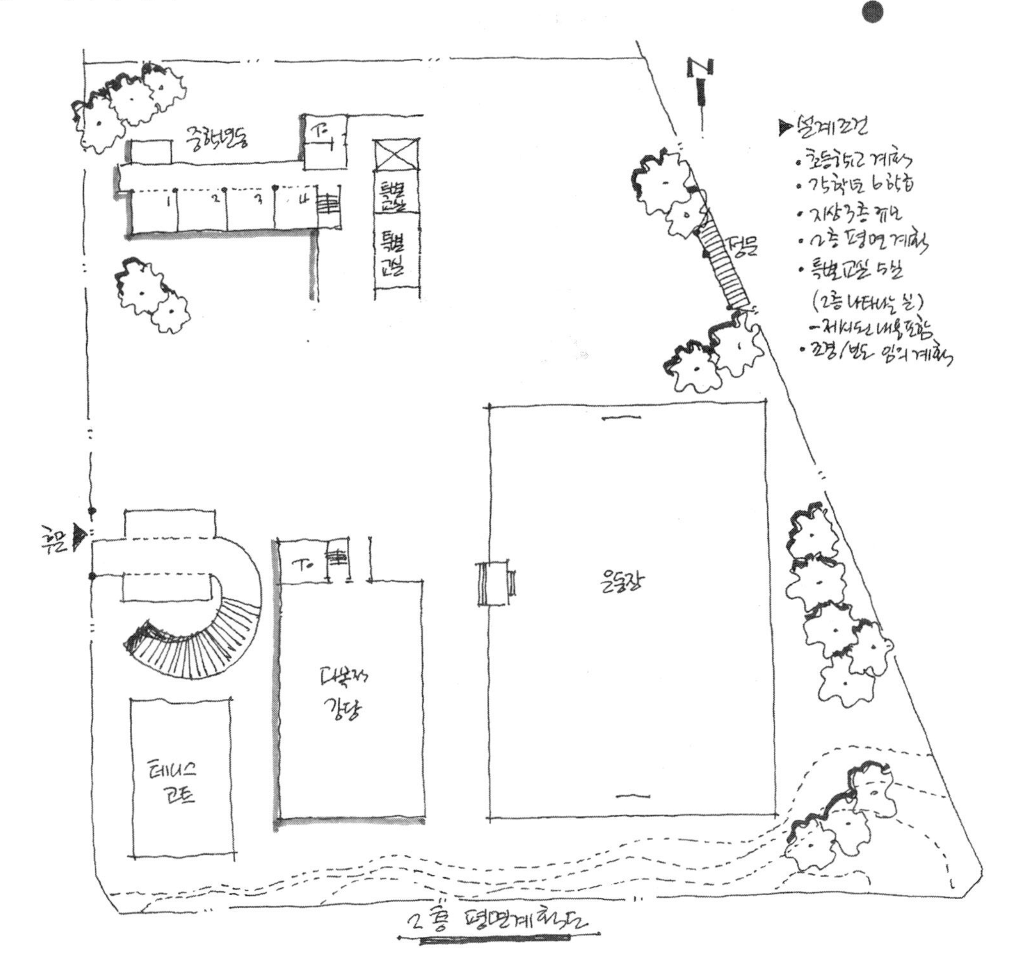

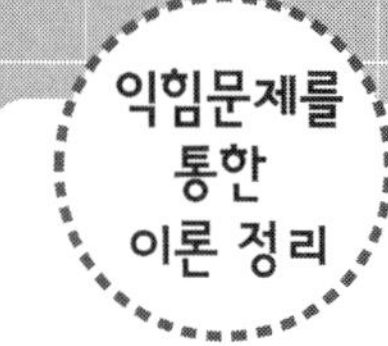


## 02. 답안 및 해설

### 답안 및 해설 1. 설계사무소의 수평조닝 계획 답안

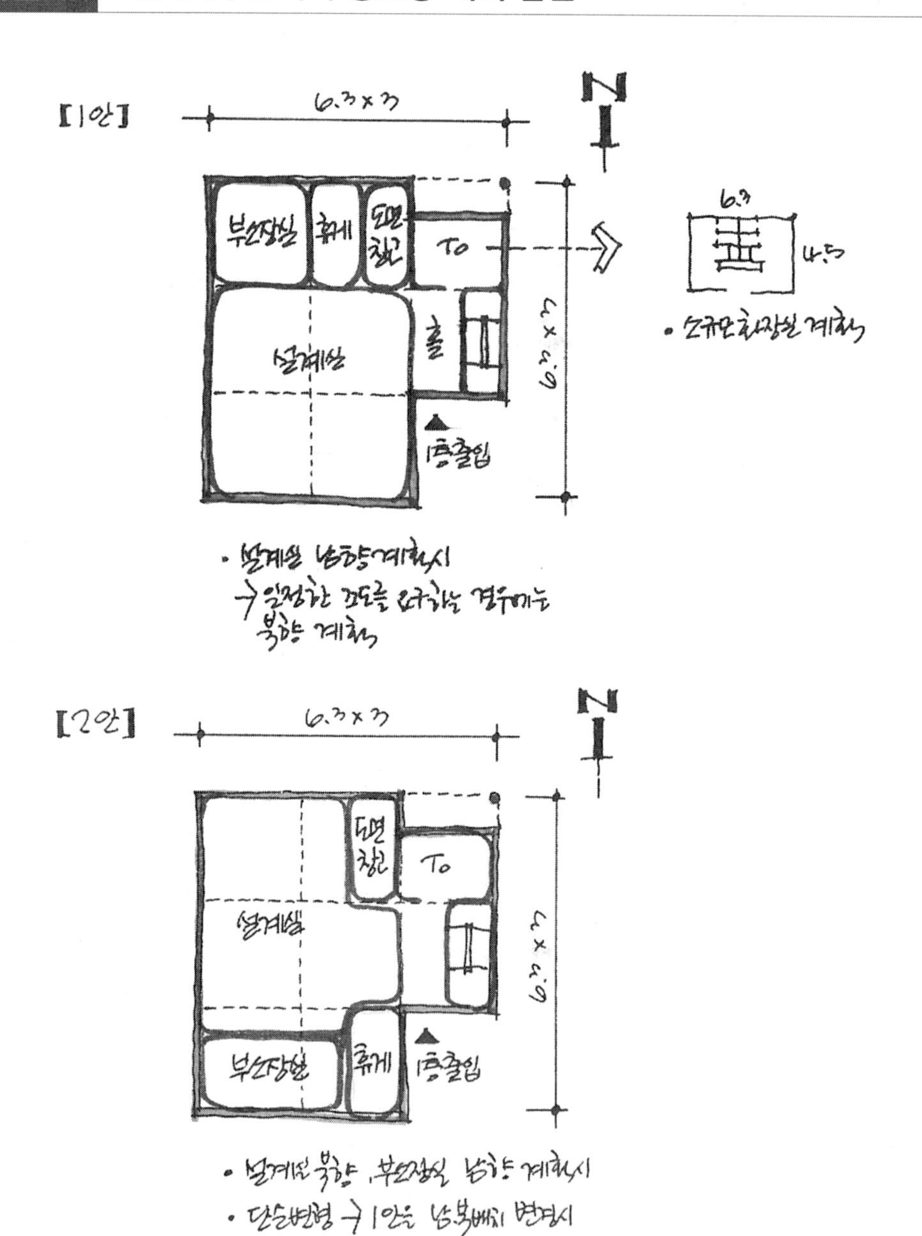

## 답안 및 해설 2. CORE 및 평면조닝 계획 답안

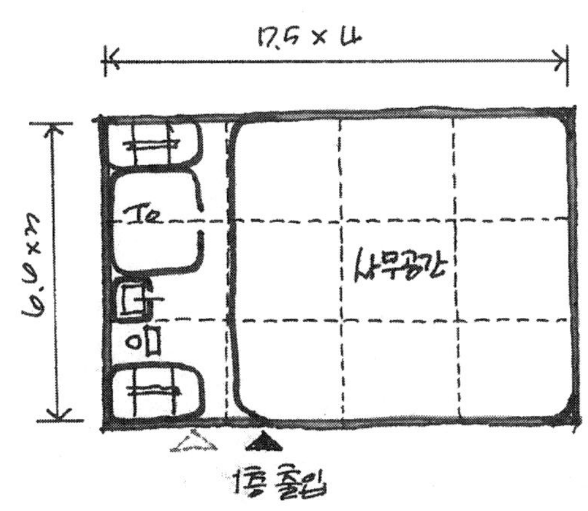


- 사무공간을 1개면적으로 구성
- 1층출입구의 위치가 CORE 계획에 따른 사항인지의 여부검토
- 임대면적의 상승

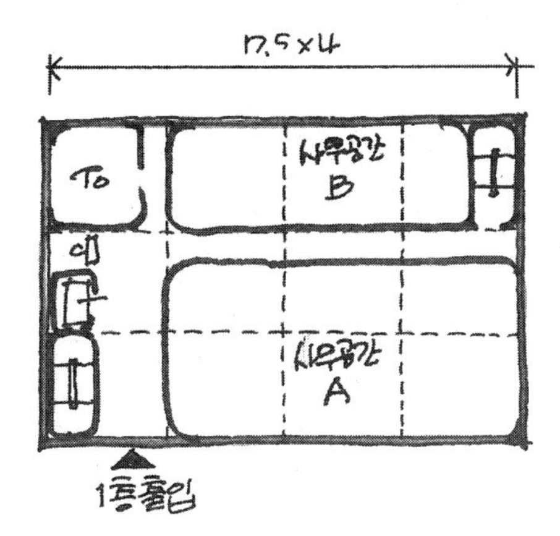


- 피난동선에 의한 사무공간 영역 구분
- 수직피난동선 : 직통계단
- 수평피난동선 : 계단의 위치 가급적 멀리 계획

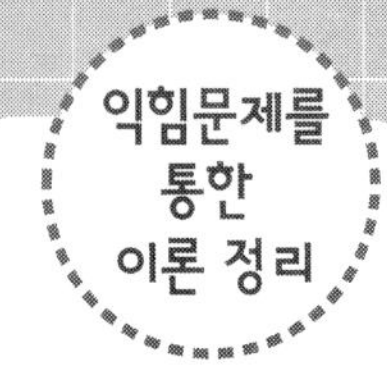


## 답안 및 해설 3. 백화점 1층 수평조닝 계획 답안

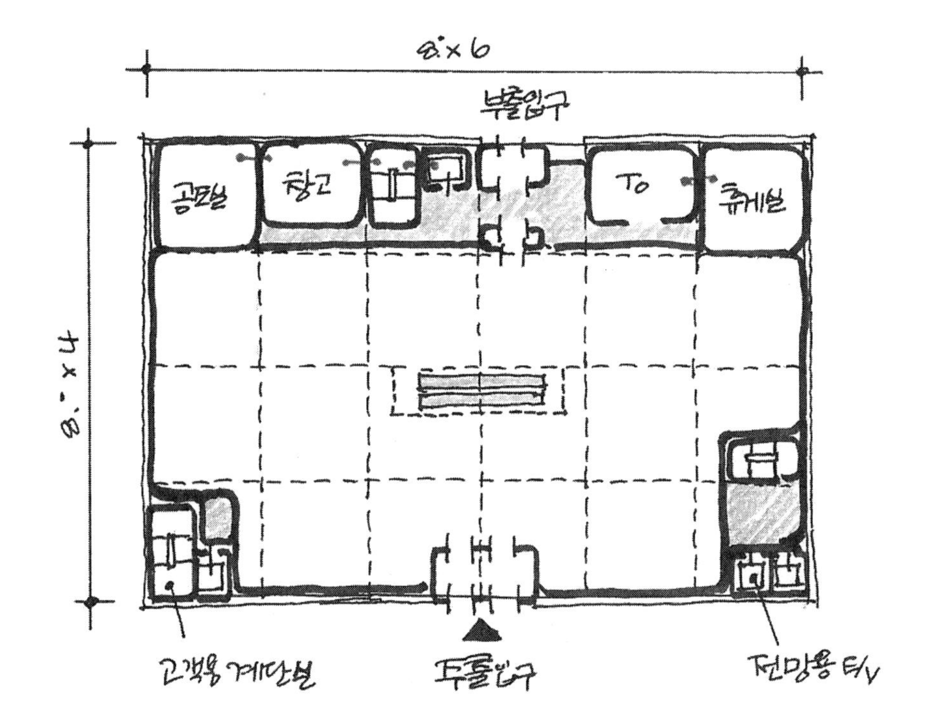

## 답안 및 해설 4. 초등학교의 교사동의 수평조닝 계획 답안

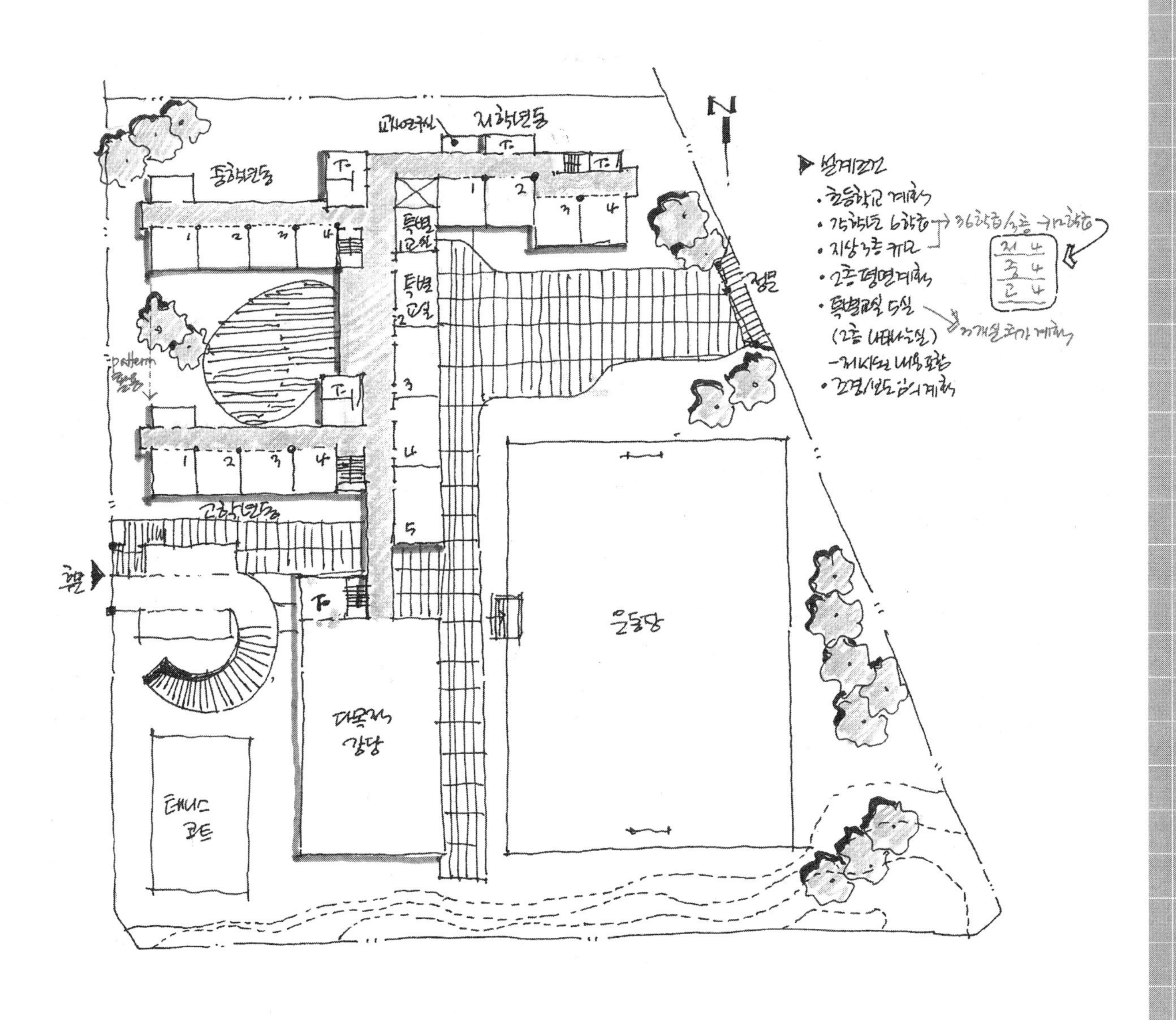

연습문제를 통한 계획 정립

# ⑥ 연습문제 및 해설

## 01. 연습문제

### 연습문제 대학교 공학관 평면설계

#### 1. 과제개요

수도권에 위치한 ㅇㅇ대학교 내의 계획부지에 공학관을 신축하려고 한다. 아래 사항을 고려하여 1층 및 2층 평면도를 작성하시오.

#### 2. 건축개요

(1) 위치 : 일반주거지역
(2) 계획대지 및 주변현황 : 대지 현황도 참조
(3) 건폐율 및 용적률 : 고려하지 않음
(4) 규모 : 지하 1층, 지상 4층
(5) 구조 : 철근콘크리트조
(6) 주차장 : 교내 주차장을 이용하며 계획부지 내에는 하역공간(면적 40m² 이상, 최소폭 6m 이상)를 계획함
(7) 승강기
- 장애인 겸용 승강기 1대
- 화물용 승강기 1대
- 샤프트 내부 평면치수는 모두 2.5m×2.5m 이상

(8) 층고
- 지하 1층, 지상 1층 : 4.2m
- 지상 2층 이상 : 3.9m
- 단, 컨벤션센터는 5.7m

#### 3. 설계조건

(1) 건물외벽(썬큰 포함)은 계획한계선 및 도로경계선으로부터 1.5m 이상 이격함
(2) 화물용 승강기는 실내외에서 사용이 가능한 구조로 계획함
(3) 대지의 동측에 휴게마당(면적 65m² 이상)을 계획함
(4) 적절한 위치에 썬큰(면적 40m² 이상, 최소폭 2.5m 이상)을 계획함
(5) 2층에는 휴게마당 조망이 가능한 위치에 휴게테라스(면적 25m² 이상)를 계획함
(6) 2층에 옥상정원(면적 45m² 이상)을 계획함 (일부는 캐노피 상부 공간을 활용함)
(7) 3층과 4층은 2층과 비슷한 면적과 실배치로 구성되어 있음
(8) 장애인을 고려하여 무장애(Barrier Free)로 계획함
(9) 1층 바닥레벨은 +0.3m임

#### 4. 실별 소요면적 및 요구사항

(1) 실별 소요면적 및 요구사항은 〈표〉를 참조
(2) 각 실별 면적 및 연면적은 10% 범위 내에서 증감 가능함

#### 5. 도면작성요령

(1) 주요치수, 출입문, 기둥, 실명, 실면적 등을 표기함
(2) 1층 평면도에 조경, 보도 등 옥외 배치 관련 주요 내용을 표현함
(3) 벽과 개구부가 구분되도록 표현함
(4) 단위 : mm(바닥높이는 m)
(5) 축척 : 1/400

#### 6. 유의사항

(1) 도면작성은 흑색연필로 한다.
(2) 명시되지 않는 사항은 관계법령의 범위 안에서 임의로 한다.

〈표〉 실별 소요면적 및 요구사항

| 층별 | 실명 | 면적(m²) | 요구사항 |
|---|---|---|---|
| 1층 | 컨벤션센터 | 135 | – 전면공간에서 출입 |
| | 전시실 | 50 | – 화물용 승강기와 인접 |
| | 학과장실 | 25 | |
| | 교학과 | 25 | |
| | 세미나실 | 50 | – 2개실로 분리 |
| | 교수연구실 | 50 | – 2개실로 분리<br>– 세미나실과 인접 |
| | 전면공간 | 30 | – 로비와 개방형 공간 |
| | 부속실 | 12 | – 컨벤션센터의 무대로 출입동선 고려 |
| | 라운지 | 30 | – 로비와 개방형 공간 |
| | 화장실 | 50 | – 남: 대변기 3개, 소변기 3개, 세면대 2개<br>– 여: 대변기 4개, 세면대 4개<br>– 장애인 화장실은 남・여 구분 |
| | 기타공용 | 218 | – 로비, 방풍실, 계단실, 승강기, 복도 등 |
| | 1층계 | 675 | |

| 층별 | 실명 | 면적(m²) | 요구사항 |
|---|---|---|---|
| 2층 | 공학실험실 | 50 | – 화물용승강기와 인접 |
| | 정보화 강의실 | 100 | – 2개실로 분리 |
| | 교수연구실 | 50 | – 2개실로 분리 |
| | 도서자료실 | 30 | |
| | 창고 | 20 | – 도서자료실과 인접 |
| | 라운지 | 25 | – 홀과 개방형 |
| | 화장실 | 50 | – 1층과 동일 |
| | 기타공용 | 175 | – 홀, 계단실, 승강기, 복도 등 |
| | 2층계 | 500 | |

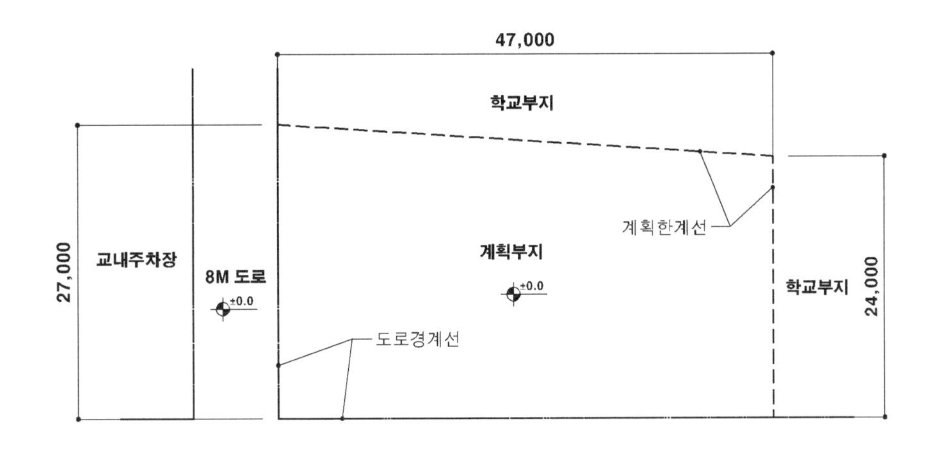

연습문제를 통한 계획 정립

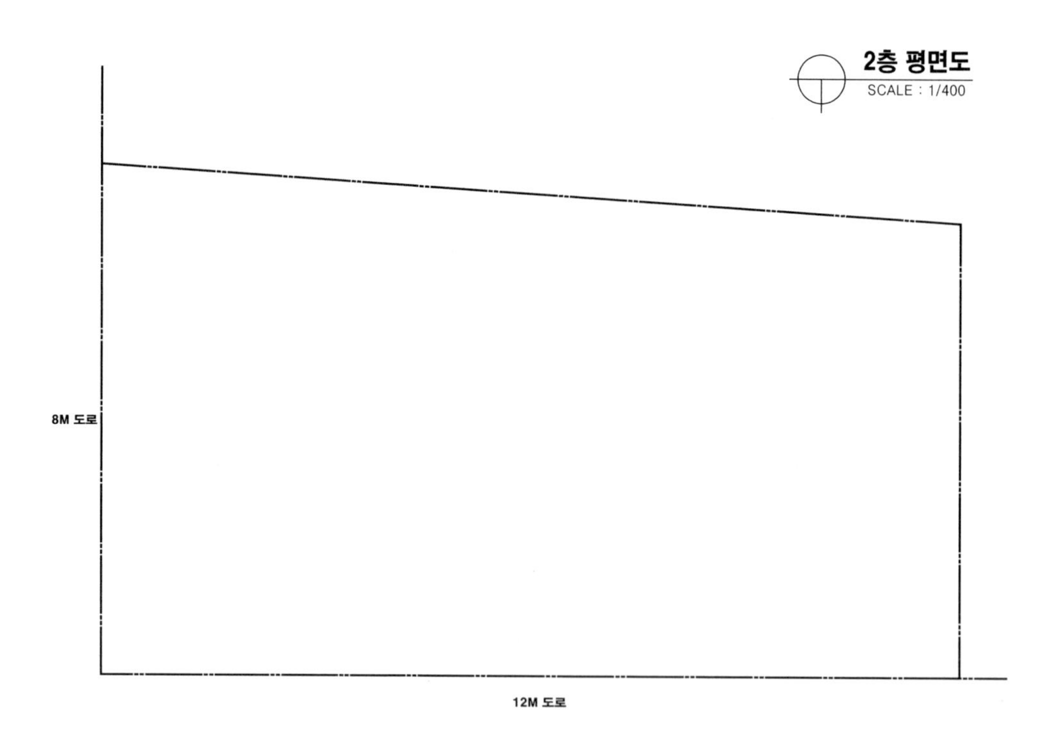

## 02. 답안 및 해설

### 답안 및 해설 대학교 공학관 평면설계

(1) 토지이용계획

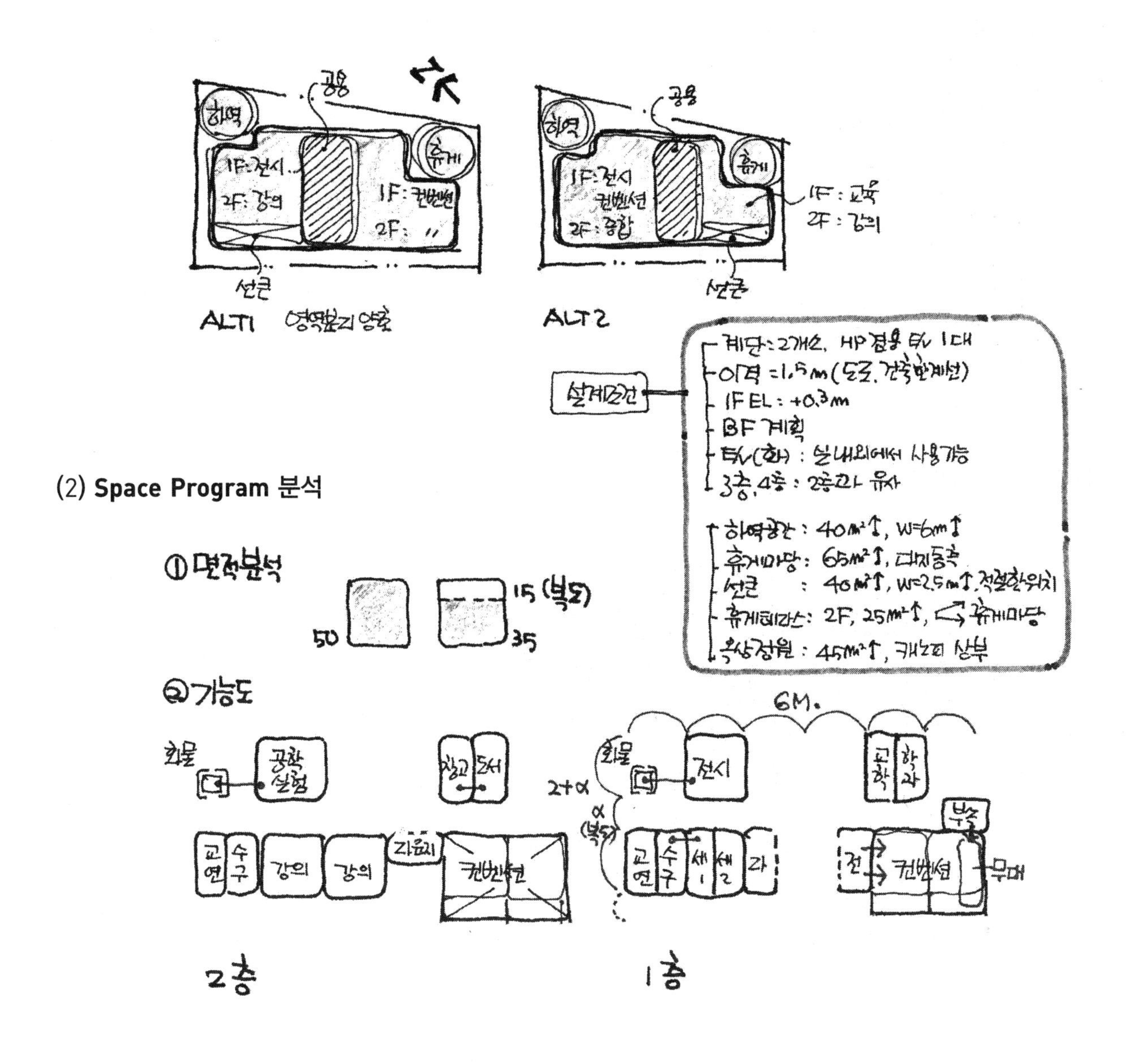


(2) **Space Program** 분석

(3) 모듈분석

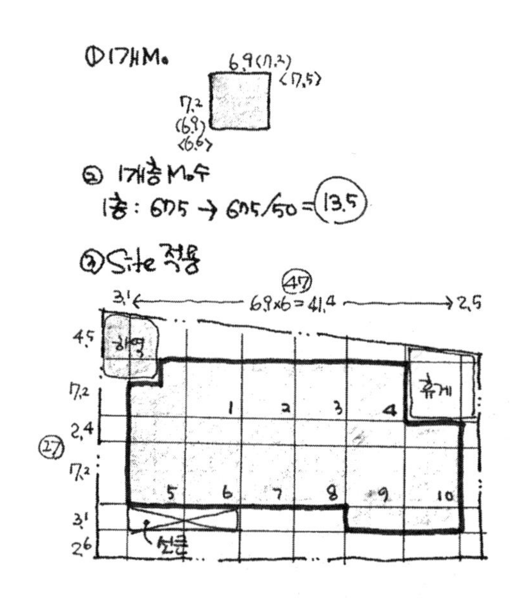


(4) 수직&수평조닝

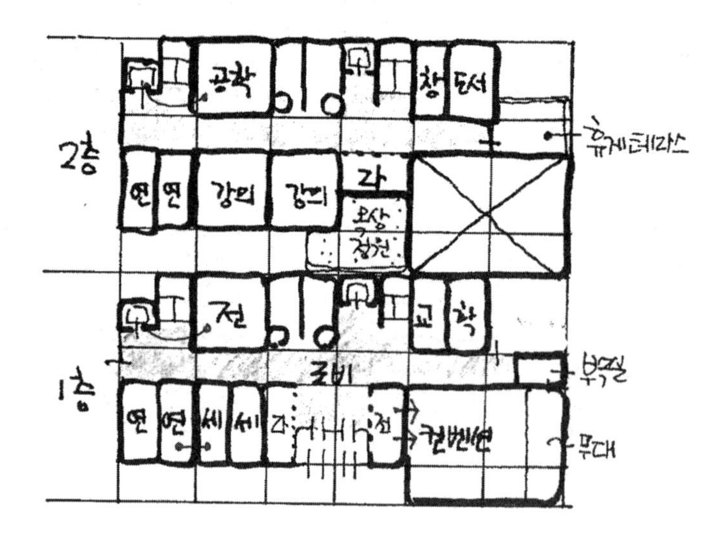

(5) 답안분석

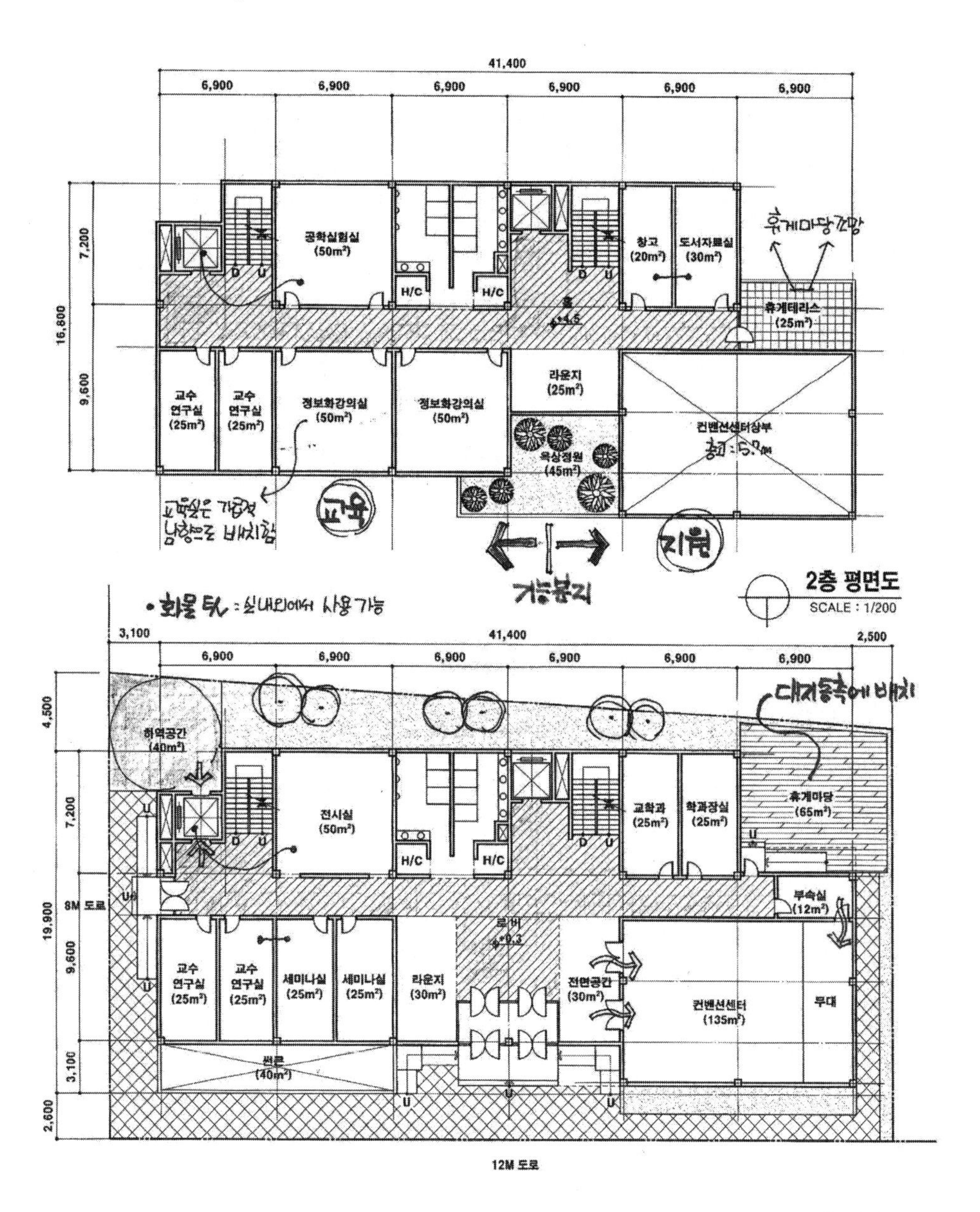
41,400
6,900
16,800
7,200
9,600
공학실험실 (50m²)
창고 (20m²)
도서자료실 (30m²)
휴게마당조망
휴게테라스 (25m²)
H/C
교수 연구실 (25m²)
정보화강의실 (50m²)
라운지 (25m²)
옥상정원 (45m²)
컨벤션센터상부
교육실은 가급적 남향으로 배치함
교육
지원
기능분리
2층 평면도
SCALE : 1/200
• 화물 EV : 실내외에서 사용가능
3,100
2,500
4,500
19,900
3,100
2,600
8M 도로
하역공간 (40m²)
대지동측에 배치
전시실 (50m²)
교학과 (25m²)
학과장실 (25m²)
휴게마당 (65m²)
부속실 (12m²)
세미나실 (25m²)
라운지 (30m²)
전면공간 (30m²)
컨벤션센터 (135m²)
무대
12M 도로

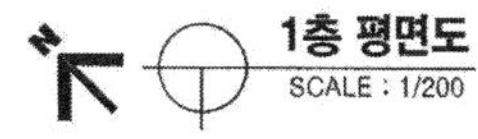
1층 평면도
SCALE : 1/200

## (6) 모범답안

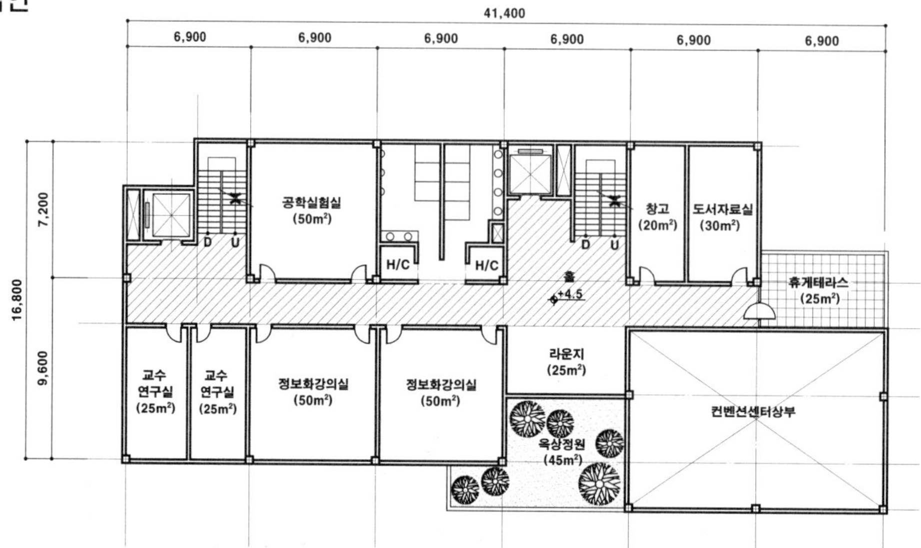


2층 평면도
SCALE : 1/400

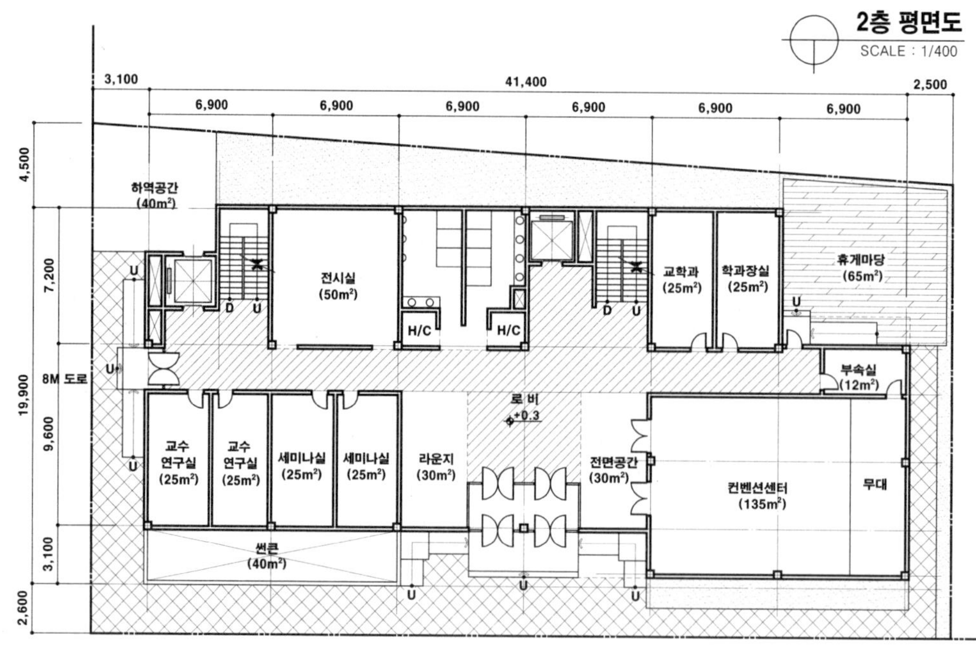

NOTE

제4장

# 연구 및 문화시설

# 1 도서관

## 01. 개요

### [1] 도서관의 정의

도서관이란 도서 · 기록으로 남겨진 여러 형태의 자료를 수집 · 정리 · 보존하여 일반 공중의 이용을 도우며, 교양 조사, 연구, 감상, 오락 등의 자료를 수집, 정리, 보존하여 대중이나 특정인에게 공개하고 사회교육에 기여하는 것을 목적으로 하는 시설이라고 정의할 수 있다.
도서관에서 말하는 도서 · 기록 그 밖의 지적 자료란 도서 · 잡지 · 신문 · 지도 이외에도 마이크로필름, 녹음테이프, 레코드, VTR, CD 등도 포함한다.

### [2] 도서관의 경향

최근에는 도서관의 전통적 기능인 도서의 보존뿐만 아니라 커뮤니티 시설로서의 변화 경향을 보인다.
이는 단순한 정보의 전달을 넘어서 교육과 커뮤니티, 레크리에이션 등을 종합적으로 제공하는 문화의 장으로서 역할을 담당하게 되는 것이다.
단, 이러한 복합 기능들을 어떻게 도서관의 기능과 어우러지게 할 것인가는 건축가가 고민하고 해결해야 할 부분이다.

● 각 공간의 변화와 다양화

① BDS 도입에 의한 입구 주위의 동선 계획과 장식의 대응
- 출입동선교차 해소
- BDS 외측에서 정보에 대응

② 대출 반납 중심 카운터에서 복수의 서비스 데스크로 분화
- 상담 데스크의 분산 배치, 어린이 책상, 안내

③ 야외 독서 공간의 다양화
- 윈터가든(겨울정원), 독서 데크, 독서원 등

④ 서비스 네트워크화로, 자료 중심적인 물류량 증가
- 중심 도서관으로서의 딜리버리(Delivery) 기능 충실

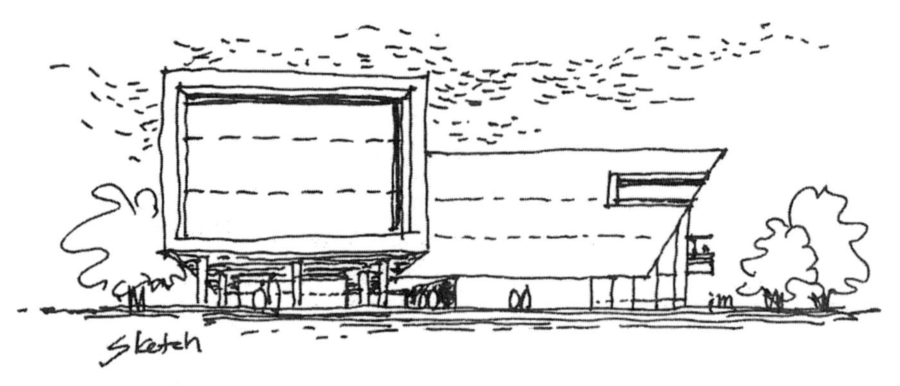


[그림 4-1 도서관 스케치]

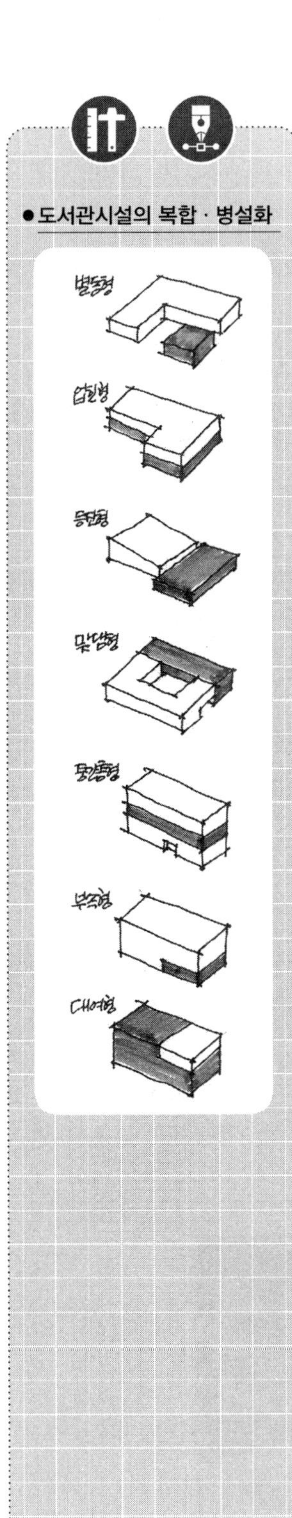


## [3] 도서관의 복합화

### (1) 복합시설에 포함된 도서관

① 요인

- 주민요구의 다양화에 따른 공공시설 용지의 고도 활용
- 시민 이용상의 편리성 향상( '연속이용'의 효과)
- 다기능화에 의한 매력적인 서비스로의 상승효과
- 자치단체 경영상 공공사업의 효율성 · 사업 효과성

② 문제

- 도서관 건축 계획 · 이용 · 증축 등 발전성 확보의 어려움
- 도서관 조직의 독립성 · 자립성 · 관리 운영상의 과제

### (2) 도서관 내부 기능의 복합화

① 집회기능

- 강연회, 독서모임, 인형극, 영화모임, 콘서트 등

② 전시기능

- 기획전시, 계절전시, 서클 발표, 연구성과 전시 등

③ 개가실의 경향

- 배치는 NDC 분류 준거형과 도서관의 독자적인 주제 · 테마별 코너 형성형으로 도서자료와 혼합배치에서의 표본 등 실물자료의 전시
- 픽션 부문의 축소와 논픽션 부문의 확대경향
- 어린이실의 면적비율 축소와 연령 분화(YA코너의 설치 등)
- 일상생활의 싱크탱크 기능과 공간의 정비 제공
  (상담창구 · 조사도구의 충실, 연구개실 · 객석, 정숙한 독서실)
- 개가실 안에서의 미니콘서트 등(피아노, 이동식 서가 등에 의한 광장화 등)

## 02. 배치계획

### 1. 대지조건

#### (1) 접근성 및 인지성

공공 도서관은 지역사회와 결부되어 있기 때문에 지역의 중심이 되고 이용자의 편의를 도모할 수 있는 교통이 편리한 곳으로서 비교적 눈에 잘 띄는 장소가 좋다.

#### (2) 증축 가능성

도서관은 30~40년 후의 장래 증축에 대해 충분히 대처할 수 있는 대지 면적을 확보하는 것이 좋다.(도서관의 규모는 20년에 약 2배가 된다.)

#### (3) 중심성 및 이용성

현대의 공공도서관은 이동도서관을 적극 활용하기 때문에 대지 선정 시 이점을 고려해야 하고 도서관을 도시 중심지에 위치시켜 분관을 많이 배치하는 것이 필요하다.

#### (4) 특수성

대학 도서관은 학생회관, 기숙사 등과 함께 학생활동의 중추적 역할(Campus Core)을 하는 곳으로 캠퍼스 내의 중심부에 위치한다.

#### (5) 부속성

부속도서관인 경우는 구내의 조용한 장소를 선택하여, 외래자의 이용도 편리하도록 계획한다.

[그림 4-2 구미 도서관 조감도]

● 도서관의 변화

요즘은 시립도서관, 국립도서관과 같은 대규모 도서관 뿐 아니라 지역주민들이 쉽게 책을 접할 수 있도록 접근성을 극대화하는 소규모 도서관 또는 소규모 독서코너 등이 곳곳에 많이 계획되고 있다. (ex. 아파트 단지내 도서관 지하철역 독서코너 공원내 작은 도서관 등)

● 향고려

열람기능과 교육기능은 남향을 고려하며 폐가식서고는 북향을 고려한다.

**● 동선계획**

차량과 보행자의 동선은 반드시 분리하도록 하되, 직원과 이용객 출입은 반드시 분리할 필요는 없다. 두 도로에 면한 경우 부도로에 부출입구를 계획하여 직원과 이용객이 모두 사용하도록 할 수 있다.

## 2. 동선계획

### [1] 대지와 도로의 관계

#### (1) 1면 도로인 경우

① 전면도로를 향해서 건축물을 배치

② 이용자, 관리자, 자료의 동선이 교차되지 않도록 유의

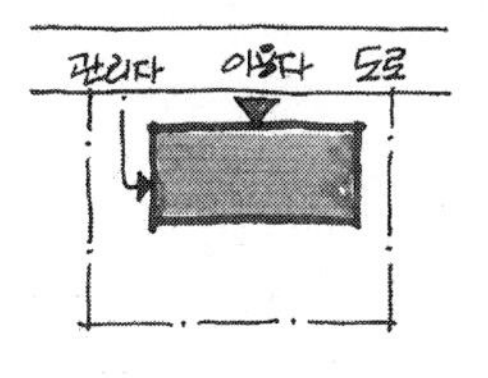


[그림 4-3 1면 도로와 동선]

#### (2) 2면(양면) 도로인 경우

① 양측의 도로에 면하게 건축물을 배치

② 주도로는 이용자의 접근동선 계획이 원칙

③ 이용자 및 관리자의 차량 동선 분리

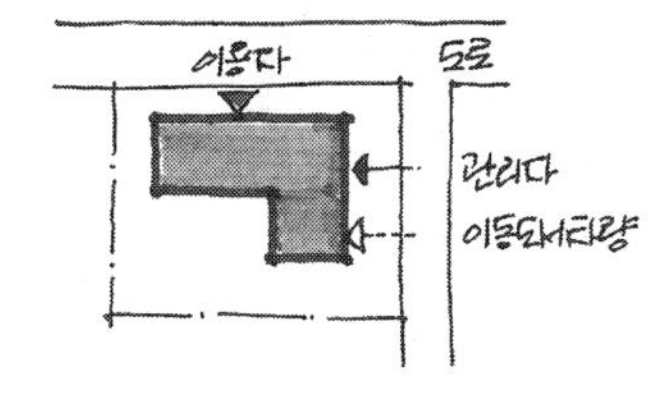


[그림 4-4 2면 도로와 동선]

#### (3) 도로에서 건물로의 접근성

① 계단이나 그 밖의 높이차에 의해 출입하는 접근방식을 피한다.

② 신체장애자를 위한 별도의 경사로를 설치한다.

## 3. 도서관의 외부공간

- 아동놀이공간
- 휴게공간
- 독서마당
- 주차공간
- 도서반입공간

●주진입로의 장애인 접근배려

출입구로 연결되는 점자블록 계획

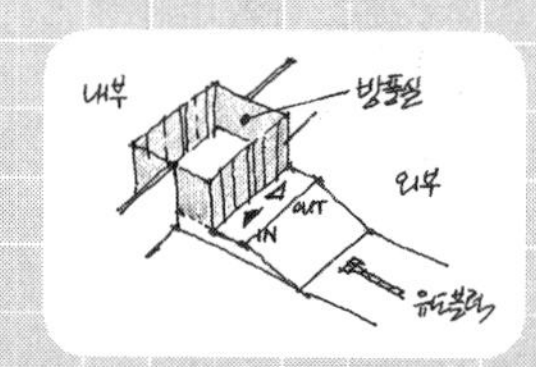

## 4. 출입구의 배치

① 이용자와 직원, 자료의 출입구를 가능한 한 분리 계획하는 것이 바람직하다.

② 대규모 도서관인 경우에는 성인, 학생, 어린이 등으로 이용자의 연령계층을 구분해서 출입구를 분리시키고, 집회공간의 출입구 또한 전용 출입구를 계획하는 것이 바람직하다.

③ 출입구의 배치장소에 따라 건축물 내부의 공간배치가 좌우되므로 내부 기능의 관계를 충분히 검토하여 결정한다.

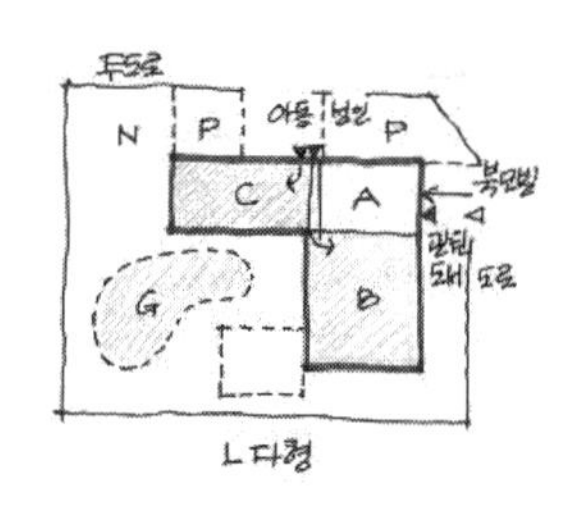

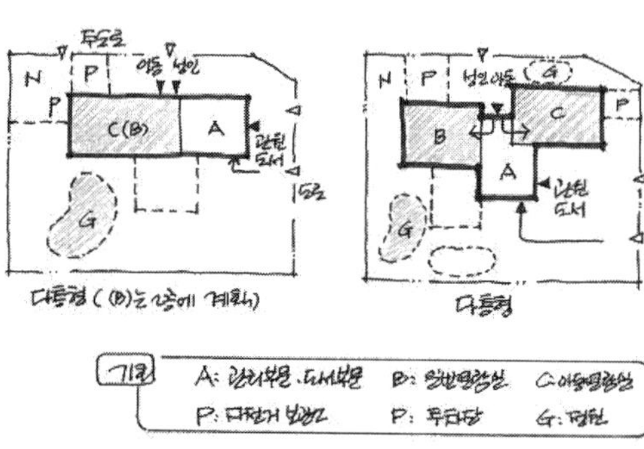

[그림 4-5 출입동선과 도서공간]

## 5. 증축 예정지

① 이용인구의 증가와 지속적으로 수집되는 각종 자료의 수장을 고려하여 신축 시 대지선정과 배치단계에서부터 증 · 개축이 가능한 공간을 확보할 필요가 있다.

② 증축 예정지는 도서관의 평면구성과 연관하여 고려하여야 하며 장래에 증축되는 부분과의 기능적 긴밀성이 유지된다.

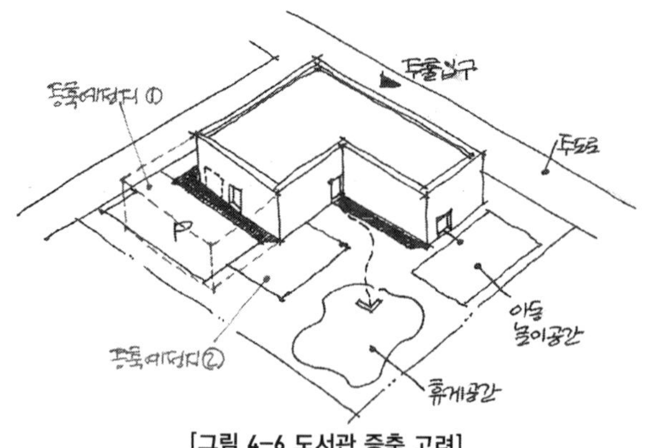

[그림 4-6 도서관 증축 고려]

# 03. 평면계획

## 1. 기능계획

### [1] 도서관의 업무 및 서비스 활동

● 도서관리 기능

- 관리공간
- 어린이 도서공간
- 전시공간
- 서고공간
- 열람공간
- 교육공간

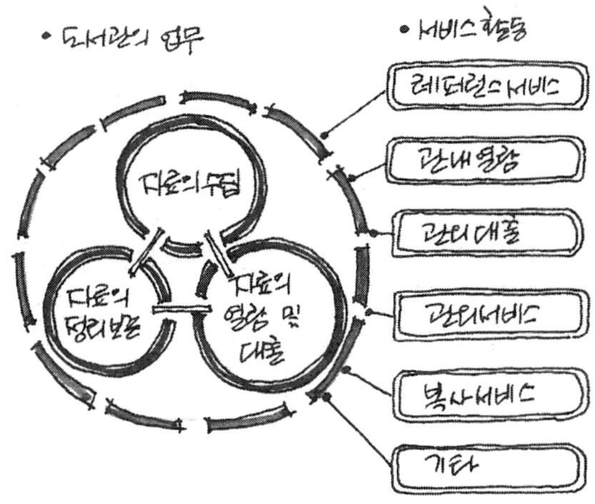


[그림 4-7 도서관 기능도]

#### (1) 도서관의 업무 내용

[표 4-2] 도서관의 업무

| 분류 | 특성 |
|---|---|
| 자료의 수집 | • 일반자료 : 서적, 잡지, 신문, 필름, 슬라이드, 레코드, 녹음테이프, VTR, CD<br>• 기타 자료 : 지역의 역사적 자료 및 행정자료, 각종 팸플릿, 고문서 등 |
| 자료의 정리, 보존 | • 수집된 자료는 분류, 등록, 목록작성을 통해서 정리<br>• 보존자료의 수선, 보수, 제본 등의 작업도 포함<br>• 정리된 자료는 열람실 또는 서고에 보존 |
| 자료의 열람 및 대출 | 소장하고 있는 자료를 이용자에게 제공하는 것이 열람 업무임 |

## [2] 공공도서관의 동선계획을 위한 기능도

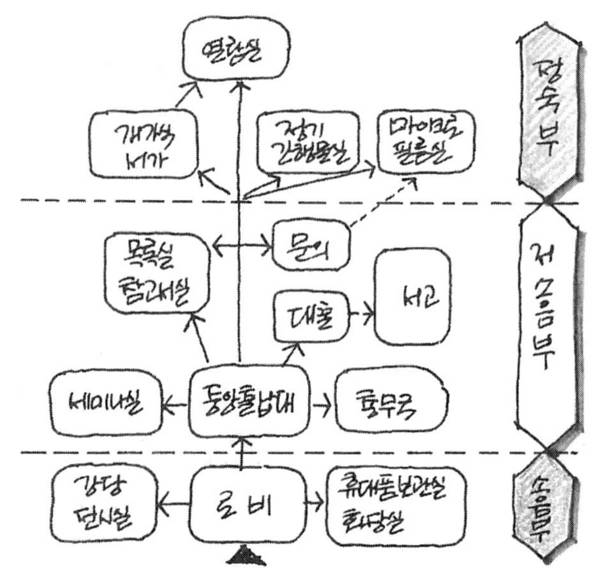


**[그림 4-8 공공도서관 기능도]**

① 소음 정도에 따라 공간을 층별로 구분하여 계획한다.

② 목적장소에 쉽게 도달할 수 있는 동선을 계획한다.

③ 이용자와 관원의 동선이 분리될 수 있도록 계획한다.

④ 도서자료의 반입동선을 별도로 계획하되 관원의 동선과 연결을 고려한다.

⑤ 도서관의 규모가 클수록 기능과 동선의 분리 계획이 중요하다.

**QUIZ 1.**

● **소음에 따른 기능 계획**

도서관은 소음의 정도에 따라 (　), (　), (　)로 구분하여 층별 또는 영역별 Zoning이 되도록 한다.

**QUIZ 1. 답**

도서관은 소음의 정도에 따라 (소음부), (저소음부), (정숙부)로 구분하며 층별 또는 영역별 Zoning이 되도록 한다. 특히 층별조닝의 경우는 소음부가 아래층에, 정숙부가 상부층에 계획되도록 한다.

• 소음부, 저소음부, 정숙부

## 2. 평면 계획 시 기본사항

① 도서관 계획에서 가장 중요한 것은 연면적의 50~70%를 차지하는 열람실과 서고 계획이다.

② 저층부는 소음부이므로 로비, 전시실, 어린이 열람실, 식당, 강당 등을 두고 상층부는 정숙부로 서고, 열람실, 세미나실 등으로 구성하는 것이 좋다.

③ 서고의 위치(북측, 북서측, 북동측)를 결정해야 이용객과 직원동선의 분리가 쉽다.(주출입구, 부출입구)

④ 특히 서고의 면적이 커서 평면 계획이 불리해질 경우 적층 서가식이나 절충식 서가방식으로 계획한다.

⑤ 서고를 결정한 후 열람실 계획을 한다. 열람실은 채광이 양호하고 소음이 적은 위치가 좋다.

## 3. 모듈(Module) 계획

① 서가 및 열람실 등의 배치와 관계를 고려한다.

② 50m² 정도(6.9m×7.2m)의 면적을 기준으로 하되 Span의 조정이 가능하다.

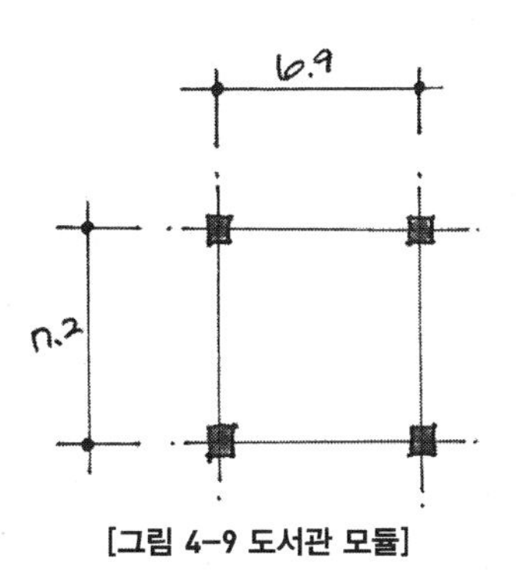


[그림 4-9 도서관 모듈]

〈참조〉

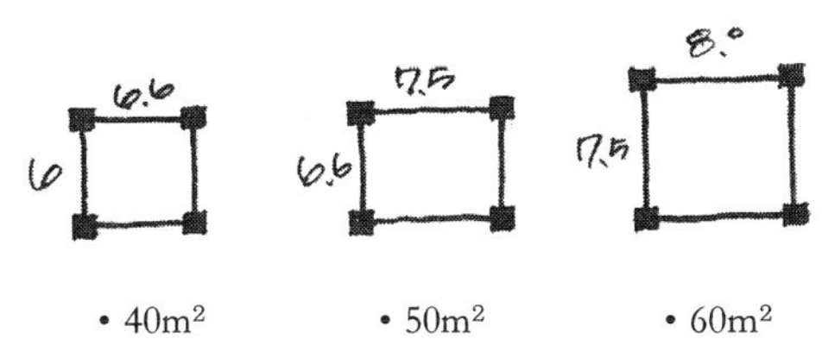


• 40m² • 50m² • 60m²

[그림 4-10 모듈의 변형]

**●모듈러 계획**

서고 계획 시 10가지 선행고려사항
- 기둥의 크기와 방향
- 공기유통과 기계장치 및 배선의 배열
- 단위 책상의 깊이
- 교차된 통로부분의 서가배열의 길이
- 선반과 열의 깊이
- 열사이의 통로넓이
- 주요통로와 교차통로의 넓이
- 현재 혹은 미래에 서고가 증축될 방향
- 천장높이
- 조명의 형태

● 서고의 형식

① 폐가식 서고
- 대출실, 목록실 필요

② 개가식 서고
- 대출코너 필요
- 출납시스템 참조
- 열람공간 필요

## 4. 출납시스템의 분류 및 특징

도서관의 평면계획에서 서고의 열람 및 대출형식의 결정은 중요한 요소이다. 따라서 서고의 출납 시스템은 평면계획의 초기단계부터 검토되어야 하는 사항이다.

[표 4-3] 출납시스템의 분류 및 특징

| | 구분 | 형식 | 특징 | 적용 |
|---|---|---|---|---|
| 자유 개가식 | 카운터 서고 열람 | 열람자가 직접 서가에서 책을 꺼내 관원의 검열을 받지 않고 열람 | • 책의 선택 열람이 자유롭다.<br>• 책을 정확하고 쉽게 찾을 수 있다.<br>• 서가가 정리되지 않으면 혼잡 유발, 책의 마모, 손실이 많다. | 아동 도서관과 소규모 도서관에 적합 |
| 안전 개가식 | 서고 열람 카운터 | 열람자가 직접 책을 선택하여 관원의 검열을 받은 후 열람 | • 자유개가식과 반개가식의 장점을 취한 형식<br>• 1실 규모가 15,000권 이하에 적합<br>• 출납시스템이 필요 없어 혼잡하지 않다. | 공공 중앙도서관 등 장서규모가 큰 곳에 적합 |
| 반개가식 | 카운터 열람 서가 | 열람자가 서고에 면하여 책표지는 볼 수 있으나 내용은 관원에게 대출을 요구한 후 볼 수 있는 형식 | • 서가는 유리나 철망을 붙여 운영<br>• 서가 열람이나 감시가 필요 없음 | 신간서적 안내 등에 적합 |
| 폐가식 | 서고 카운터 목록 서고 | 목록에 의해 책을 선택하고 대출기록을 남긴 후 대출받는 형식 | • 서고와 열람실이 이격되어 있다.<br>• 도서 유지관리상 유리하여 책의 망실이 적다.<br>• 대출 절차가 복잡하여 관원의 업무량이 많다. | 공공 중앙도서관 등 장서규모가 큰 곳에 적합 |

● 열람실 면적 기준

- 1석당 $1.8m^2$
- 실 전체 : $2.0 \sim 2.5m^2$/인
- 개략 : $2.0m^2$/인

● 개가식 열람실 내 열람석 배치

향이 양호한 위치에 계획

## 5. 세부계획

### [1] 관리 부분

① 사무실, 관장실, 회의실
② 안내, 응접실

### [2] 열람 부분

#### (1) 열람실(개가식 열람실)

① 열람실은 서고에 근접하고, 서고 동선과 교차되지 않도록 계획한다.
② 채광이 좋아야 하므로 북측은 가급적 피하여야 하나 직사광선의 직접적 채광을 조절할 수 있는 장치가 필요하다.
③ 주변환경이 조용한 곳이 좋으며, 옥내 · 외 휴게공간과 연계를 고려한다.
④ 열람실 유형별 특징은 다음과 같다.

[표 4-4] 열람실의 유형별 특징

| 구분 | A-TYPE | B-TYPE | C-TYPE | D-TYPE |
|---|---|---|---|---|
| 유형 | | | | |
| 특징 | • 벽면만을 서가로 한 유형<br>• 자료수가 적고, 좌석수가 많은 열람실에 적합함 | • 벽면서가에 연결하여 사이사이에 중앙방향으로 서가를 만든 유형<br>• A-TYPE에 비해 자료수를 많이 수집할 수 있으나 서가의 간격이 넓지 않으면 사용하기 곤란함 | • A-TYPE 중앙에 서가를 만든 유형<br>• 자료 수가 많을 때 적합함 | • 벽면서가를 만들지 않고 중앙에서 서가를 배치한 유형<br>• 자료 수, 좌석 수 모두 많을 때 적합함 |

#### (2) 일반열람실

① 일반이용자와 학생이용자는 3 : 7 정도의 비율이다.
② 일반이용자 : 오락, 취미, 교양, 연구를 목적으로 이용
③ 학생이용자 : 학교의 공부나 수험공부를 목적으로 이용
④ 일반용과 학생용을 가급적 분리한다.

● 아동놀이 공간

- 아동열람실에 쉽게 접근할 수 있는 위치에 계획
- 별도 출입계획 고려

### (3) 어린이(아동) 열람실

① 아동열람실은 1층부(소음부)에 계획하는 것이 좋으며 별도의 출입구를 계획하는 것이 바람직하다.

② 개가열람실의 형태이며, 규모에 따라 유아 코너, 이야기 코너 등을 포함한다.

③ 내부에 전용화장실을 계획한다.

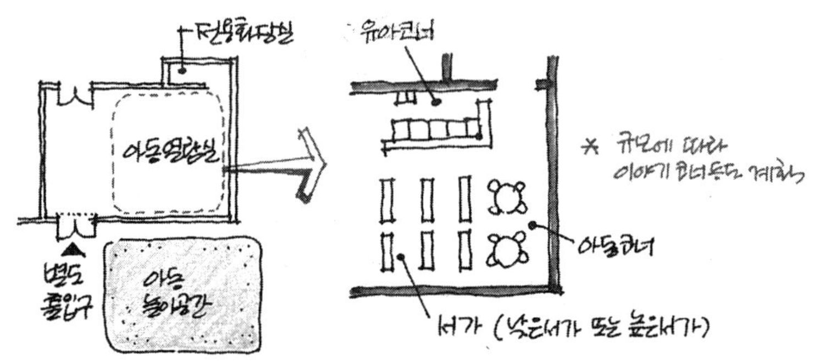


[그림 4-11 아동열람실 계획 예]

● 캐럴

캐럴과 개인연구실은 다름

### (4) 캐럴(Carrel)

① 연구를 위한 독립적 개실 : 1일 또는 수일간 연구

② 창가 또는 벽면 쪽에 위치 : 프라이버시 유지가 중요

③ 실내통로 쪽에 위치 : 대면배치 시 스크린 등을 설치하여 프라이버시 확보

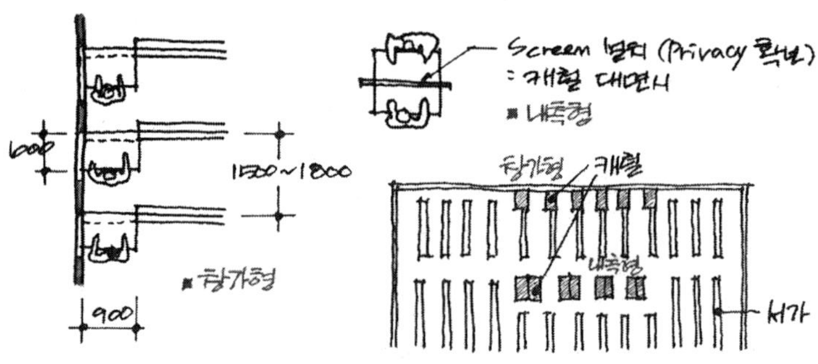


[그림 4-12 캐럴 계획 예]

### (5) 연구개실(개인연구실) : 특별열람실(Cubicle)

① 1.5×1.2m~2.4×3.6m

② 벽면 : 차음시설

③ 실구획 : 잠금장치

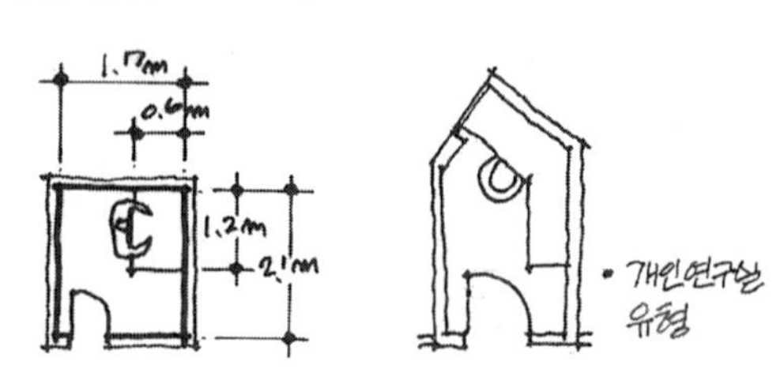


[그림 4-13 개인연구실 계획 예]

● 시대적 경향에 따른 요구실

- 전자정보실
- 종합정보실

● 서고 규모 산정

- 서고 면적 : 1m²당 200권
- 서고 용적 : 1m³당 66권
- 밀집 서가
  : 1m²당 280~350권
- 마이크로 필름
  : 1m²당 800릴
- 서고 높이(천장고)
  : 최소 2.3m 이상
- 서가 높이 : 1.8~2.1m

### (6) 공동 연구실

① 대학 도서관
② 학교 도서관
③ 공공도서관 –레퍼런스룸

→ 그룹 도서 및 연구작업

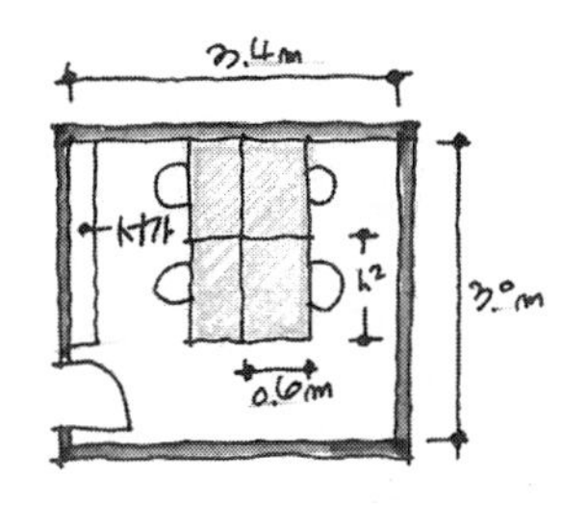


[그림 4-14 공동연구실 계획 예]

### (7) 신문, 잡지 열람실

주출입구 주변 : 별도 구획 또는 로비 라운지식

### (8) 시청각 자료실(A.V ; Audio–Visual)

① 필름, 레코드 등 취급 : 영사실, 음악실
② 마이크로 필름 : 마이크로–리더(Micro–Reader)

### (9) 향토 자료실 : 공공도서관

단행본, 잡지, 고문서, 출토품, 민속자료, 고문화재

### (10) 참고 자료실(Reference Room)

① 자료제공 : 사전, 통계서적, 연감류
② 자료에 대한 조언
③ 개가식
④ 소음이 발생, 관리하기 쉬운 위치 : 1층, 2층

### (11) 목록실

① 열람용 장서의 목록 비치
② 서고 및 대출실과 인접하여 계획

## [3] 서고 부분

### (1) 고려 사항

① 확장성을 고려하여 계획한다.
② 대출실과의 유기적 관계를 고려한다.
③ 운반

- 수평 : Book Truck, Conveyor
- 수직 : 내부계단(외부연결), Book Lift

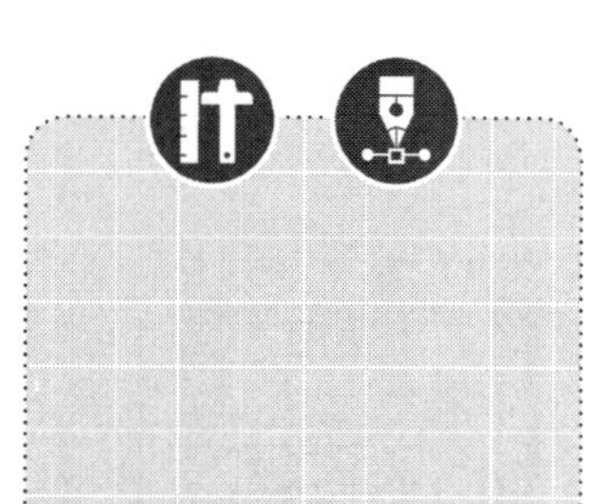

④ 가급적 북측에 배치(직사광선을 피함)한다.

⑤ 이용자의 동선과 교차되지 않도록 계획한다.

⑥ Book Mobil 과의 연계를 고려한다.

### (2) 서고의 위치

① 상부형　② 지하형　③ 모듈러 플랜형　④ 독립형

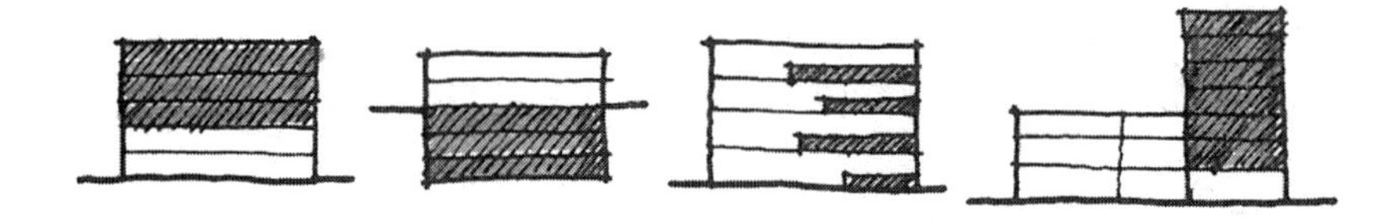

[그림 4-15 서고의 위치에 따라 분류]

### (3) 서고의 구조

① 적층 서가식　② 단독 서가식　③ 절충 서가식

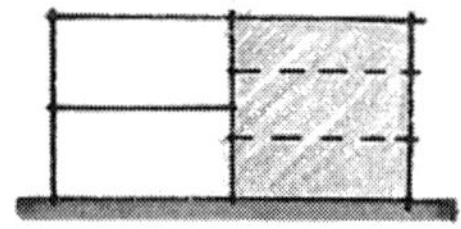

[그림 4-16 서고의 구조]

### (4) 서가의 배열

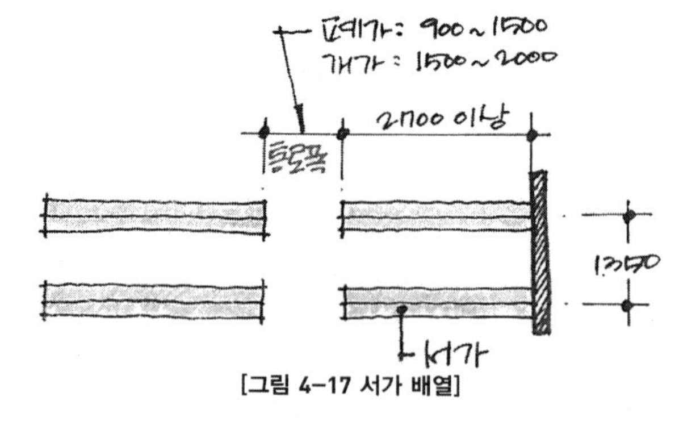


[그림 4-17 서가 배열]

QUIZ 2.

**● 서고면적 계산**

서고 내 장서를 50,000권 수용할 수 있는 서고의 면적은?

QUIZ 2. 답

서고 면적 1m²당 200권의 기준을 적용하여 규모를 산정
∴50,000/200=250

• 250m²

## (5) 서고 내 이동 동선

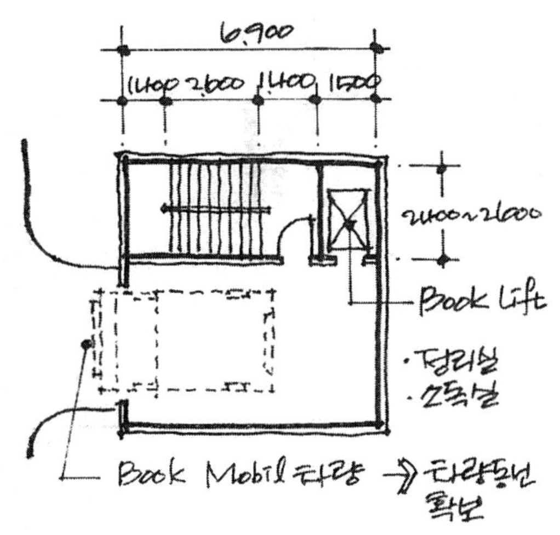


[그림 4-18 도서반입공간 계획 예]

**NOTE**

## 04. 사례

### [사례 1]　성남시 구미동 도서관

● (주)그룹신도시건축사무소, 고형석 · 우재동

● 발췌 : 「설계경기」, 도서출판 에이엔씨

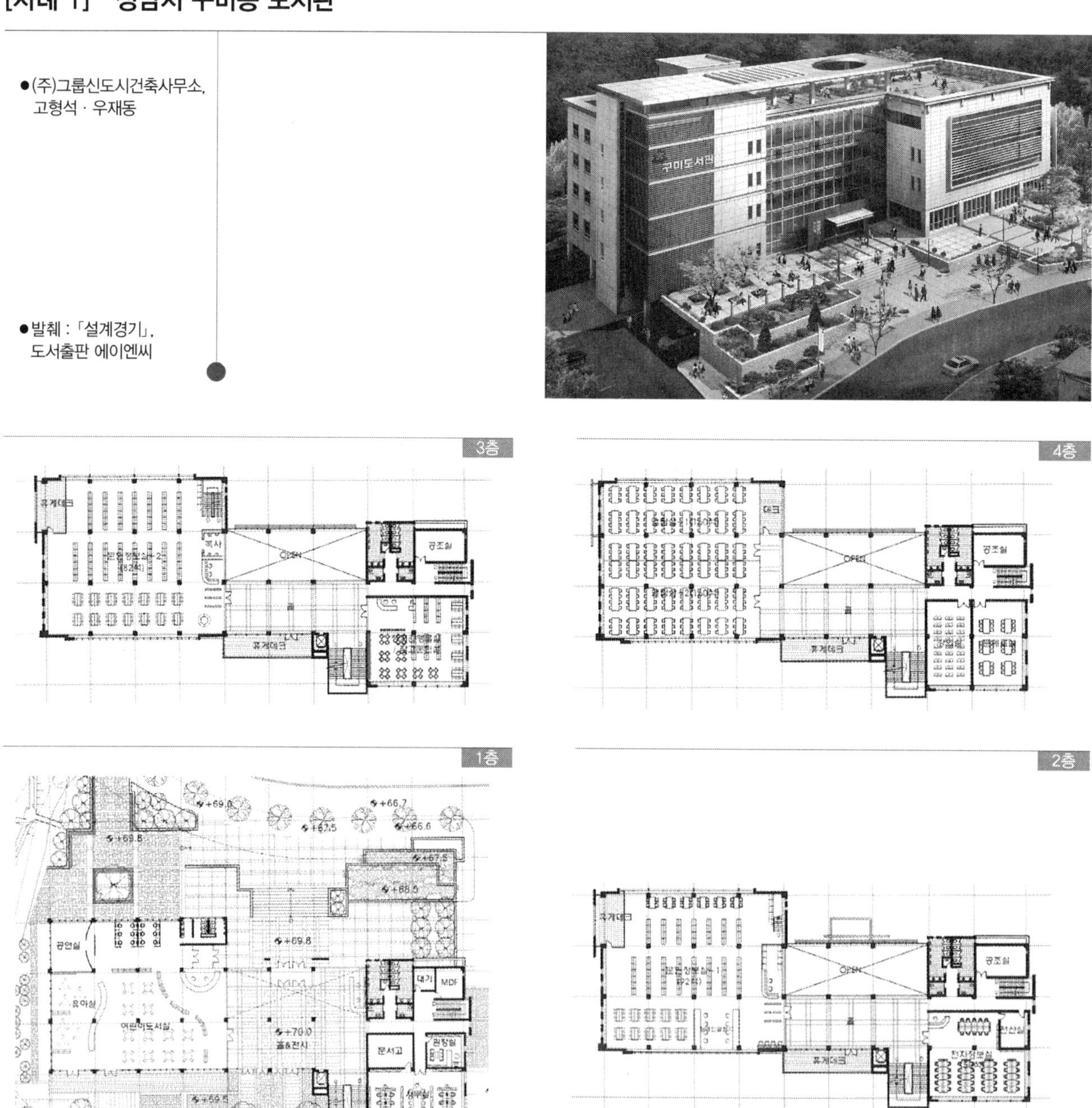

## [사례 2]  진해시 동부도서관

● (주)시반건축사사무소

● 발췌 : 「설계경기」, 도서출판 에이엔씨

3층

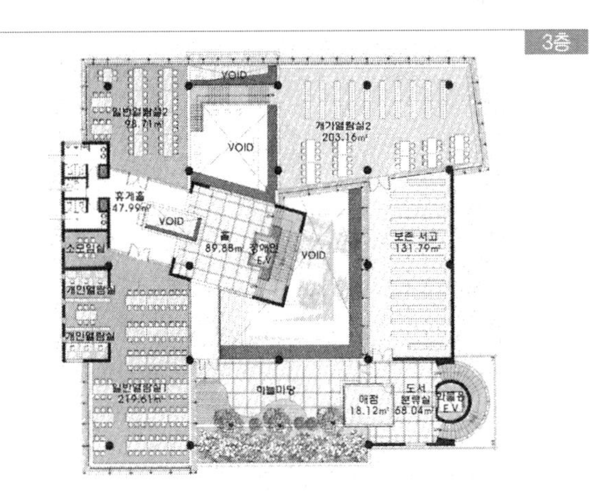


배치도 및 1층

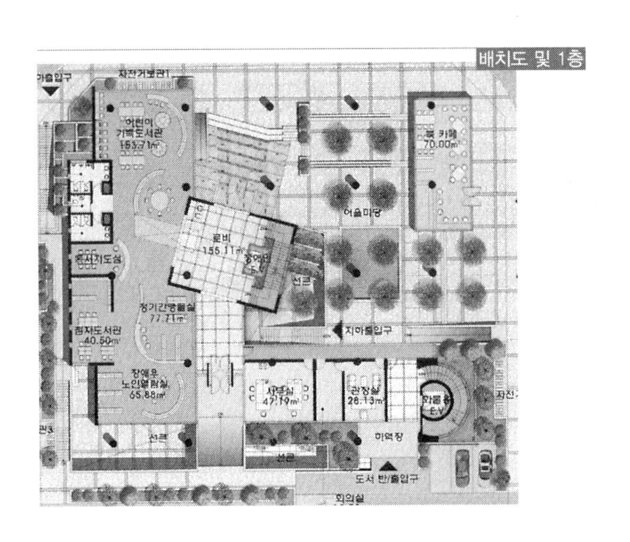


2층

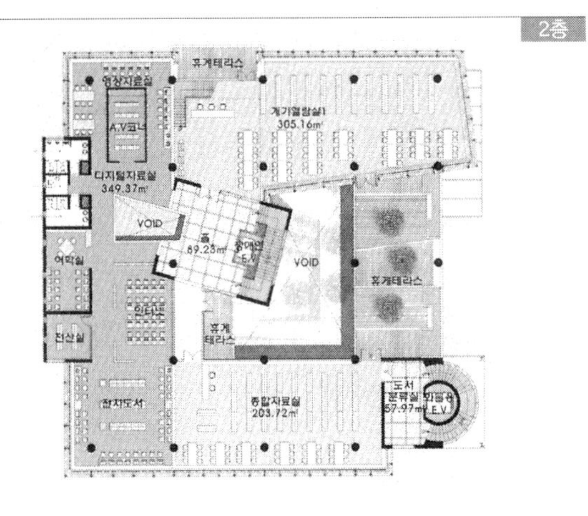

# 2 문화 및 집회시설

●문화 및 집회시설

① 커뮤니티센터에서도 특수 계층(청소년, 장애인 등)을 위한 시설의 이해
② 복지시설의 범주에 포함될 수 있으나 문화 및 교양 관련된 기능이 주요시설인 경우

## 01. 개요

### 1. 문화 및 집회시설

#### [1] 문화 및 집회시설의 정의

문화 및 집회시설은 공연(연극, 영화상영)을 주기능으로 하여 전시, 도서, 휴게, 교양강좌 등을 포함한 복합건물이다.
시민이 모여 활동하는 시설로서 대규모 시설은 문화회관, 시민회관, 시민센터 등이라 불리고 소규모 시설은 지역센터, 커뮤니티센터, 사회복지회관 등으로 불린다.

#### [2] 지역문화시설의 계획 시 고려할 전제 사항

① 이용기회 균등의 원칙
② 최저가로 이용
③ 학습문화기관으로서 독자성의 원리
④ 균등배치의 원리
⑤ 다양한 시설정비의 원칙
⑥ 주민참가의 원칙

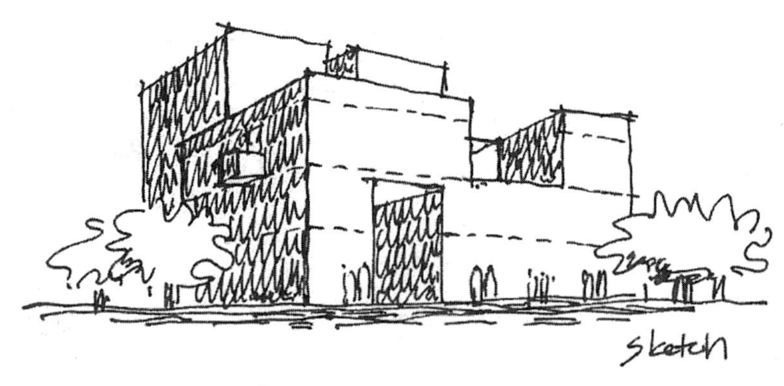


[그림 4-19 문화시설 스케치]

● 문화공간이란?

① 장소
② 시설물을 담을 수 있는 내부공간
③ 건축물의 형태 유무에 관계없이 존재하는 공간
④ 거리 문화시설을 포함하는 일종의 영역

## 2. 문화시설의 분류

[표 4-5] 문화시설의 분류

| 분야 | 구분 | |
|---|---|---|
| 공연 | 전용극장 | • 연극극장 · 인형극장<br>• 오페라극장<br>• 국악당 · 음악당<br>• 영화관<br>• 대학극장 |
| | 다목적 극장 | • 공공홀<br>• 민영홀 |
| | 특수극장 | • 야외 공연장<br>• 놀이마당 |
| 도서 | 도서관 | • 국 · 공립도서관<br>• 대학(학교)도서관<br>• 특수도서관 |
| 전시 | 박물관 | • 국 · 공립박물관(자연 · 향토 · 역사)<br>• 특수박물관<br>• 대학박물관<br>• 자료관 |
| | 전시장 | • 산업 · 문화전시관<br>• 동 · 식물전시관<br>• 박람회장 · 야외전시장<br>• 미술품 전시장(화랑) |
| | 미술관 | • 국립미술관<br>• 공립미술관<br>• 사립미술관 |
| 집회 | 커뮤니티 | • 어린이회관 · 청소년회관 · 수련장<br>• 여성회관 · 노인회관<br>• 문화관<br>• 시 · 군민회관 |

● 향 고려

문화시설은 다양한 기능을 가지고 있으며, 그 다양한 기능들에게 남향을 충분히 제공하기 위해서는 중정 등 매스형태의 변화가 필요하다.

# 02. 배치계획

## 1. 대지조건

① 번화하며 교통이 편리한 장소

② 도시 계획적 측면에서 문화적 활동의 중심지

③ 주차나 피난의 경우를 위해 넓은 도로에 가능한 한 많이 접하고, 2면 이상의 넓은 도로에 접하거나 개방된 공지가 있는 장소

④ 시가지의 경우 삼각형의 부지는 좋지 못하며 사각형이 양호

⑤ 대지는 고저차가 없고 평탄한 곳

## 2. 배치계획

① 관람객의 진입공간을 여유있게 확보하고 휴게 공간을 계획한다.

② 극장으로 출입하는 동선은 관객, 출연자, 스태프, 자재 등이 있지만 각각 다른 출입구를 설치하여 교차하지 않도록 계획한다.

③ 보행자와 차량의 동선이 교차되지 않도록 동선을 계획한다.

④ 출연자와 스태프의 출입구에서는 체크 기능을 설치하여 전용의 주차장을 설치한다.

⑤ 무대부에서 서비스 차량의 동선을 고려하여 부출입구를 계획한다.

⑥ 중정이나 아트리움 등을 고려한다.

- 관객, 출입구, 스탭, 자재 출입동선 분리계획

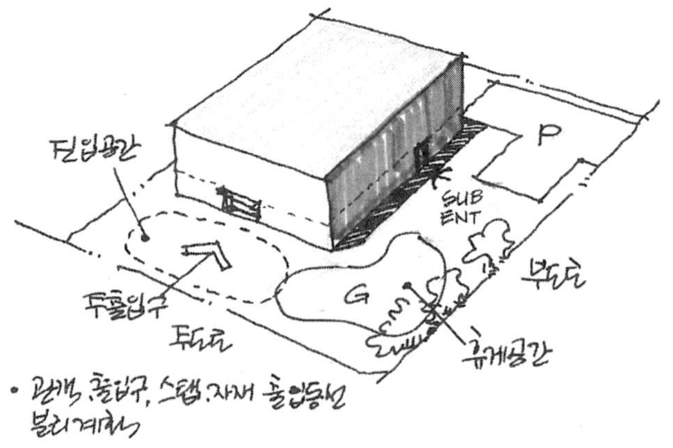


[그림 4-20 문화시설 배치 예]

● **배치계획 기본 원칙**

① 보차분리 : 명확하게 계획
② 동선분리 : 이용객, 관리, 서비스 동선
③ 외부 공간 구성
④ 주변 시설 고려 : 공원, 주차장, 문화시설

## 3. 도로 조건에 따른 배치 유형

### (1) 1면 도로일 경우

① 대지가 1개의 도로에 면하므로 이용객 동선과 관리 및 출연자 동선, 차량 동선 등의 분리계획에 유의한다.

② 대지의 형태에 따라 적절한 영역 분리가 되도록 계획한다.

[그림 4-21 1면 도로와 동선]

● **집회장의 부출입구**

주로 집회장의 무대부 쪽에 부출입구를 계획하여 서비스 및 직원 출입구로 사용한다.

### (2) 2면 도로인 경우

① 대지의 주도로에서는 보행동선, 부도로에서는 차량동선의 접근을 계획한다.

② 이용자 보행동선의 접근 영역에는 적절한 완충영역을 확보한다.

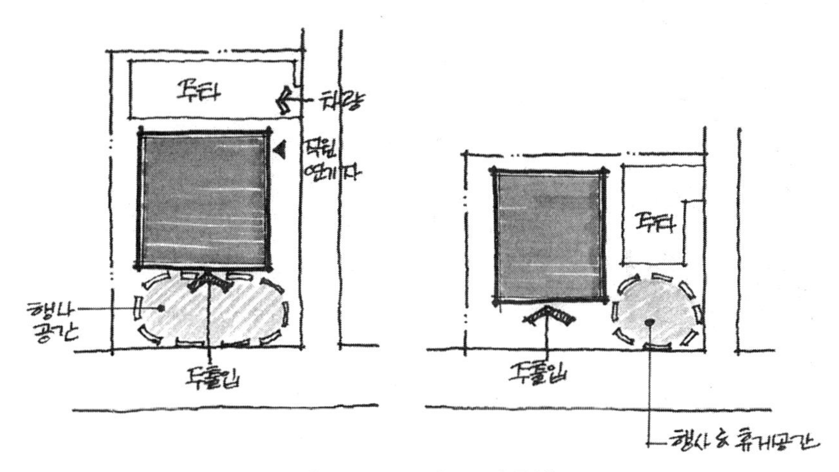


[그림 4-22 2면 도로와 동선]

## 4. 옥외공간

① 공개공지, 전면마당, 행사마당, 휴게공간, 야외공연장, 주차장 등

② 대지에 경사가 있는 경우 경사를 활용하여 공연장 및 야외공연장을 계획한다.

③ 주차장의 규모가 큰 경우 관람객과 관리자의 주차를 분리한다.

# 03. 평면계획

## 1. 기능 분석

### [1] 문화시설의 기능구성

**● 문화시설의 기능**

- 집회(공연)기능
- 학습(교육)기능
- 건강 · 체육기능
- 휴게기능
- 관리기능

#### (1) 집회(공연)기능

① 가장 규모가 큰 집회(공연)기능은 1, 2층에 나누어서 배치하는 것이 좋으며 관리상 별도의 출입구를 계획

② 500석 규모를 가정할 때 1층에 350~400석, 2층에 100~150석 정도 계획

③ 공연을 필요로 하지 않는 기타 집회기능으로는 다목적 강당, 대회의실, 연회홀, 시청각실, 전시실 등

**● 지역문화시설의 기능도**

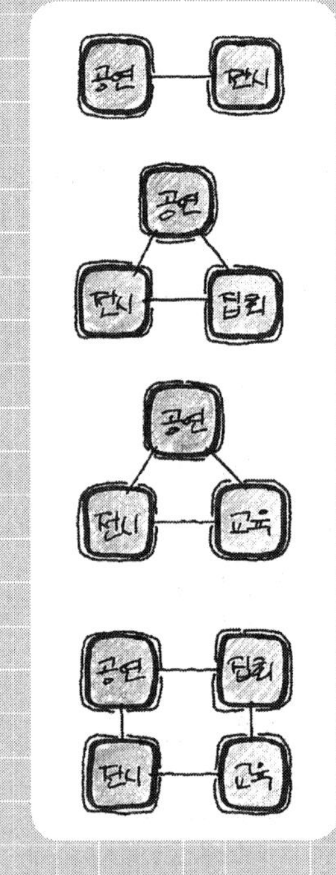


#### (2) 학습(교육)기능

① 학습기능은 2~3층에 배치, 남향이나 동향이 양호

② 면적 계획상 중복도형이 계획될 시 교육기능은 남향, 기술계기능은 서향이나 북향으로 계획

③ 학습기능의 용도로는 교실, 강의실, 도서실, 자료실, 기술계 실습실 등

#### (3) 건강 · 체육기능

① 건강 · 체육기능은 실 특성상 지하층이나 최상층에 계획

② 수영장이나 실내체육관은 적정 층고를 고려, 별도의 출입구 계획

③ 썬큰(Sunken)이나 톱라이트(Top Light) 등을 계획하여 자연채광을 도입

#### (4) 휴게기능

① 주민의 접근성과 이용성을 고려한 위치에 계획

② 로비, 휴게실, 화장실, 음수대 등을 고려

#### (5) 관리기능

① 시설의 원활한 운영과 이용자들을 위한 서비스를 고려하여 계획

② 사무실, 휴식실, 숙직실 등을 고려

● 지역문화시설의 기능 Mass

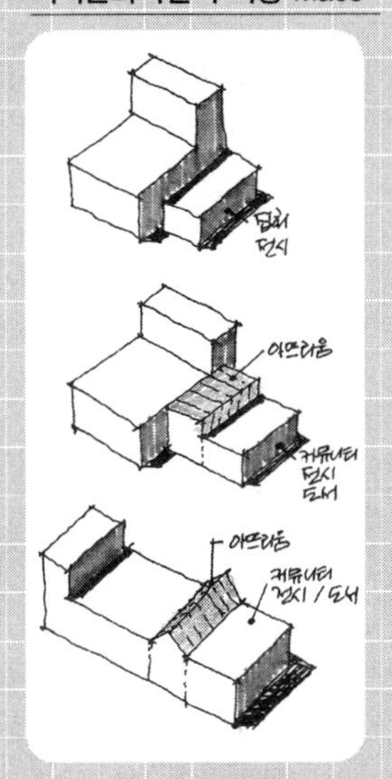

● 공연장의 구조와 모듈

공연장도 기타 부분과 다른 모듈로 구성이 가능하며 구조 역시 장스팬에 적합한 S조나 SRC 구조가 적정하다.

● 500석 규모 공연장 모듈 Block Plan

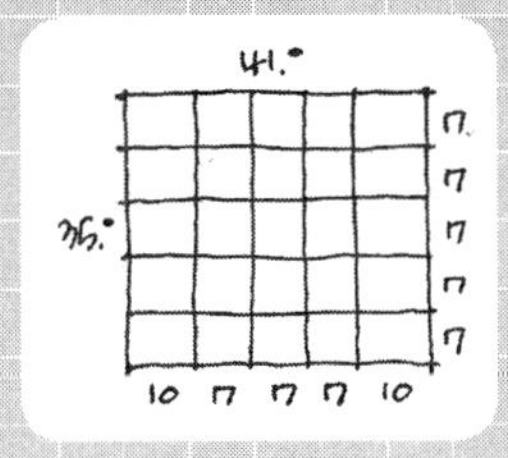


[2] 공연장의 기능도

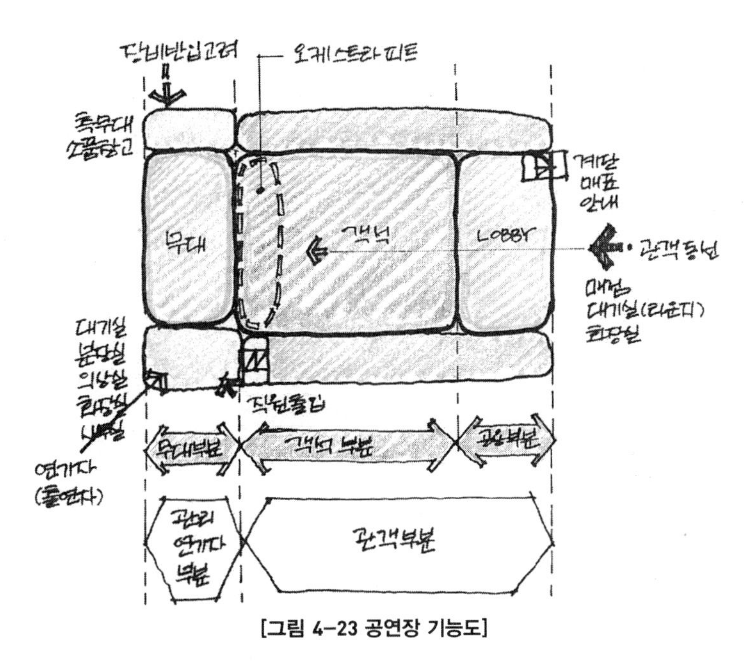


[그림 4-23 공연장 기능도]

## 2. 모듈 계획

### (1) 모듈

① 공연장 기준

• $50m^2$ 정도(부분적 변화 고려)

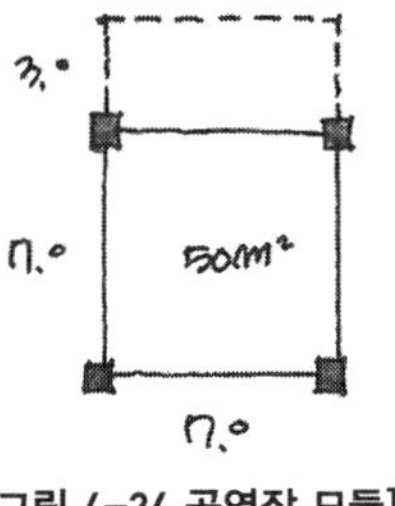


[그림 4-24 공연장 모듈]

② 지역문화시설(Community)

• 요구 면적에 따른 접근

• $40m^2$, $50m^2$, $60m^2$

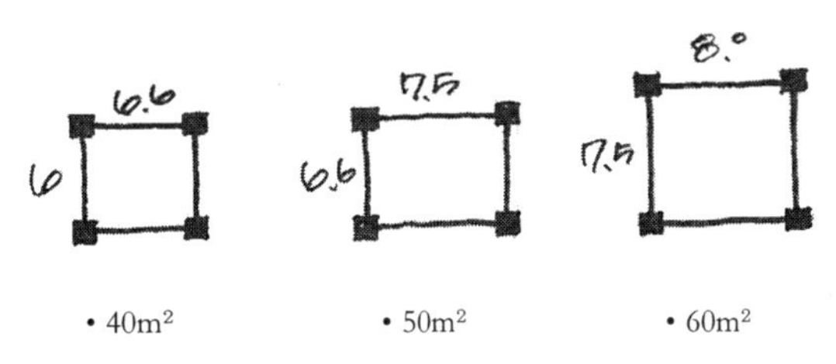


• $40m^2$ • $50m^2$ • $60m^2$

[그림 4-25 커뮤니티센터 모듈]

● 건축사 시험의 공연장 규모

요즘의 건축사 시험에 출제 가능한 공연장의 규모는 200석~300석 정도가 적정하며, 500석 규모의 공연장은 규모가 맞지 않아 출제되기가 어렵다.

## 3. 집회시설(공연장) 평면 계획 시 기본 고려사항

① 공연을 주기능으로 부속기능이 포함된 공연 기능인지, 전시, 교양강좌 등이 포함된 복합 기능인지에 따른 기능별 주출입구와 부출입구 위치를 검토한다.

② 기능이 다른 공간이 한 건물로 구성될 때 전이 공간을 통한 공간의 연계를 고려한다.

③ 공연장의 면적비 구성은 무대 1, 객석 2~3, 로비 · 코어 1 정도로 구성한다.

④ 500석 이상 규모 시 양 측면에 2m 이상의 통로를 확보하고 객석의 일부(20~30%)를 2층으로 계획한다.

⑤ 특수한 공연(오페라, 뮤지컬)이 아닌 이상 무대 높이는 프로시니엄 높이의 1.5~2배 +2m 정도로 한다.

⑥ 2층 객석은 1층 객석부의 1/3 이하, 계단실, 화장실, 로비 공간은 가급적 여유있게 하고, 장애자를 고려한다.

[그림 4-26 공연장 스케치]

● 공연장의 무대형식 이해
- 프로시니엄 스테이지
- 오픈 스테이지
- 아레나 스테이지
- 어댑터블 스테이지

## 4. 공연장 세부계획

### [1] 무대형식에 의한 평면 유형

무대와 객석의 조합 형태에 따라 분류하며, 각 형식의 장단점은 다음과 같다.

**[표 4-9] 공연장 무대 형식에 의한 분류**

| 형태 | | 장단점 | |
|---|---|---|---|
| 프로시니엄 스테이지 (Proscenium Stage) | 무대 / 객석 | 장점 | 강연, 콘서트, 독주, 연극 등에 가장 적합하며, 전체적인 통일성을 얻는 데 유리 |
| | | 단점 | 연기자가 일정 방향으로만 관객을 대하며, 연기자와 관객의 접촉면이 한정되어 객석 수용능력에 제한 |
| 오픈 스테이지 (Open Stage) | 무대 / 객석 | 장점 | 연기공간과 관람공간이 동일 공간 내에 설치되게 함으로써 무대와 관람객이 일체감을 가질 수 있고, 친밀감을 높일 수 있는 특징을 가지고 있다. 패션쇼 등에 적용 |
| | | 단점 | 연기자는 다양한 방향감으로 통일된 효과는 어렵다. |
| 아레나 스테이지 (Arena Stage) 아레나 | 객석 / 무대 | 장점 | 객석과 무대의 일체감이 높아 긴장감이 높은 연극 공간이 가능하며, 무대 배경을 만들지 않아 경제적이다. |
| | | 단점 | 관객이 무대를 둘러싸 다른 연기자를 가리게 되며, 연기자는 전체적인 통일 효과를 얻기 위한 극을 구성하기 곤란하다. |
| 어댑터블 스테이지 (Adaptable Stage) | 무대 / Stage 또는 무대 | 특징 | 무대와 관람석의 관계를 몇 개의 종류에 따라 변화시킬 수 있는 가변형 무대 형식으로, 작품 성격에 따라 연출에 적합한 공간 구성이 가능하다. |

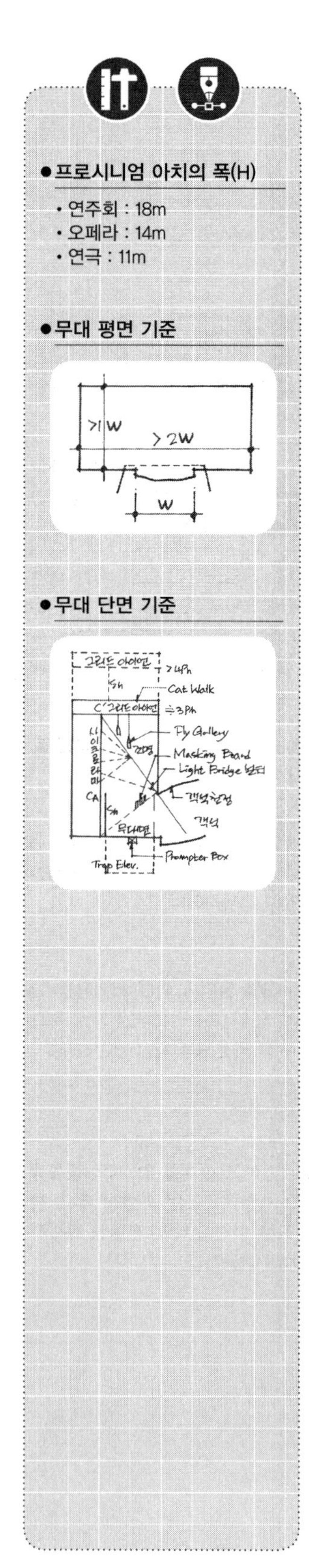


## [2] 무대계획

① 무대는 프로시니엄 아치로 하고 아치의 개구부는 직사각형으로 하여, 그 비례는 황금비로 구성(H : 5~8m, W : 9~12m)한다.

② 무대의 폭은 프로시니엄 아치 폭의 2배 이상, 무대 깊이는 아치 폭(최소 5~6m) 이상으로 계획한다.

③ 무대 관련 실로는 출연 대기실, 연습실, 배경 제작실, 조명실, 음향 조정실 등이 있다.

④ 프로시니엄 아치(Proscenium Arch)

- 관람석과 무대 사이에 격벽이 설치되고 이 격벽의 개구부를 통해 극을 관람하게 된다. 이 개구부의 틀을 프로시니엄 아치라 한다.

⑤ 오케스트라 피트(Orchestra Pit)

- 오페라, 연극 등의 경우 음악을 연주하는 곳으로 객석의 최전방 무대의 선단에 둔다.
- 넓이는 적은 수의 것은 10~40평, 많은 수의 것은 100명 내외로 점유면적은 1인당 1m²정도이다.

⑥ 무대 상부(Fly Loft)의 기구

- Grid Iron : 무대 천장 밑에 있는 철골격자 발판으로 무대배경, 조명기구, 연기자, 음향 반사판 등을 매달 수 있게 장치된 것을 말한다.
- Fly Gallery : 무대 후면 벽 주위 6~9m 높이에 설치된 통로이며, 폭 1.2~3.0m 정도로, 대규모 극장에선 2, 3개를 설치한다.
- Cyclorama : 무대 제일 뒤쪽에 설치되는 무대 배경을 말한다.
- Prompter Box : 무대 중앙에 설치되며, 무대 측만 개방하여 이곳에서 대사 등을 불러주거나 다른 연기자들의 주의를 환기시켜 주는 곳이다.

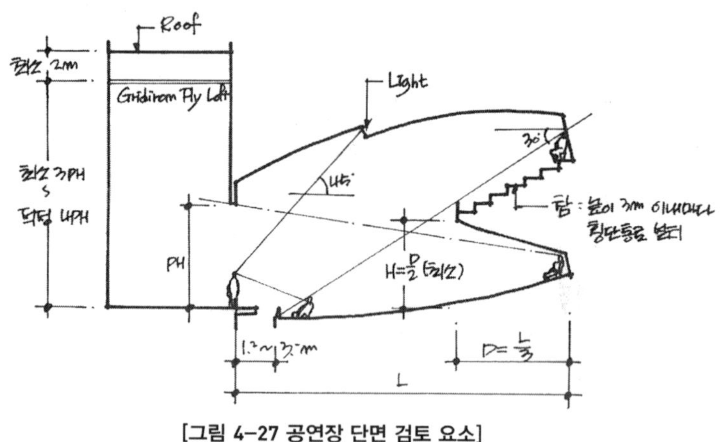


[그림 4-27 공연장 단면 검토 요소]

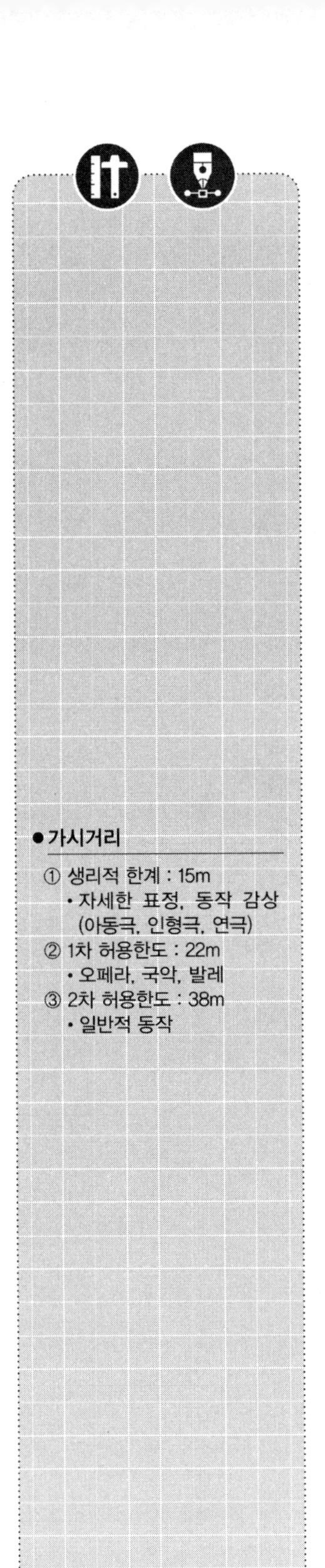

● 가시거리

① 생리적 한계 : 15m
• 자세한 표정, 동작 감상 (아동극, 인형극, 연극)

② 1차 허용한도 : 22m
• 오페라, 국악, 발레

③ 2차 허용한도 : 38m
• 일반적 동작

## [3] 객석계획

### (1) 기본사항

① 연극 객석은 횡으로 긴 배치가 좋고 영화관은 종으로 긴 것이 좋다.

② 무대와 객석의 이격거리는 2~3m가 적정하며, 내부통로는 중앙부는 1.2~1.5m 정도, 양측은 1.0~1.2m 정도로 한다.

③ 500석 이상될 시 장애자용 객석을 배려해야 하며, 양 측면 2m 이상 통로를 설치하고, 2짝 이상 밖여닫이문을 계획한다.

④ 1층 맨 뒷열의 관객의 눈과 프로시니엄의 정점을 이은 선에 2층 발코니 하단이 겹치지 않도록 한다.

⑤ 바닥의 경사도는 5~25°의 범위에서 설정한다.

⑥ 가장 높은 좌석 최후열 관객의 눈의 위치는 프로시니엄 아치의 정점보다 아래에 있어야 이상적이다.

### (2) 세부사항

① 가시거리 및 가시각

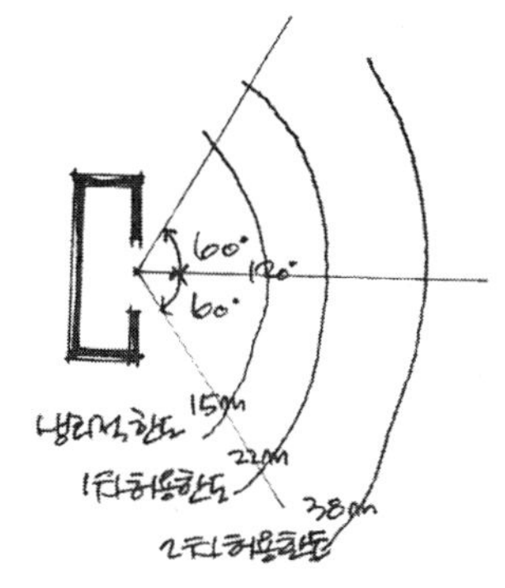


[그림 4-28 가시거리 및 가시각]

② 가시선 계획

• 가시각 : 104°(90°+14°)

• 가시범위 : 120°(60°+60°)

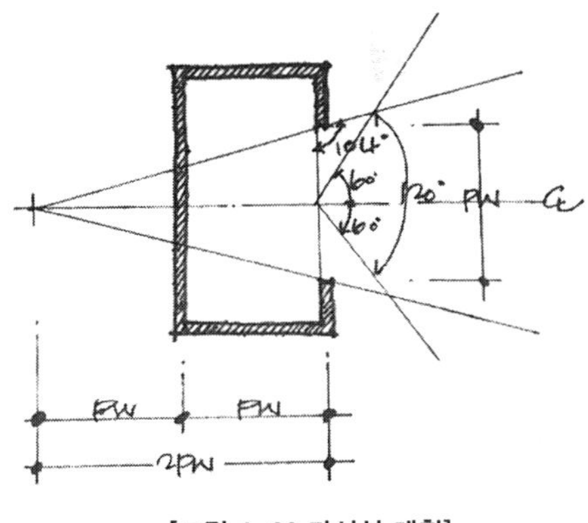


[그림 4-29 가시선 계획]

**QUIZ 3.**

**● 객석 규모 계획**

1개 층에 300석 규모의 객석을 만들고자 할 경우 필요한 객석의 소요 면적은?

**● 객석의 단면경사**

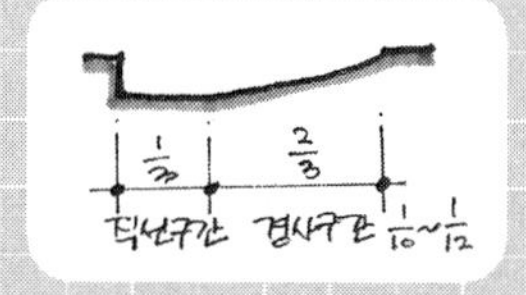

③ 객석 계획

- $1m^2$당 1석으로 계산
- 객석 간 간격
  - 8열 이내 : 85cm 이상
  - 12열 이내 : 95cm 이상

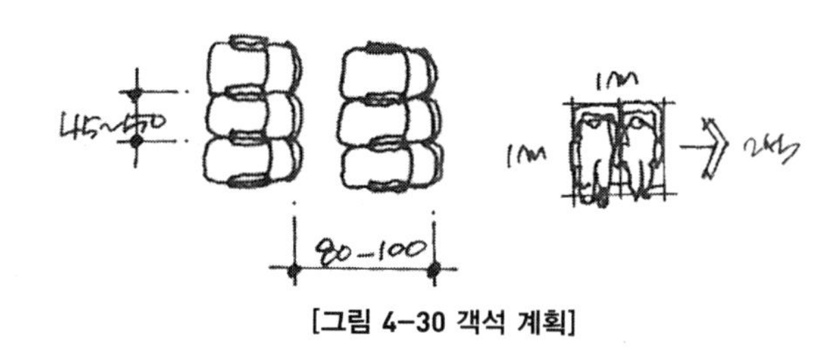


**[그림 4-30 객석 계획]**

④ 객석 배치

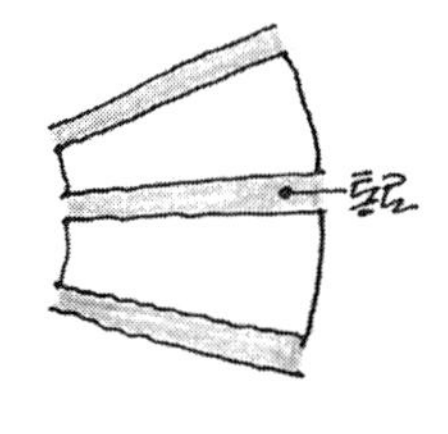


• 중심형 세로통로(×)

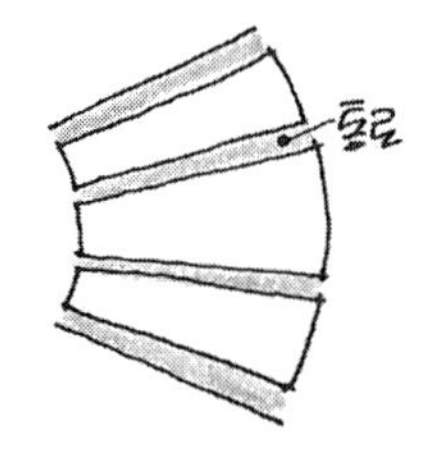


• 방사형 세로통로 )

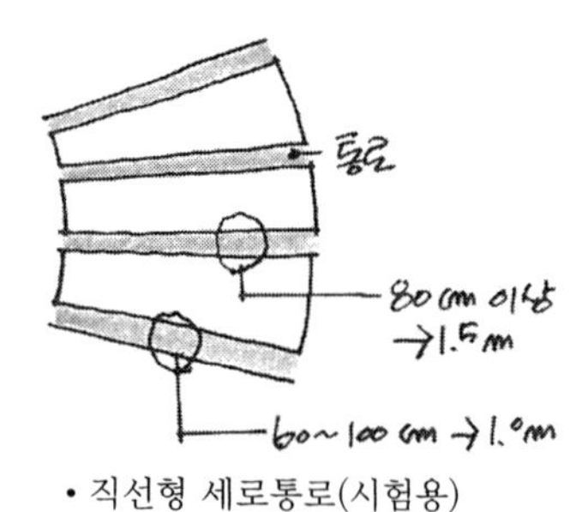


• 직선형 세로통로(시험용)

**[그림 4-31 객석과 통로]**

**QUIZ 3. 답**

$1m^2$=1석을 기준으로 규모를 산정할 수 있으므로 300×1=$300m^2$가 필요하다.

• $300m^2$

- **500석 규모 공연장**

  1층은 약 350석 내외
  2층은 약 150석 내외

## [4] 집회시설(공연장)의 **Prototype**(500석 규모)

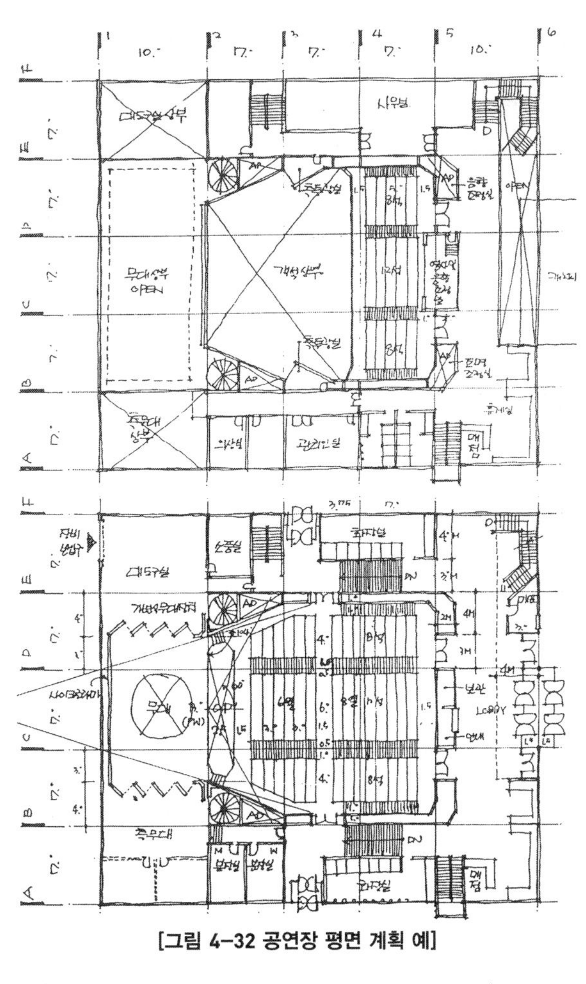


**[그림 4-32 공연장 평면 계획 예]**

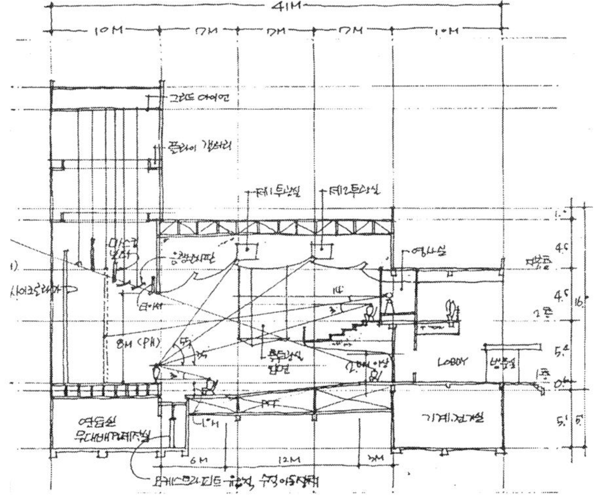


**[그림 4-33 공연장 단면 계획 예]**

**● 커뮤니티 시설의 계획**

다양한 기능들의 적절한 분리와 연계가 동시에 이루어질 수 있는 계획안이 필요하다.

**● 실의 다양한 이용**

실의 다양한 이용을 위해서는 Open Plan 형식과 가변형 칸막이 시스템에 의한 대응 능력이 필요

## 4. 커뮤니티 시설의 평면유형

① 복도형

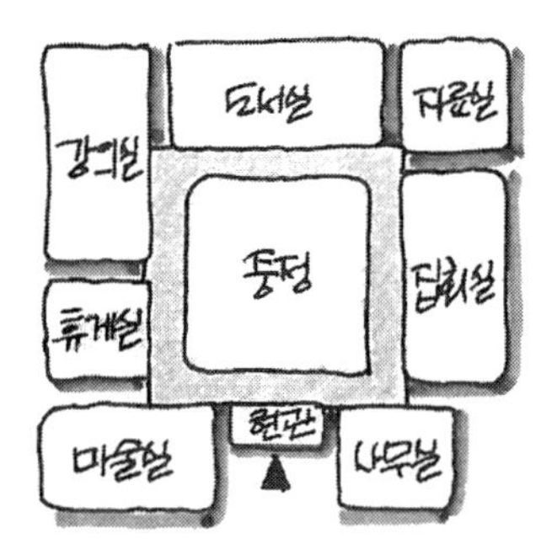


② 홀형

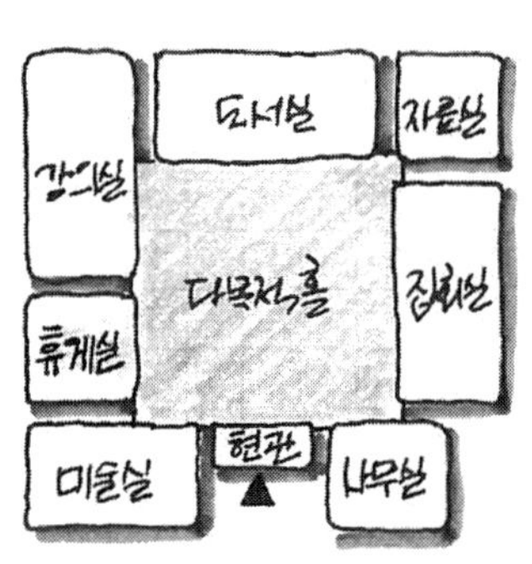


③ 광장형

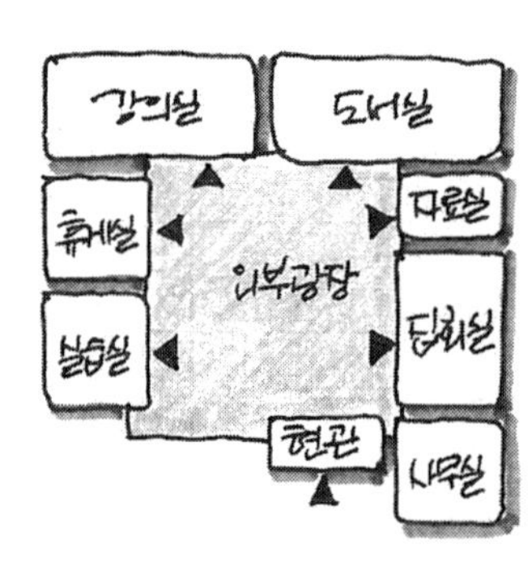


④ 오픈형

[그림 4-43 커뮤니티 시설의 세부계획]

NOTE

# 04. 사례

## [사례 1]   김포 아트홀

● (주)간삼파트너스, 이광만
(주)삼풍엔지니어링, 안정환

● 발췌 : 「설계경기」,
도서출판 에이엔씨

평면도

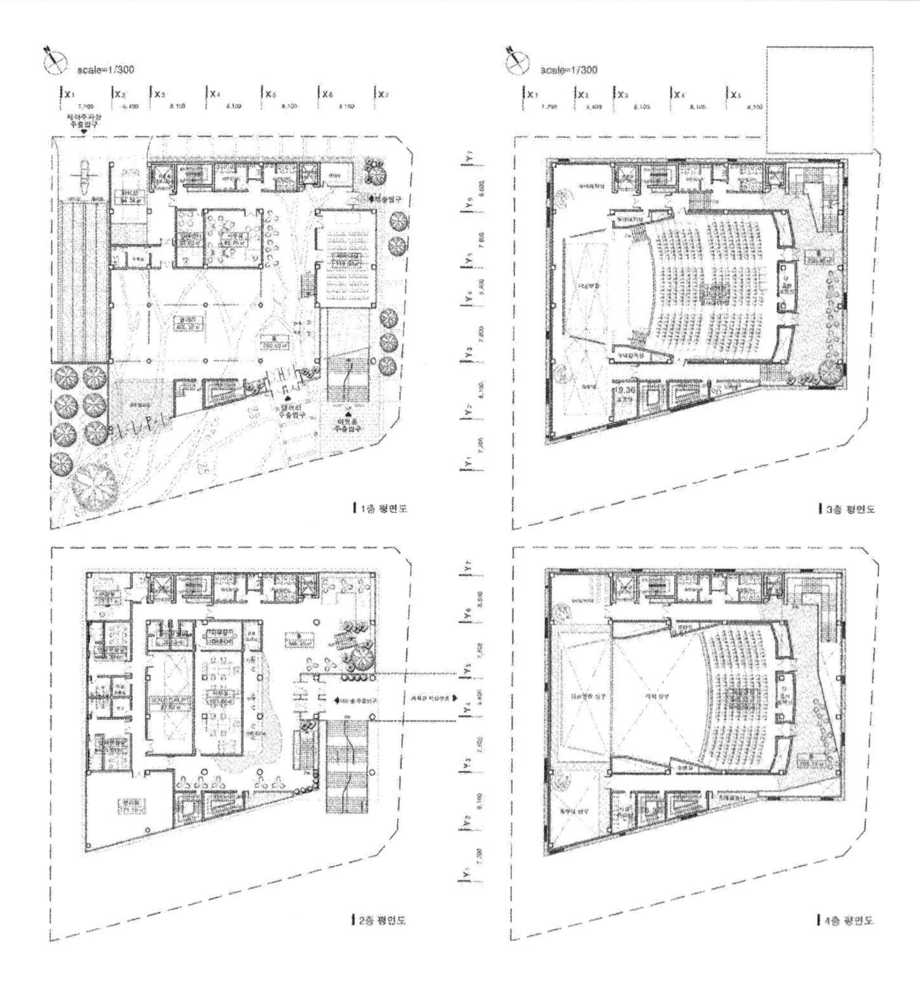

## [사례 2] 구로구 의회의사당 및 문화예술회관

● (주)우리동인건축사사무소, 노윤경

● 발췌 : 「근린생활시설」, A&C 산업도서출판공사

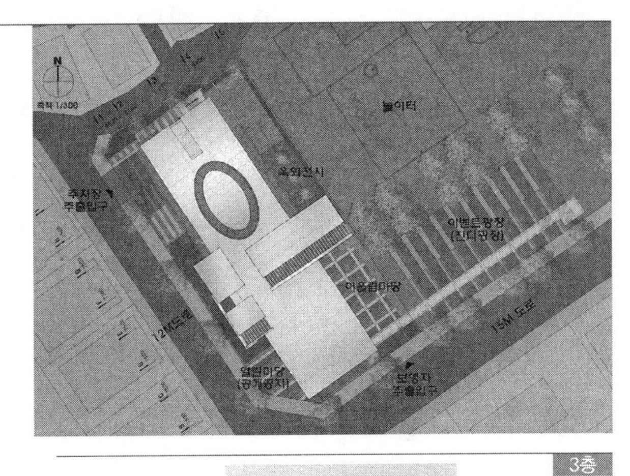


4층

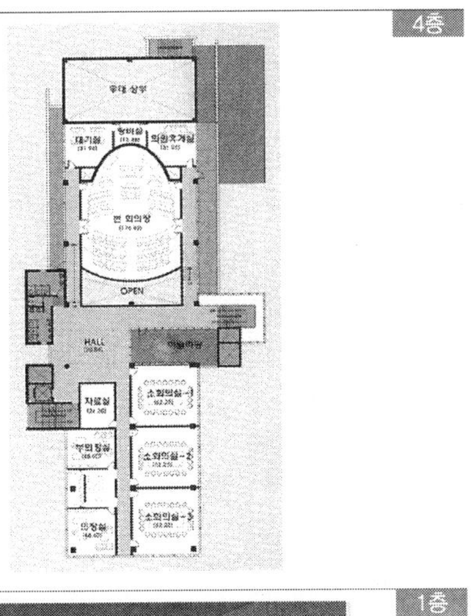


3층

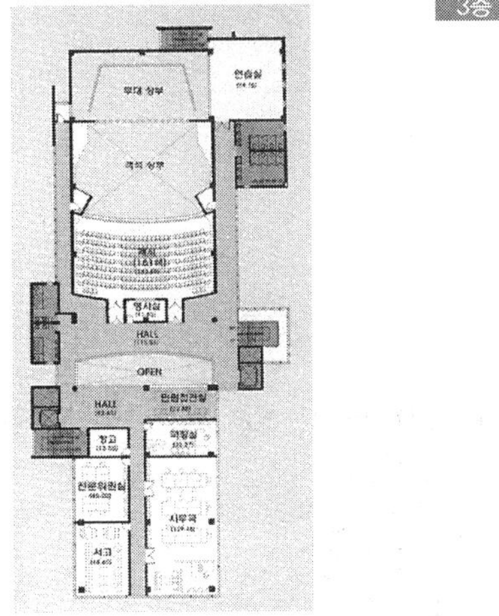


1층

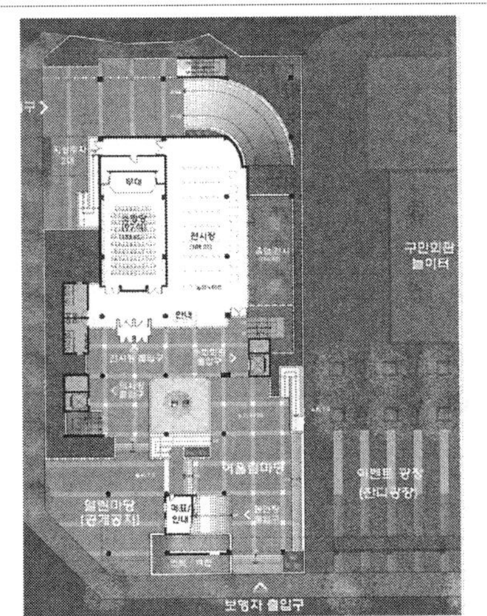


2층

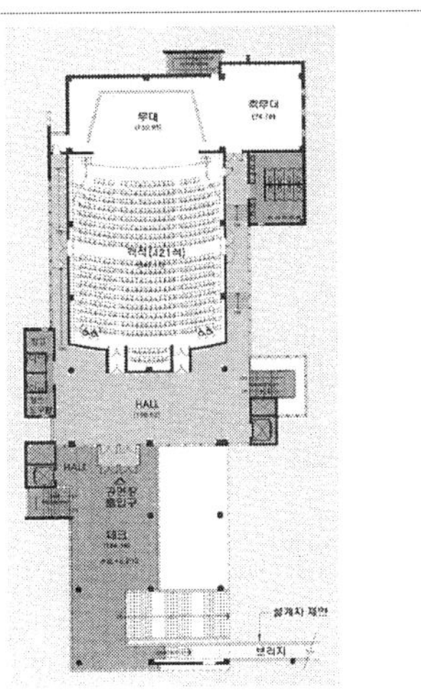

# ③ 전시시설

## 01. 개요

● 전시시설의 정의

박물관 및 미술관 진흥법 제2조에 의한 정의

### 1. 전시시설의 정의

전시시설은 박물관과 미술관으로 구분하여 정의될 수 있으며, 미술관은 넓은 의미의 박물관에 포함된다.

① 박물관의 정의
박물관은 인류 · 역사 · 고고 · 민속 · 예술 · 동물 · 식물 · 광물 · 과학 · 기술 · 산업 등에 관한 자료를 수집 · 보존 · 전시하고 이들을 조사 · 연구하여 문화 · 예술 및 학문의 발전과 일반 공중의 문화 교육에 이바지하는 것을 목적으로 하는 시설을 말한다.

② 미술관의 정의
미술관은 박물관으로서 서화 · 조각 · 공예 · 건축 · 사진 등 미술에 관한 자료를 수집 · 보존 전시하고 이들을 조사 · 연구하여 문화 · 예술의 발전과 일반 공중의 문화교육에 이바지함을 목적으로 하는 시설을 말한다.

● 보존장소에 의한 분류

① 관내 전시형 (Indoor Museum)
② 옥외 전시형 (Outdoor Museum)
③ 현지 보존형 (Site Museum)

### 2. 전시시설의 경향

① 지역주민과의 적극적인 커뮤니케이션의 시도에 따른 다양한 교육프로그램의 개발을 고려한다.
② 관람객 휴식공간을 적극적으로 제공한다.
③ 다양한 채널을 통한 정보전달체계 등의 변화에 대응한다.
④ 전시공간 이외의 다양한 새로운 기능의 공간들이 도입되는 경향이다.

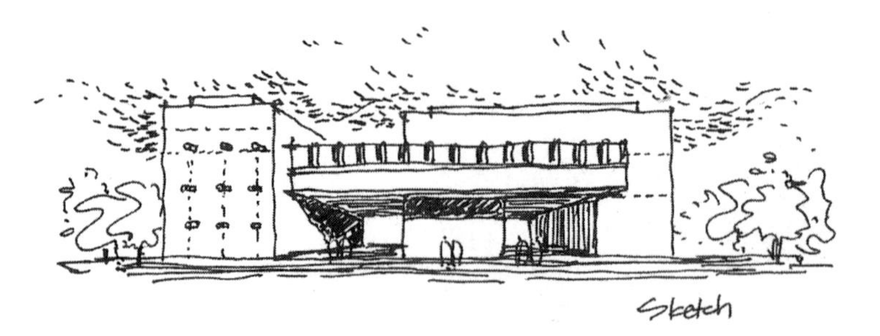


[그림 4-34 전시시설 스케치]

# 02. 배치계획

## 1. 대지조건

① 교통편이 좋은 곳, 역 또는 버스정류장에서 가깝고 자동차의 이용을 위해 주요 간선도로로부터의 접근이 용이할 것

② 다른 시설과의 복합, 상승효과를 기대할 수 있는 다른 문화시설과 근접할 것

③ 야외전시나 수장고의 증축 등 장래에 확장 가능성이 있을 것

④ 재해나 공해로부터 안전한 곳

## 2. 배치계획

### [1] 기본사항

① 주 진입공간을 확보하고 휴게공간, 옥외 전시공간 등을 고려한다.

② 관람동선과 자료 반입동선을 명확히 분리한다.

③ 보행자 동선과 차량 동선을 명확히 분리한다.

④ 주변 환경과 자연채광 및 조망을 고려한다.

⑤ 외부전시는 주변환경(공원, 하천, 호수)을 고려하여 인접 계획한다.

**● 동선계획**

- 관리자
- 이용자(관람자)
- 조사 연구원
- 전시물 반출입
- 차량

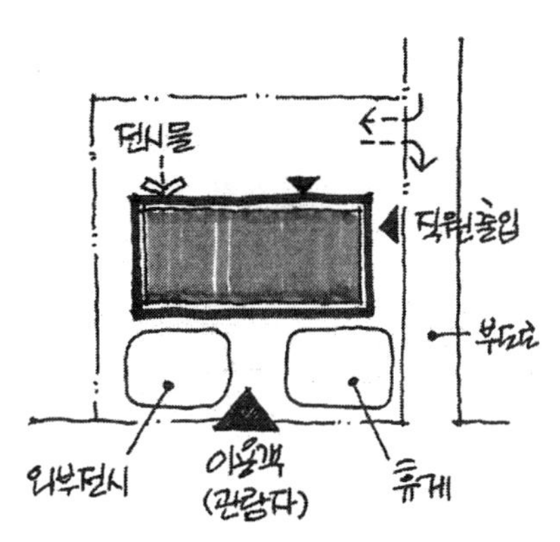


[그림 4-35 전시시설 배치 개념]

● **배치계획**

여러 동으로 계획 시 각 전시동의 특징적 기능분리를 고려하고 전체 전시관람동선과 연계된 배치계획이 되어야 함

## [2] 건물의 배치방식

### (1) 단일방식

1개동으로 구성한다.

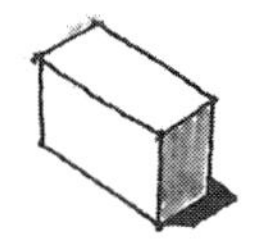

### (2) 분동방식

① 대지 및 규모가 클 경우 적절하다.

② 동시에 많은 사람을 수용할 때 적절한 계획 방법이다.

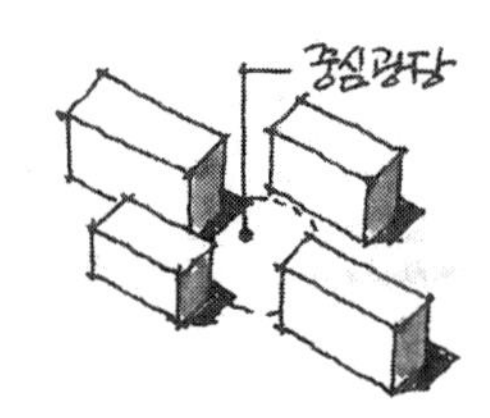


### (3) 중정방식

중정은 휴게, 개별공간의 전실기능(Major Space)으로 활용한다.

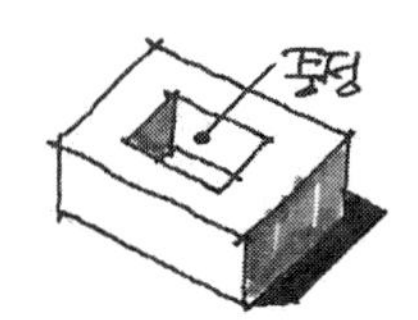


[그림 4-36 전시건물 배치 방식]

● **전시시설의 외부공간**

공개공지, 휴게마당, 옥외전시마당, 주차장, 작품반입공간 등

## [3] 전시실과 외부공간의 관계

① 중앙홀형

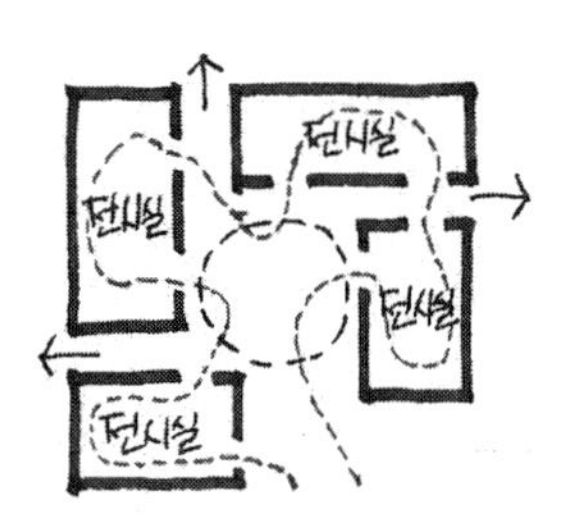


② 분산형

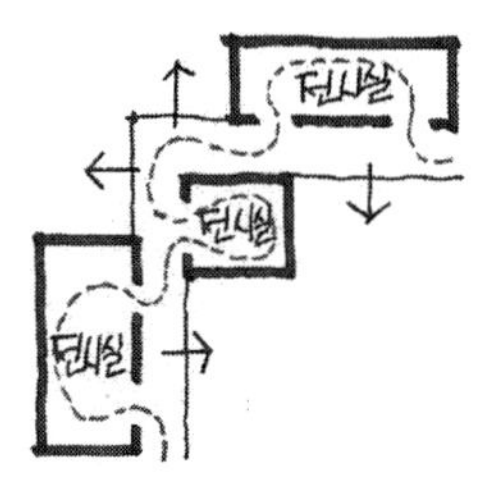


③ 집약형

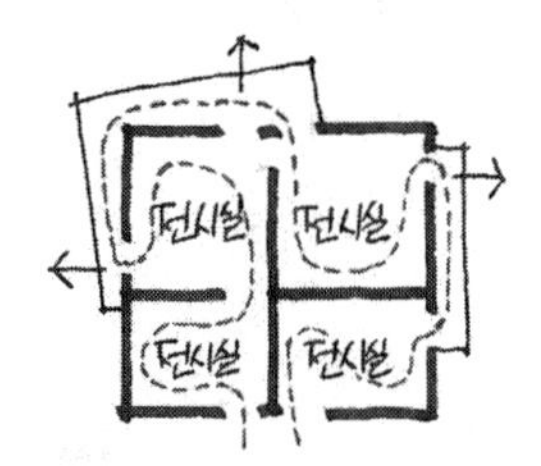


[그림 4-37 전시시설과 외부공간 및 동선의 관계]

- **동선계획**
  ① 동선의 분리 계획
    - 관람객 동선
    - 관리자 동선
    - 조사 연구원 동선
    - 전시물 반출입 동선

  ② 각 동선의 분리계획과 별도 출입구 계획 등을 고려함
  ③ 보차 분리에 의한 이용객의 안전 확보

# 03. 평면계획

## 1. 기능분석

### [1] 전시시설의 기능

#### (1) 수집 · 정리 · 보존

자료의 종류는 실물, 표본, 묘사, 모형, 문헌, 사진, 필름, 테이프 등이다.

#### (2) 전시 · 교육 · 레크리에이션

① 전시, 강연회, 연구모임의 개최

② 자료 이용에 대한 지도, 설명 및 연구, 도서실의 설치

③ 학술, 교육문화적 제시설과의 협력 및 원조

#### (3) 조사 · 연구

① 문화재, 고고, 민속자료 등 조사

② 자료에 관한 전문적 · 기술적 연구

### [2] 전시시설의 기능도

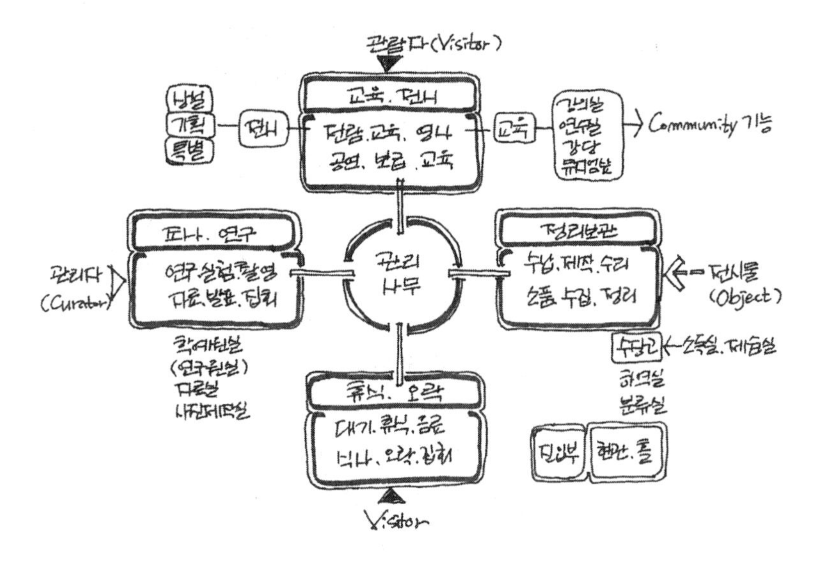


[그림 4-38 전시시설 기능도]

● 관리동선계획

① 평면계획 시 전시실공간과 관리 공간을 명확하게 분리하되, 동선은 연결되도록 함
② 연결된 동선에 관람객의 진입은 통제

● 전시시설의 모듈

다양한 전시물이 전시되는 만큼 비교적 큰 전시물의 전시공간 및 관람공간의 확보를 위하여 가급적 장스팬으로 계획하는 것이 유리하다.

## 2. 평면계획 시 기본사항

① 전시시설의 주기능은 전시실과 수장고이므로, 이에 대한 기능을 반드시 숙지한다.
② 관람동선의 명확함, 편의성, 휴식 등을 고려한다.
③ 일반전시와 상설전시를 분리하고, 상설전시는 가급적 1층부에 계획한다.
④ 다층의 전시실 계획 시 장애자를 고려하고, 주계단은 가급적 크고 개방감 있게 계획한다.
⑤ 관람객의 감시 등 관리적 측면(진 · 출입 Check 등)을 고려한다.
⑥ 전시물 보호를 위한 보존 및 보안을 고려한다.

## 3. 모듈(Module) 계획

### (1) Module 계획

적정 가시 거리 고려

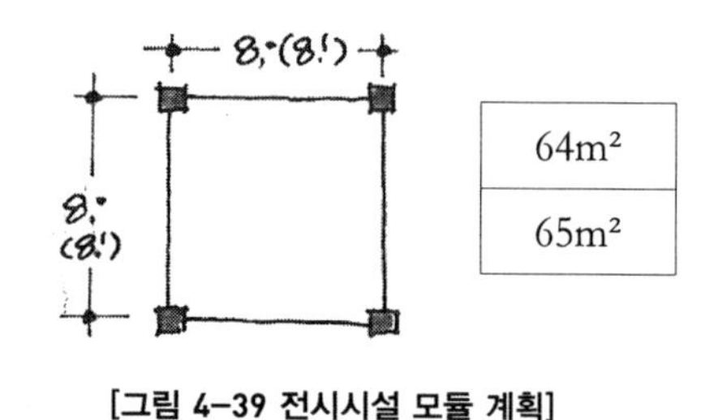


[그림 4-39 전시시설 모듈 계획]

### (2) 기본 Module Type

면적에 따라 모듈 조정 가능

- $40m^2$ : 6.0×6.0m
- $50m^2$ : 7.2×6.9m
- $60m^2$ : 8.0×7.5m

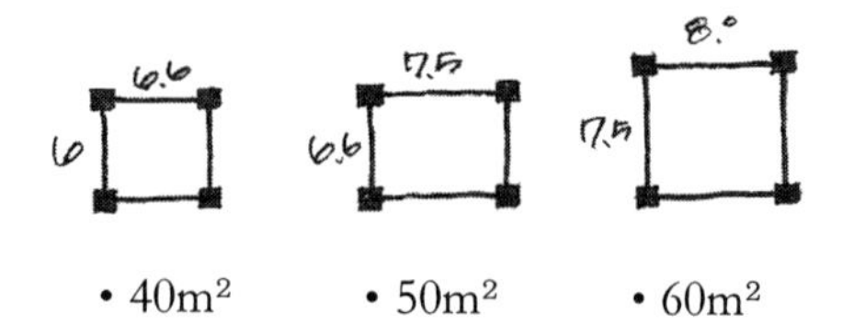


[그림 4-40 모듈의 변형]

## 4. 세부계획

### [1] 전시 공간

#### (1) 전시 공간의 종류

① 상설 전시실 –소장품
- 영구상설
- 일반상설 : 소장품 수시로 교체

② 기획 전시실 : 미술관 자체기획(연도별 각종 초대기획전, 공동기획전 등)
③ 특별 전시실 : 대여전시(2층 가능)

## (2) 전시순회형식

[표 4-12] 전시순회형식별 특징

| 구분 | 그림 | 특징(장단점) |
|---|---|---|
| 연속순로 형식 | | • 긴 직사각형 또는 다각형의 각 전시실이 연속적으로 동선을 형성<br>• 장점<br>– 단순함과 공간절약의 의미에서 이점<br>– 비교적 소규모 전시실에 이용하면 작은 대지에서도 가능<br>– 2 · 3층의 입체적인 방법도 가능<br>• 단점<br>– 많은 실을 순서별로 통해야 하는 불편이 있음<br>– 1실을 폐쇄했을 때 전체 동선이 막힘 |
| • Gallery 형식<br>• Corridor 형식 | 복도 | • 연속된 전시실의 한쪽 복도에 의해서 각 실을 배치<br>• 복도가 중정을 포위하여 순로를 구성하는 경우도 많다.<br>• 장점<br>– 각 실로 직접 들어갈 수 있음, 선택관람이 가능<br>– 필요시 자유로이 독립적으로 폐쇄 가능 |
| 중앙홀 형식 | | • 중앙부에 하나의 큰 홀을 두고 그 주위에 각 전시실을 배치하여 자유로이 출입하는 형식<br>• 과거에 많이 사용한 형식이며 중앙홀에 높은 천장을 설치하여 고측 창으로부터 채광하는 방식이 많았다.<br>• 장점<br>– 대지의 이용률이 높은 지점에 건립할 수 있다.<br>– 선택관람이 가능<br>• 단점<br>– 홀이 작으면 동선이 혼란<br>– 장래의 확장에 많은 문제점을 가지고 있음 |

● **외부공간 계획**

배치계획 시 전시실의 연결 동선상에 외부공간을 계획함으로써 시각적 피로감을 해소하여 양호한 관람환경 구축

## (3) 전시실 및 준비실

① 전시실의 연결동선 계획 시 시각적 피로 감소를 위한 녹색공간조망을 확보한다.

② 전시준비실과의 관계를 고려한다.

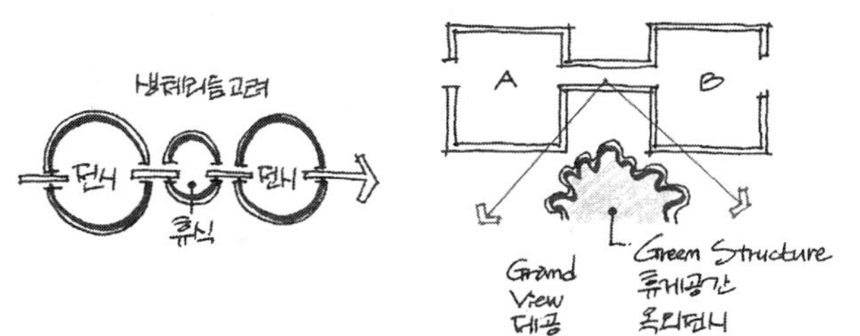


• 전시공간 연결 기능도 • 평면 계획 • 전시준비실 계획

[그림 4-41 전시실 및 준비실 계획]

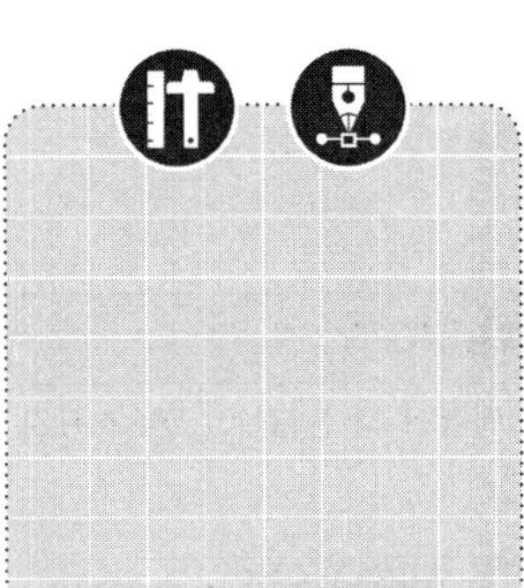

## (4) 전시물 관람거리

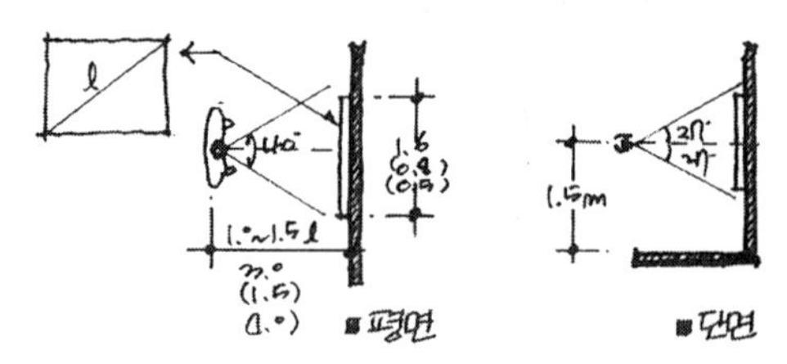


[그림 4-42 전시물 관람거리 및 관람각]

● 전시실의 조명

자연광과 인공조명의 합리적 조합으로 전시효과를 최대한 상승시킴

## (5) 전시실의 채광방식 및 특성

[표 4-13] 전시실 채광방식 및 특징

| 구분 \ 설명 | 측광방식 | 정광방식 | 고측광방식 | 정측광방식 |
|---|---|---|---|---|
| 유형 | | | | |
| 특징 | • 벽면에서 자연 채광을 들이는 방법으로 소규모 전시실 외에는 부적합하다.<br>• 광선의 확산, 광량의 조절, 열절연 설비를 병용하는 것이 좋다. | • 천장의 중앙에서 자연채광을 들이는 방법으로 전시실의 중앙부는 가장 밝게 하여 전시벽면에 조도를 균등하게 한다.<br>• 조각 등의 전시실에는 적당하지만 유리케이스 내의 공예품 전시물에 대해서는 적합하지 못하다. | • 벽면에 높은 위치에서 자연채광을 행하는 방법으로 관람자의 위치는 어둡고 전시벽면의 조도가 밝은 이상적인 형이다.<br>• 측광창의 광선이 약할 우려가 있다. | • 천장의 측장에서 자연 채광을 행하는 방식이다.<br>• 벽면조도를 크게 할 수 있다. |

## (6) 연속적인 전시 모델

차례로 나타날 전시의 예고가 시간적으로 이루어지도록 관람로를 걸으면서 다음에 봐야 할 전시물을 잠깐씩 볼 수 있게 배려하면 전시의 흐름을 이해하기 쉽다. 다음 그림과 같이 전시실이나 코너의 주요한 전시물을 예상할 수 있는 개구부를 설치함으로써, 연속적인 전시의 스토리성을 보장할 수 있다.

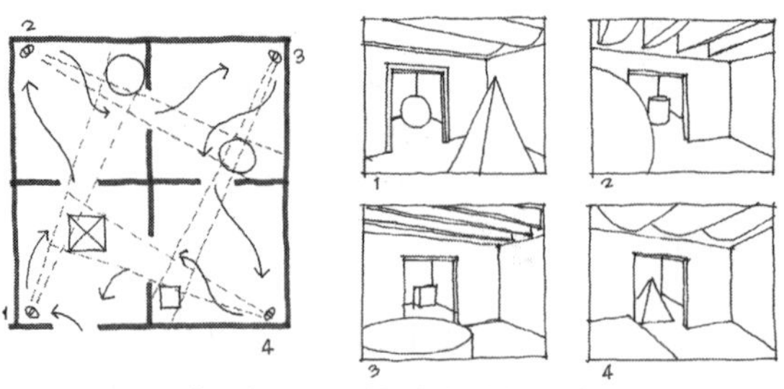


[그림 4-43 연속적인 전시 모델]

QUIZ 4.

● 전시관 기능구분

전시관을 기능에 따라 크게 5가지 공간으로 구분하시오.

● Major Space

공동부와 전시실 사이에 배치되는 매개공간으로 전시실의 전실 역할을 한다.
Museum Shop과 Major Space는 모두 M.S로 표기되므로 혼동하지 않도록 한다.

QUIZ 4. 답

전시관은 ① 전시 · 교육, ② 정리 · 보관, ③ 조사 · 연구, ④ 휴식 · 오락, ⑤ 관리 · 사무의 공간으로 구분할 수 있으며 각 기능의 공간 구분 및 동선계획이 주도한다. 특히 관람객 동선과 관리자, 전시물 반출입 동선 등의 분리계획이 중요하다.

- ① 전시 · 교육
  ② 정리 · 보관
  ③ 조사 · 연구
  ④ 휴식 · 오락
  ⑤ 관리 · 사무의 공간

## [2] 교육공간

### (1) 기본사항

① 지역주민에게 봉사하기 위한 체험학습, 교양오락의 기회와 정보서비스 제공 등의 역할을 고려한다.

② 박물관 활동에 적극적인 참여를 유도한다.

③ 독립적으로 운영하는 경우에는 전용출입구를 계획한다.

### (2) 소요실 계획

① 강당

- 200~300인 정도 수용 가능한 규모로 한다.
- 미술, 영화, 음악감상이나 행사 혹은 행위예술, 아트 등을 위해 사용한다.
- 영사기, 오버헤드 프로젝터, 스크린, 음향장치, 무대조명 등 부속설비가 필요하다.

② 체험학습실

회화교실, 조소교실, 공예교실 등 미술체험학습을 위한 시설이다.

③ 도서실

- 박물관계 도서를 마련하여 관람자에게 편의 제공
- 개가서가형식의 열람실로 구성한다.
- 학예 연구원의 조사용일 경우에는 조사 · 연구 부문에 속하게 되므로 동선계획에 유의한다.

④ 정보서비스실

비디오 부스, 컴퓨터 부스 등을 설치하여 시청각 정보의 서비스를 제공한다.

⑤ 미술품점(Museum Shop)

- 전시와 관계된 도서 및 기념품 등의 구입 서비스를 제공한다.
- 관람객이 관람 전 또는 관람 후 퇴관시 이용 가능한 위치에 계획한다.

⑥ 기타

강의실, 세미나실, 연구실, 집회실 등을 필요에 따라 계획한다.

●수장고 보관방법

① 서양화

② 동양화



●수장고의 위치

수장고는 도서관의 서고와 마찬가지로 북측에 계획한다.

## [3] 정리보존 공간

### (1) 기본사항

① 최적의 보존상태를 유지할 수 있도록 외기의 온 · 습도 변화에 영향을 받지 않는 위치에 계획한다.

② 보관품 종류에 따르는 Zoning이 필수(ex : 건조, 보통, 습윤으로 분류 보존)이다.

③ 간접공조방식, 항온, 항습에 의한 보존환경을 구축한다.

### (2) 소요실 계획

① 수장고

- 하역동선 및 전시공간으로의 연결 동선을 고려한다.
- 보존설비의 최적화를 고려하여 계획한다.
- 지하층에 설치된 사례가 많으나 최근의 경향은 상층에 위치한다.
- 서양화 : 철제 슬라이드락을 이용하여 보존한다.
- 동양화, 병풍, 족자 : 목재장이나 서랍 등에 수납한다.

② 반출입실

- 포장실과 연결한다.
- 반출입 차량의 직접 출입을 고려한다.

③ 포장실

- 포장재료 창고, 기자재 창고와 인접한다.
- 수장고가 다른 층에 있는 경우 대형 엘리베이터를 설치한다.

## [4] 조사 · 연구 공간

### (1) 기본사항

① 관리동선과의 연계를 고려한다.

② 수장고에 접근하기 쉽도록 동선을 계획한다.

### (2) 소요실 계획

① 자료 보관실 : 자료수집 및 보존 공간이다.

② 학예연구실 : 작품발굴 및 연구, 국제교육, 정보교환, 기획 전시, 교육프로그램 개발 등의 업무를 한다.

③ 기타실 : 사진제작실, 암실 등이 필요하다.

**● 동선의 연계**

관리공간과 조사 · 연구공간은 수평적 또는 수직적으로 동선이 연계되는 경우가 많다.

## [5] 관리공간

### (1) 기본사항

① 쾌적한 작업공간 및 다른 부서 직원과의 원활한 동선 연결을 고려한다.

② 관리실은 관람공간에 근접하여 계획하되, 관람객이 관리구역으로 진입하는 동선은 통제한다.

③ 건물의 시설관리가 용이하도록 계획한다.

### (2) 소요실 계획

① 사무실

② 관장실 및 응접실

③ 회의실

④ 매표 및 안내

⑤ 기타실 : 방송실, 의무실 등

## [6] 공용공간

### (1) 기본사항

① 관람객의 접근이 용이한 위치에 계획한다.

② 각 실로의 연결이 용이하도록 계획한다.

### (2) 소요실 계획

① 현관, 계단, Ramp(대규모 시설에서 고려)

② Lobby

③ M.S(Major Space) : 중정 또는 전시실의 전실을 말한다.

## [7] 후생공간

### (1) 기본사항

① 관람객의 접근이 용이한 위치에 계획한다.

② 주변환경에 대한 조망 등이 양호하도록 고려한다.

③ 서비스 동선의 연결을 고려한다.

### (2) 소요실 계획

식당, Coffee Shop, 매점, 스낵바, 휴게실, 휴게라운지 등

# 04. 사례

## [사례 1]  경기도미술관

●한양대학교, 김용승
건우사건축사사무소, 공순구
진우종합건축사무소, 김동훈

●발췌 : 「설계경기」,
도서출판 에이엔씨

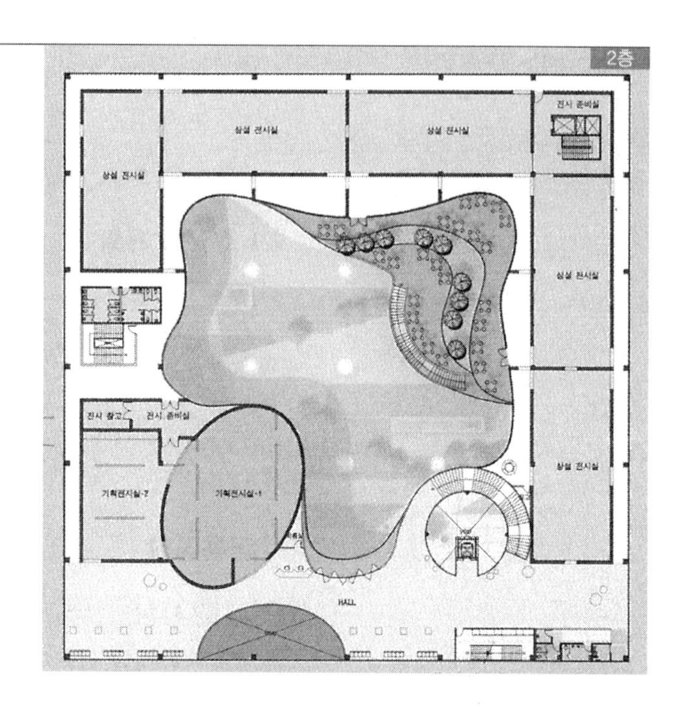


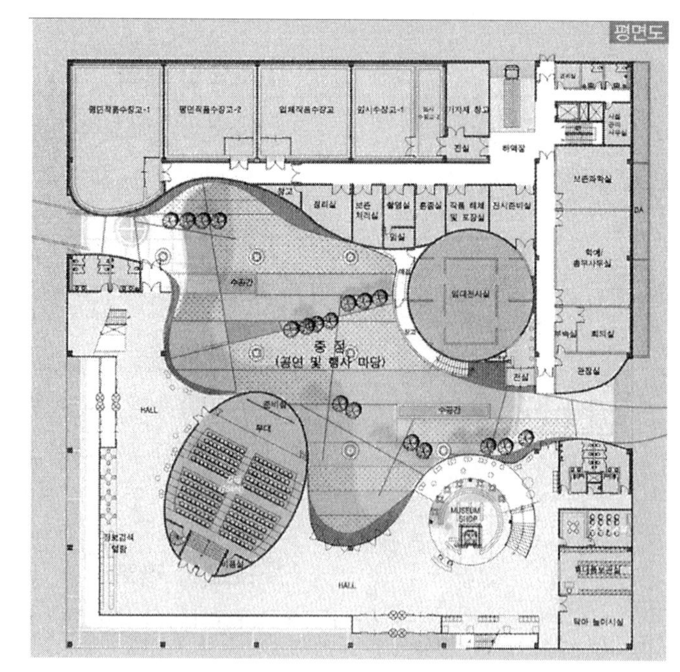

## [사례 2]　광주시립미술관

●(주)희림종합건축사사무소, 정영균 · 김서균 (주)유탑엔지니어링건축사사무소

●발췌 : 「설계경기」, 도서출판 에이엔씨

3층

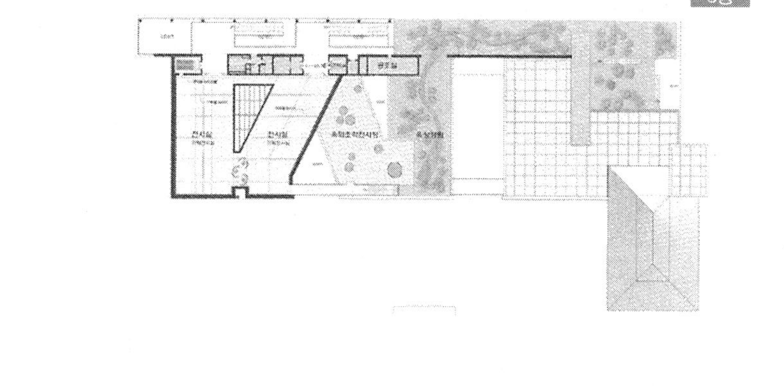

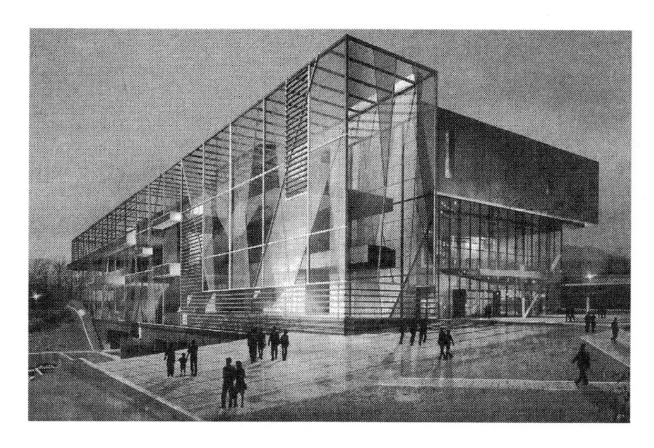

2층

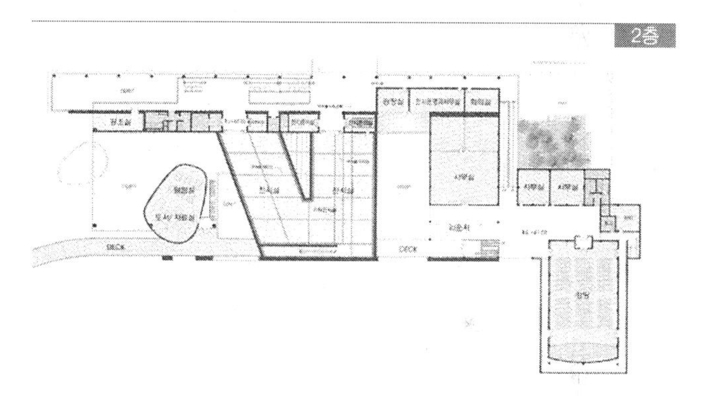

1층

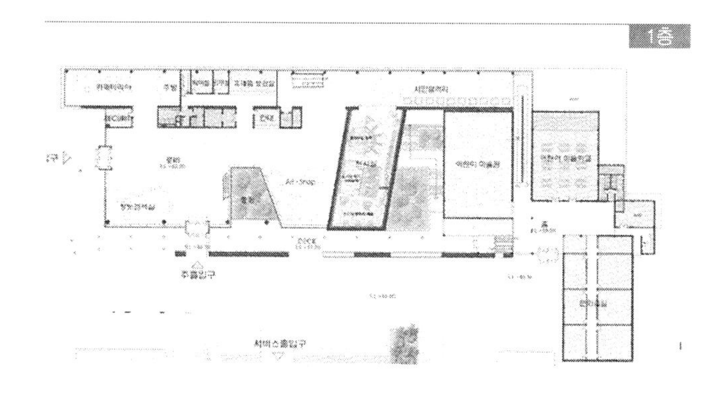

# 4 익힘문제 및 해설

## 01. 익힘문제

### 익힘문제 1. 도서관 1층 수평조닝 계획

범례에 제시된 기능들을 계획 범위 내에 설계조건을 고려하여 조합하시오.

〈설계조건〉

- 관리부분 및 전시실은 주차장과 인접
- 필요한 부분에 복도 계획
- 각 실내기능은 공용부분에서의 접근성 고려
- 제시된 Diagram의 크기 유지
- 출입구를 표시

12M 도로

8M 도로

계획범위

범례

아동열람실

관리부분

전시실

공용부분

라운지

복도

아동 놀이 공간

주차장

## 익힘문제 2. 공연장 수평조닝 계획

다음 제시된 공간 또는 실 등의 면적을 만족하는 수평조닝을 완성하시오.

〈설계조건〉

- 무대부 350m²
- 객석부 450m²
- 로비(현관 포함) 280m²
- 화장실(남 · 여 구분) 각 40m²
- 소품실 30m²
- 주출입 1개소
- 부출입 2개소
- 계단실(2개소) 각 40m²
- 복도 적정 계획
- 분장실 30m²

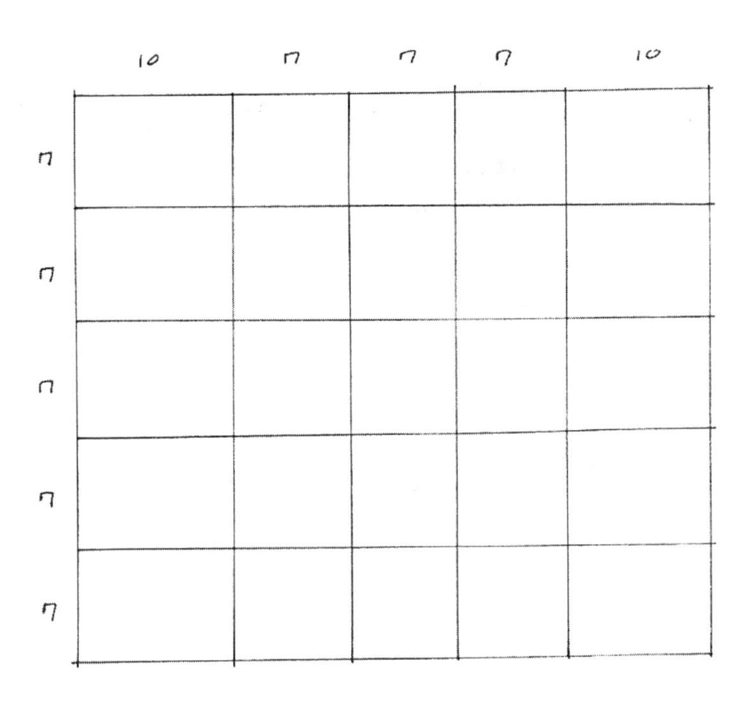

## 익힘문제 3. 전시시설 1층 수평조닝 계획

설계조건을 고려하여 수평조닝을 완성하시오.

〈설계조건〉

- 관리공간을 제외한 모든 기능은 M.S에서 접근 가능
- Diagram의 크기를 유지
- 휴게라운지는 향을 고려하여 배치
- 관리 및 전시실은 주차장에서의 접근 고려

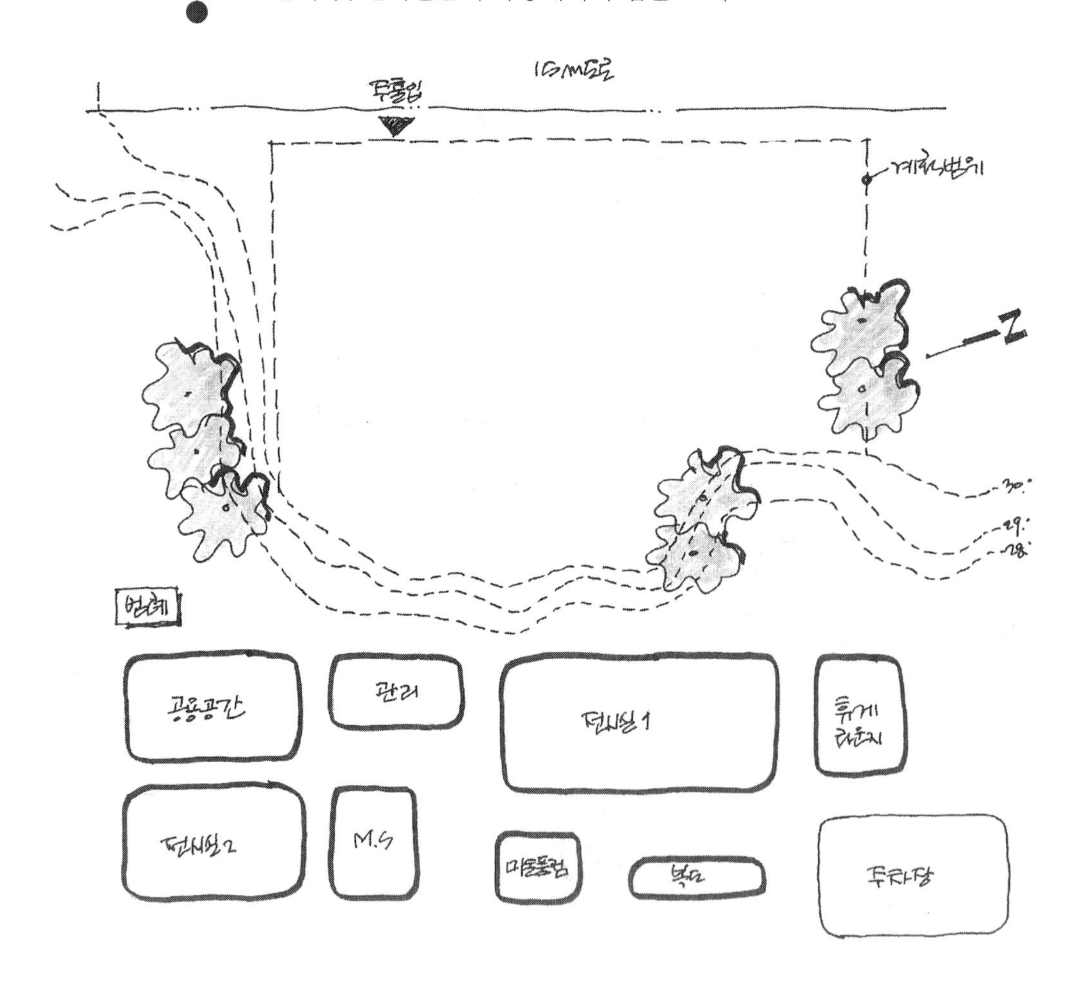

NOTE

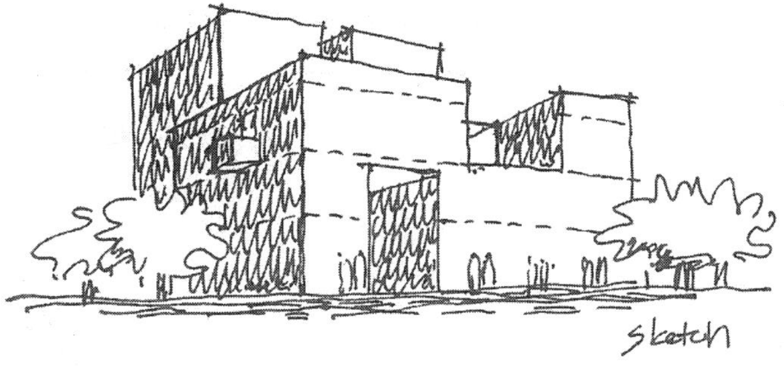

## 02. 답안 및 해설

### 답안 및 해설 1. 도서관 1층 수평조닝 계획 답안

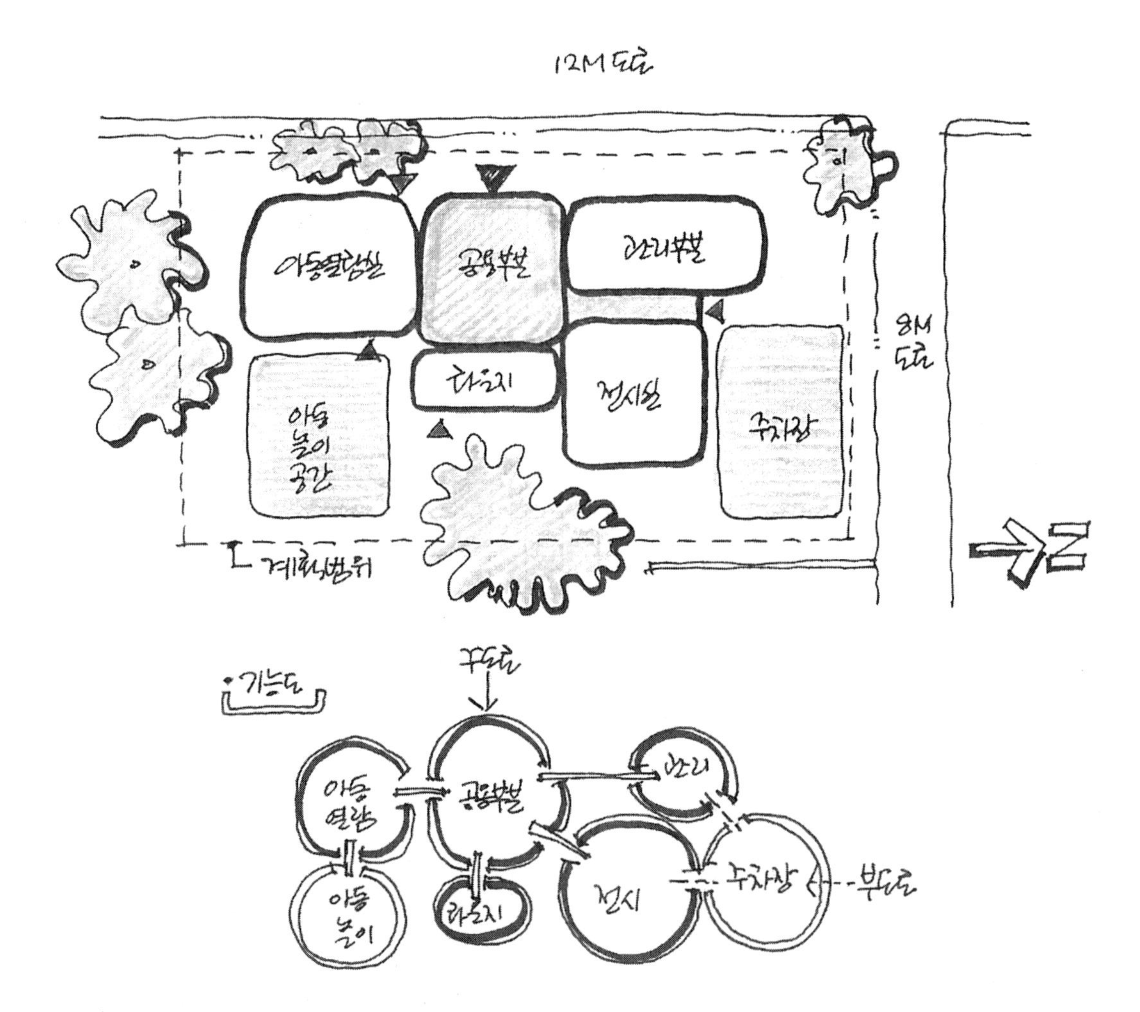

## 답안 및 해설 2. 공연장 수평조닝 계획 답안

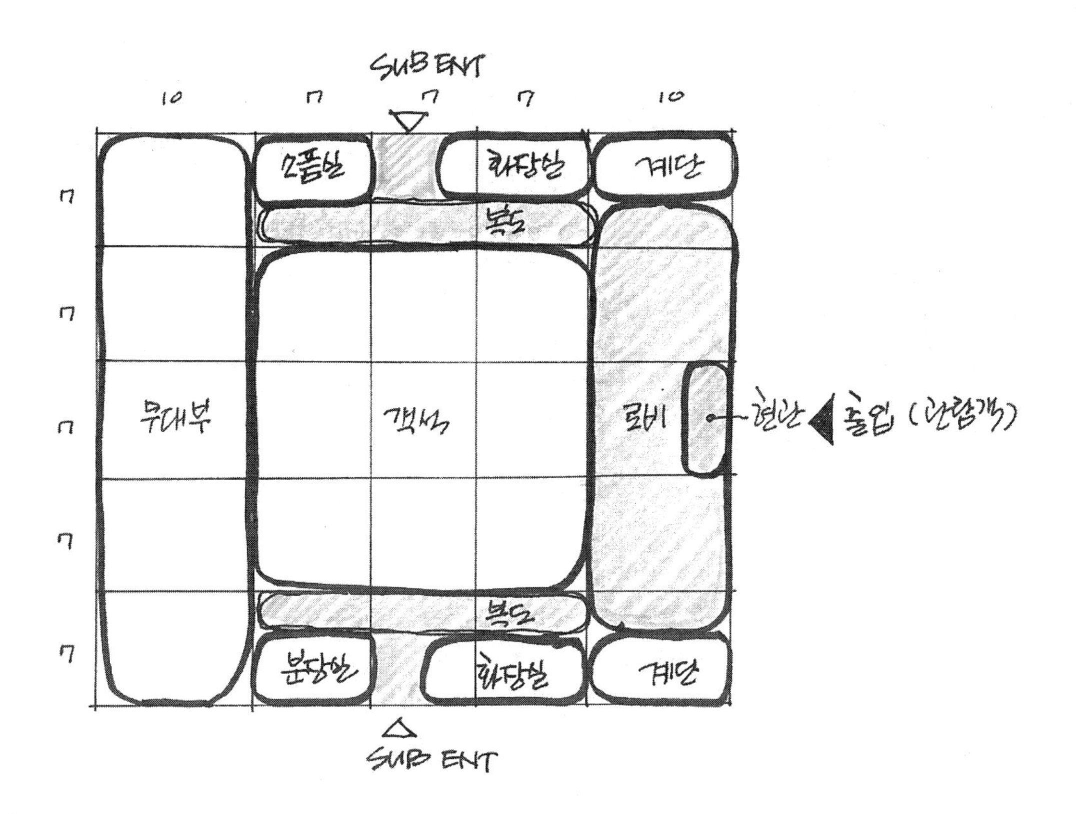

## 답안 및 해설 ?. 전시시설 1층 수평조닝 계획 답안

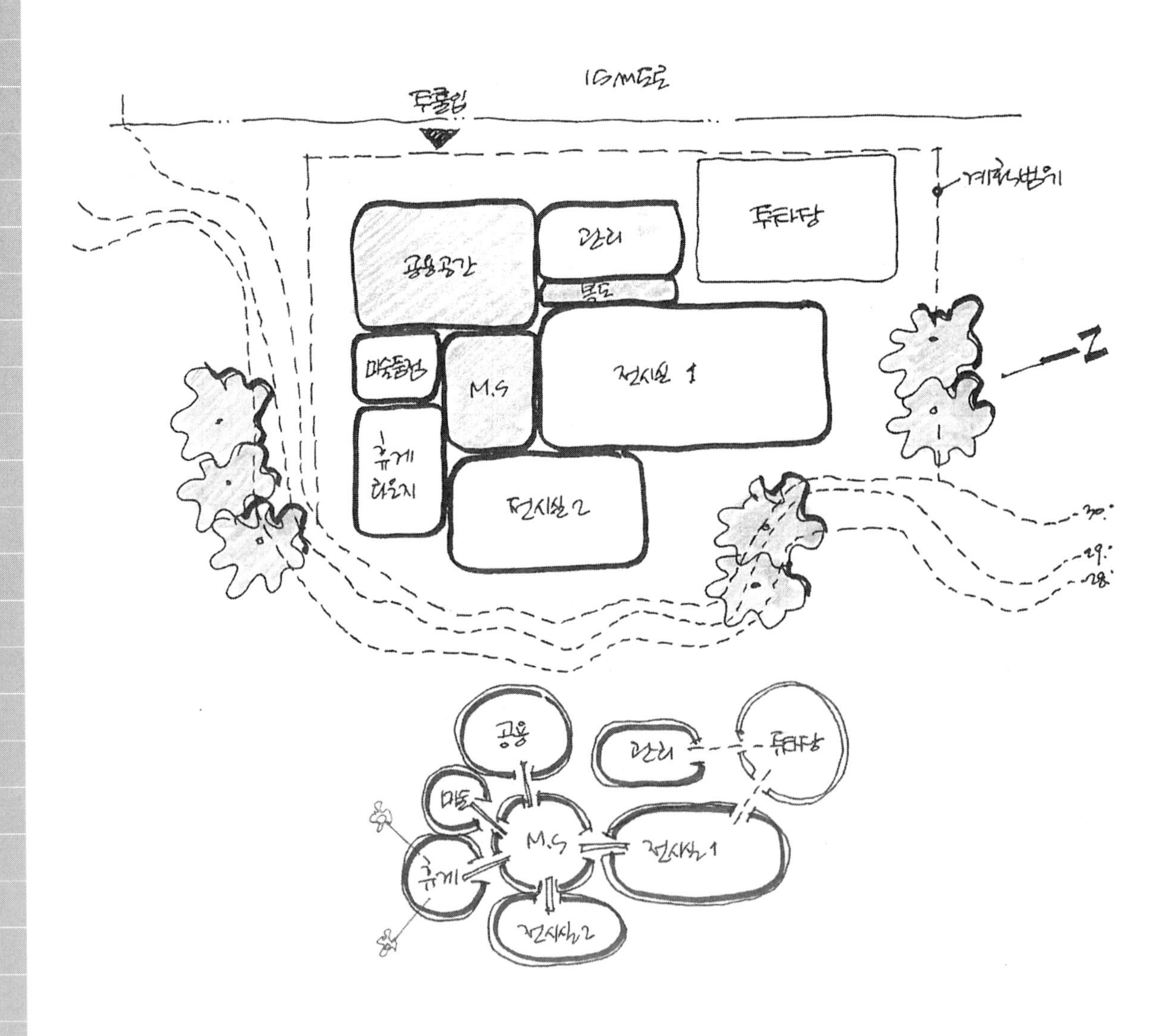

NOTE

연습문제를 통한 계획 정립

# 5 연습문제 및 해설

## 01. 연습문제

### 연습문제 ○○도서관 평면설계

#### 1. 과제개요

ㅇㅇ도시에 공공도서관을 신축하려고 한다. 아래 설계 조건에 따라 1층 및 2층 평면도를 작성하시오.

#### 2. 건축개요

(1) 위치: 일반주거지역

(2) 계획대지 및 주변현황: 대지 현황도 참조

(3) 건폐율 및 용적률은 고려하지 않음

(4) 규모: 지하 1층, 지상 2층

(5) 구조: 철근콘크리트조

(6) 층고 및 용도

| 층별 | 용도 | 층고 |
|---|---|---|
| 지상 2층 | 교실 및 열람실 등 | 4.2m |
| 지상 1층 | 전시실, 어린이열람실, 관리공간 등 | 4.5m |
| 지하 1층 | 기계·전기실, 창고 등 | 4.5m |

(7) 주차장: 지상주차 4대(장애인 주차 1대 포함)

(8) 승용승강기 설비

① 장애인용 겸용이며 15인승 1대

② 승강기 샤프트 내부 평면치수는 2.5m×2.5m 이상

#### 3. 설계조건

(1) 건축물은 도로경계선 및 인접대지경계선으로부터 2m 이상 이격한다.

(2) 12m도로에 면하여 옥외놀이마당(면적 100m² 이상)을 계획한다.

(3) 지역주민의 이용성을 고려하여 휴게마당(면적 130m² 이상)을 배치한다.

(4) 2층의 옥상정원(면적 35m² 이상)은 진입마당(면적 50m² 이상) 조망이 가능하도록 하며 휴게실에서 출입한다.

(5) 로비는 전시공간으로도 활용할 수 있도록 충분한 공간(면적 100m² 이상)을 확보한다.

(6) 주차장은 필로티 구조로 하며, 연접주차는 배제한다.

(7) 1층 바닥레벨은 GL 기준 +150mm이다.

#### 4. 실별 소요면적 및 요구사항

(1) 실별 소요면적 및 요구사항은 〈표〉를 참조

(2) 각 실별 면적 및 연면적은 10%, 각 층별 바닥면적은 5% 범위 내에서 증감 가능

#### 5. 도면작성 요령

(1) 1층 평면도에 조경, 보도 등 옥외 배치 관련 주요 내용을 표기한다.

(2) 주요치수, 출입문(회전방향 포함), 기둥, 실명 등을 표기한다.

(3) 벽과 개구부가 구분되도록 표기한다.

(4) 바닥레벨(마감레벨)을 표기한다.

(5) 단위 : mm

(6) 축척 : 1/400

#### 6. 유의사항

(1) 도면작성은 흑색연필로 한다.

(2) 명시되지 않는 사항은 관계법령의 범위 안에서 임의로 한다.

〈표〉 실별 소요면적 및 요구사항

| 층별 | 실명 | 단위면적(m²) | 실수 | 면적(m²) | 요구사항 |
|---|---|---|---|---|---|
| 1층 | 어린이 열람실 | 115 | 1 | 115 | – 로비에서 출입<br>– 내부에 전용화장실을 계획 (면적 15m², 남・여 구분)<br>– 옥외놀이마당과 연계 |
| | 전시실 | 85 | 1 | 85 | – 로비에서 출입 |
| | 관장실 | 25 | 1 | 25 | – 사무실과 인접 |
| | 사무실 | 85 | 1 | 85 | – 회의코너(면적 20m²) 포함 |
| | 도서반입실 | 25 | 1 | 25 | – 관장실과 인접 |
| | 화장실 | 50 | 1 | 50 | – 남: 대변기 3개, 소변기 3개, 세면대 2개<br>– 여: 대변기 3개, 세면대 2개<br>– 장애인화장실 : 남・여 각각 설치 |
| | 로비, 계단, 승강기, 복도 등 | | | 190 | – 계단 1개소 |
| | 1층 계 | | 575 | | |

| 층별 | 실명 | 단위면적(m²) | 실수 | 면적(m²) | 요구사항 |
|---|---|---|---|---|---|
| 2층 | 문화교실 | 80 | 2 | 160 | – 향을 고려하여 배치<br>– 내부에 교구보관실(면적 10m²)을 각각 계획<br>– 출입구 전면에 여유공간(별도 면적)을 적절히 계획 |
| | 동아리실 | 25 | 2 | 50 | – 문화교실과 인접 |
| | 휴게실 | 35 | 1 | 35 | – 홀과 개방형으로 계획 |
| | 개가열람실 | 100 | 1 | 100 | – 내부에 북리프트(Book Lift) |
| | 일반열람실 | 85 | 1 | 85 | – 향을 고려하여 배치 |
| | 청소년열람실 | 85 | 1 | 85 | – 향을 고려하여 배치 |
| | 화장실 | 50 | 1 | 50 | – 남: 대변기 3개, 소변기 3개, 세면대 2개<br>– 여: 대변기 3개, 세면대 2개<br>– 장애인화장실 :남・여 각각 설치 |
| | 홀, 계단, 승강기, 복도 등 | | | 135 | – 계단 1개소 |
| | 2층계 | | 700 | | |

<대지현황도 : 축척 없음>

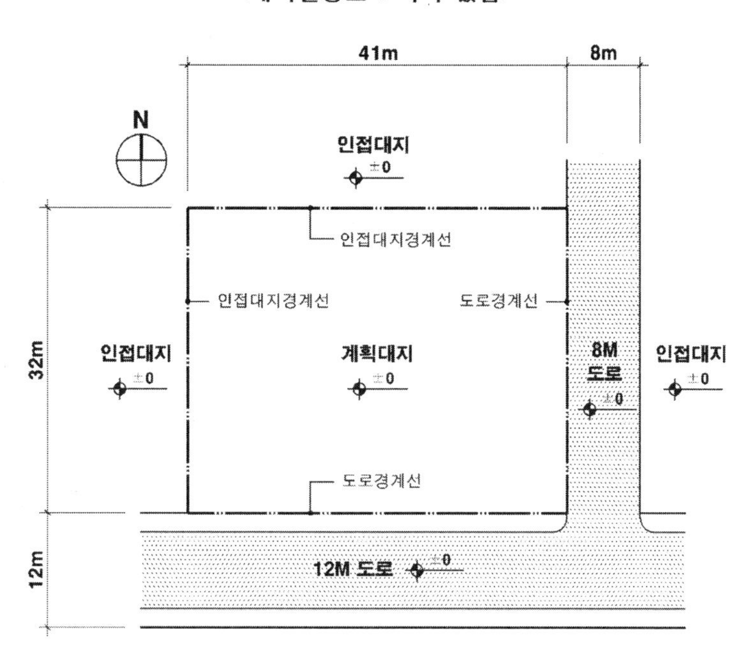

**2층 평면도**
SCALE : 1/400

**1층 평면도**
SCALE : 1/400

## 02. 답안 및 해설

### 답안 및 해설 ○○도서관 평면설계

#### (1) 설계조건분석

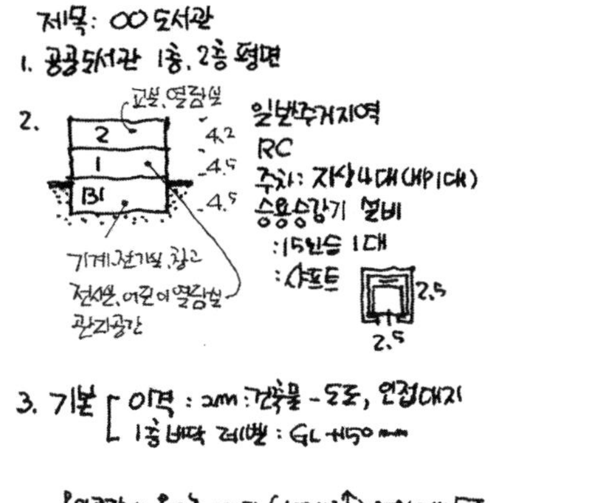


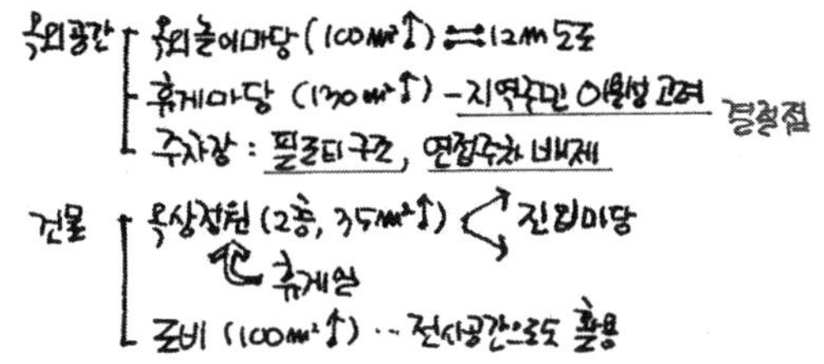


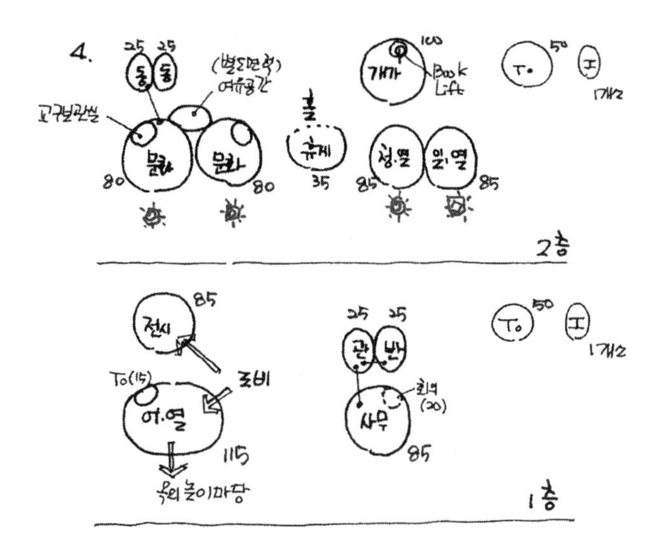


#### (2) 대지분석

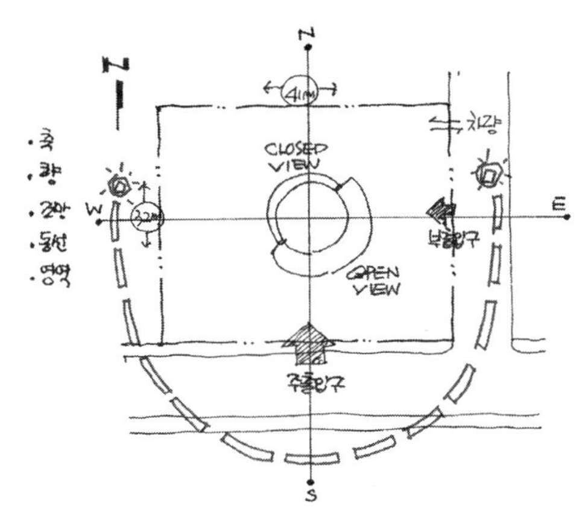

## (3) 토지이용계획

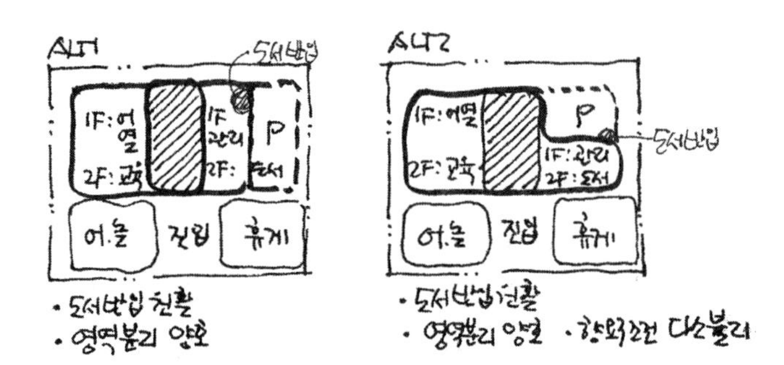


## (4) Space Program 분석

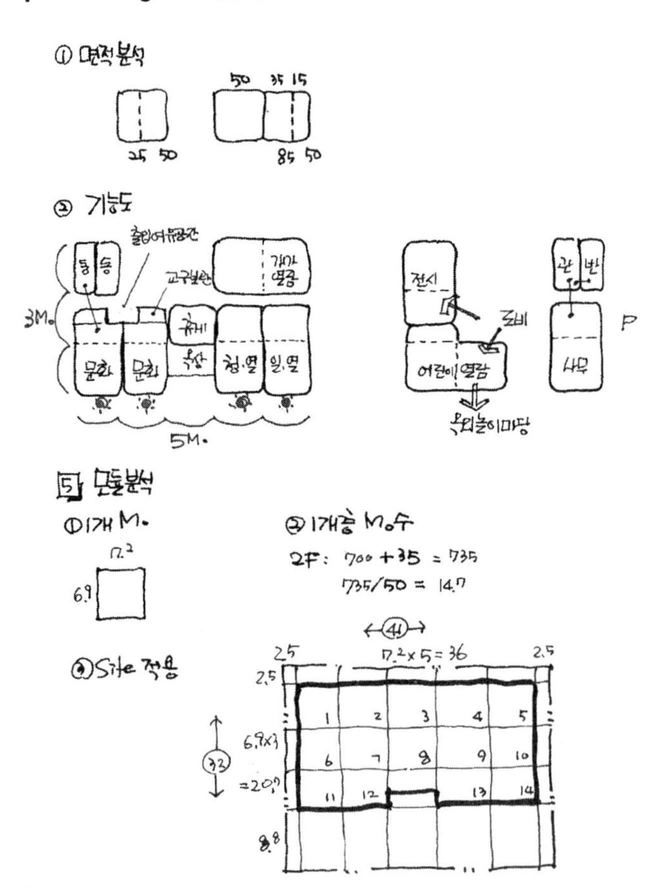

(5) 수직수평조닝

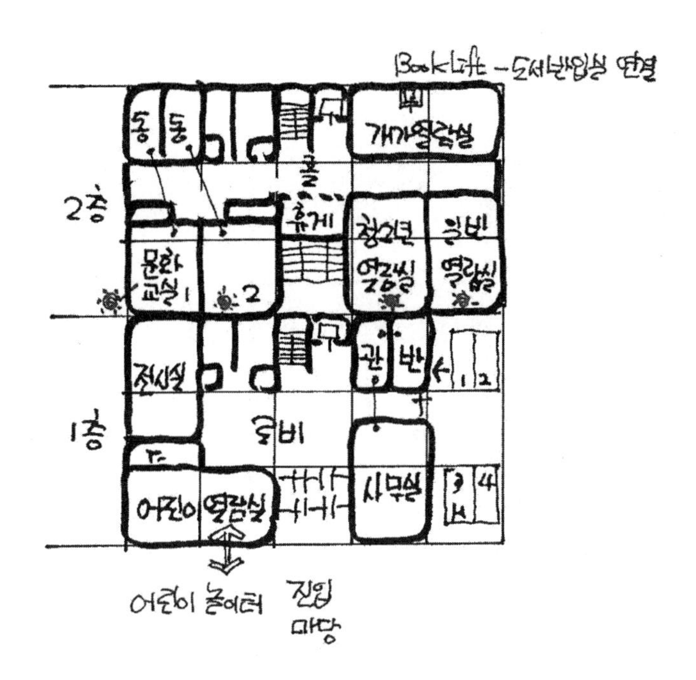
Book Lift - 도서반입실 연결
개가열람실
홀
휴게
2층
문화 교실 1
2
1층
전시실
관
반
로비
사무실
어린이 열람실
어린이 놀이터
진입 마당

(6) 답안분석

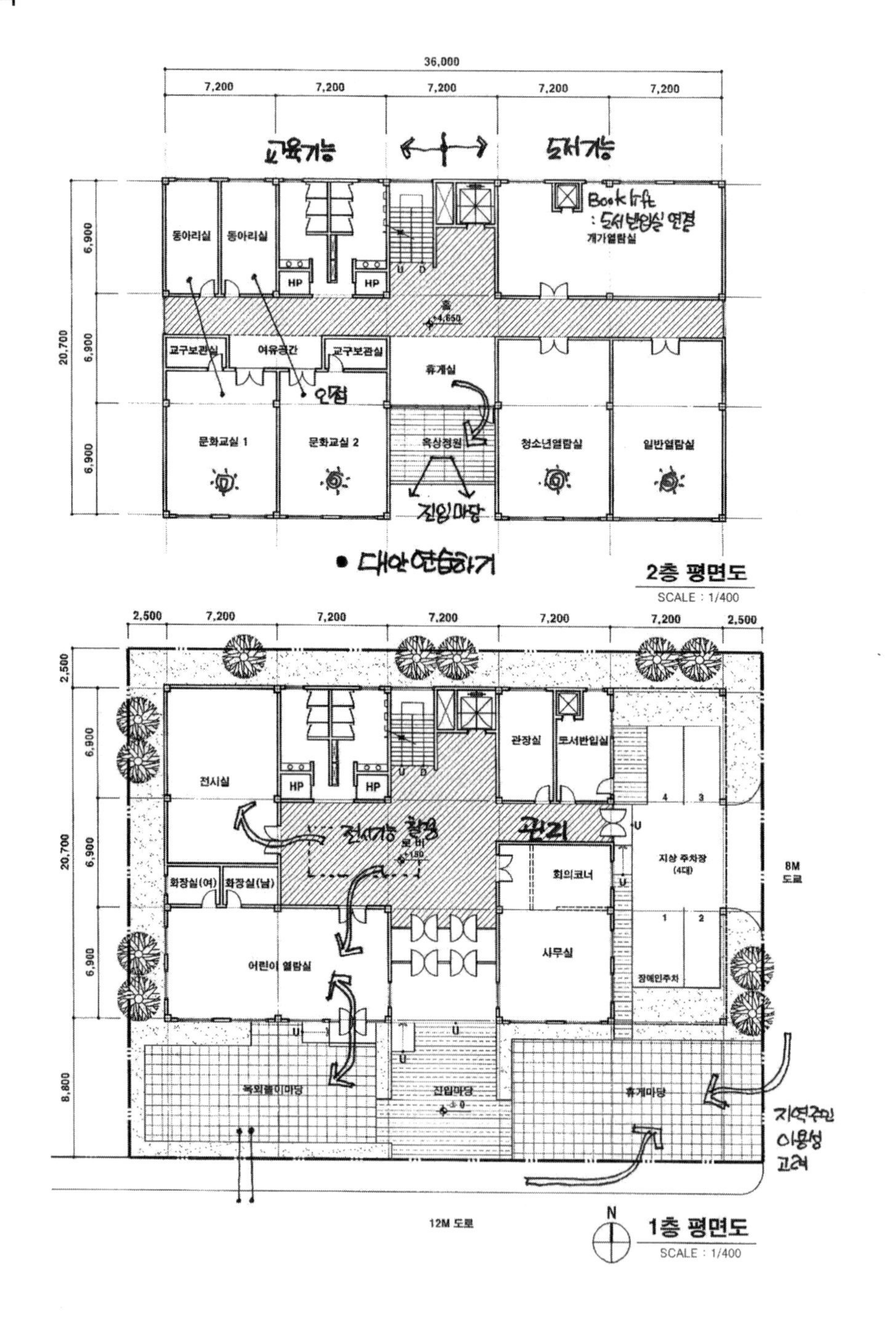
36,000
7,200
교육기능
도서기능
Book lift
: 도서반입실 연결
동아리실
동아리실
개가열람실
HP
HP
홀
교구보관실
여유공간
교구보관실
휴게실
인접
문화교실 1
문화교실 2
옥상정원
청소년열람실
일반열람실
진입마당
20,700
6,900
• 대안연습하기
2층 평면도
SCALE : 1/400
2,500
전시실
관장실
도서반입실
전시기능 활용
관리
로비
회의코너
지상 주차장 (4대)
8M 도로
화장실(여)
화장실(남)
어린이 열람실
사무실
장애인주차
8,800
옥외놀이마당
진입마당
휴게마당
지역주민 이용성 고려
12M 도로
N
1층 평면도
SCALE : 1/400

(7) 모범답안

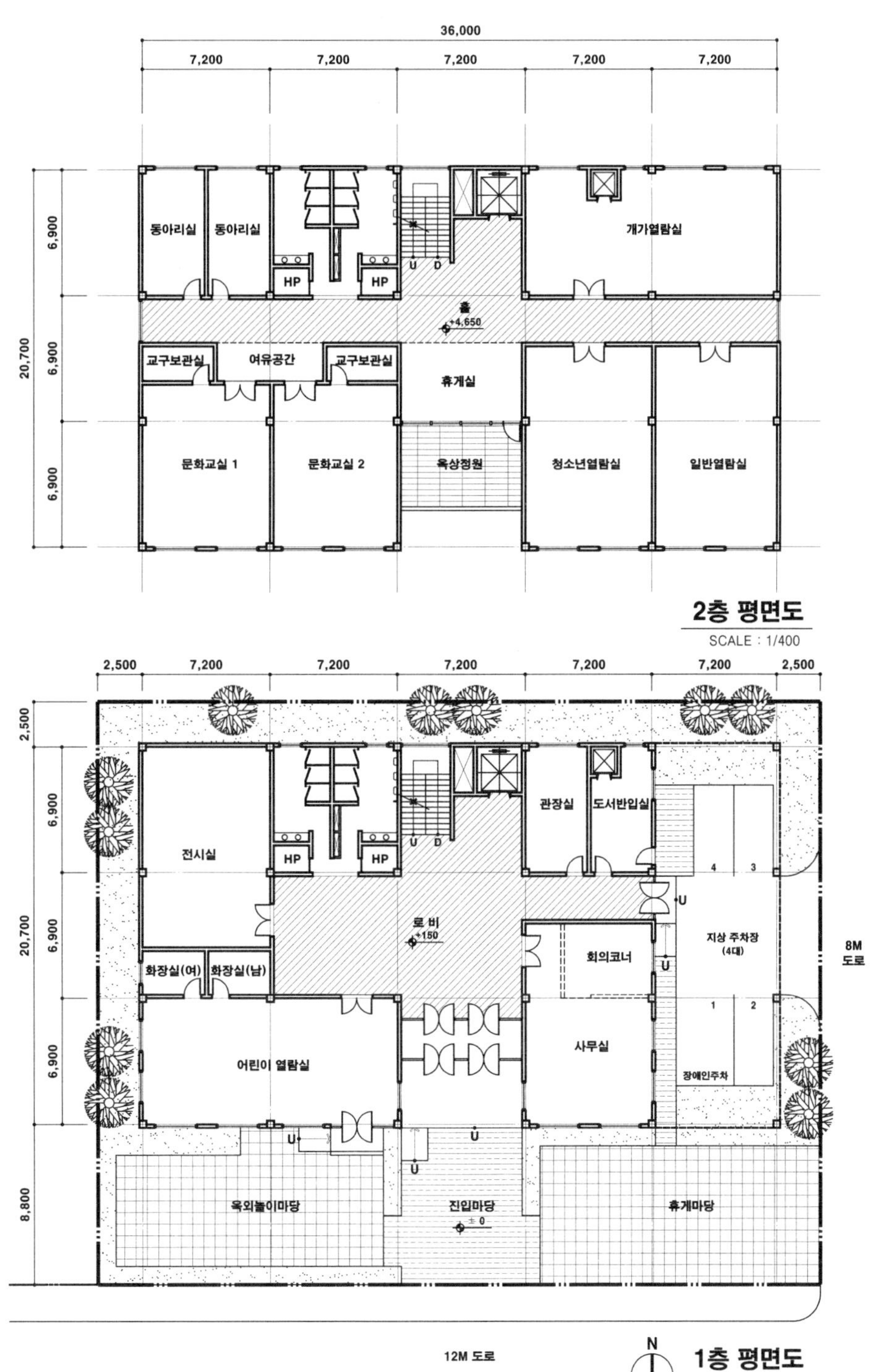
36,000
7,200
7,200
7,200
7,200
7,200
6,900
6,900
6,900
20,700
동아리실
동아리실
HP
HP
U D
개가열람실
홀
+4,650
교구보관실
여유공간
교구보관실
휴게실
문화교실 1
문화교실 2
옥상정원
청소년열람실
일반열람실
2층 평면도
SCALE : 1/400
2,500
2,500
8,800
전시실
관장실
도서반입실
로 비
+150
화장실(여)
화장실(남)
회의코너
지상 주차장
(4대)
8M
도로
어린이 열람실
사무실
장애인주차
옥외놀이마당
진입마당
± 0
휴게마당
12M 도로
N
1층 평면도
SCALE : 1/400

# 제5장

# 복지시설

# 1 사회복지시설

## 01. 개요

### 1. 사회복지시설

#### [1] 사회복지시설의 정의

사회복지시설이란 사회복지사업에 의하여 ① 사회복지사업법, ② 아동복지법, ③ 노인복지법, ④ 장애인 복지법, ⑤ 한부모가족지원법 등의 법률에 의한 보호, 선도 또는 복지에 관한 사업과 사회복지상담, 부랑인 보호, 직업보도, 무료숙박, 지역사회복지, 의료복지, 재가복지, 사회복지관 운영, 정신질환자 및 나환치자 사회복귀에 관한 사업 등 각종 복지사업과 이와 관련된 자원봉사활동 및 복지시설의 운영 또는 지원을 목적으로 하는 사업을 행하는 시설을 말한다.

● 사회복지의 목표
- 인간의 존엄성
- 인간다운 생활
- 자립적인 생활
- 사회적 화합

[그림 5-1 사회복지시설]

● 사회복지시설의 기능

① 아동 · 청소년을 위한 기능 : 아동 · 청소년 상담사업, 보육사업, 소년 소녀 가장 세대 보호사업 아동 · 청소년 복지시설 보호사업, 입양 · 가정위탁 보호사업의 기능
② 장애인을 위한 기능 : 의료재활, 교육재활, 직업재활, 사회재활, 심리재활을 시키는 기능
③ 노인을 위한 기능 : 생활상담 · 지도, 취업상담 및 알선, 기능회복 훈련의 실시, 교양강좌, 레크리에이션하는 기능
④ 가족 복지의 기능 : 가족상담, 가족치료, 가정봉사서비스(가정부 서비스, 형제자매 결연, 가정 우애방문, 개별학습), 가정 생활교육(성교육을 포함한 혼인관 및 가정관교육, 혼인준비교육, 가족관계, 가정관리방법)을 하는 기능
⑤ 지역사회 보건의료 사회사업의 기능
⑥ 지역사회 정신보건 기능
⑦ 지역사회 복지센터 기능 : 커뮤니티 센터, 복지문화센터, 지역주민의 여가를 즐길 수 있도록 하는 기능

## 2. 사회복지시설의 분류

[표 5-1] 사회복지시설의 분류

| 구분 | 세부시설 및 내용 |
|---|---|
| 생활보호시설 | • 장애인 복지시설<br>• 노인 복지시설<br>• 아동 복지시설 |
| 아동복지시설 | • 아동의 복지를 위한 시설<br>아동상담소, 아동일시보호시설, 아동직업훈련시설, 아동전용시설, 아동보호 치료시설, 아동복지관, 지역아동센터, 가정위탁지원센터, 자립지원시설 |
| 노인복지시설 | • 노인주거 복지시설 : 양로시설, 노인복지주택<br>• 노인의료 복지시설 : 노인요양시설, 노인전문요양시설, 노인전문병원<br>• 노인여가 복지시설 : 노인복지회관, 경로당, 노인교실, 노인휴양소<br>• 재가노인 복지시설 : 가정 봉사원 파견시설, 주간보호시설, 단기 보호시설 |
| 장애인복지시설 | • 장애인 지역사회 재활시설, 장애인 생활시설, 장애인 유료복지시설, 장애인 직업재활시설, 장애인 생산품 판매시설, 중증장애인 자립생활 지원센터 |
| 한부모 가족 복지시설 | • 모(부)자보호시설, 모(부)자자립시설, 미혼모자시설, 일시보호시설, 여성복지관, 한부모 가족복지상담소, 미혼모자 공동생활 가정 |
| 기타 사회복지시설 | 지방자치시대에 따른 사회복지시설의 양적 증대와 지역적 특수성이 반영된 다양한 복지욕구에 대한 대응책으로 근린 복지기능과 근린 문화기능의 사회시설이 필요하게 됨<br>– 근린 복지기능의 사회 복지시설 : 동사무소, 보건소, 파출소 등<br>– 근린 문화기능의 사회 복지시설 : 다목적 강당, 교양문화센터(주부 및 어린이교실), 도서실, 전시실 등 |

# 02. 배치계획

## 1. 대지조건

① 주민들이 이용하기에 가장 편리하도록 교통사정이나 그 밖의 관공서와의 관계 등을 고려한다.

② 도시의 중심이 되는 위치에서 국가나 다른 지역 공공단체의 청사 등과 연계한다.

● 동선계획

① 도로조건에 따른 동선계획
- 주도로 : 보행자
- 부도로 : 차량

② 주변공공시설과의 연계동선 고려

## 2. 배치계획

### [1] 1면 도로인 경우

① 차량동선은 주도로의 서측으로 진입하며 서북쪽에 주차장을 확보한다.

② 주보행동선은 차량 출입구와 분리한다.

③ 서비스동선은 주도로의 서측에서 진입하며, 북측 주차장과 연계한다.

④ 공원 또는 공공건물 보호수목과 연계한다.

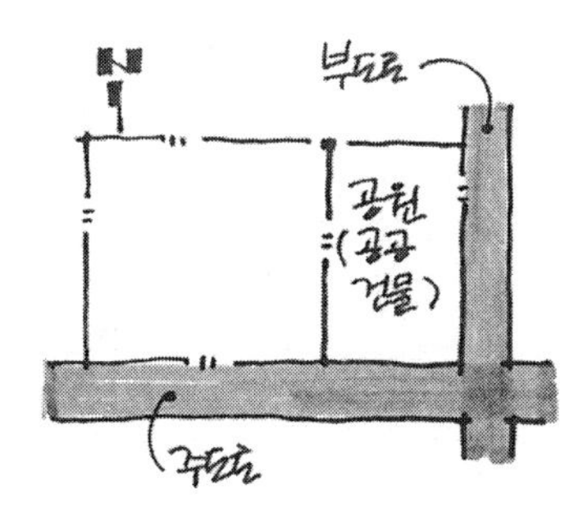


[그림 5-2 1면 도로의 출입]

### [2] 2면 도로인 경우(도로가 교차되는 경우)

① 차량동선은 교차로에서 20m 떨어진 부도로에서 진입한다.

② 주보행동선은 주도로에서 진입한다.

③ 서비스동선은 북쪽 주차장 동측면에서 진입한다.

④ 공원 또는 공공건물과 연계한다.

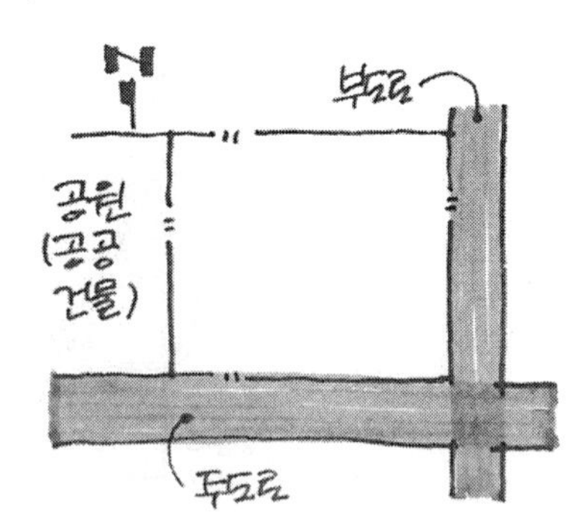


[그림 5-3 2면 도로의 출입]

**● 평면계획 기본사항**

① 기능분리계획
 • 로비, 홀 등 활용
② 동선분리계획
 • 이용자, 관리자 동선
③ 기능연계계획
 • 보육공간과 노인공간
 • 식당과 휴게실
④ 향 고려 계획
 • 어린이 시설, 문화교실, 노인시설 등

**● 사회종합복지관의 층별 기능**

• 3층 : 강당, 회의실
• 2층 : 도서실, 주부교실
• 1층 : 노인시설, 탁아보육시설, 동사무소, 보건소, 관리실, 전시실
• 지하층 : 체육시설(체력단련, 수영장 등), 식당, 주방

# 03. 평면계획

## 1. 기능분석

### [1] 시설별 수직 기능도

#### (1) 동사무소 기능 중심

① 지역주민의 접근성을 고려한다.

② 주민자치센터로의 기능 계획

• 문화관련공간의 층별 독립성을 확보한다.

• 전시, 다목적 홀 등은 접근성을 고려한다.

③ 대공간 계획시 대지의 여건에 따라 위치가 결정된다.

• 대지가 협소한 경우 : 상부층

• 대지에 여유가 있는 경우 : 1층

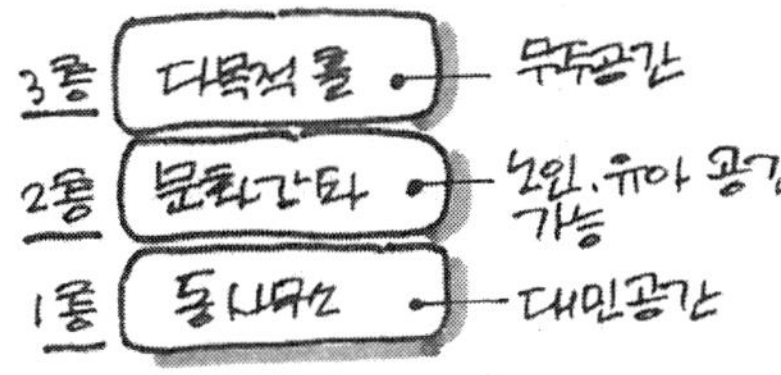

3층 다목적 홀
2층 문화강좌 — 노인, 유아 공간 가능
1층 동사무소 — 대민공간

[그림 5-4 동사무소 중심 기능도]

#### (2) 노약자, 장애인 복지관 기능 중심

① 의료행위공간의 이용성을 고려하여 계획한다.

② 관리자를 위한 공간은 위계상 상부층에 계획

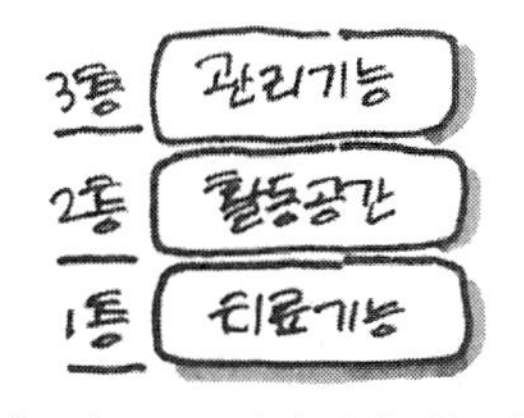


[그림 5-5 노약자 중심 기능도]

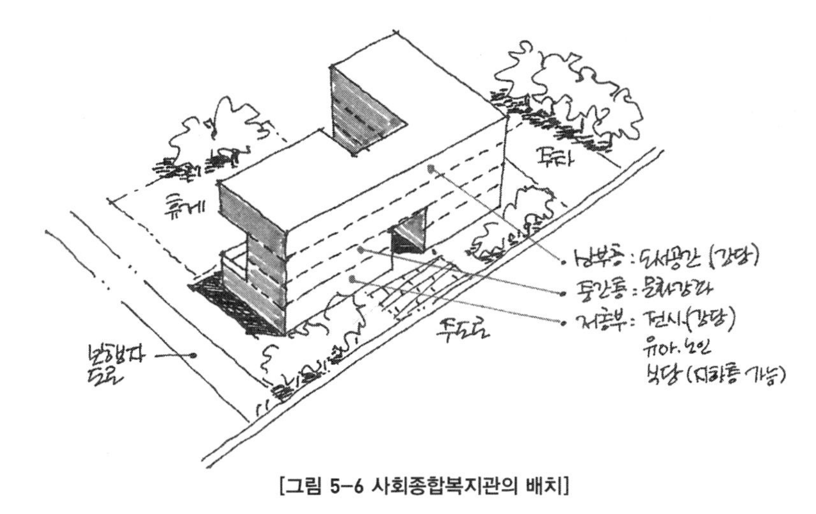


[그림 5-6 사회종합복지관의 배치]

● 시설의 기능 이해

① 동사무소/주민자치센터
- 지역사회의 주민화합의 장
- 지역 복지문화센터로 활용
- 지역주민을 위해 봉사를 하는 곳

② 보건소
- 지역주민의 전체적인 건강증진
- 질병의 예방 또는 치료

### [2] 시설별 평면의 기능 구성

#### (1) 동사무소 기능

① 민원대기실은 지역주민의 접근성을 고려한다.

② 민원행정실과 부속실은 직접 면하게 계획한다.

③ 민원대기실은 외부에서 직접 출입을 고려한다.

④ 부속실 중 거실기능은 외기에 면하도록 계획한다.

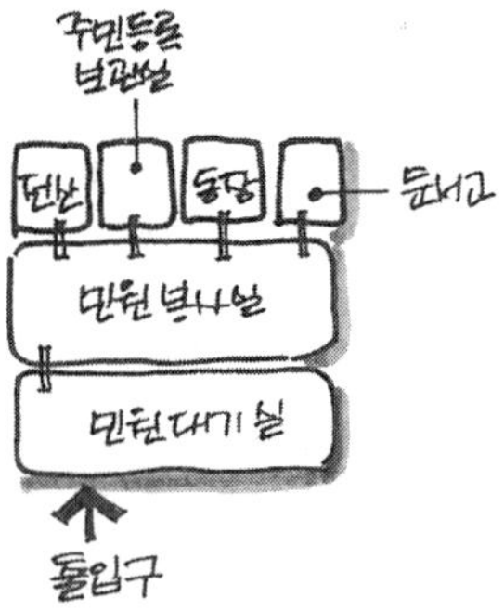

[그림 5-7 동사무소 중심 기능도]

#### (2) 보건소 기능

① 의료 관련 기능의 시스템을 고려한다.

- 접수 및 대기 → 진찰 및 진료 → 처치 및 치료

② 규모가 클 경우 2개층 계획이 가능하며, 2층에는 보건에 관한 전시 · 교육 등의 기능이 배치된다.

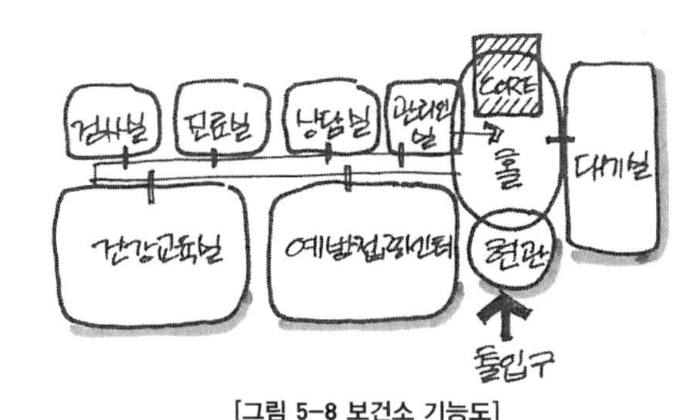


[그림 5-8 보건소 기능도]

## 2. 모듈계획

① 소요면적의 Program에 의하여 모듈을 결정한다.

② 대지의 조건을 고려하여 Span을 결정한다.

③ 40m², 50m², 60m²일 때의 기준 모듈은 다음과 같다.

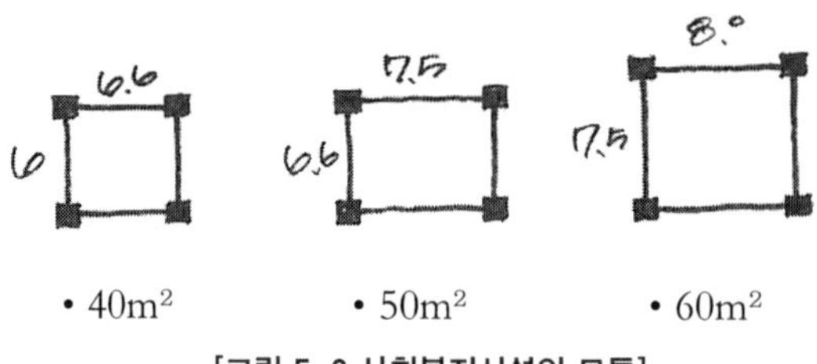


[그림 5-9 사회복지시설의 모듈]

● 모듈과 복도

모든 테마에서 복도가 모듈안에 배치되는지 모듈밖에 배치되는지는 굉장히 중요하며 이는 제시되는 실들의 면적으로 가늠해 볼 수 있다.

● 기능별 영역성 계획

- 피난동선 고려
- 정숙성 고려
- 이용성 고려
- 대지의 현황에 따른 접근
- 건축주 요구사항 반영

● 피난의 고려

노인, 장애인, 어린이 유아시설 등은 피난을 고려하여 주로 1층에 계획한다.

## 3. 세부계획

### (1) 동사무소

① 동사무소

- 민원대기 : 지역주민의 접근성을 반영한다.
- 민원행정 : 민원대기실과 면한다.
- 행정지원 : 민원행정실의 부속 기능이다.

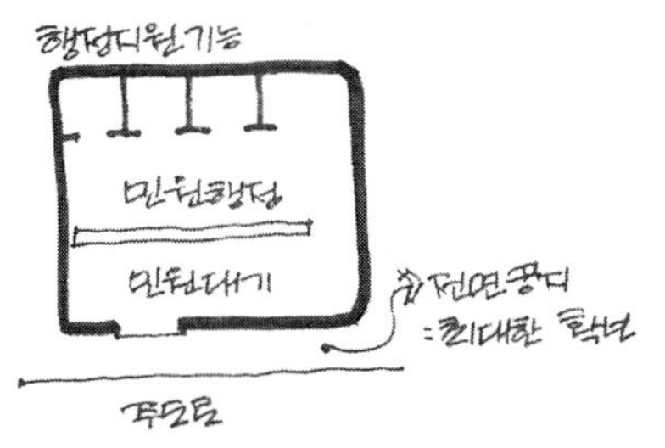


[그림 5-10 동사무소의 기능도]

② 중대본부

- 지하층 또는 2층에 계획 : 별도 동선 계획을 고려한다.
- 동사무소와 작업 연계를 고려한다.

### (2) 어린이(유아) 공간

① 접근동선 및 피난동선을 고려하여 계획한다.

② 소요공간 및 소요실 계획 : 어린이집, 보육공간, 아동교양강좌실

### (3) 노인공간

① 피난을 고려한 위치에 계획한다.

② 향을 고려하여 계획한다.

③ 소요공간 및 소요실 계획 : 노인대학, 노인정, 경로당

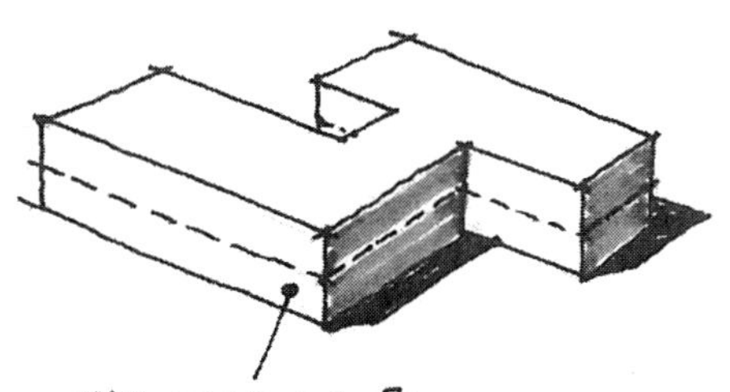


[그림 5-11 피난을 고려한 배치]

● 층별배치

전시공간은 접근성을 고려하여 주로 1층에 계획되며 교육, 도서 등의 정숙공간은 2층에 계획된다.

### (4) 문화강좌 공간

① 향 또는 조도를 고려하여 계획한다.

② 강좌관리를 위한 공간계획 : 접수 및 안내, 대기, 강사대기실, 휴게실

③ 소요공간 및 소요실 : 문화강좌교실, 주부교실, 어린이 교실, 각종 실습실

### (5) 도서공간

① 정숙성을 확보할 수 있는 위치에 계획한다.

② 열람공간은 향을 고려하여 계획한다.

③ 소요공간 및 소요실 : 도서실, 소규모 도서관

### (6) 전시공간

① 관람객의 접근성을 고려한다.

② 소요공간 및 소요실 : 소규모 전시실, 전실, 전시준비실

### (7) 강당, 다목적 공간

① 대공간 형성이 가능한 위치에 계획한다.

- 대지의 규모가 충분한 경우 : 1층에 계획한다.
- 대지의 규모가 협소한 경우 : 상부층(최상층)에 계획한다.

② 소요공간 및 소요실 : 영화관, 체육관, 대회의실 등

### (8) 식당

① 서비스동선의 연계를 고려한다.

② 층별 위치에 따른 계획

- 1층 : 옥외공간과의 연계를 고려한다.
- 지하층 : Sunken 및 접근동선을 고려한다.

③ 소요공간 및 소요실 : 식당, 주방

NOTE

# 04. 사례

## [사례 1]　동천동 주민센터 및 강북 보건소

●현 건축사사무소, 김국한

●발췌 : 「설계경기」, 도서출판 에이엔씨

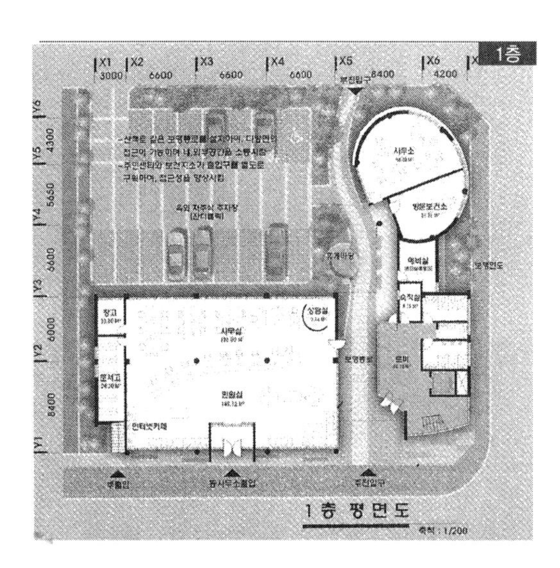


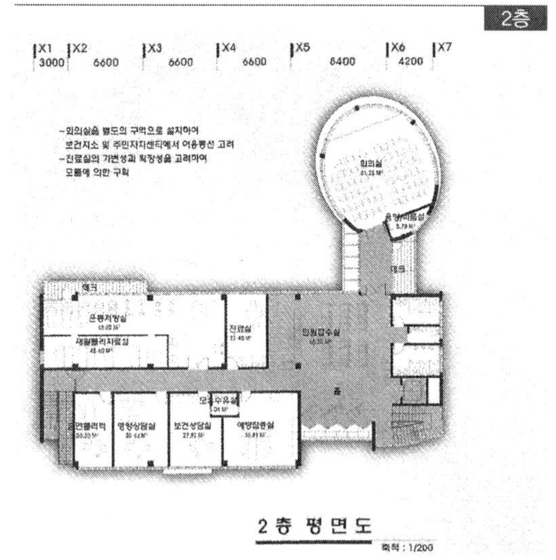


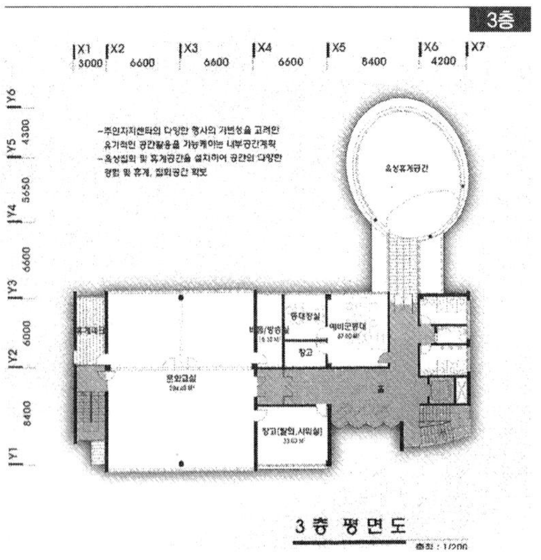

## [사례 2]   시립 영등포 장애복지관

- 종합건축사사무소, 명승건축(주), 주수웅

- 발췌 : 「설계경기」, 도서출판 에이엔씨

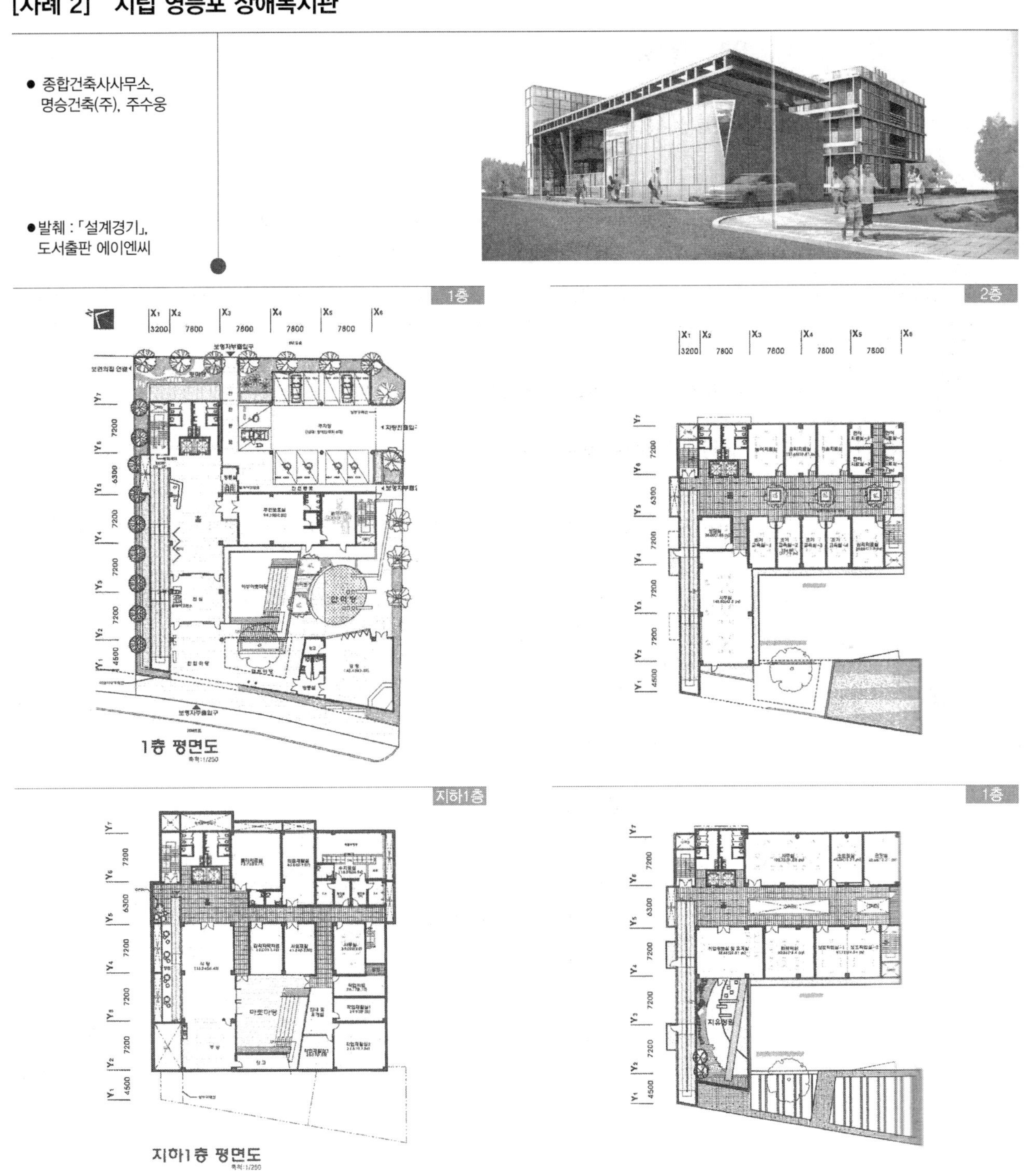

# ② 노인시설

## 01. 개요

**●주요계획사항**

- 거주성 양호하게 계획
- 가정의 분위기 조성
- 필요시설에 쉽게 접근할 수 있도록 계획
- 과거환경에 대한 연속성과 친밀감 부여
- 노인종합복지관은 지역노인의 필요에 적응할 수 있도록 계획
- 노인을 위한 옥외공간 계획
  - 정적 휴게공간, 동적 운동공간

### 1. 노인시설

#### (1) 노인시설의 정의

노인시설은 65세 이상의 자로서 신체, 정신, 환경상의 이유 및 경제적 이유에 의하여 자택에서 양호를 받기가 곤란한 노인을 수용하는 시설로 무료 또는 저렴한 요금으로 노인에 대하여 각종 상담에 응하는 동시에 건강의 증진, 교양의 향상 및 레크리에이션을 위한 종합적인 편의를 제공하는 것을 목적으로 하는 시설이다.

### 2. 노인 복지시설의 분류

#### (1) 노인 주거복지시설

① 양로시설

노인을 입소시켜 급식과 일상생활에 필요한 편의제공을 목적으로 한다.

② 노인공동생활가정

노인에게 가정과 같은 환경을 조성해 주어, 급식과 일상 생활에 필요한 편의제공을 목적으로 한다.

③ 노인복지주택

노인에게 주거시설을 분양 · 임대하여 편의, 생활지도, 상담 및 안전관리 등 생활에 필요한 편의제공을 목적으로 한다.

#### (2) 노인 의료복지시설

① 노인요양시설

치매나 중풍 등 노인성 질환 등으로 일상생활에 상당한 장애가 있어 도움을 필요로 하는 노인을 입소시켜 급식이나 요양 등의 생활에 필요한 편의제공을 목적으로 한다.

② 노인요양공동생활가정

치매나 중풍 등 노인성 질환 등으로 일상생활에 상당한 장애가 있어 도움을 필요로 하는 노인에게 가정과 같은 환경을 조성해 주어 급식이나 요양 등의 생활에 필요한 편의제공을 목적으로 한다.

③ 노인전문병원

노인을 대상으로 의료를 지원하는 것을 목적으로 한다.

● **거주시설의 유무에 따른 분류**

① 거주시설 있을 때
- 양로원, 요양시설

② 거주시설 없을 때
- 노인종합복지관

### (3) 노인 여가복지시설

① 노인복지관

노인의 교양이나 취미활동 등에 대한 각종 정보와 서비스를 제공하고 건강검진, 질병예방과 소득보장, 재가복지 등 노인의 복지 증진에 필요한 서비스를 제공하는 것을 목적으로 한다.

② 경로당

지역노인들의 친목도모, 취미활동, 공동작업장 운영 및 각종 정보교환과 여가활동을 할 수 있도록 장소제공을 목적으로 한다.

③ 노인교실

노인의 건전한 취미생활, 건강유지, 소득보장, 일상생활에 필요한 학습, 교육을 목적으로 한다.

④ 노인휴양소

노인의 심신휴양과 관련된 위생시설, 여가시설, 편의시설 등을 단기간 제공하는 것을 목적으로 한다.

### (4) 재가노인복지시설

① 방문요양서비스

일반가정에서 생활하는 노인으로 신체적 · 정신적 장애로 어려움을 겪고 있는 노인에게 필요한 편의를 제공하여 건전하고 안정된 노후를 영위하도록 하는 것을 목적으로 한다.

② 주 · 야간보호서비스

어떠한 사유로 가족의 보호가 힘든 노인과 장애노인을 주간 또는 야간 동안 보호시설에 입소시켜 각종 편의를 제공하여 노인들의 생활안정과 건강 유지, 향상을 돕고 노인 가족의 신체적, 정신적 부담을 덜어주는 것을 목적으로 한다.

③ 단기보호서비스

어떠한 사유로 가족의 보호가 힘든 노인이나 장애노인을 보호시설에 단기간 입소시켜 보호함으로써 노인 및 노인가정의 복지증진을 도모하기 위한 것을 목적으로 한다.

④ 방문목욕서비스

목욕장비를 갖추어 재가노인에게 방문하여 목욕을 제공하는 것을 목적으로 한다.

● 노인시설의 확충

노인인구의 급격한 증가에 따라 노인에 대한 사회적 관심은 다양한 노인시설의 요구로 이어지고 있다.

● 노인시설의 계획

노인시설은 경사로 설치, 난간 등의 기본사항을 포함하여 장애인 시설에 준한 기준으로 계획한다.

※ 양로원과 노인종합복지관을 중심으로 분류한 예

[표 5-2] 양로원 노인복지회관

| 분류 | | 세부시설 및 내용 |
|---|---|---|
| 양로원 | 양로시설 | • 무료급식, 일상생활의 편의 제공 |
| | 노인요양시설 | • 무료급식 및 치료, 일상생활의 편의 제공 |
| | 실비양로시설 | • 저렴한 요금, 급식, 일상생활의 편의 제공 |
| | 실비노인요양시설 | • 저렴한 요금, 급식, 일상생활의 편의 제공 |
| | 실비노인복지주택 | • 저렴한 요금으로 주거의 편의 제공 |
| 노인복지회관 | | • 무료 또는 저렴한 요금으로 노인에 대하여 각종 상담에 응하고 건강증진 · 교육 · 오락 · 기타 노인 복지증진에 필요한 편의를 제공<br>– 설치 목적 : 노인의 각종 상담에 응하고 건강증진, 교양상담 및 레크리에이션을 위해 편의를 제공하여 노인에게 건강하고 밝은 생활을 영위하도록 한다.<br>– 사업내용 : 생활상담, 건강상담, 생업 및 취업지도, 기능회복 훈련실시, 레크리에이션의 실시, 노인클럽에 대한 원조 등 |

## 3. 노인시설 계획 시 고려사항

### (1) Privacy를 유지할 수 있는 공간 조성

① 친밀한 관계를 높일 수 있는 소 Group 공간을 조성한다.

② Semi Public Space 공간을 조성한다.

③ Public Space 공간을 조성한다.

### (2) Barrier Free 설계(자립방향으로 원조할 수 있는 공간 조성)

① 시설 설계시 요구 Level의 특성을 이해한다.

② 단위공간 Level을 검토한다.

③ 노약자 및 휠체어 이용 노인을 위한 경사도는 1:12이다.

### (3) 노인의 생활행태를 위한 안전성 배려

① 노인의 신체적 제약을 고려한다.

② 욕실, 화장실에서 넘어짐을 방지한다.

③ 난간을 설치하며 계단은 가급적 없앤다.

④ 불필요한 돌출부 및 예각은 금지한다.

## 02. 배치계획

### 1. 대지조건

① 지역사회 일원으로서 자각과 행동을 할 수 있는 장소를 고려한다.

② 주민 편익시설(상점, 병원, 오락시설 등)의 이용이 편리한 곳에 계획한다.

③ 안정성이 있고 쾌적하며 자연경관이 좋은 곳에 계획한다.

④ 공원 등의 오픈 스페이스가 인접해 있는 곳에 계획한다.

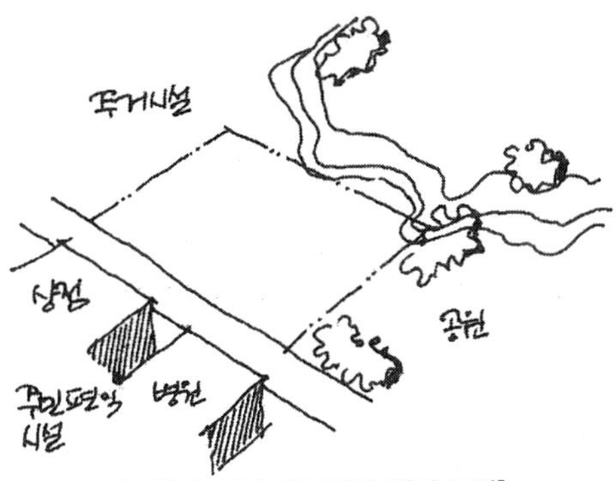


[그림 5-12 노인시설의 대지 조건]

●향 고려

노인시설은 옥내공간뿐 아니라 옥외공간도 가급적 남향을 고려하도록 한다.

### 2. 배치계획 시 고려사항

① 향과 조망을 고려하여 생활부분(침실, 식당, 집회 등)을 우선적으로 검토한다.

② 전원형 시설인 경우에는 주변 경관에 대한 조망계획을 고려한다.

③ 공작실, 텃밭 등을 조성하고 산책로, 옥외 휴식공간 등을 계획한다.

④ 명확한 동선 분리(보행자, 차량)를 고려한다.

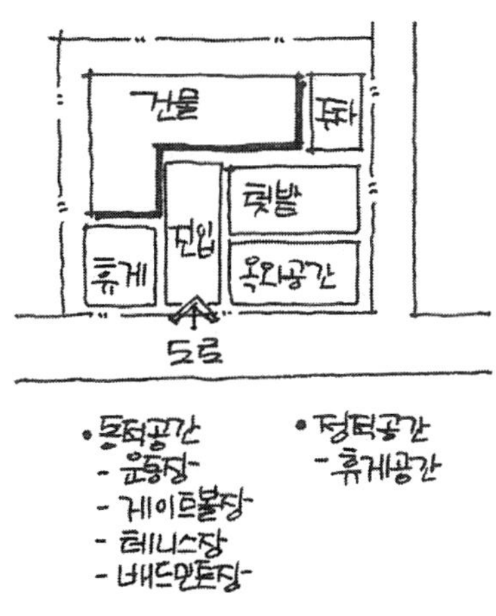


[그림 5-13 노인시설의 배치계획]

## 3. 대지와 도로의 관계

### (1) 1면 도로일 경우

① 보 · 차 분리계획에 유의한다.

② 서비스동선의 원활한 계획을 고려한다.

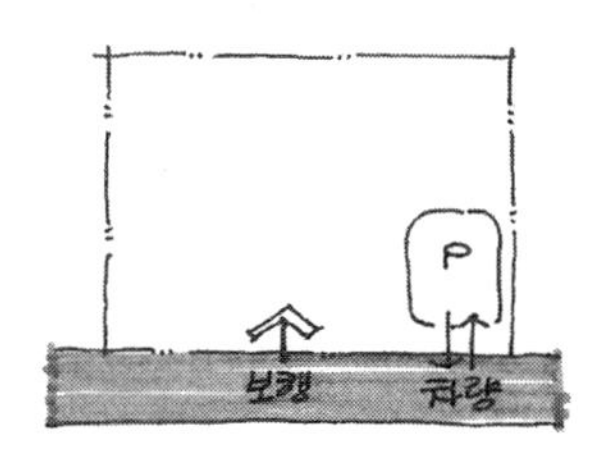


### (2) 2면 도로일 경우

① 주도로 측에서 보행자 접근동선을 계획한다.

② 부도로 측에서 차량동선 및 부출입 동선을 계획한다.

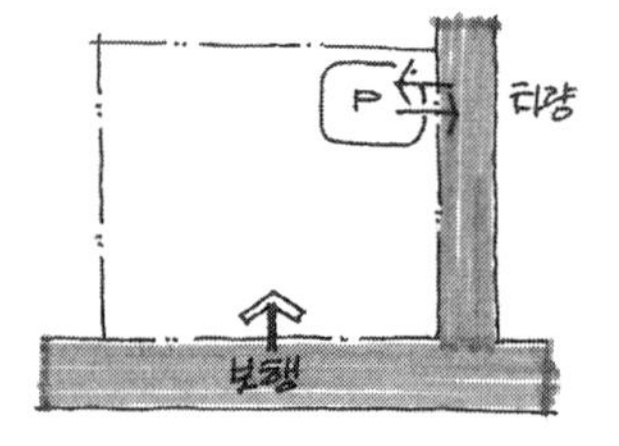


[그림 5-14 노인시설의 보차분리]

## 4. 옥외공간 계획

① 과도한 경사나 위험성이 있는 공간을 피하여 안전한 옥외공간을 계획한다.

② 휴게공간은 향이 양호하고 조망이 우수한 공간에 계획한다.

③ 건물과 인접한 공간에는 휴게공간과 같은 정적 공간을 배려한다.

④ 옥외공간은 도로 등으로부터 안전을 확보하며, 도로와 인접할 경우 차폐 등의 식재계획을 한다.

⑤ 노인들의 여가활동을 위한 텃밭 계획이 가능하며 식당 및 주방과 텃밭은 근접시킨다.

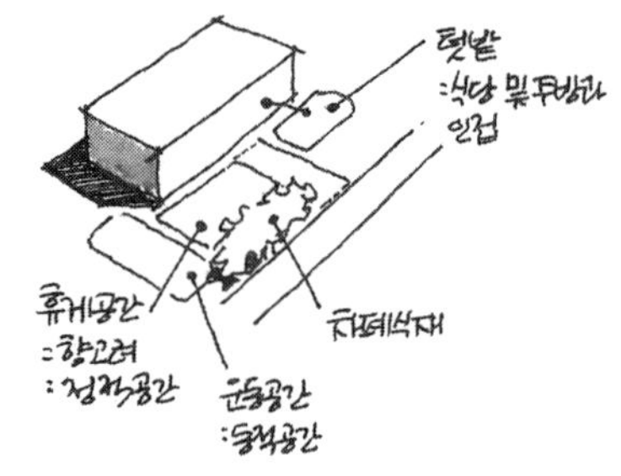


[그림 5-15 노인시설의 옥외공간-1]

[그림 5-16 노인시설의 옥외공간-2]

● 옥외운동공간

옥외운동공간은 노인들이 충분히 소화할 수 있는 운동이어야 한다.
- 게이트볼
- 배드민턴

**● 기능별 소요실**

① 전용부
- 주호 : 거실

② 공용시설
- 생활서비스 시설
  - 식당, 매점
  - 욕실
  - 이 · 미용실
  - 게스트 룸
  - 사감실
- 커뮤니케이션 시설
  - 집회실
  - 오락실, 도서실, 취미실
- 건강관리 및 시중 관련 시설
  - 의무실, 정양실
  - 리허빌리테이션실, 데이케어실
  - 시중 스테이션

③ 관리 및 서비스 시설
- 사무 · 관리 시설
  - 사무실, 원장실, 회의실
  - 직원휴게실, 갱의실, 숙직실
- 서비스 시설
  - 주방관계제실, 영안실, 세탁실
  - 쓰레기 집적실, 소각로
- 시설관리 시설
  - 방재센터, 중앙감시실
  - 기계실

**● 데이케어실**

시중필요자, 치매자 등을 낮시간 동안만 모아서 시중이나 행사, 훈련 등을 하기 위한 실

# 03. 평면계획

## 1. 기능분석

### [1] 기능도

#### (1) 양로원

① 주거기능의 프라이버시 및 향을 고려한다.

② 의료기능의 이용성을 고려한다.

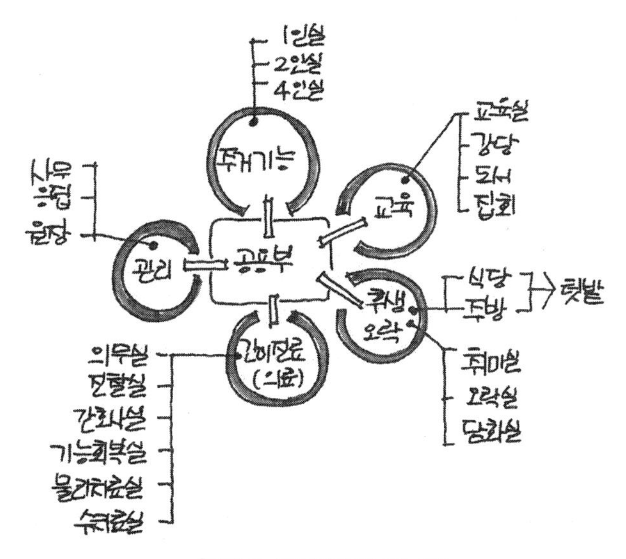


[그림 5-17 양로원의 기능도]

#### (2) 노인종합복지관

① 층별 조닝에 의한 접근을 고려한다.

② 의료기능의 이용성을 고려한다.

③ 관리기능은 상부층에 계획한다.(3층 이상인 경우)

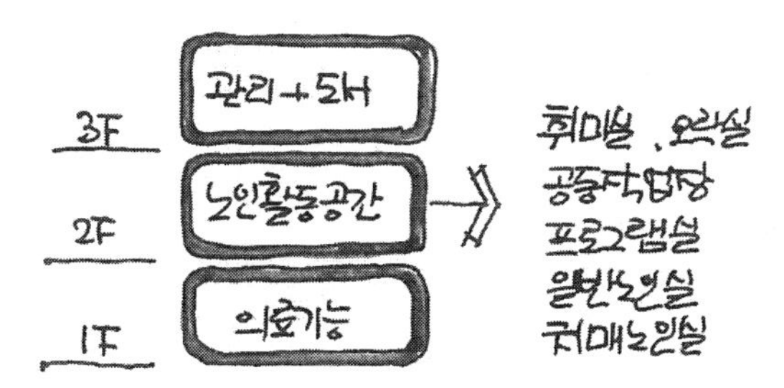


[그림 5-18 노인종합복지관의 수직 기능도]

## 2. 모듈 및 Block Plan

### [1] 모듈계획

#### (1) 양로원

① 주거시설의 기본 Bay(3.6m)를 활용한다.

② 1개 Unit 내부에 화장실 계획을 포함한 규모로 계획한다.

③ 1실의 면적을 $25m^2$ 내외로 계획한다.
소요실의 요구면적 조건에 따라 달라질 수 있다.

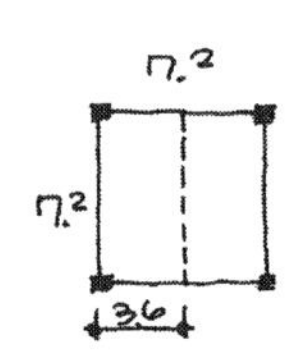
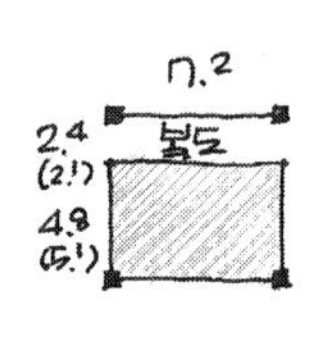
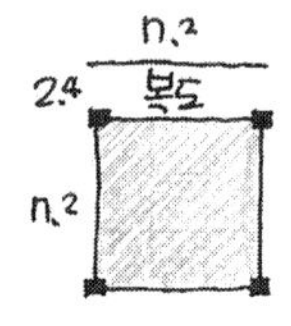

[그림 5-19 양로원의 모듈]

#### (2) 노인종합복지관

① 소요실 Program에 의한 면적 기준으로 한다.

② 일반적 모듈 규모 : $40m^2$, $50m^2$, $60m^2$

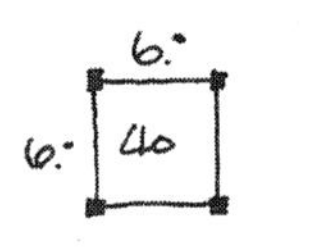
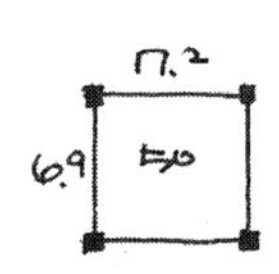
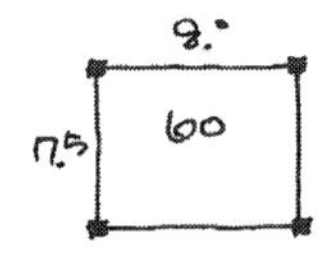

[그림 5-20 노인종합복지관의 모듈]

### [2] Block Plan

① 양로원의 경우 Mass의 위치별 기능 분리를 고려한다.

② 도심형과 전원형에 따른 Block Plan 및 Mass 계획을 고려한다.

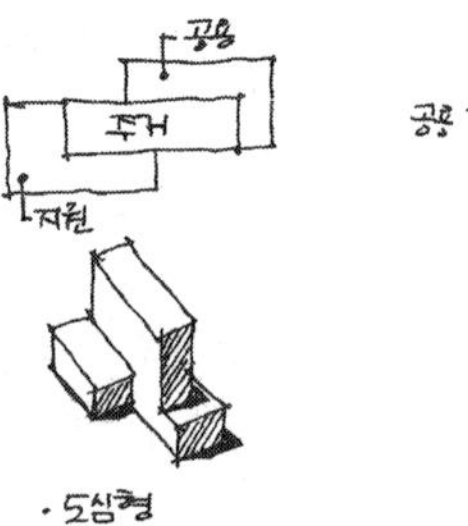
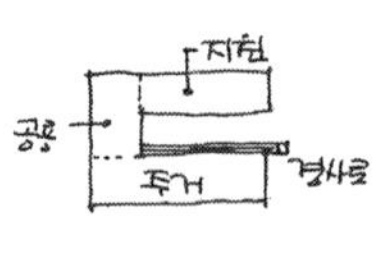
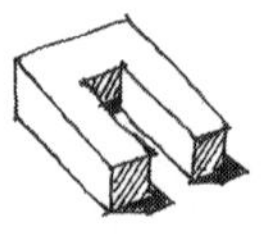
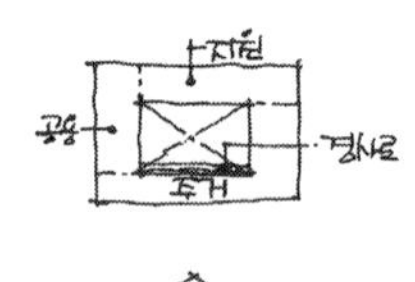

[그림 5-21 양로원의 Block Plan]

**QUIZ 2.**

**● 모듈결정체**

양로원에서 2인실의 1실 크기는 $25m^2$이다. 주거시설에 적절한 폭으로 계획한다면 1Bay와 1Module은 얼마인가?

**QUIZ 2. 답**

2인실 $25m^2$일 때 1Bay 3.6m로 하면 1Module은 7.2가 된다.

- 1Bay : 3.6m,
  1Module : 7.2m

## 3. 세부계획

### [1] 기본 고려사항

① 거실(침실)은 남향으로 배치하여 일조를 충분히 확보하고 수납공간을 고려한다.(가급적 편복도형 계획)

② 남향이 곤란한 경우 동향도 가능하나 북향은 가급적 배제한다.

③ 수용 인원이 보통 50~100명 정도이며, 실의 형태로는 개인실, 2인실, 4인실, 6인실 등으로 구성한다.

④ 실의 크기는 1인실 10~15m², 2인실 15~25m², 4인실 25~50m² 정도로 계획한다.

⑤ 주호동은 성별로 수평 또는 수직적으로 조닝하여 분리한다.

### [2] 소요실 계획

#### (1) 침실(거실)

① 조용하며, 양호한 통풍, 충분한 일조를 고려한다.

② 침실에는 세면장, 화장실을 부속시키는 것이 바람직하다.

③ 침실은 시설의 종류나 형식에 따라 다르나 보통 1인실 · 2인실 · 4인실로 하고 최대 6인실까지 한다.

④ 침실의 면적은 독신자용 16.5m², 부부용 24.8m² 이상으로 계획한다.

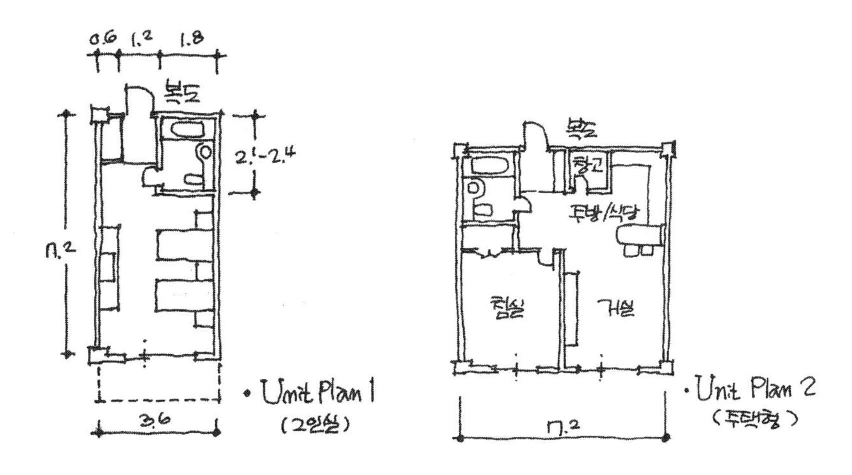


[그림 5-22 양로원 Unit 평면도]

**● 리허빌리테이션(Rehabilitation)**

심신 장애자가 사회 복귀를 위해 신체, 정신, 사회, 직업적으로 그 능력을 확보하고 생활을 할 수 있도록 하는 시설로서, 주 대상은 신체장애자, 정신박약자, 노인 등이다.

**● 리허빌리테이션 고려사항**

- 대지 내의 고저가 없도록 할 것
- 대지 내에 영구차의 출입이 쉬울 것
- 노인의 특성을 충분히 고려할 것
- 생활 부문을 우선적으로 고려할 것
- 격리적, 폐쇄적이어서는 안 됨
- 동선은 짧게 하며, 먼 거리 보행도 고려
- 각 실은 남향, 충분한 일조 확보할 것

● 관리기능의 위치

노인시설이 3층건물인 경우 관리기능이 3층에 배치되는 경우도 있다.

### (2) 식당

① 행사나 강연회 등의 용도로 겸용한다.

② 주방은 식당 전체면적의 30% 정도이며 서비스 차량, 텃밭 등과 연계한다.

③ 1석당 면적 : 1.5~2.5$m^2$

### (3) 공동 욕실

① 규모 : 노인수의 10~15%, 남 · 여 구분

② 면적 : 1인당 2.0~3.5$m^2$(탈의실 포함)

### (4) 기능회복실, 물리치료실

① 물리요법, 마사지, 각종 운동에 의해 일상생활에 필요한 기능을 회복시키는 공간이다.

② 지역사회의 시설로서 지역노인 등이 필요에 따라 사용할 수 있도록 접근을 고려한다.

### (5) 의무실

① 노인들의 건강대장 작성, 건강관리, 투약관리, 건강상담, 간이치료 등의 공간이다.

② 진찰실, 간호사실, 회복실 등으로 구성된다.

### (6) 사무실 및 원장실

① 안내 및 응접기능을 수반, 안내할 때 대기홀의 기능과 결합시킨다.

② 노인들의 관찰거점이 되는 현관 근처의 카운터에 인접하여 계획한다.

③ 원장실 : 내빈 접견공간인 응접실을 인접시켜 배치한다.

### (7) 사감실

① 건강한 노인들을 대상으로 할 경우 전체 동에 1개소를 계획하며, 면적은 30$m^2$ 정도이다.

② 시중 노인들을 대상으로 할 경우 주호동의 각 층별로 하여 시중노인 4인당 1명의 사감이 시중 서비스를 한다.

### (8) 교육실

① 노인 교양교육 및 건강증진 · 예방 등의 건강교육 Program 등을 교육한다.

② 다목적 용도의 기능을 고려하여 가변형 벽체를 이용한다.

### (9) 도서실

소규모 도서기능이 요구되는 경우 정적 공간에 배치한다.

### (10) 집회실

① 노인 교양강좌 및 노인 대학 등의 교육 Program과 노인들의 다목적 만남 기능을 만족시킬 수 있도록 계획하여야 하며 영사기능 및 가변형 무대구조까지 고려한다.

② 수직동선에서 가까운 공용부와 연계시켜 출입시간 조정기능을 위한 전이 공간과 공용공간의 다기능을 만족시키도록 계획한다.

## [4] 세부상세 계획

● 노인시설

노인시설일 경우 장애인에 준하는 시설을 만들어 원활한 이용과 편의성을 도모

### (1) 신체장애자에 대한 배려

① 휠체어(Wheel Chair) 사용자

- 단차가 있는 경우 휠체어 리프트 또는 경사로를 반드시 설치한다.
- 바닥의 단차가 없도록 한다.

② 시각장애자

- 벽, 바닥의 돌출이나 높낮이의 확인이 필요하다.
- 약시자(弱視者)는 색채 계획시 조도를 높이고 표지를 크게 한다.

③ 청각 장애자 : 게시, 표지에 의한 정보 전달을 고려한다.

### (2) 시설 각 부분의 세부기준

① 주차장 : 주차구획 3.3×5m 이상

② 현관 주위

- 바닥은 단차가 없고 거칠지 않은 재료로 마감한다.
- 문은 자동식 미서기이며 회전문은 사용하지 않고, 문폭은 90cm 이상으로 한다.
- 휠체어를 두는 공간을 설치한다.

③ 복도

- 너비는 편복도 1.2m 이상, 중복도 1.5m 이상으로 계획한다.
- 바닥 레벨차가 있는 경우 계단, 경사로를 설치한다.
- 양쪽에 난간을 설치한다.
- 기둥, 소화전 등을 바닥면, 벽면에 돌출시키지 않는다.

④ 각 실 입구

- 입구 폭 : 90cm 이상
- 여닫이문은 실내 측으로 열며, 손잡이는 레버 핸들을 사용하고, 도어 체크를 사용한다.

● 계단 난간

① 난간 높이 : 80~85cm, 상하 2단(어린이용) 설치
② 난간과 벽 사이 : 5~6cm 정도 떨어지도록 설치

⑤ 계단

- 챌판 : 18cm 이하, 디딤판 : 28cm 이상
- 양쪽에 난간을 설치한다.

⑥ 경사로

- 구배 : 옥외 1/18 이하(지형상 곤란한 경우 1/12 이하), 옥내는 1/12 이하
- 너비 : 1.2m 이상
- 경사로의 시작과 끝, 굴절부분 및 참에는 1.5m×1.5m 이상의 활동공간을 확보하며 0.75m 이내마다 휴식할 수 있는 수평참을 설치한다.
- 바닥면은 요철이 없는 매끄러운 재료를 사용한다.

⑦ 화장실

- 화장실 안에서 방향 전환이 자유롭게 한다.
- 대변기는 벽걸이와 양식(洋式)으로 설치한다.
- 대 · 소변기 좌우에 난간을 설치하고, 변기 높이는 40~45cm 정도로 할 것

● 장애인 시설의 기준

사회가 발달할수록 장애인에 대한 관심과 배려가 점점 커지므로 장애인을 고려한 시설들이 점차 늘고 있으며 장애인용 시설들의 설치기준 또한 점점 강화되고 있다.

⑧ 세면대

- 세면기는 바닥에서 상단높이 85cm 이하, 하단높이 65cm 이상으로 설치한다.
- 세면기 사용을 위한 보조 난간을 설치하고, 거울은 바닥면에서 하단높이 90cm 내외로 설치한다.

⑨ 엘리베이터

- 엘리베이터 문 폭 : 90cm 이상, 케이지의 폭은 1.6m 이상, 깊이는 1.35m 이상
- 조작 스위치 : 바닥에서 0.8~1.2m

NOTE

# 04. 사례

## [사례 1] 연천군 노인복지회관

● 관건축사사무소, 윤상국

● 발췌 : 「설계경기」, 도서출판 에이엔씨

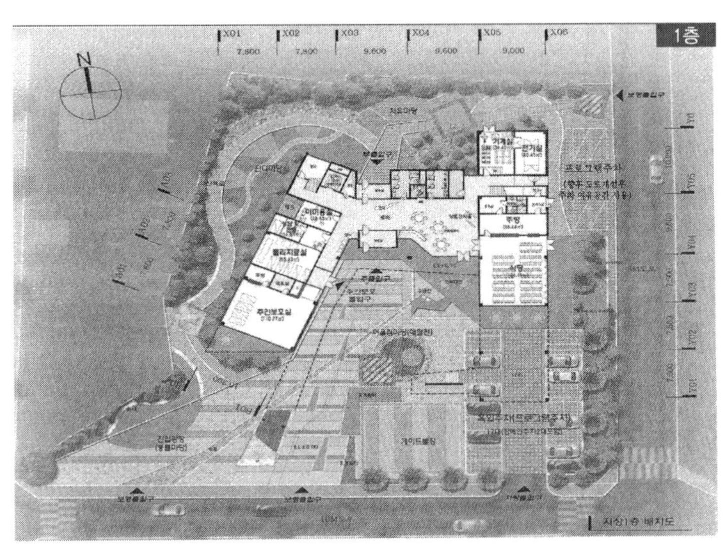


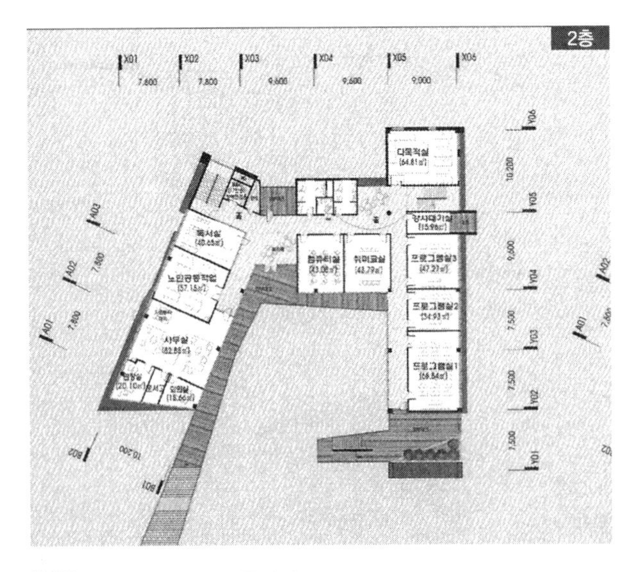


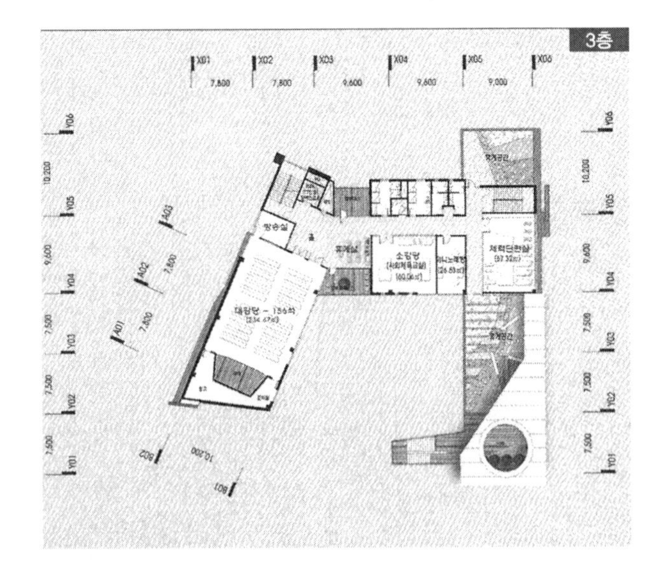

## [사례 2] 사당 노인종합복지관


- (주)디자인그룹 이디에이 건축사사무소 김희열, 김시원



- 발췌 : 「설계경기」, 도서출판 에이엔씨

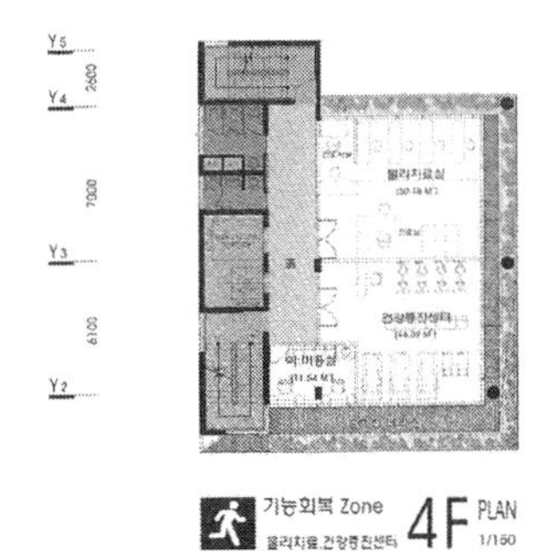


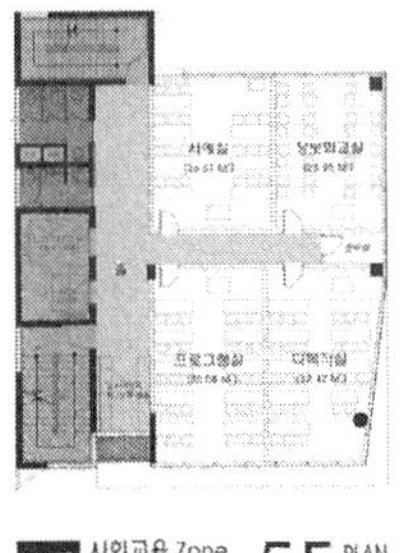

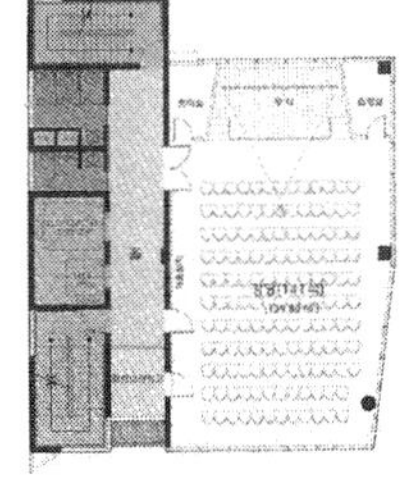

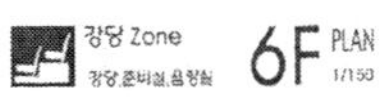


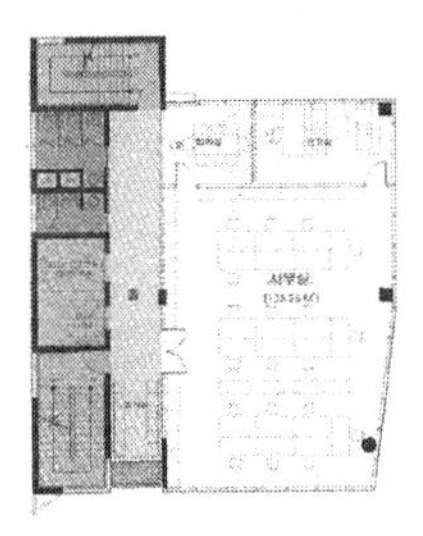

사무 Zone 7F PLAN 1/150

# ③ 유아시설

## 01. 개요

### 1. 유아시설

#### [1] 유아시설의 정의

##### (1) 유치원

만 3세부터 초등학교 취학 이전의 유아들을 대상으로 심신의 발달을 조장하기 위해 〈교육법〉에 의해 설치, 운영되는 교육부 관찰의 교육기관이다.

유치원은 재정형태에 따라 공립과 사립으로 구분될 수 있는데, 공립은 초등학교 병설유치원이 주를 이루며, 사립은 개인 · 법인 · 종교단체 등 설립주체에 따라 다양한 유형이 있다.

유치원의 운영시간은 오전 9시부터 오후 1시~2시까지이며, 그 이후의 교육시간에는 추가비용이 적용된다.

##### (2) 보육원

부모가 없거나 수감 · 입영 등 특수한 사정으로 부모에 의해 건전하게 양육될 수 없는 처지에 놓인 아동을 일정 기간 동안 부모를 대신하여 보호 · 양육하는 사회복지시설이다. 고아원 · 애육원이라고도 한다. 우리나라「아동복지법」에 의하면 0세부터 5세 미만의 고아를 수용하는 시설은 영아원이고, 5세부터 18세까지의 고아를 수용하는 시설은 육아원이다.

##### (3) 어린이집

보호자의 위탁을 받아 영유아를 보육하는 기관이자 유아교육의 한 형태로서 종래의 「탁아소」란 명칭을 바꾼 것. 1970년 2월 정부로부터 정식 인가를 받았다. 유치원은 유아교육법에 의거 교육부 지방교육지원국 유아교육지원과의 지도 · 감독을 받는 반면, 어린이집은 영유아보육법에 의거 보건복지부로부터 약간의 재정적 지원을 받고 있다.

취학 전 교육의 기능 중 보호적 기능을 주목적으로 하며 저소득층 및 농어촌 지역 등 취약지역에 우선적으로 설치하여야 한다.(영유아보육법 제 12조)

대부분의 어린이집은 종일반 기준으로 오전 7시30분부터 밤 7시30분이다. 다만, 보호자의 동의하에 운영시간을 조정할 수 있다.

**● 유치원과 어린이집**

유치원은 5세~7세 대상이며, 어린이집은 1세~7세 대상이다. 또한 유치원은 교육의 개념이 강하며, 어린이집은 보육의 개념이 강하다.
요즘은 어린이집의 교육프로그램 강화로 유치원과의 차이가 크게 줄었다.

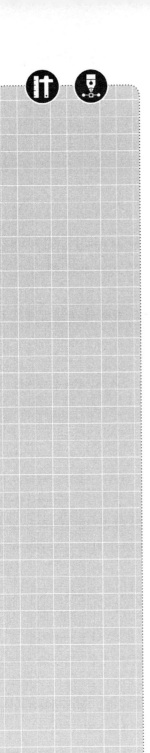

## [2] 유치원과 보육원의 교육 내용

### (1) 유치원

유치원의 교육목표는 초등학교와 같이 지식이나 기능상의 교육습득이 아니라 일상생활의 규칙적인 습관과 집단생활에서의 사회 및 언어 표현의 방법을 체험하는 데 있다고 할 수 있다. 이를 위해서 건강, 사회, 음악리듬, 놀이 및 유희, 언어, 회화/그림 표현, 연간행사 등의 교과교육을 자발적으로 참여할 수 있도록 유도하여야 한다.

유치원의 성격은 유아 및 어린이 교육을 주요 기능으로 하므로 각 유치원의 유아교육에 필요한 교과교육의 과정이나 스케줄에 따라 다르다고 할 수 있다.

유치원의 성격을 결정하는 데 있어 중요한 요소는 교육대상을 명확히 하는 것이라 하겠다. 이는 교육대상이 성인이나 청소년이 아니라 주로 유아 및 아동이라는 점을 고려하여 그들의 신체적 및 심리적 조건을 명확히 파악하여 공간계획에 적용하여야 함을 의미한다.

### (2) 보육원

보육원은 보호자의 위탁을 받아 유아를 보육하는 시설로서 유아의 양호와 교육의 일체화를 주요 목표로 한다고 하겠다.

보육원의 성격은 3세 이상의 유아를 보육하는 유치원과는 0세부터 보육한다는 점과 연령별에 따른 교육/보육내용에 따라 크게 다르다고 할 수 있다. 보육의 내용은 크게 학습보육과 일상적인 생활의 기본을 익히는 생활보육으로 구분할 수 있다. 이중에서 학습교육은 주로 놀이행위로 이루어지며, 생활보육은 식사, 배설, 낮잠 등의 행위와 이러한 보육을 위한 보모나 교사의 준비/관리 행위가 요구된다.

# 02. 배치계획

## 1. 대지조건

① 통원거리는 300~500m 이내가 좋다.

② 일조, 통풍, 주변 교통량 고려, 특히 교통량이 많은 도로를 횡단하지 않도록 한다.

③ 주변 환경이 유아의 생활에 나쁜 영향이 없는 대지를 선정한다.

④ 평탄한 지형보다도 고저차가 있는 것이 변화가 있고 매력적인 대지가 될 수 있다.

⑤ 좁은 대지에서도 공원, 광장 등에 접하는 경우 일조, 통풍 등 환경이 좋은 대지가 좋다.

⑥ 가능하면 주택 단지 내가 양호하다.

⑦ 통원버스 등 교통노선 등의 통행 빈도와 안전성을 등을 고려하여 대지를 선정한다.

● 배치계획시 주요 검토사항

• 향을 고려한 배치
• 소음원으로부터 이격 배치

## 2. 기본사항

① 현관에서의 접근 : 현관에 아동 전원의 신발장을 설치하며 이를 위해서는 현관의 면적이 다소 넓어야 한다.

② 각 보육실 앞의 테라스에서의 접근 : 각 보육실 앞의 테라스에 신발장을 설치하여 테라스에서 직접 들어간다. 테라스가 통로가 되기 쉽고 보육실의 독립성이 결여된다.

③ Approach 공간은 단순한 통로가 아닌 대기공간의 기능을 동시에 요구한다.

④ 유원장은 유치원에 있어서 중요한 옥외 놀이공간이므로 30~50m 길이 정도의 운동장과 놀이터, 인공동산 등을 조성하는 것이 좋고, 담장을 설치할 경우는 폐쇄형보다는 개방형이 바람직하며 소음을 고려한 버퍼 존(Buffer Zone)을 계획한다.

⑤ 건물 주위는 충분히 식재를 하여 푸른 분위기를 조성하고 놀이영역이 아닌 사소한 공간도 적절히 배려해서 쓸모없는 공간이 되지 않도록 한다.

⑥ 건물은 편복도형의 Finger Type 보다는 중정이나 테라스를 갖춘 Cluster Type이 적합하다.

● 보 · 차 분리

보차분리는 모든 테마에서 고려해야 하지만, 보육시설에서는 특히 잘 고려해야 한다.

QUIZ 3.

● 옥외공간 배치계획

유아시설의 옥외공간의 배치계획에서 교실과 가까운 곳에는 (　　　)을 배치하고, (　　　) (　　　)의 순으로 이격거리를 멀리한다.

## 3. 대지와 도로의 관계

### (1) 1면 도로일 경우

① 유아의 안전을 위한 동선계획
- 보 · 차 분리계획

② 유아의 출입동선과 서비스 출입 동선을 분리한다.

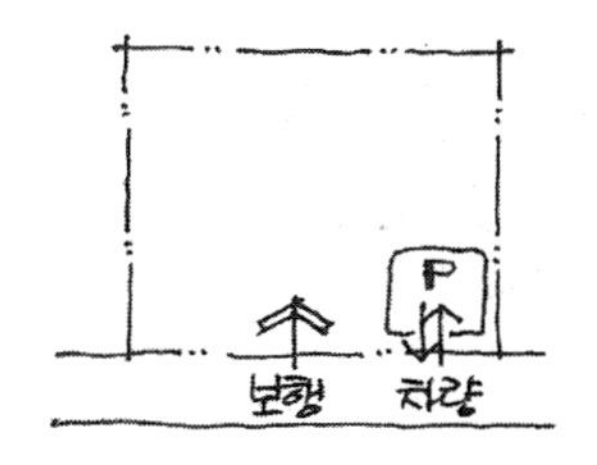


### (2) 2면 도로일 경우

① 차량 진 · 출입동선은 부도로 측에 계획한다.

② 보 · 차 분리를 통한 유아의 안전성을 확보한다.

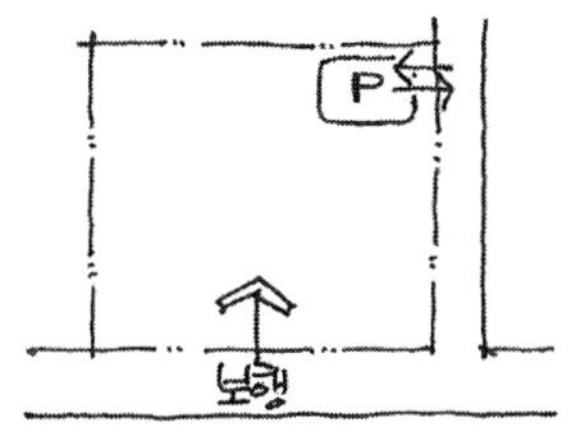


[그림 5-23 유치원의 보차분리]

## 4. 옥외공간 계획

유아들의 신체발달과 옥외교육을 위한 공간계획으로 유원장 계획은 다음 사항을 고려한다.

### (1) 정적 놀이공간

① 교실학습의 연장으로서 소꿉놀이, 모래놀이, 건설놀이, 점토놀이, 소재를 살린 놀이로 구성한다.

② 식물재배장, 동물사육장에서 자연에 대한 체험을 한다.

③ 나무밑 벤치에 앉아서 휴식과 잡담을 나눌 수 있는 공간을 구성한다.

④ 공간요소 : 테라스, 파고라, 나무숲, 모래밭, 화단, 동물사육장, 식물재배장, 수목 등

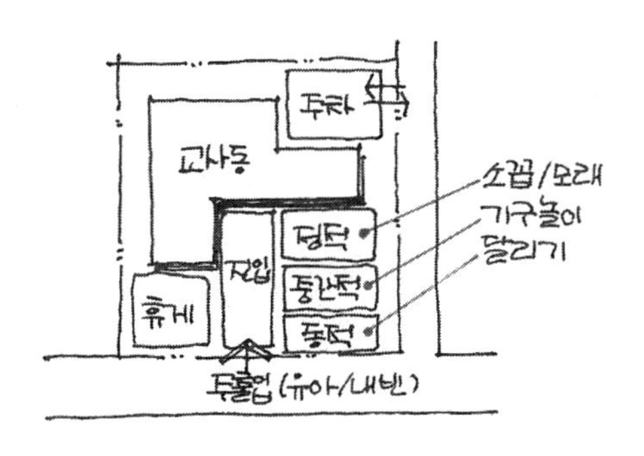


[그림 5-24 옥외공간 계획]

**● 실내놀이공간**

유희실 등의 실내놀이공간은 외부놀이공간과 시각적 또는 공간적으로 연계하여 계획하는 것이 좋다.

### (2) 중간적 놀이공간

① 고정 놀이기구를 이용하여 놀이활동을 하는 공간이다.

② 공간요소 : 시소, 그네, 정글짐, 목마, 미끄럼틀 등 고정놀이기구와 바닥놀이를 할 수 있는 여유공간으로 구성한다.

③ 바닥마감과 각 놀이기구들의 활동범위를 고려하여 집약적인 배치를 계획하는 것이 효율적이다.

### (3) 동적 놀이공간

① 흙이나 잔디로 된 넓은 공지로서 게임, 모험놀이, 공놀이, 훌라후프, 뛰어내리기, 기어가기, 달리기 등 활동이 격한 놀이를 위한 공간이다.

② 썰매, 자전거 등의 이동 기구를 자유로이 움직이며 노는 공간이다.

③ 축구, 씨름, 줄다리기, 술래잡기 등을 할 수 있는 평탄한 공간과 뛰어내리고, 길 수 있는 다리, 언덕, 터널 등이 필요하다.

④ 운동상의 기능이 요구되므로 일정한 규모 확보가 요구되며 소음이 발생할 수 있다.

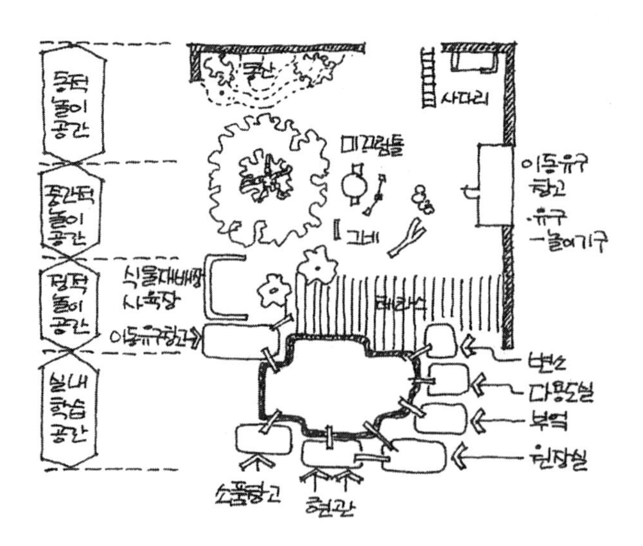


[그림 5-25 놀이공간의 배치]

**QUIZ 3. 답**

옥외공간계획시 교실로부터 가까운 곳은 소음을 고려하여 정적 놀이공간을 배치하고 중간적, 동적 놀이공간의 순으로 배치한다.

- 정적 놀이공간>
  중간적 놀이공간>
  동적 놀이공간

- **유치원의 부문 구성**

  관리, 보육, 공용 3부문
  ① 관리부문
  사무실, 직원실, 보건실, 급식실, 회의실, 방송실, 응접실, 원장실, 조유실, 기계실 등
  ② 보육부문
  보육실, 놀이실, 음악실, 유아실, 다목적실, 시청각실 등
  ③ 공용부문
  현관, 홀, 화장실, 창고 등

- **유치원의 Block Plan**

  초등학교를 저학년, 중학년, 고학년으로 분류할 수 있다면 유치원은 연령별로 5세반, 6세반, 7세반으로 분류가 가능하다. 따라서 매스역시 초등학교의 병렬분산형으로 구성이 가능하다.

- **유치원의 수용인원**

  유치원은 경제적인 측면에서는 많은 인원을 수용하는 것이 좋지만 유아들의 교육과 보육을 위해서는 대규모는 피하는 것이 좋다.

# 03. 평면계획

## 1. 기능분석

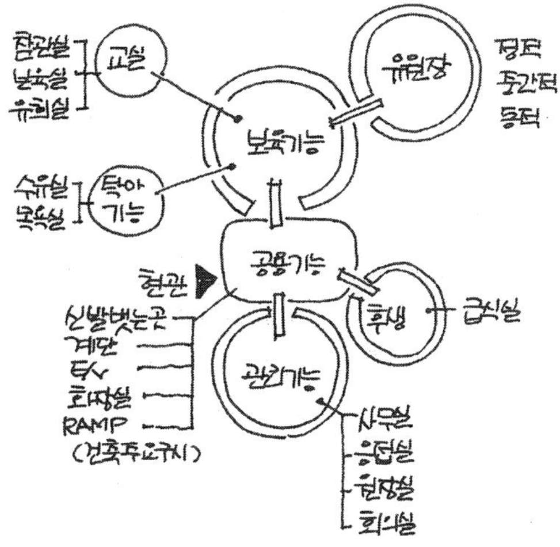


[그림 5-26 유치원 기능도]

## 2. 모듈계획

① 유치원의 경우 학교모듈을 응용한다.
② 최근 학교시설의 모듈이 다양하게 시도되고 있다.
③ 대지의 규모에 따라 50m², 60m² 모듈도 가능하다.

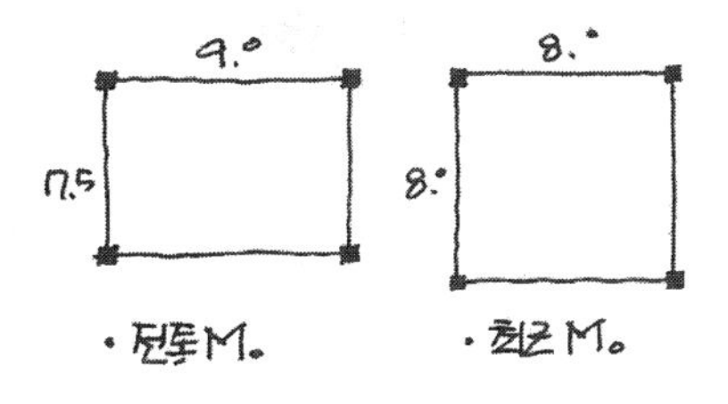


[그림 5-27 유치원의 모듈]

## 3. 세부계획

### [1] 기본사항

① 교실기능의 건물은 원칙적으로 단층 계획이 적합하지만 내화구조 및 경사로 등의 피난설비를 갖추었다면 2층 배치도 가능하다.
② 교실은 장시간 생활하게 되므로 세면장, 화장실을 인접 설치하고 참관실을 계획한다.

③ 의무실은 사무실에 가깝게 있어야 하며, 매일 아침 어린이들의 건강진단을 해야 하기 때문에 현관에 가깝고 유희실로 가는 도중에 있는 것이 좋다.

④ 직원실, 보모실은 시설운영의 중심이며 외래자와의 접점이 되는 장소이기도 하다. 그러므로 외래자가 알기 쉽도록 접근로는 운동장이 보이는 위치로 한다.

⑤ 급식실은 조리실, 배식실, 사무실, 창고, 휴게실의 5가지 코너로 나뉘나 규모가 작은 유치원의 경우 유희실의 한쪽 코너에 조리실을 설치해서 간식 정도를 제공하는 것이 보통이다.

⑥ 유아에게는 용변의 해결능력이 중요한 학습의 하나이기 때문에, 화장실 계획은 특히 신중을 기해야 한다. 세면장을 따로 설치할 경우, 가능하면 교실 한쪽 구석에 유리 스크린으로 막아 직접 자유롭게 출입할 수 있는 곳에 설치하여 세면과 음용의 목적 이외에는 사용하지 않도록 한다.

⑦ 보육실과 유원장 등을 관찰할 수 있는 관리기능의 배치는 신중히 고려한다.

## [2] 소요실 계획

### (1) 보육실

① 교실수업에서 옥외수업으로 전환할 수 있도록 정원 및 테라스를 구성한다.

② 유치원은 보육실(교실)의 위치가 가장 중요하므로 보육실을 남향으로 배치하고, 연계하여 유희실을 계획한다.

③ 보육실(교실)은 30~40명 기준 50~60m² 정도로 각실을 가변칸막이로 계획하는 것이 좋으며, 2교실 또는 4교실마다 유희실을 계획한다.

④ 연령별로 분산배치하면 유아들에게 자기집에 있는 것과 같은 안정감을 준다.

⑤ 보육실 근처 또는 내부에 세면장 및 화장실을 설치하는 것이 유리하다.

⑥ 가능하면 천창을 통한 자연채광을 유입함으로써 조도분포를 일정하게 한다.

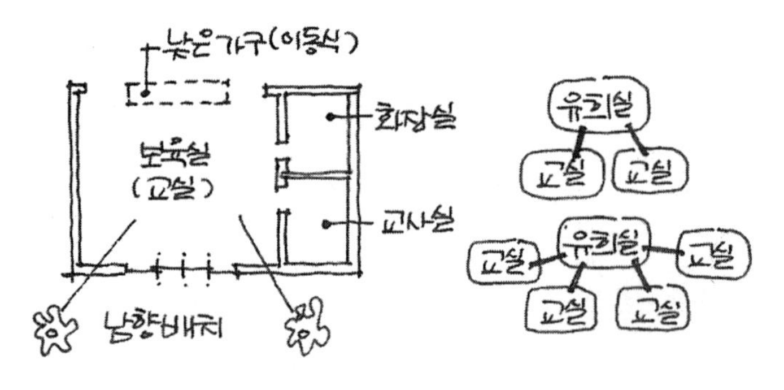


[그림 5-28 유치원의 교실구성]

● 열린교실과 종합교실

초등학교 저학년 교실에서 적용하고 있는 열린교실과 종합교실 개념은 유치원에서 그대로 적용이 가능하다.

● 참관실

보육실과 참관실의 구성형태 이해가 필요하며, 참관실에서 보육실에 대한 시각적 관찰이 가능해야 한다.

## (2) 유희실

① 유아가 전원 집합할 수 있는 스페이스로 융통성(가변성) 있는 계획이 요구되며, 추운 겨울에는 옥내운동장의 역할을 할 수 있도록 천장도 가급적 높게 하는 것이 좋다.

② 아이들이 장시간 생활하는 공간이므로 세면장, 화장실 등을 인접 설치한다.

③ 실내수업에서 옥외교육으로 전개할 수 있도록 테라스 등의 반옥외 공간을 마련한다.

④ 천장의 높이는 3.0~3.3m 정도로 계획한다.

⑤ 바닥은 목재 후로링이나 카펫트으로 마감하여 소음이나 안전성에 대비한다.

⑥ 안전사고에 대비하여 돌출부분을 계획하지 않는다.

⑦ 유희실은 보육실 전면에 배치하여 필요시 두 공간을 하나의 대공간으로 사용할 수 있다. 그러기 위해서는 두 공간 사이는 고정형이 아닌 가변형 벽체로 계획하는 것이 좋다.

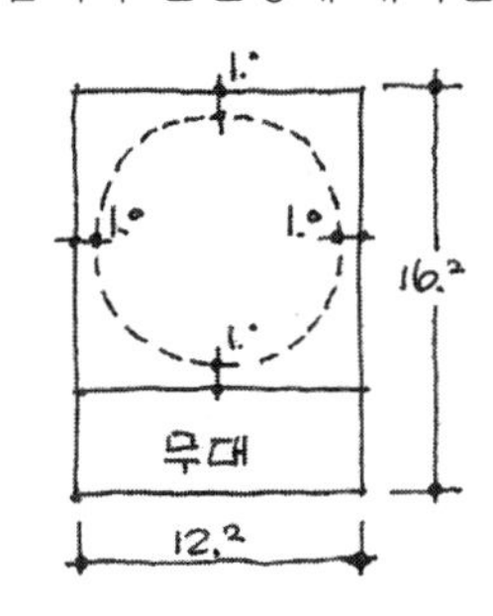


[그림 5-29 유희실의 규모]

## (3) 참관실

① 학습 및 유희 활동을 참관하는 기능이다.

② 보육실과 보육실 사이나 유희실에 인접하여 배치한다.

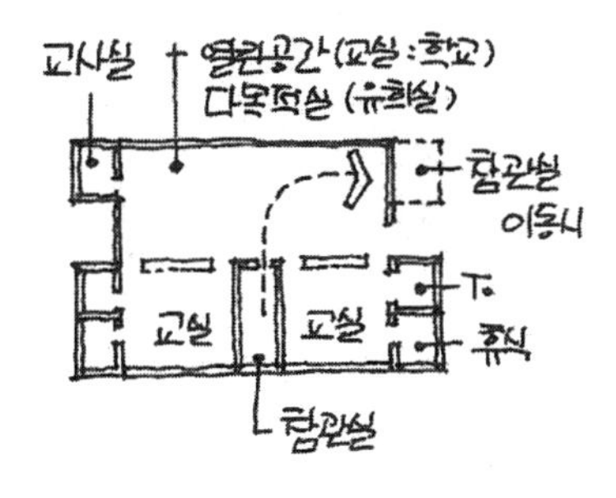


[그림 5-30 참관실의 위치]

## (4) 사무실

① 교사 간의 담화나 휴식의 공간으로 응접공간을 계획한다.

② 실외 운동장이나 유치원 전체의 동태를 파악하기 용이한 곳에 위치한다.

③ 방문객이 용이하게 찾을 수 있는 위치를 고려한다.

④ 면적 : 20m² 정도(교사 3인 기준, 원장실 제외)

### (5) 의무실

① 사무실과 근접 배치

② 현관과 가깝고 유희실로 가는 도중에 있는 것이 좋다.

③ 밝고 조용한 남향이 바람직하다.

④ 면적 : 10~15$m^2$ 정도

### (6) 급식실

① 조리실, 배식실, 사무실, 창고, 휴게실로 구분

② 소규모일 때 : 유희실 한쪽 코너에 조리실을 설치해서 간식 정도를 제공하는 것이 보통이다.

③ 청결함과 환기 및 채광을 고려하여 계획한다.

### (7) 창고

보관하는 물품의 분류, 영구보존물, 계절보존물, 일일보존물 등 각기 목적에 따라 분류, 수납할 수 있게 계획한다.

**NOTE**

NOTE

## 04. 사례

### [사례 1]  부천 근로복지공단 어린이집

● SIA건축

● 발췌 : Contemporary Architecture (어린이 교육시설)

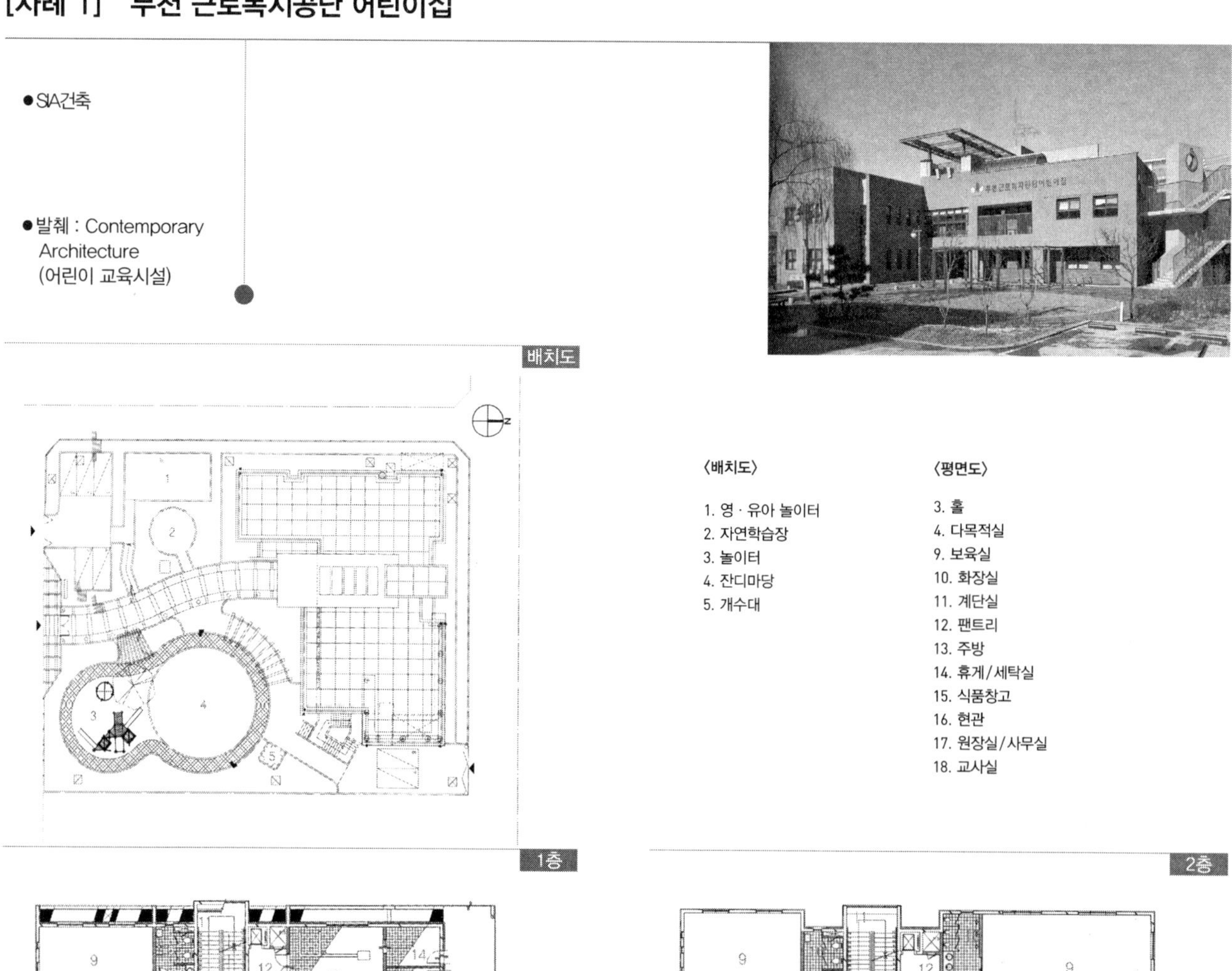


〈배치도〉

1. 영 · 유아 놀이터
2. 자연학습장
3. 놀이터
4. 잔디마당
5. 개수대

〈평면도〉

3. 홀
4. 다목적실
9. 보육실
10. 화장실
11. 계단실
12. 팬트리
13. 주방
14. 휴게/세탁실
15. 식품창고
16. 현관
17. 원장실/사무실
18. 교사실

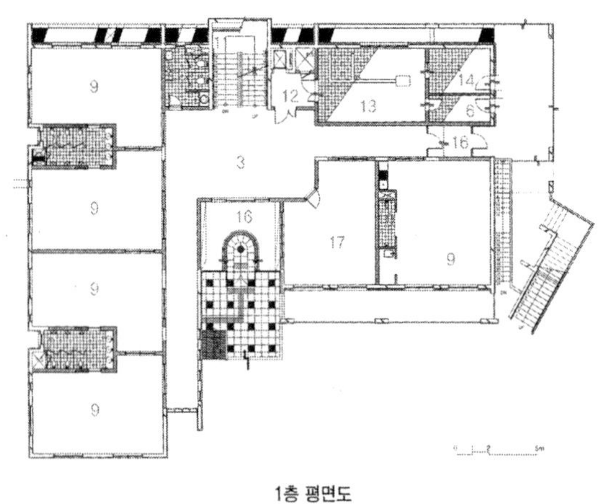


1층 평면도

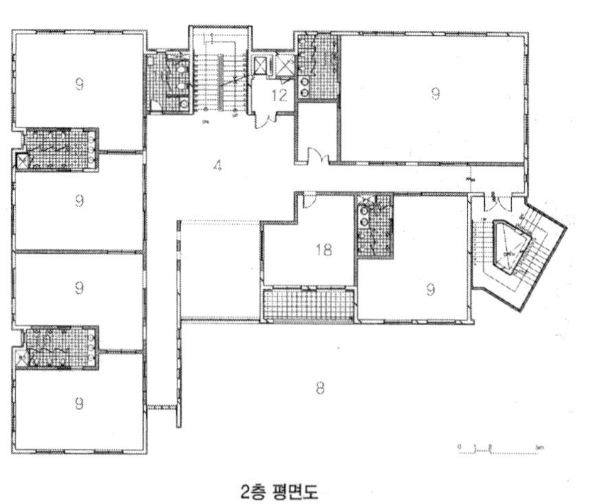


2층 평면도

## [사례 2]  영유아 플라자 및 외국어 어린이집

- (주)삼원종합건축사사무소, 윤철준

- 발췌 : 「설계경기」, 도서출판 에이엔씨

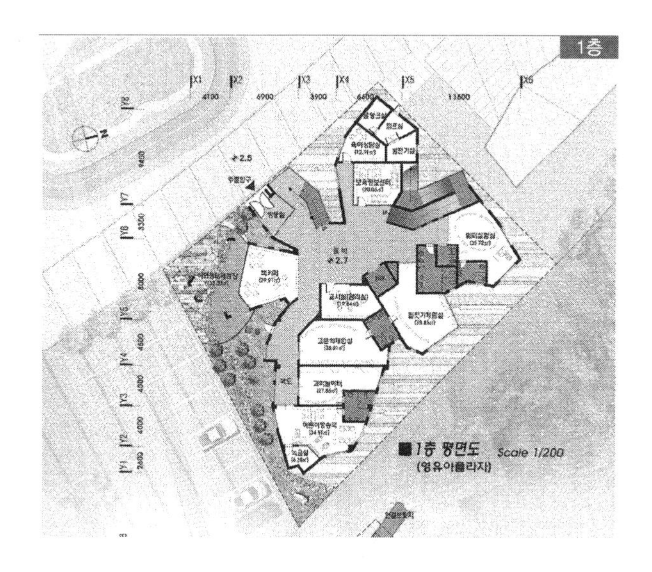


■1층 평면도 Scale 1/200
(영유아플라자)

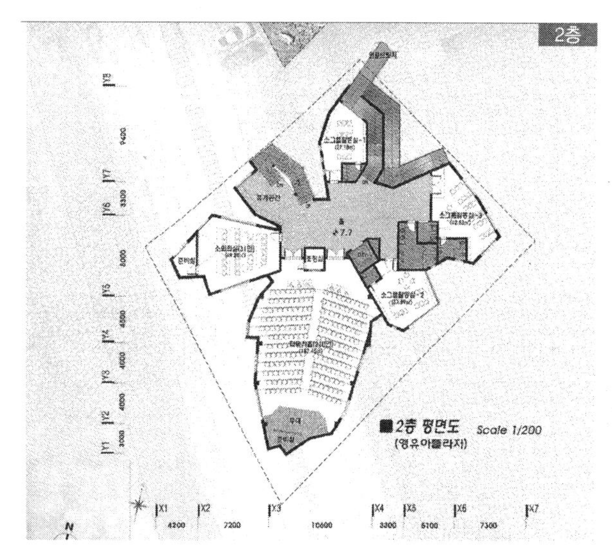


■2층 평면도 Scale 1/200
(영유아플라자)

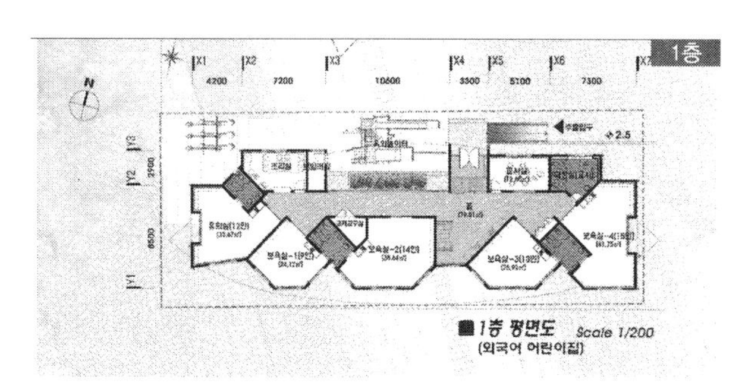


■1층 평면도 Scale 1/200
(외국어 어린이집)

# 4 익힘문제 및 해설

## 01. 익힘문제

### 익힘문제 1. 동사무소(주민자치센터)의 부분 평면계획

범례에 제시된 사항을 점선의 범위 내에 계획하시오.

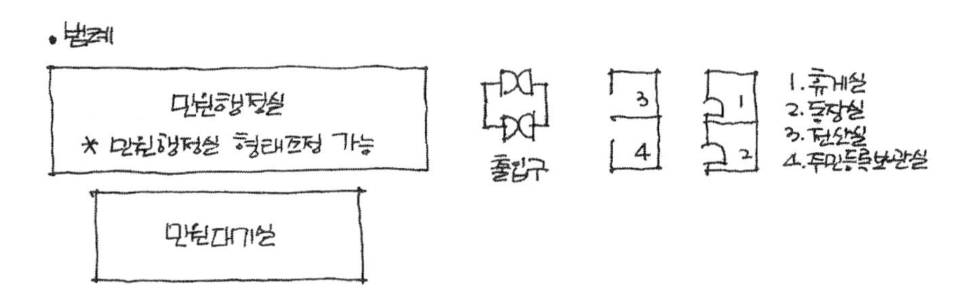


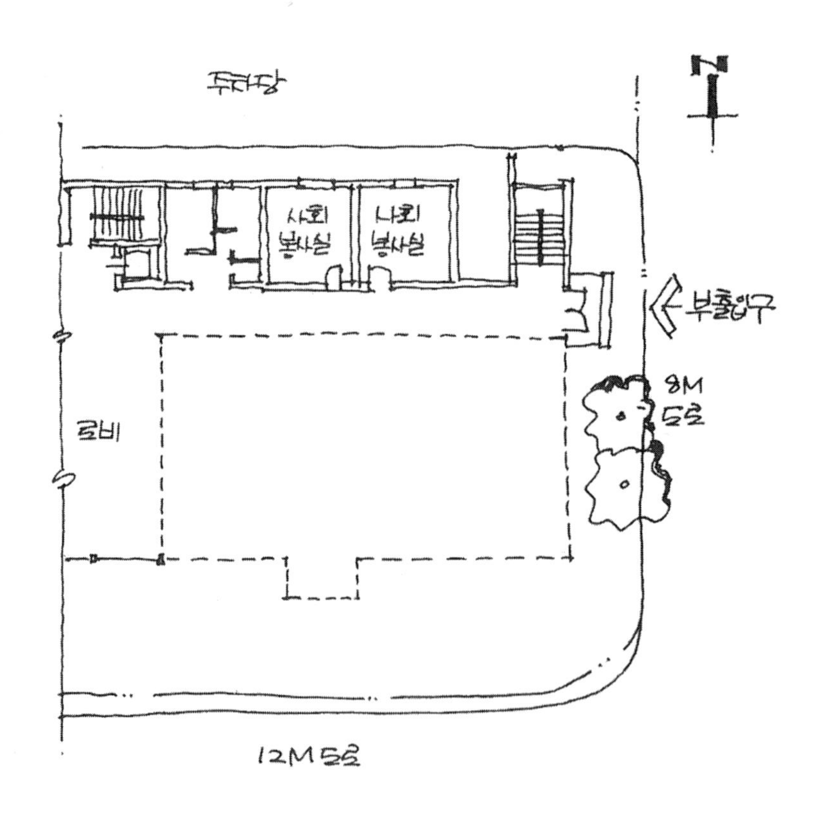

## 익힘문제 2. 양로원 1층 부분 평면계획

범례에 제시된 사항을 평면의 점선구간 내 계획하시오.

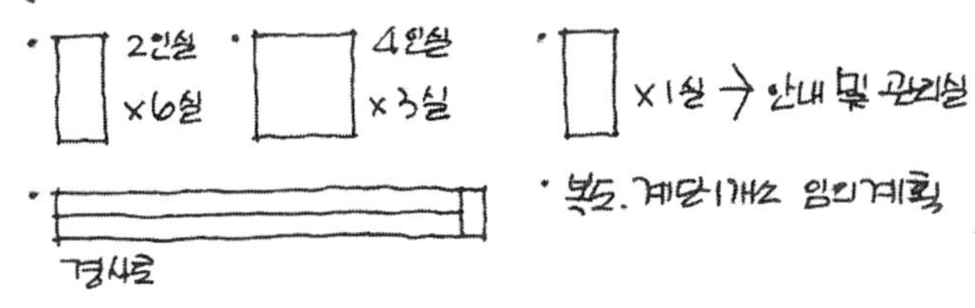


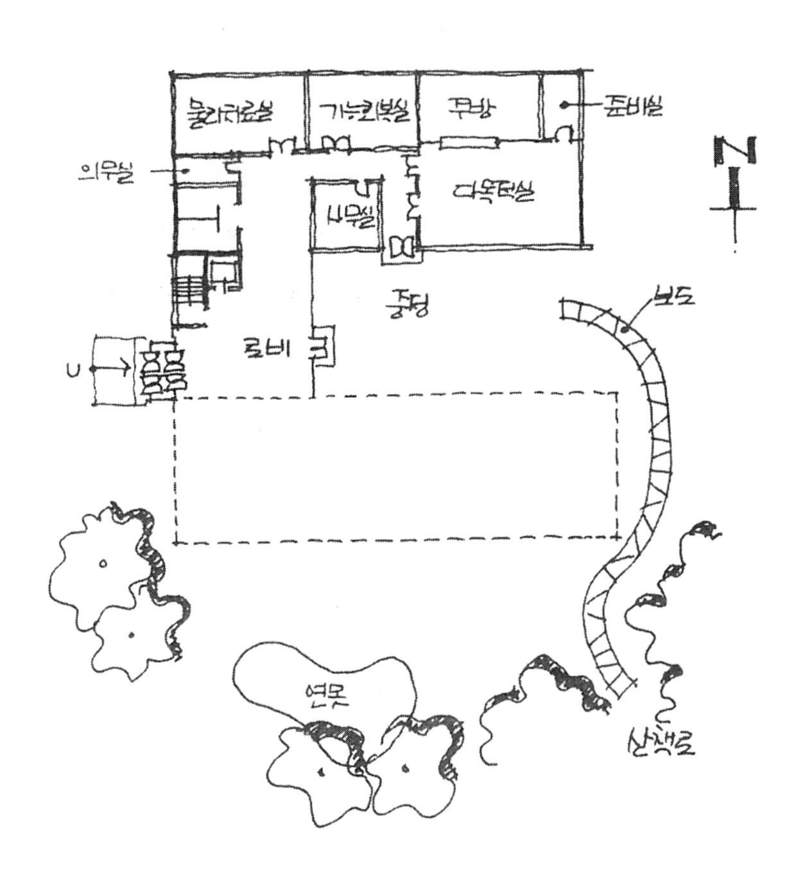

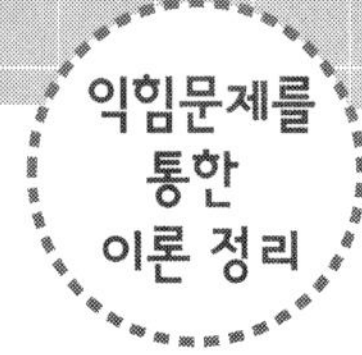


## 익힘문제 3. 유치원 1층 부분 평면계획

범례에 제시된 사항을 점선의 범위 내에 계획하시오.

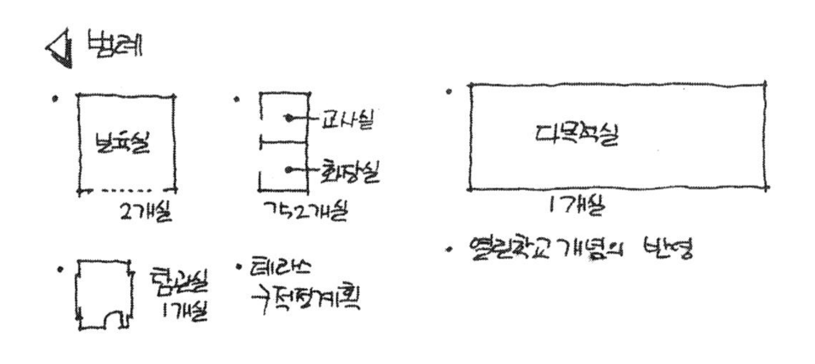


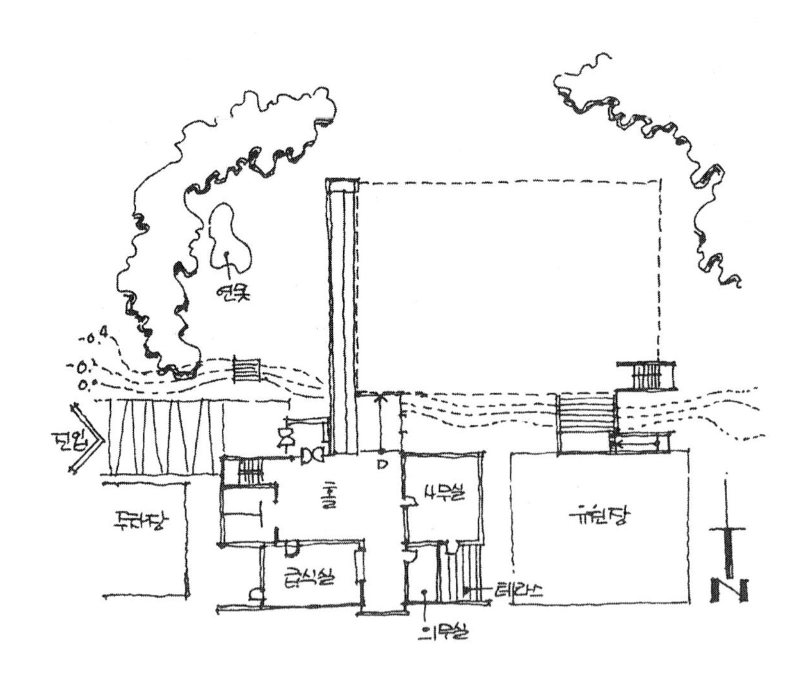

## 02. 답안 및 해설

### 답안 및 해설 1. 동사무소(주민자치센터)의 부분 평면계획 답안

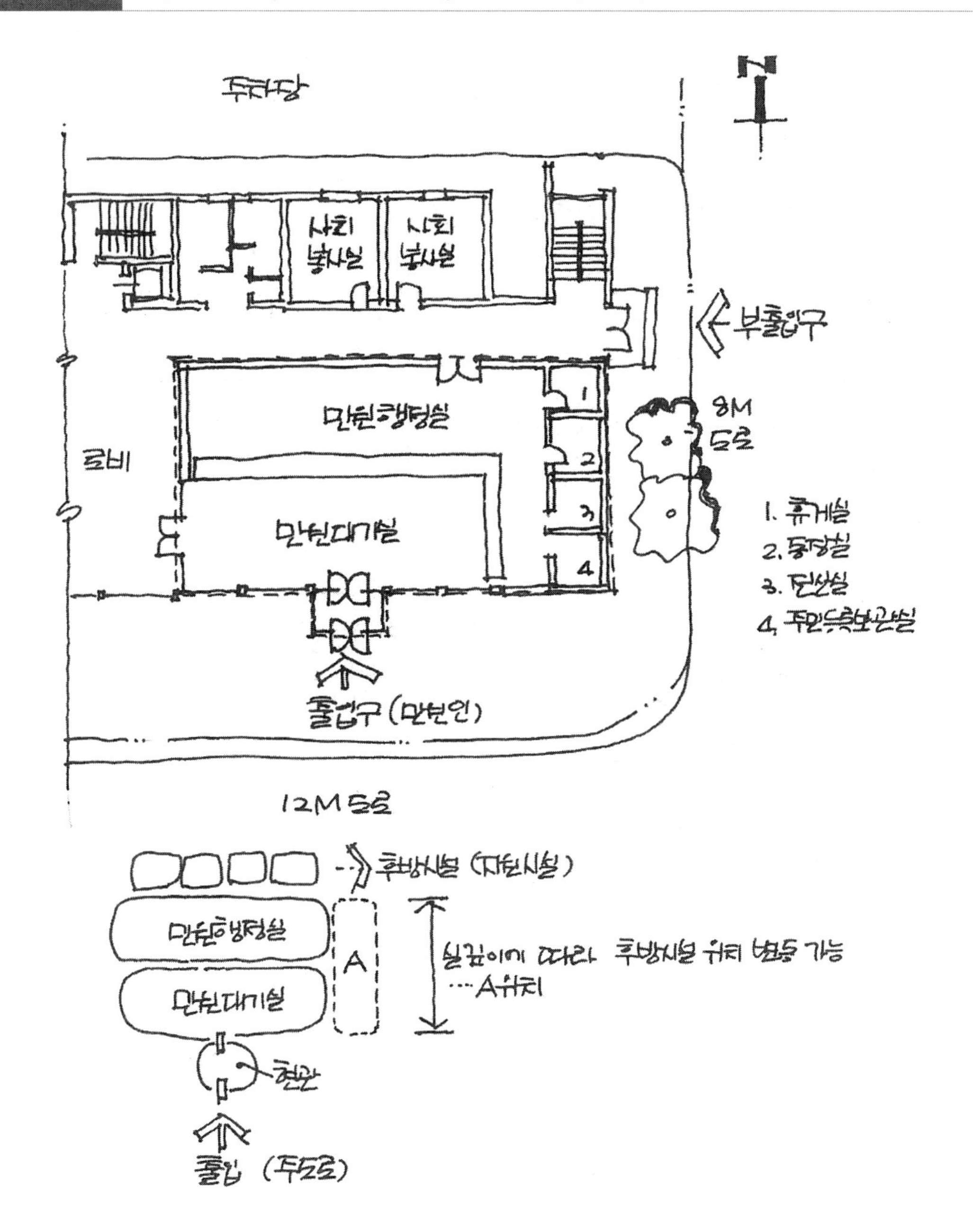

익힘문제를 통한 이론 정리

## 답안 및 해설 2. 양로원 1층 부분 평면계획 답안

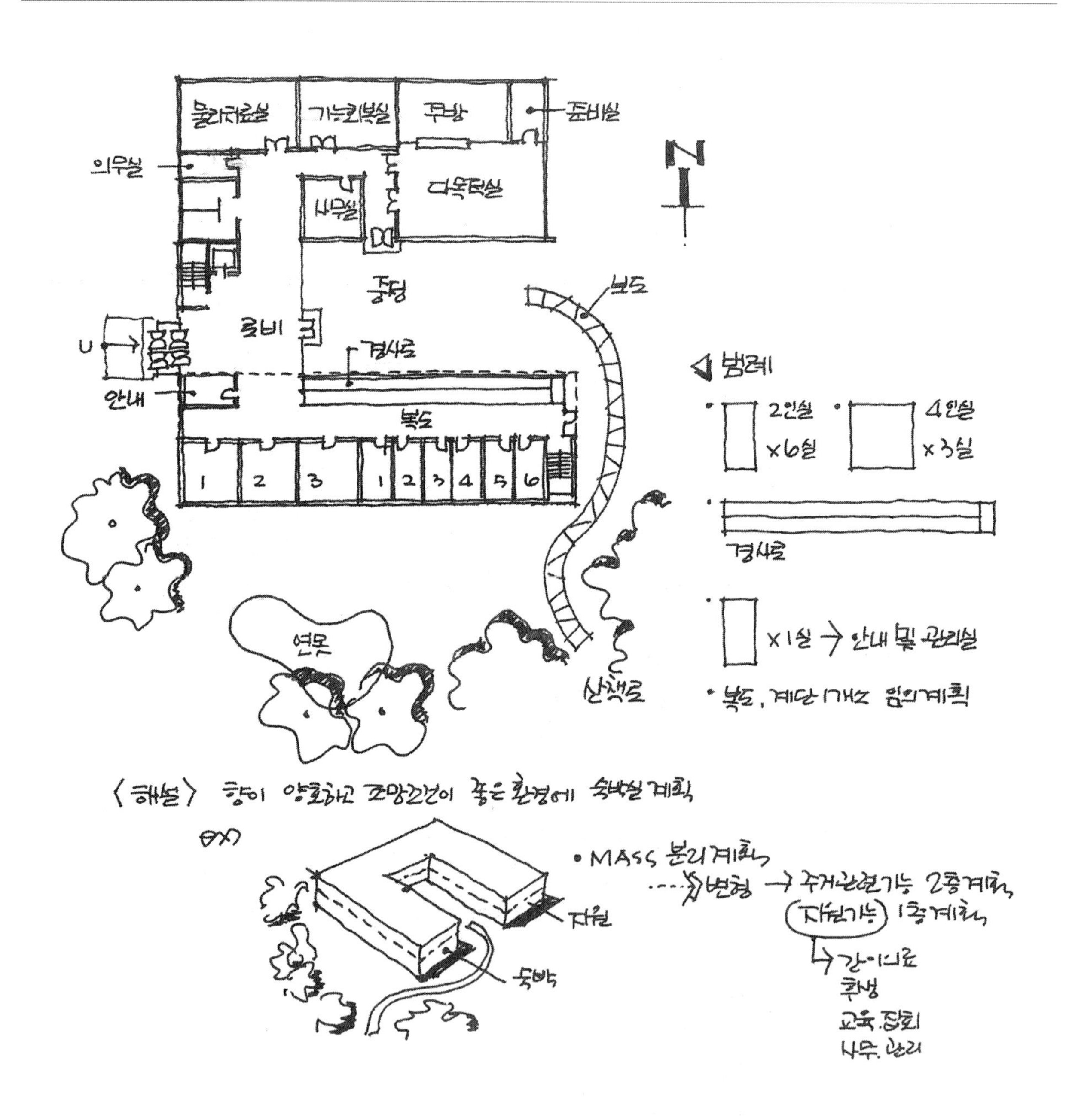

## 답안 및 해설 3. 유치원 1층 부분 평면계획 답안

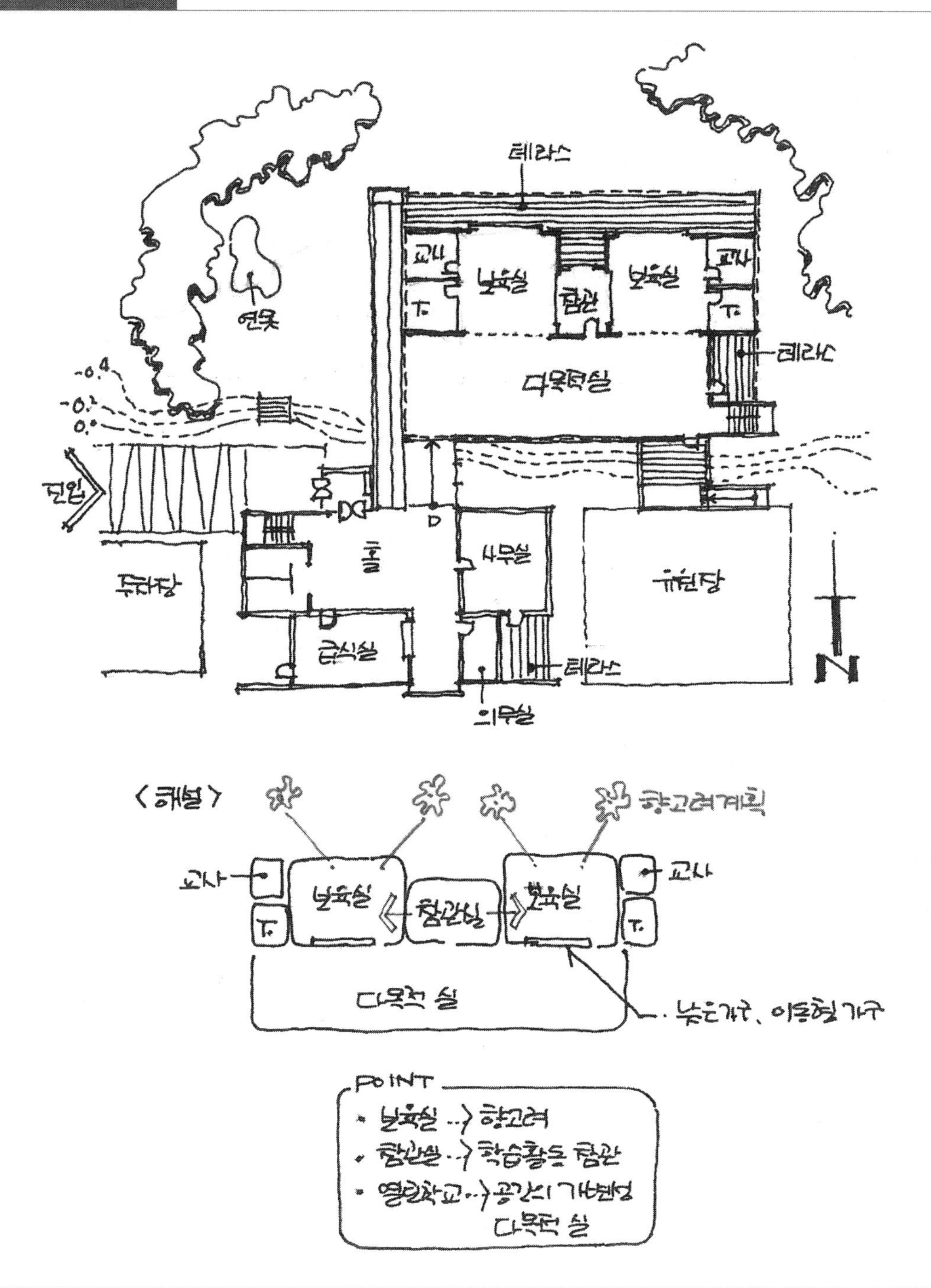

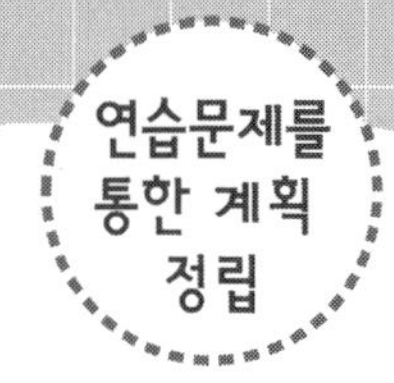


# 5 연습문제 및 해설

## 01. 연습문제

### 연습문제 ○○유치원 평면설계

#### 1. 과제개요

저층 주거지역에 위치한 부지에 유치원을 신축하려 한다. 아래 설계조건에 따라 1층 및 2층 평면도를 작성하시오.

#### 2. 건축개요

(1) 용도지역 : 제2종 일반주거지역
(2) 주변현황 : 대지 현황도 참조
(3) 대지면적 : 1,672$m^2$
(4) 건폐율 : 60%
(5) 용적률 : 200%
(6) 규모 : 지하 1층, 지상 2층
(7) 구조 : 철근콘크리트조 및 지붕 일부 철골조
(9) 층고
　① 지하층 : 4.5m
　② 지상층 : 3.9m(단, 강당은 4.8m)
(10) 주차장 : 지상주차 4대, 하역공간 25$m^2$
　(장애인 주차 1대, 서비스 주차 1대 포함)
(11) 기타 설비 : 승용승강기(장애인용 겸용)15인승 1대
　(승강기 샤프트 내부 평면치수는 2.5m×2.5m 이상)

#### 3. 설계조건

(1) 건축물의 외벽(캐노피 제외)은 도로경계선에서 4m 이상, 인접대지경계선에서 1.5m 이상 이격한다.
(2) 대지 내에는 다음 조건을 고려한 옥외시설물을 설치한다.
　① 유원장
　　– 면적 300$m^2$ 이상, 최소 폭 12m 이상
　　– 둔덕을 이용하여 2층으로 연결
　② 자연학습장
　　– Courtyard 형태로 계획하며 유원장과 연계
　　– 일부 영역은 모래마당으로 계획(표현생략)
　　– 면적 60$m^2$ 이상, 최소 폭 5m 이상
(3) 현관에서 신발장코너(면적 15$m^2$ 이상)를 이용하기 쉽도록 배치한다.
(4) 조리실은 서비스 동선을 고려한다.
(5) 보육실 전면에는 테라스(폭 1.5m)를 설치한다.
(6) 1층 바닥레벨은 EL+300mm로 한다.
(7) 옥내계단은 1개소로 계획한다.

#### 4. 실별 소요면적 및 요구사항

(1) 실별 소요면적 및 요구사항은〈표〉를 참조
(2) 각 실별 면적은 10%, 각 층별 바닥면적은 5% 범위 내에서 증감 가능

#### 5. 도면작성요령

(1) 1층 평면도에 조경, 보도 등 옥외 배치 관련 주요 내용을 표현한다.
(2) 주요치수, 출입문(회전방향 포함), 기둥, 실명 등을 표기한다.
(3) 벽과 개구부가 구분되도록 표현한다.
(4) 지하 1층은 전기실, 기계실, 창고 등을 포함하지만 도면 작성은 생략한다.
(5) 축척 : 1/400
(6) 단위 : mm

#### 6. 유의사항

(1) 도면 작성은 흑색연필로 한다.
(2) 명시되지 않는 사항은 관계법령의 범위 안에서 임의로 한다.
(3) 치수표기 시 도면에 여백이 없을 때에는 융통성 있게 표기한다.

〈표〉 실별 소요면적 및 요구사항

| 층별 | 실명 | 단위 면적 (m²) | 실수 | 면적 (m²) | 요구사항 |
|---|---|---|---|---|---|
| 1층 | 보육실 | 50 | 3 | 150 | – 향을 고려하여 배치 |
| | 보육실용 화장실 | 12 | 3 | 36 | – 각 보육실에서 직접 출입<br>– 외기에 면하도록 배치 |
| | 참관실 | 8 | 3 | 24 | – 무창실 가능 |
| | 조리실 | 50 | 1 | 50 | |
| | 원장실 | 20 | 1 | 20 | – 사무실과 인접 |
| | 사무실 | 30 | 1 | 30 | |
| | 화장실 | 30 | 1 | 30 | – 남 : 대변기 2개, 소변기 2개, 세면대 1개<br>– 여 : 대변기 3개, 세면대 2개<br>– 내부가 보이지 않도록 계획 |
| | 로비, 계단, 승강기, 복도 등 | | | 180 | – 복도는 유효폭 2.4m |
| | 1층 계 | | 520 | | |

| 층별 | 실명 | 단위 면적 (m²) | 실수 | 면적 (m²) | 요구사항 |
|---|---|---|---|---|---|
| 2층 | 보육실 | 50 | 3 | 150 | – 향을 고려하여 배치 |
| | 보육실용 화장실 | 12 | 3 | 36 | – 각 보육실에서 직접 출입<br>– 외기에 면하도록 배치 |
| | 참관실 | 8 | 3 | 24 | – 무창실 가능 |
| | 강당 | 130 | 1 | 130 | – 무대와 준비실 및 객석을 적절히 표현 |
| | 교구 보관실 | 15 | 1 | 15 | – 홀에서 출입 |
| | 화장실 | 30 | 1 | 30 | – 남 : 대변기 2개, 소변기 2개, 세면대 1개<br>– 여 : 대변기 3개, 세면대 2개<br>– 내부가 보이지 않도록 계획 |
| | 홀, 계단, 승강기, 복도 등 | | | 150 | – 복도는 유효폭 2.4m<br>– 홀과 인접하여 Open부 (면적 20m²) 계획 |
| | 2층 계 | | 535 | | |

<대지현황도 : 축척 없음>

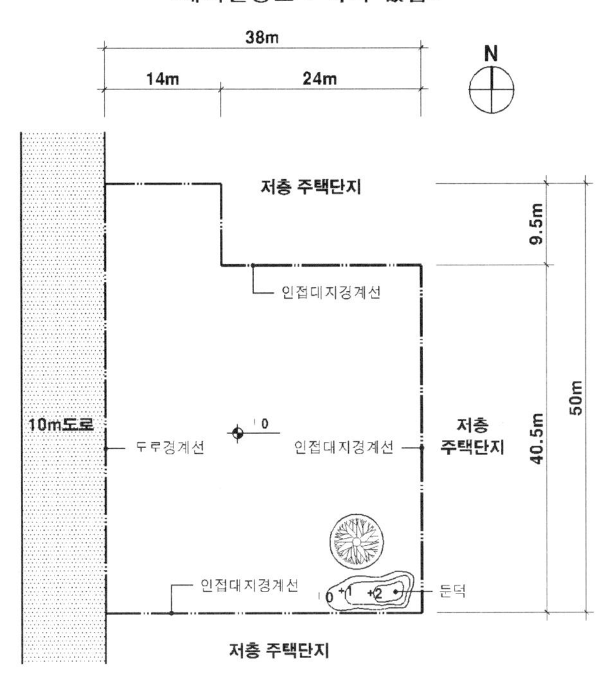

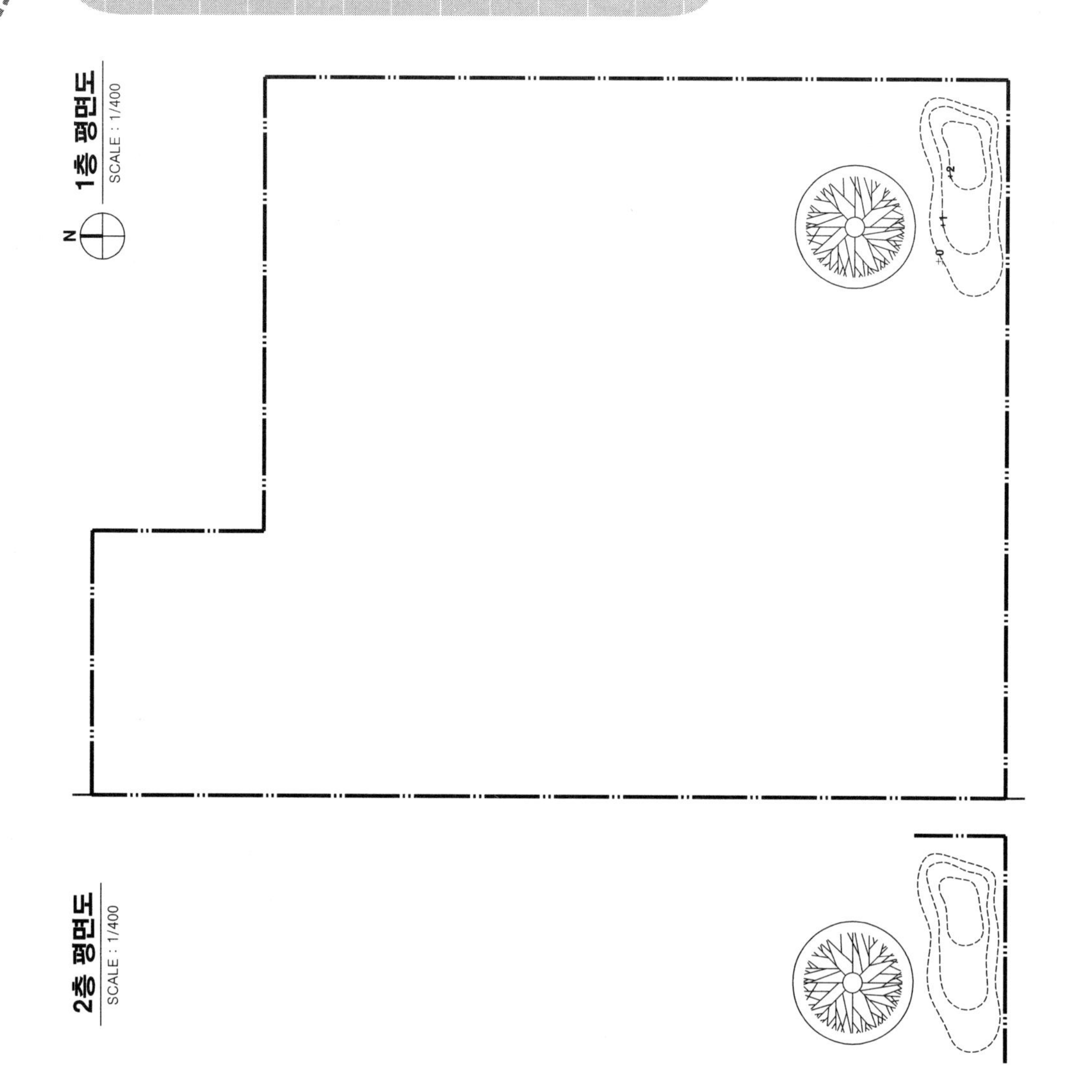
1층 평면도
SCALE : 1/400
N
+0
+1
+2
2층 평면도
SCALE : 1/400

## 02. 답안 및 해설

**답안 및 해설** ○○유치원 평면설계

(1) 설계조건분석

제목 : OO 유치원 — 교육시설 관련 내용 이해

1. 1층, 2층 평면도 작성

2. 제2종 일반주거지역 — 정북일조 확인

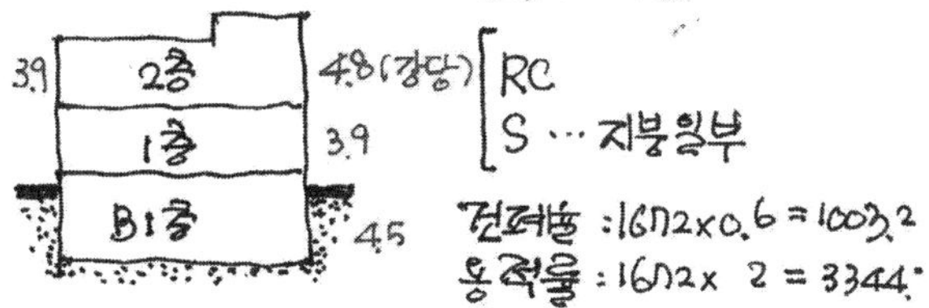


Ⓟ – 지상4대, 하역 25m²
HP 1, SV 1 포함

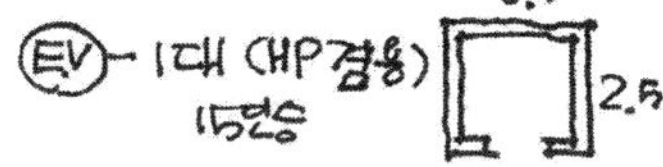


3. 이격 : 4m ↔ 도로 (캐노피 제외)
   1.5m ↔ 인접대지
   1층바닥 : EL+300
   계단 : 옥내계단 1개소

• 건축물
- 신발장코너 (15m²) → 현관 (이용성)
- 조리실 – 서비스동선 고려, 하역공간 연계
- 보육실 – 전면 테라스 설치 (W=1.5m)

• 옥외시설물
- 유희장 : 300m² ↑ W=12m ↑ 둔덕이용 2층 연결
- 자연학습장 : 60m² ↑, W=5m ↑
  - 일부 모래마당 (생략)
  - Courtyard 형태 안마당, 중정
  - 유희장 연계

4.

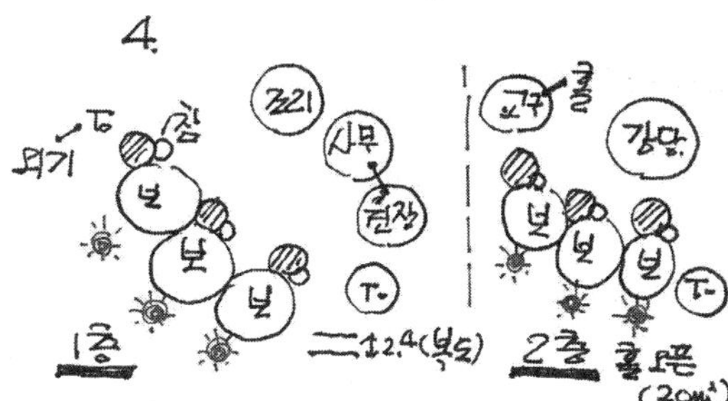

(2) 대지분석

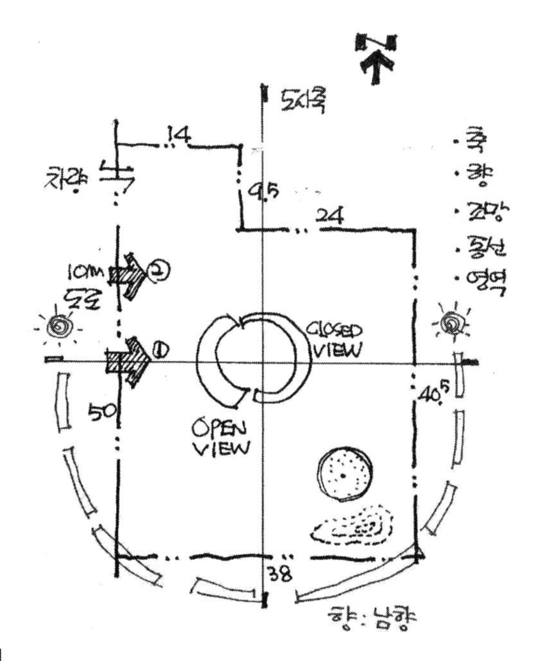


(3) 토지이용계획

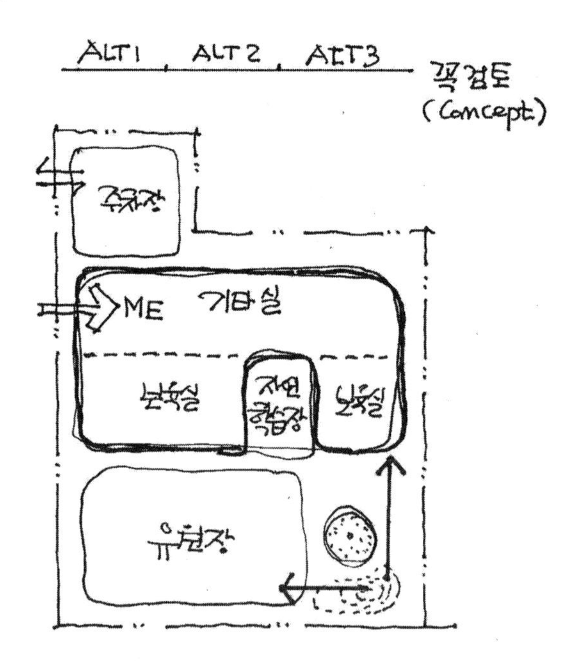

### (4) Space Program 분석

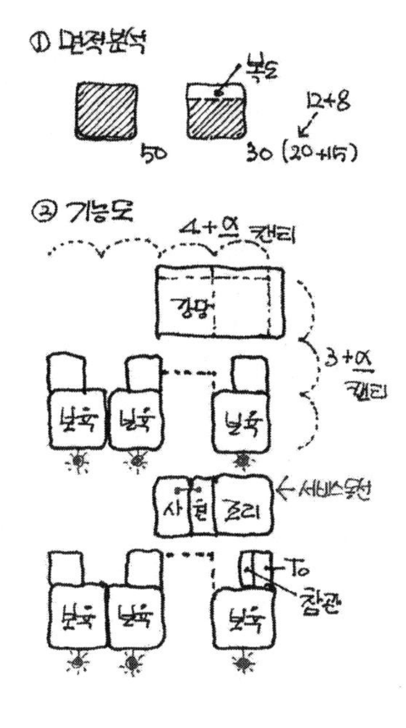


### (5) 모듈분석

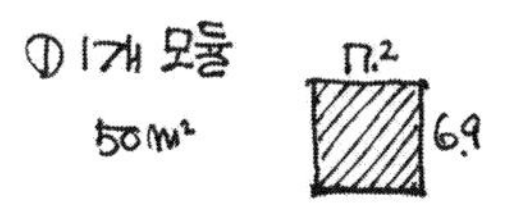


② 1개층 M.수
2F : 535 + 20(OPEN) = 555
555/50 ≒ 11

③ Site 적용

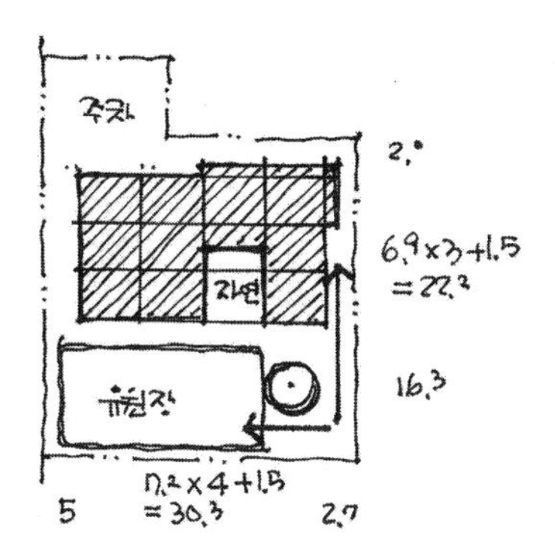


### (6) 수직조닝 및 수평조닝

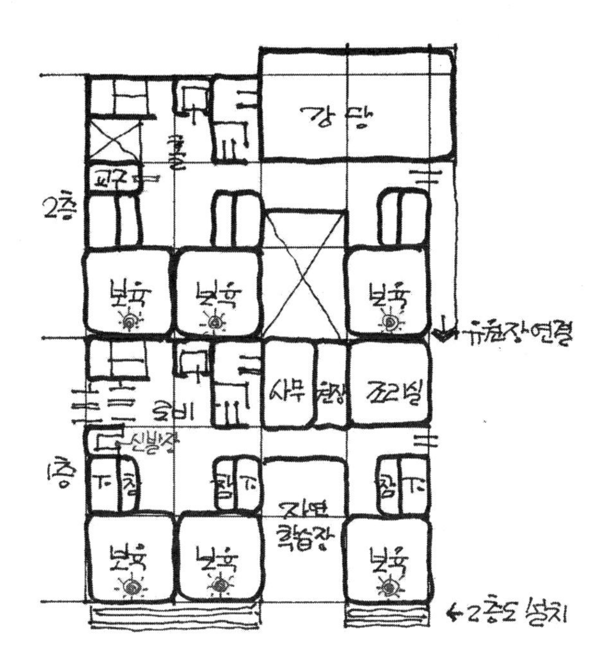

(7) 답안분석

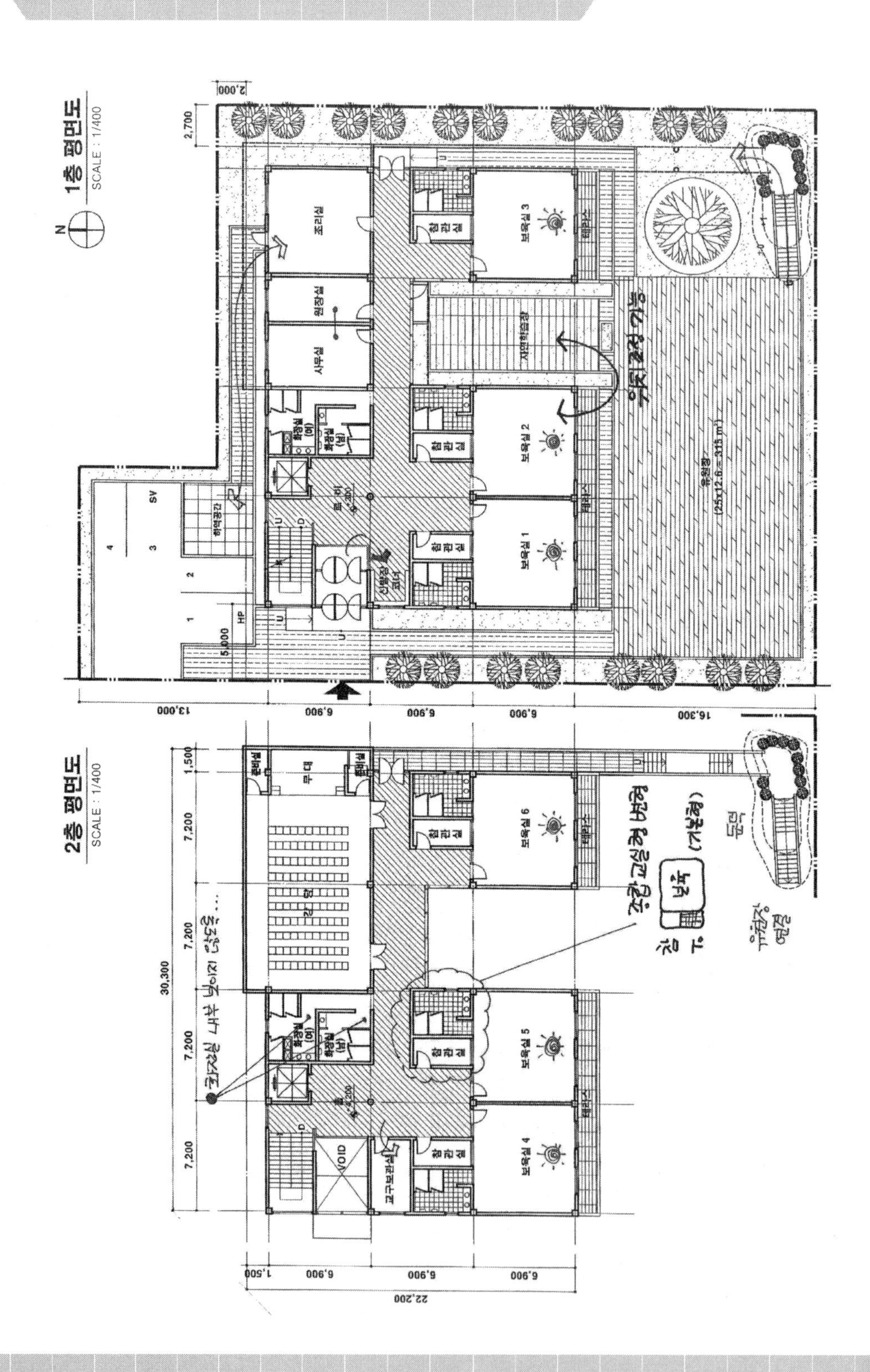

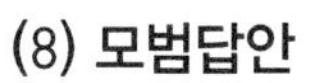

### (8) 모범답안

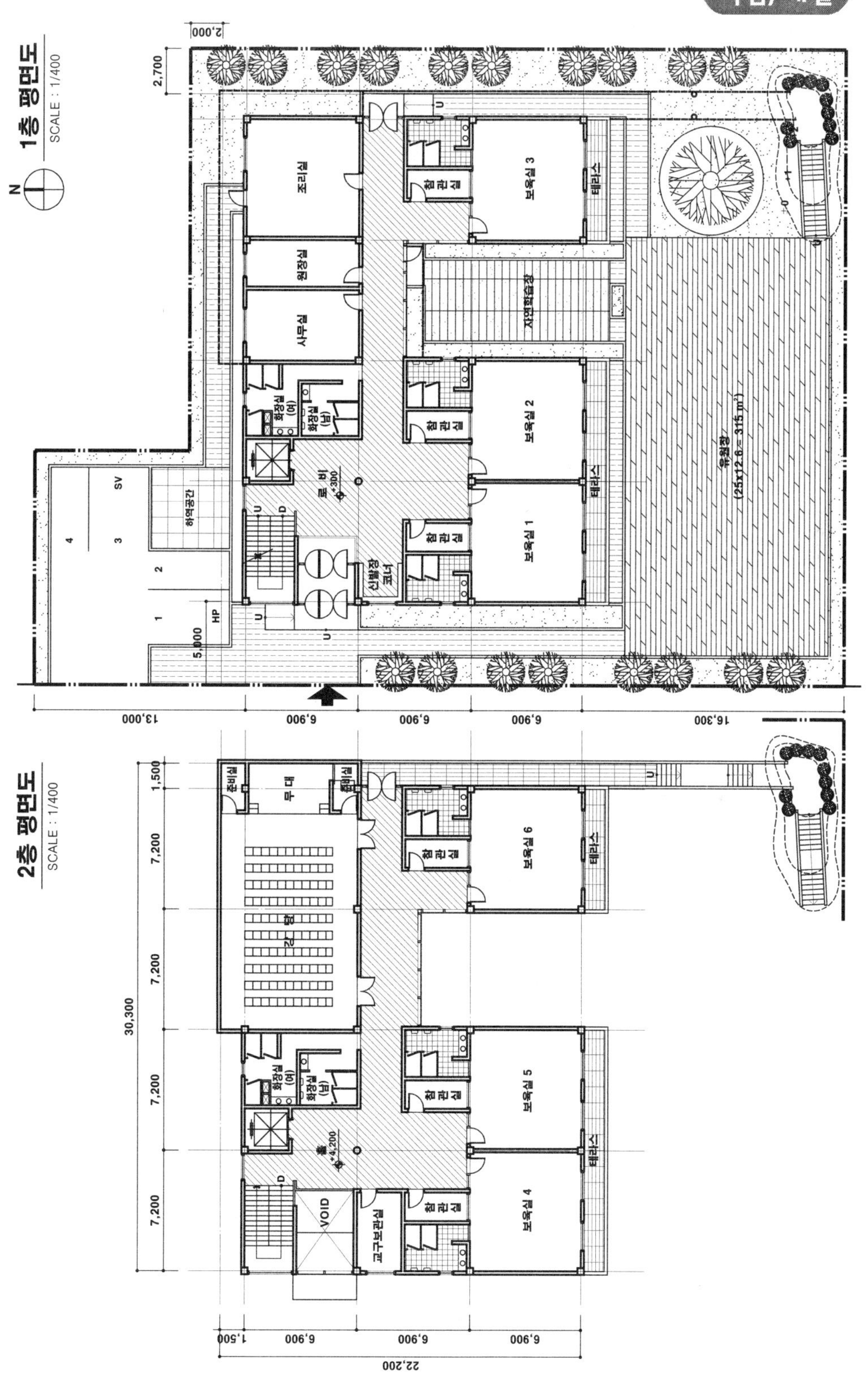
1층 평면도
SCALE : 1/400
N
조리실
원장실
사무실
화장실(여)
화장실(남)
로비
하역공간
신발장 코너
관찰실
보육실 3
보육실 2
보육실 1
테라스
자연학습장
유희장
(25x12.6 = 315 m²)
2층 평면도
SCALE : 1/400
준비실
무대
강당
홀
VOID
교구보관실
보육실 6
보육실 5
보육실 4
2,000
2,700
5,000
13,000
6,900
16,300
1,500
7,200
30,300
22,200

제6장

# 기타 시설

# 1 숙박시설

## 01. 개요

### 1. 숙박시설의 정의

숙박시설이란 비즈니스, 관광 또는 휴양 등의 목적을 가진 숙박자에게 숙박을 제공하는 시설로서 호텔, 여관, 콘도미니엄, 유스호스텔, 휴양소, 연수원 등을 말한다. 현대의 호텔은 숙박의 개념보다는 휴식과 사회적 교류의 장소로서의 의미가 점차 커지고 있다.

### 2. 호텔의 분류

[표 6-1] 호텔의 분류

| 구분 | | 내용 |
|---|---|---|
| 시티호텔 | 커머셜 호텔 (Commercial Hotel) | 주로 상업상, 사무상의 여행자를 위한 호텔로서, 도시의 가장 번화한 교통의 중심으로 편리한 위치에 있다. |
| | 레지덴셜 호텔 (Residential Hotel) | 상업상 · 사무상의 여행자, 관광객 장기 체재자 등의 일반 여행자를 대상으로 하며, 스위트룸과 호화로운 설비를 하고 있다. |
| | 아파트먼트 호텔 (Apartment Hotel) | 손님이 장기간 체재하는 데 적합한 호텔로서, 각 객실에는 주방 설비를 갖추고 있다. |
| | 터미널 호텔 (Terminal Hotel) | 교통기관의 발착지점에 위치한 호텔로서, 손님의 편리를 도모하며 공항호텔, 부두호텔, 철도호텔 등이 있다. |
| 리조트호텔 | 리조트호텔 (Resort Hotel) | • 각각의 위치조건에 따라 주변환경의 특색을 갖추고 있다.<br>• 해변 호텔(Beach Hotel), 산장 호텔(Mountain Hotel), 온천 호텔(Hot Spring Hotel) 등이 있다. |
| | 클럽 하우스 (Club House) | 스포츠시설을 위주로 이용되는 숙박시설을 갖추고 있다. |

### 3. 호텔의 복합화

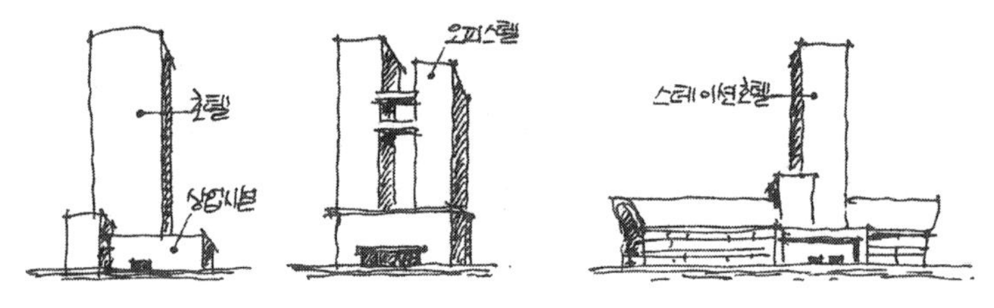


[그림 6-1 호텔의 복합기능]

● 호텔계획

숙박시설을 구성하는 숙박부분, 공공부분, 관리부분의 효율적 기능분리 및 연결동선의 고려는 호텔계획의 중요한 사항이다.

● 시티호텔(City Hotel)

- 도심형 대규모 호텔
- 사회적 시설 완비
- 최대 수용능력의 객실
- 기능적인 Public Space
- 대부분 고밀도 고층형

● 리조트호텔(Resort Hotel)

- 조망 및 환경적 조건 충분히 고려
- 레크리에이션 시설 겸비
- 건축형식은 주변을 고려한 자유로움

● 복합호텔의 종류

- 상업시설과의 복합형
- 오피스빌딩과의 복합형인 오피스텔
- 역전빌딩과의 복합형인 스테이션 호텔
- 재개발지역 빌딩과의 복합형
- 금융기관이나 공공서비스 시설과의 복합형

● 호텔의 입지조건

입지조건에 따른 호텔의 형식 및 건축계획방향이 달라질 수 있다는 것은 계획 초기부터 반영

● 호텔의 향

호텔의 숙박실은 가급적 남향을 고려하되, 대지축, 조망 등의 기타 요소에 의해 남향이 고려되지 않는 경우도 많다.

# 02. 배치계획

## 1. 대지조건

### (1) 시티호텔(City Hotel)

① 교통수단이 편리한 위치, 주로 철도역이나 터미널에서 가까운 곳

② 환경이 좋고 쾌적한 위치, 주변의 환경이 안정되고 품격이 있는 곳

③ 자동차에 의한 접근성이 좋고 주차공간이 충분한 곳

④ 음식점과 상점 등이 밀집된 번화가에서 가까운 곳

⑤ 커머셜 호텔과 레지덴셜 호텔은 도심지에서 교통이 편리하고 여행자의 활동이 원활하게 이루어질 수 있는 안정된 위치를 선정한다.

⑥ 아파트먼트 호텔은 통풍과 채광상 주거조건에 적합한 위치로서 상가시설과 오락시설 등이 가까이 있고 교통이 편리한 위치를 선정한다.

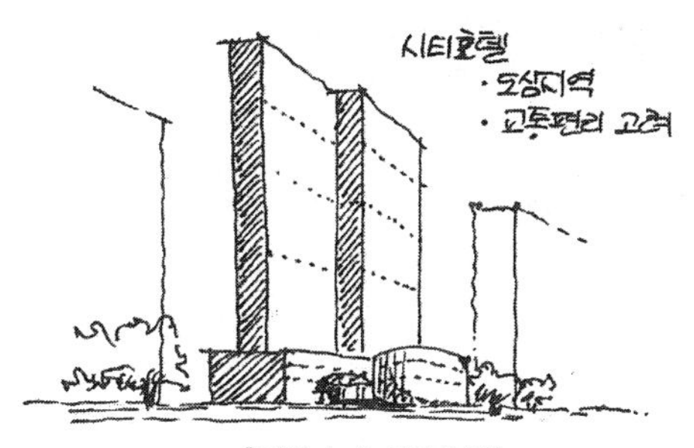


[그림 6-2 시티호텔]

### (2) 리조트 호텔(Resort Hotel)

① 우선적으로 수질이 좋은 수원이 있고 수량이 풍부한 곳

② 수해 및 풍설해의 위험이 없고 계절풍에 대한 대비가 쉬운 곳

③ 조망이 좋은 곳

④ 관광지에 인접하거나, 주변 환경의 특색이 있는 곳

⑤ 교통수단에 의한 접근성이 좋은 곳

⑥ 식료품이나 린넨류의 구입이 편리한 곳

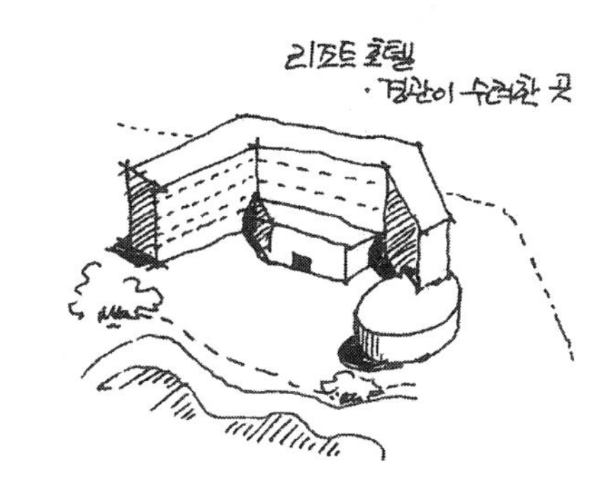


[그림 6-3 리조트호텔]

## 2. 기본사항

① 호텔이용자의 대부분이 차량을 이용하므로 현관부와 차량 진입의 관계가 중요하다. 따라서 조건에 따라 주도로에서의 진입이 허용될 수가 있다.

② 객실층의 배치방향은 향보다 조망이 우선될 수가 있으며, ㅡ자형이나 ㄱ자형이 무난하다.

## 3. 동선계획

● 호텔의 차량동선

호텔과 병원의 주 이용객들은 차를 타고 오므로 이용성을 고려하여 이용객 차량의 주도로 접근이 각론상 허용된다.

### (1) 보차분리계획

① 보행자 동선
- 이용자 출입 : 숙박객, 연회객, 일반 이용객
- 종업원 출입

② 차량 동선
- 자동차 출입 동선 : 이용객, 주도로에서 접근 가능
- 식품, 물품, 쓰레기 등의 동선

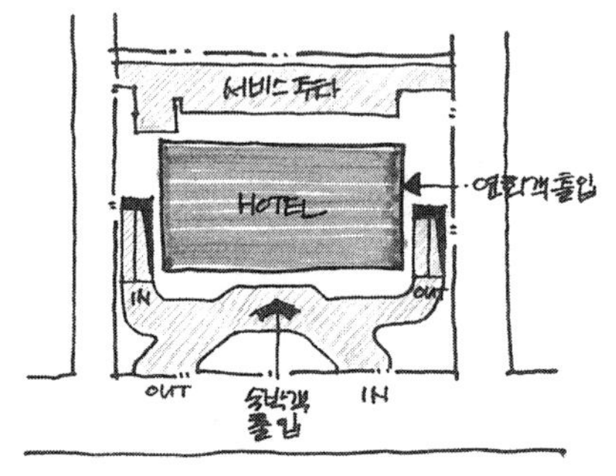


[그림 6-4 호텔의 출입동선]

### (2) 동선계획의 기본방침

① 고객동선과 서비스동선이 교차되지 않도록 출입구를 분리한다.

② 숙박고객과 연회고객의 출입구도 가능한 한 분리한다.

③ 고객동선은 목적한 장소까지 명쾌한 동선으로 계획한다.

④ 숙박고객은 프런트를 통하여 주차장으로 연결한다.

⑤ 종업원, 식품, 물품 등의 각 서비스 동선에 능률화 도모 특히, 종업원 출입구 및 물품의 반출입구는 각각 1개소로 계획한다.

⑥ 최상층에 레스토랑 계획 여부는 엘리베이터 계획과 관계가 되므로 기본계획시 결정한다.

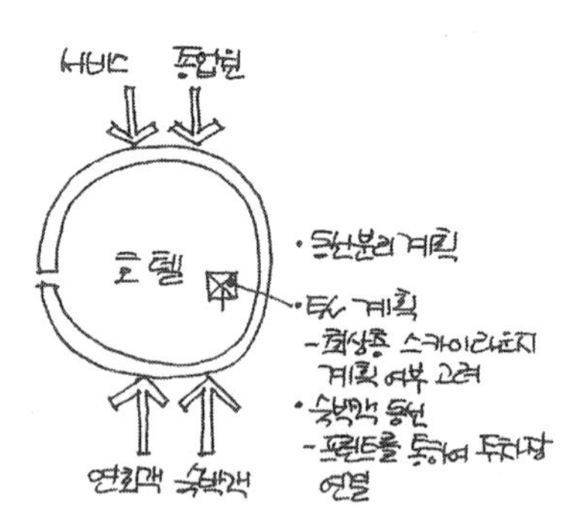


[그림 6-5 호텔의 동선분리계획]

**● 호텔계획의 기본방침**

① 호텔의 규모와 성격 결정
② 객실 수의 결정
③ 객실 종류의 결정
④ 객실의 설계
⑤ 객실 기준층의 설계
⑥ 공공부분(퍼블릭스페이스)의 설계
⑦ 관리부분, 종업원실 설계
⑧ 정원, 주차장, 부대시설의 설계

**● 호텔의 기능**

호텔은 크게 숙박부분, 공공부분, 관리부분으로 나눌 수 있다.

# 03. 평면계획

## 1. 기능분석

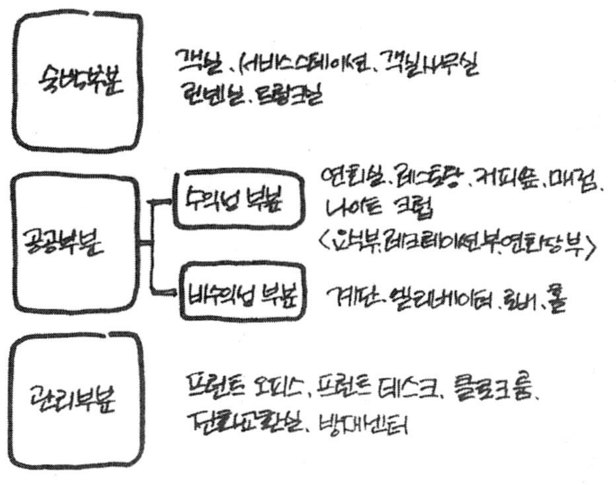


[그림 6-6 호텔의 기능도]

[표 6-2] 호텔의 기능 구성

| 구분 | 내용 |
|---|---|
| 숙박부문 | 객실 및 이에 부수되는 공용 변소, 공용 욕실, 메이드실, 보이실, 린넨실, 트렁크실, 복도, 계단 등 |
| 퍼블릭 스페이스 | 현관, 홀, 로비, 라운지, 식당, 오락실, 연회실, 매점, 나이트클럽, 바, 볼 룸, 커피숍, 그릴, 담화실, 독서실, 진열장, 스모크 룸, 프런트 카운터, 이발실, 미용실, 엘리베이터, 계단, 정원 등 |
| 관리부문 | 프런트 오피스, 클로크 룸, 지배인실, 컴퓨터실, 사무실, 공작실, 전화교환실, 종업원관계 제실 및 이에 부수되는 변소, 복도, 계단 등 |
| 요리관계부문 | 배선실, 주방, 식기실, 냉장고, 식료품 창고 및 부수되는 변소, 복도, 계단 등 |
| 설비관계부문 | 보일러실, 각종 기계실, 세면실 및 이에 부수되는 창고, 복도, 계단 등 |
| 대여실 | 상점, 창고, 임대사무실, 클럽 |

## 2. 모듈계획

### [1] Unit Module 계획

① 1Bay를 3.6m, 3.9m, 4.0m의 폭으로 계획

② 1모듈은 2Bay를 기준으로 적용

→ 1 Module span=7.2m, 7.8m, 8.0m

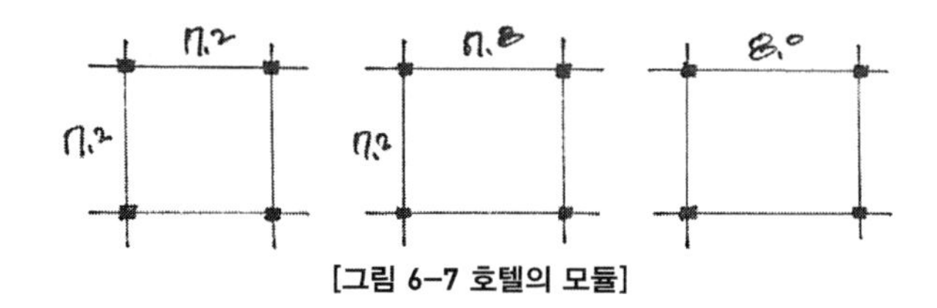


[그림 6-7 호텔의 모듈]

### [2] Module 계획

복도의 계획 방향에 따라 다음 2가지로 계획 가능

#### (1) TYPE -1

① Unit Module을 유지

② 별도의 복도공간을 확보

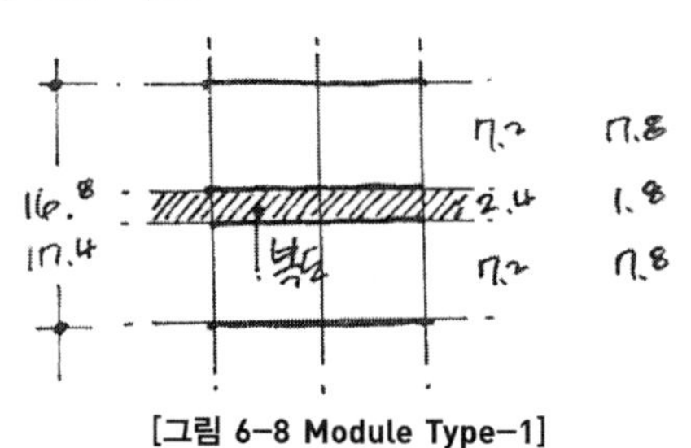


[그림 6-8 Module Type-1]

#### (2) TYPE -2

① Unit Module 내에 복도공간 포함

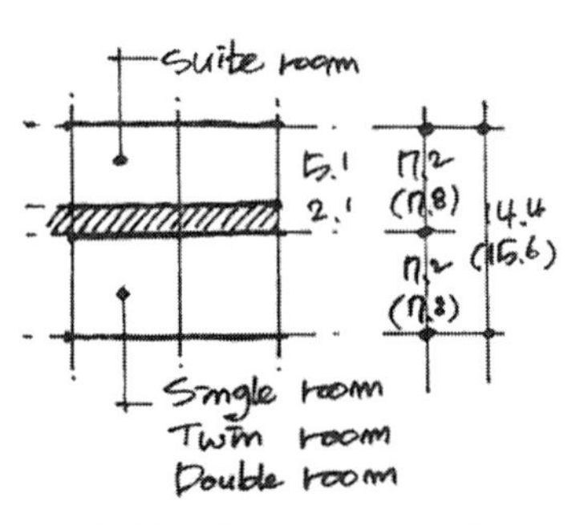


[그림 6-9 Module Type-2]

● 객실의 가로, 세로비

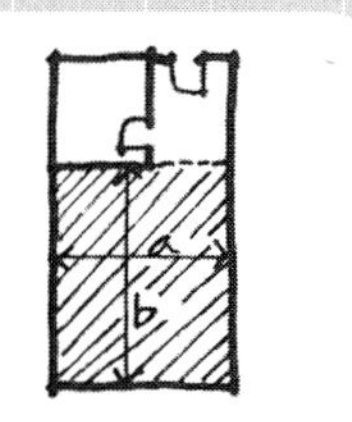


• a : b=0.8~1.6 정도

● 호텔의 모듈

호텔은 편리성을 고려하여 다른 숙박시설보다 조금 크게 계획할 필요성은 있으나 대지의 위치와 크기에 따라 다양한 크기의 모듈이 가능하다.

● 호텔의 Bay 구성

1~2인실은 1Bay(0.5모듈)로 구성되며, Family Room이나 Suite Room은 2Bay 이상(1모듈 이상)으로 구성한다.

QUIZ 1.

● 호텔의 기능

호텔의 기능은 크게 ( ), ( ), ( )으로 구성되며 기능에 따른 조닝 구성과 각 동선의 분리계획을 고려한다.

● 동선분리

숙박객과 연회객은 출입구 뿐 아니라 코어도 당연히 분리하여야 한다.

QUIZ 1. 답

- 숙박부문, 공공부문, 관리부문

## 3. 세부계획

### [1] 기본 고려사항

① 입지적 성격에 따라 계획의 방향설정이 분명하도록 한다. 커머셜 호텔은 사교기능과 수익기능이 강조되고 리조트 호텔은 휴식기능이 강조되므로 조망을 고려한 침실 계획이 중요하다.

② 호텔의 기능은 크게 숙박부문, 공공부문, 관리부문으로 구성되므로 기능에 따른 조닝 구성과 각 동선의 분리를 검토한다.

③ 저층부는 공공 사교적 기능이고 상층부는 객실 기능으로 구분되므로 고객 동선과 서비스 동선을 분리하고 피난을 고려한다.

④ 주출입구와 프런트 데스크, 코어의 형성은 삼각형을 이루는 모양이 좋고, 로비는 넓고 개방감 있게 계획한다.

⑤ 연회장이 있는 경우 별도의 출입구가 형성될 수 있으며, 주방과 식당과의 동선관계를 고려한다.

⑥ 기준층(객실층) 구성에 따라 기본적인 Mass가 결정되므로 평면상 주출입구와 주코어, 부코어의 구성이 계획의 핵심이다.

⑦ 고객 동선과 서비스 동선의 분리에 따른 주코어와 부(서비스)코어의 구성이 기준층과 저층부의 계획 방향에 영향을 주므로 주 · 부 출입구와의 관계를 고려하여 계획한다.

⑧ 시티 호텔은 중복도형으로 구성되나 리조트 호텔은 가급적 조망에 따른 편복도형이 좋다.

[그림 6-10 호텔]

## [2] 세부계획

### (1) 숙박부문

① 호텔에 있어서 일반적으로 숙박시설은 2층 이상에 배치하는 것이 보통이나 최근에는 1층(저층)의 공공 또는 사교시설과 자유로운 관계 위치에 두어 각각 그 기능을 충분히 살리도록 계획한다.

② 기준층의 객실수, 객실크기, 객실형에 따라 호텔의 형이 거의 결정되므로 호텔의 성격, 대지의 형상, 스페이스 프로그램 등을 고려하여 호텔의 특성을 살려야 한다.

③ 시티호텔은 일반적으로 대지경계선에 의해 그 형태가 결정되나, 리조트형 호텔은 자유로운 형태가 가능하다.

④ 객실의 총면적과 공용부분 총면적의 비율은 7:3이 일반적이다.

⑤ 객실에 있어 양식과 한식의 비율도 중요하다. 양식의 객실은 숙박인원이 고정적이나 한식은 다소 융통성이 있다. 계절에 따라 손님의 증감차가 큰 관광호텔 등은 한식이 많은 반면, 시티호텔은 양식이 주요 평면형이 된다.

• 기준층 평면계획

**● 현관문의 개폐 방향**

모든 숙박실의 현관문은 피난을 고려하여 바깥여닫이로 계획한다.

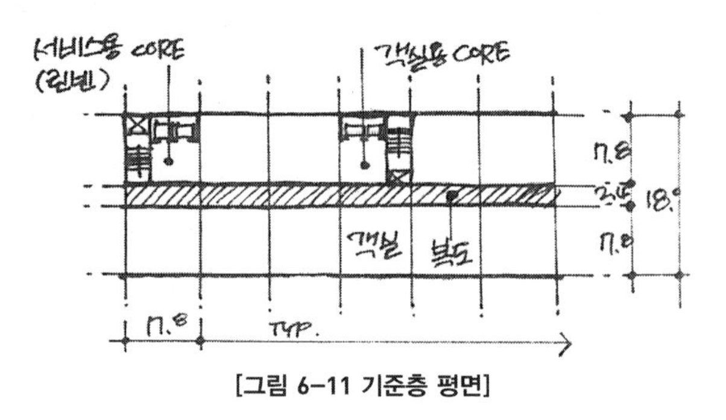


[그림 6-11 기준층 평면]

**● Room의 Bed 구성**

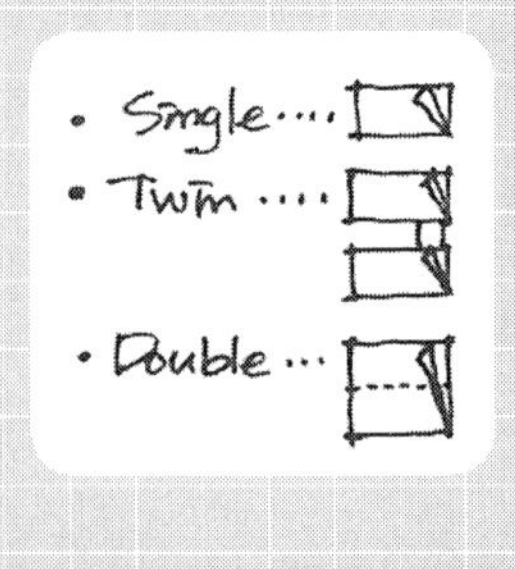


• 객실 Unit Plan

– Twin Bed Room　　　　– Suite Room

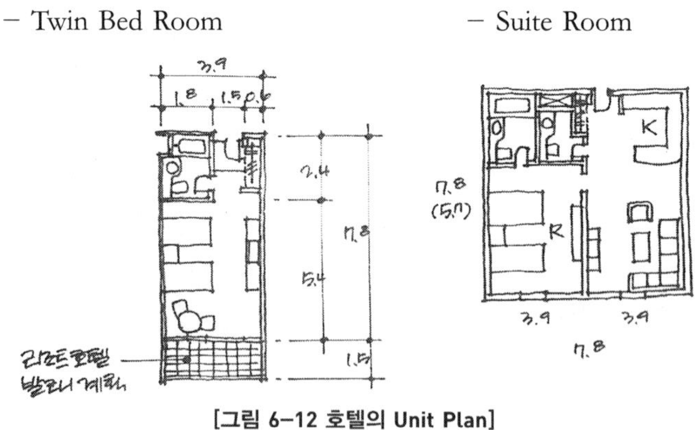


[그림 6-12 호텔의 Unit Plan]

- 서비스실
  - 린넨실
  - 서비스 스테이션
  - 보이실
  - 메이드실

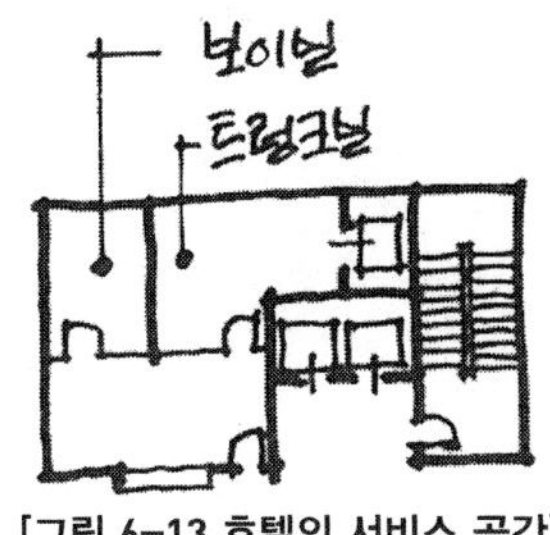

[그림 6-13 호텔의 서비스 공간]

## (2) 공공부문

- 현대 호텔은 공공 · 사교 부문에서 서비스의 질과 양을 높여가는 추세에 있으며, 호텔 전체의 매개공간 역할을 한다.
- 공공부문은 크게 수익성 부문과 비수익성 부문으로 나누어지며, 수익성 부문은 요식부, 레크리에이션부, 연회장부로 구분된다.

① 연회실(Ball Room)

- 숙박부분과 분리하고 규모와 기능에 따라 별도의 홀과 출입구를 계획한다.
- 다목적 홀의 기능으로 가변성 벽으로 구획 가능하도록 하고, 팬트리 기능의 서비스 공간을 제공한다.
- 서비스 동선 : 주방 → 팬트리 → 연회장
- 연회객 동선 : 로비 → 연회장
- 테이블 배치는 6~10인용 라운드 테이블 또는 10인용 이상의 대형테이블을 배열한다.
- 음향, 조명시설, 동시통역시설 등의 설비를 갖추도록 한다.

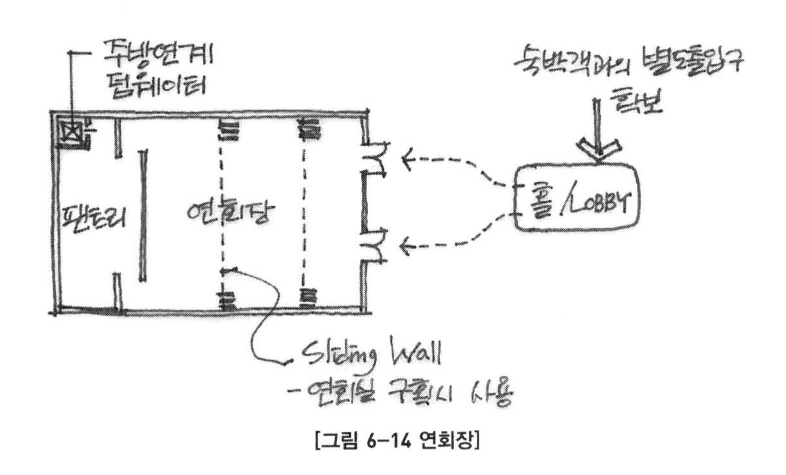

[그림 6-14 연회장]

**● 연회장 면적**

- 대연회장 : 1.3m²/인
- 중 · 소연회장 : 1.5~2.5m²/인
- 회의실 : 1.8m²/인

**● 식당의 1석당 바닥면적**

- 주식당 : 1.1~1.5m²
- 연회장 : 0.8~0.9m²
- 카페테리아 : 1.4~1.7m²

**● 연회장**

호텔의 규모에 따라 연회장을 위한 전용코어, 전용화장실 그리고 다양한 크기의 연회실 구성이 가능하다.

② 레스토랑 / 커피숍

• 숙박객과 외래객의 접근과 개방감이 좋도록 계획한다.

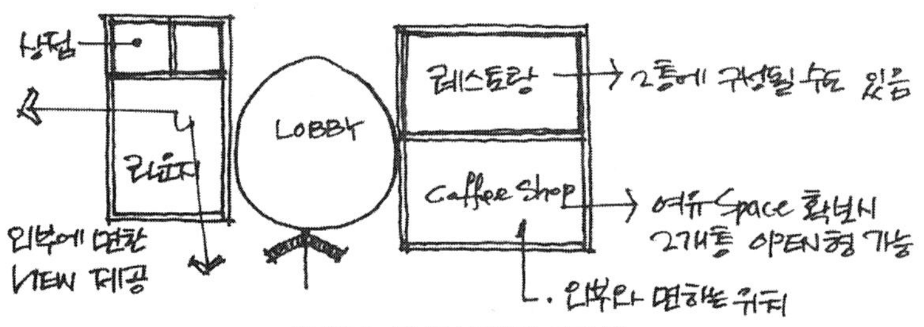


[그림 6-15 레스토랑과 커피숍]

● 프론트데스크 위치

출입구, 프론트데스크, 코어는 삼각형을 이루는 것이 관리상 좋음

## (3) 관리부문

• 관리부문은 접객의 신경계로 경영, 서비스의 중추기능이다.
각 부와 신속한 연락이 되어야 하며 최근에는 보안 감시기능이 점차 중요시되고 있다.

• 소요실로는 프론트 오피스, 지배인실, 사무실, 종업원 관계제실 등이 있다.

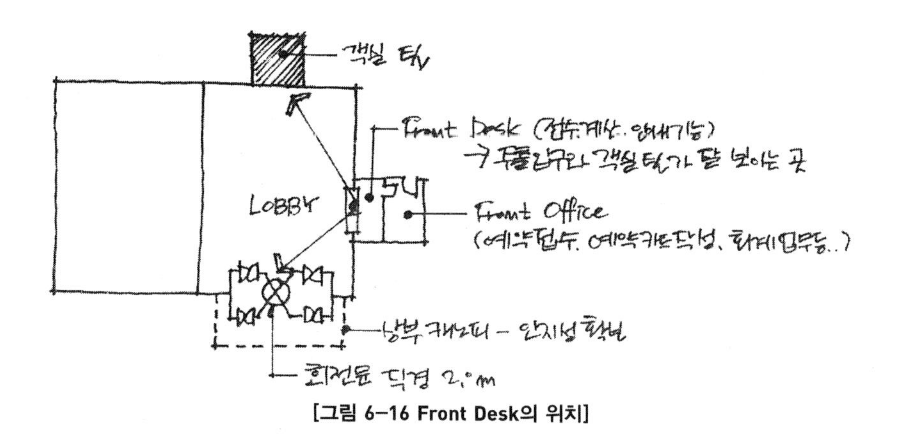


[그림 6-16 Front Desk의 위치]

① 프론트 오피스(Front Office)

- 주출입구와 로비, 코어 위치를 고려하여 계획한다.
- 프론트의 기능은 안내, 객실 체크, 회계로 구분되며, 프론트의 길이는 약 3~6m 정도로 하고 폭은 0.9~1.2m 정도로 한다.

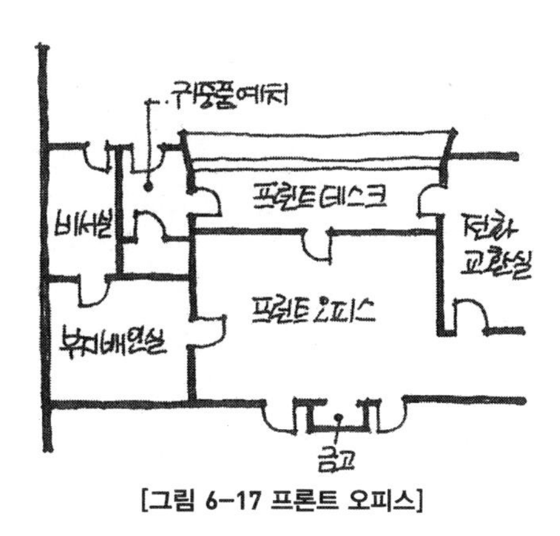


[그림 6-17 프론트 오피스]

② 지배인실

- 외래객이 알기 쉬운 위치에 계획한다.
- 방해받지 않고 자유롭게 이야기할 수 있는 위치에 계획한다.
- 후문으로도 연결되도록 계획한다.

③ 클로크룸

- 집회 등으로 일시에 혼잡해질 수 있으므로 카운터의 길이를 길게 계획하여 예치품 보관 선반도 여유있게 계획한다.

# 04. 사례

## [사례 1] 롯데호텔 제주

- WAT & G + 이웨스건축

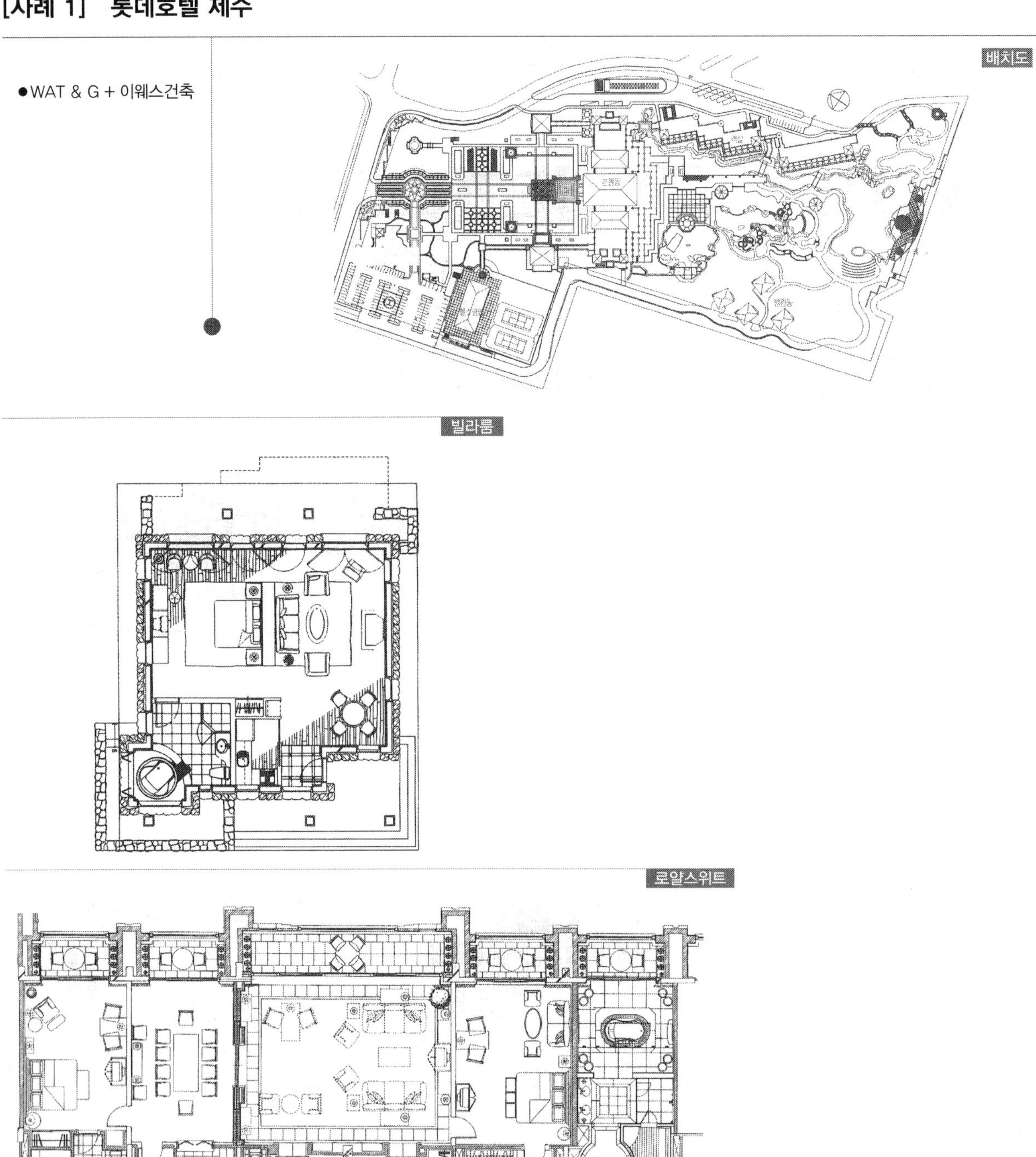

## [사례 2]　제2유스호스텔

● (주)종합건축사사무소, 동우건축, 이용익 · 김경곤 · 양창우 · 이종헌

● 발췌 : 「설계경기」, 도서출판 에이엔씨

Unit

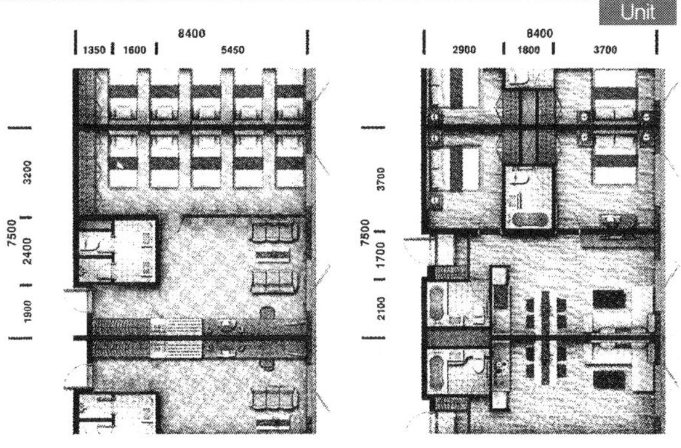

6 · 7층

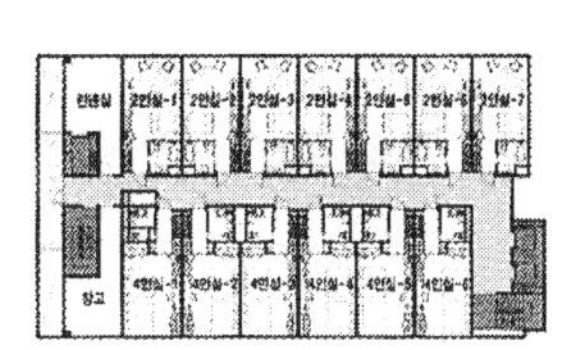

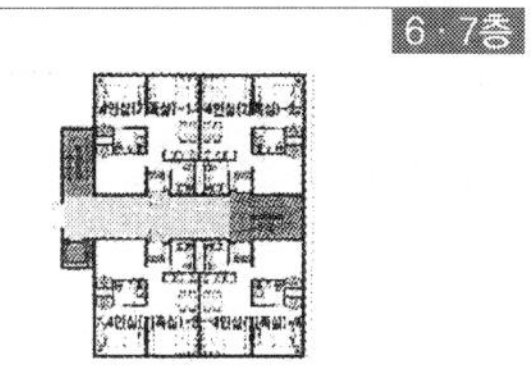

‖6,7층 평면도 축 척 1:400

4층

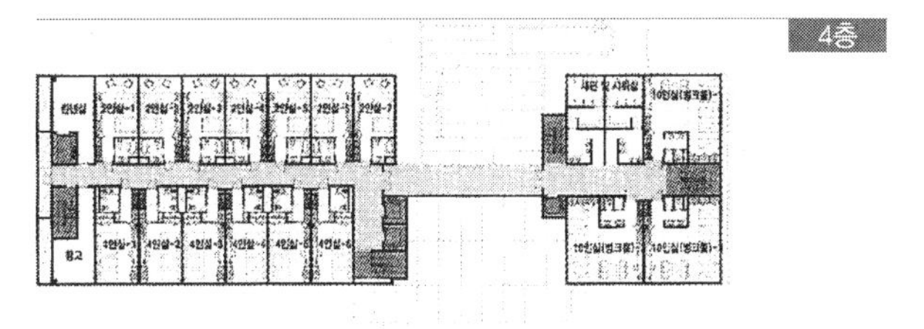

‖4층 평면도 축 척 1:400

Unit

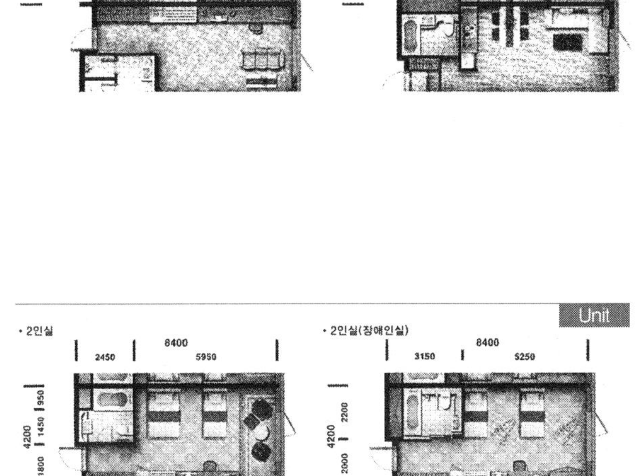


2층

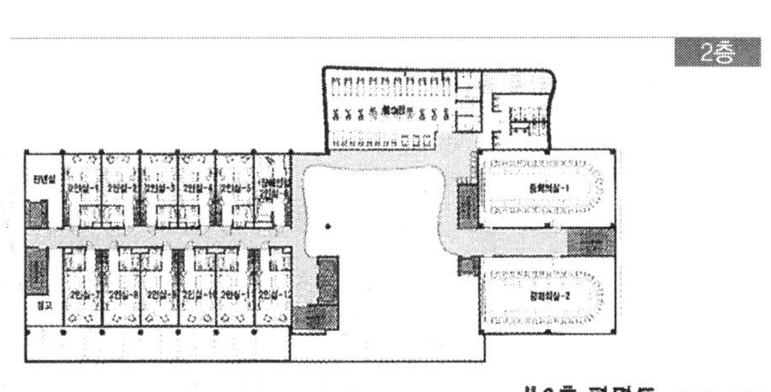

‖2층 평면도 축 척 1:400

# 2 연수원

● 연수원의 입지조건

입지의 위치에 따른 Mass계획 및 수직조닝 등의 계획방향 결정이 중요함

## 01. 개요

### 1. 연수원

#### [1] 연수원의 정의

연수원이란 어떤 단체가 목적을 가지고 일정기간 동안 그 구성원들에게 필요한 전문지식을 습득케 하기 위하여 교육, 훈련을 하는 시설을 말한다. 따라서 강의실이나 실습실로 구성되는 교육시설로서의 기능과 숙박시설로서의 기능 그리고 식사, 휴식, 레크리에이션 등 생활기능이 고려되어야 한다. 즉 연수원은 교육기능, 숙박기능, 생활기능을 주요소로 하는 복합기능의 건축물이라 할 수 있다.

### 2. 연수원의 분류

[표 6-3] 연수원의 분류

| 분류 | | 세부시설 및 내용 |
|---|---|---|
| 입지조건에 따른 분류 | 도시형 | 단기체류, 주변환경 배려 |
| | 근교형 | 중기체류, 종합연수원 |
| | 리조트형 | 장기체류, 교육+휴양 |
| 특성에 따른 분류 | 공무원 교육원 | 공무원의 직무능력 향상을 위한 교육을 목적으로 함 |
| | 기업연수원 | 기업 임직원의 연수 및 휴양을 목적으로 함 |
| | 수련원 | 특정 단체 구성원의 수련을 목적으로 함 |

[그림 6-18 연수원]

# 02. 배치계획

## 1. 대지조건

### [1] 입지조건

#### (1) 청소년용 연수시설

① 외부환경으로부터 격리된 자연 그대로의 환경인 곳
② 자연관찰, 자연보호 등의 활동이 충분히 실시될 수 있는 곳
③ 캠프, 하이킹, 물놀이 등 야외활동이 가능한 곳

#### (2) 기업용 연수원

① 자연환경이 양호한 전원지
② 쉽게 갈 수 있는 시가지 근교의 전원지
③ 최근에는 시가지 내에 건축되는 경우도 많다.

## 2. 기본사항

① 입지유형에 따라 차이가 있으나 기본적으로 보 · 차 동선을 분리하고 진입공간을 확보한다.
② 복합기능을 갖고 있는 시설물이므로 주출입구와 각 시설로 접근하기 편리한 위치에 2~3개소 이상 부출입구를 설치하여 다양한 접근을 고려한다.
③ 대지가 좁은 도시형이나 근교형은 고밀도의 건축구성이 요구되므로 각 기능 간 수직적 분할을 유도한다.
④ 대지가 넓은 근교형이나 리조트형은 수평 · 수직적 분할을 유도하고 자연지형을 고려한 계획이 되도록 한다.
⑤ 일조나 전망이 좋은 곳에 건물을 배치한다.

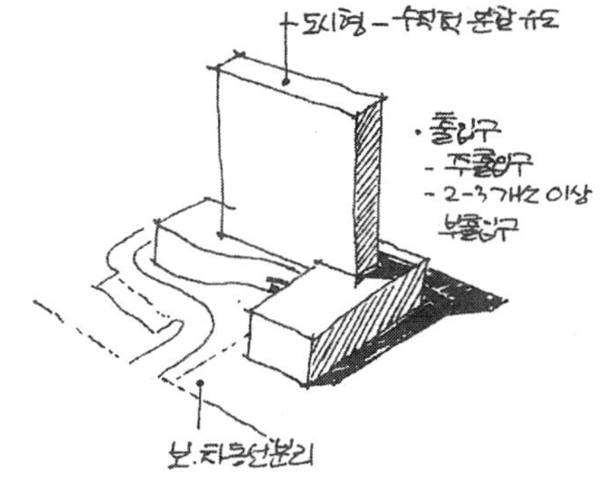

[그림 6-19 도시형 연수원]

**● 입지에 다른 배치계획**

- 도시형 : 각 기능 간 수직적 분할 계획
- 리조트형 : 수평, 수직적, 기능 분할계획

**● 보차분리**

주도로에서는 보행자 주출입을 고려하고 부도로에서는 보행자 부출입과 차량출입을 고려하지만, 때로는 호텔처럼 차량이 주도로에서 접근할 수도 있다.

● 도심지에 위치한 연수원은 집중형으로 계획되며, 전원에 위치한 연수원은 분산형으로 배치되기가 쉽다.

● **연수시설의 향**

연수기능은 교육기능이므로 숙박실과 함께 가급적 남향을 고려한다.

## 3. 배치유형

### (1) 분산형

단독 숙박시설 등이 연수원, 관리실 등 중심시설로부터 분산되어 배치되어 있는 형식이다. 이 경우 숙박동은 적은 인원의 그룹 단위가 사용할 수 있도록 계획한다. 복수의 그룹이 이용하기에 좋으나 우천시에 이용 및 관리면에서 문제가 있다.

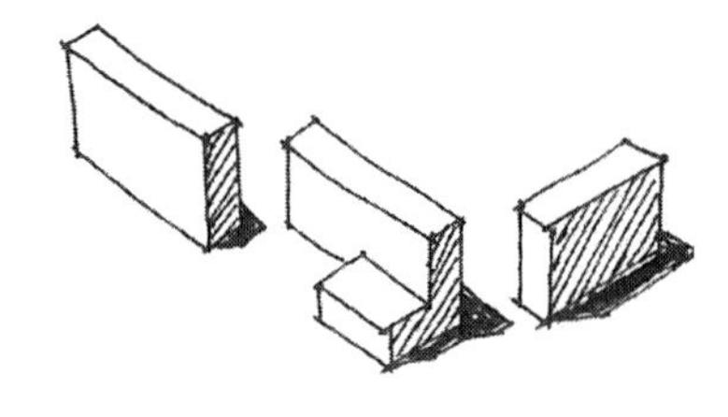

[그림 6-20 분산형 배치]

### (2) 선 형

숙박부문이 연수원, 관리실 등 중심부분에서 복도의 선형으로 배치한 형식이다. 숙박동과 기타 부문에서 옥외광장을 둘러싼 광장형의 패턴이 있다.

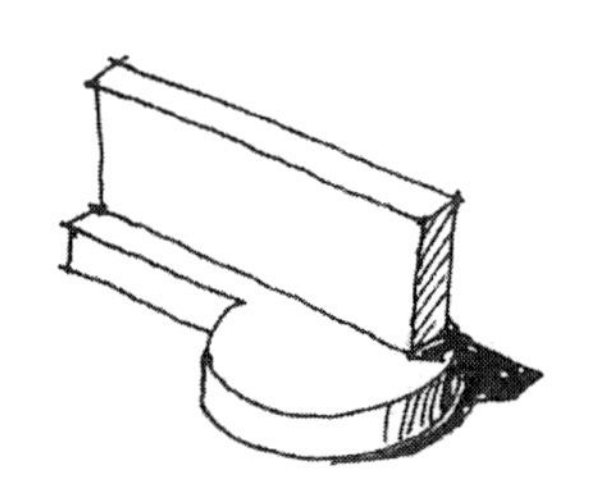

[그림 6-21 선형 배치]

### (3) 핑거형

숙박부문이 연수원, 관리실 등 중심부분에서 손가락 형태의 복도에 의해 배치한 형식이며, 경사면을 이용할 때 많이 사용된다.

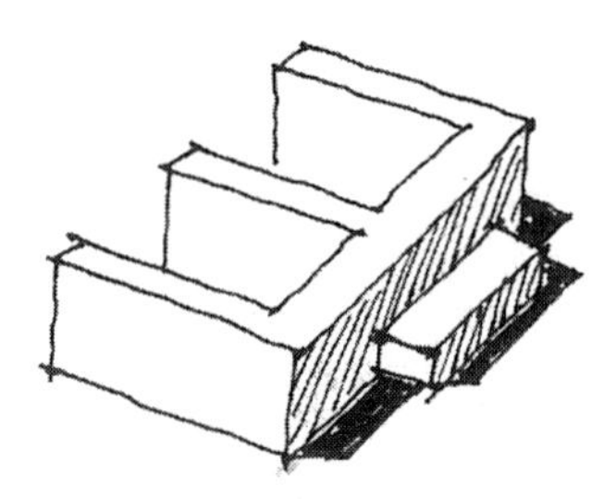

[그림 6-22 핑거형 배치]

### (4) 익부형

숙박부문이 연수원, 관리실 등 중심부분에서 양측으로 익부상으로 배치되고 있는 형식이며, 평평한 넓은 대지에 사용하기 좋다.

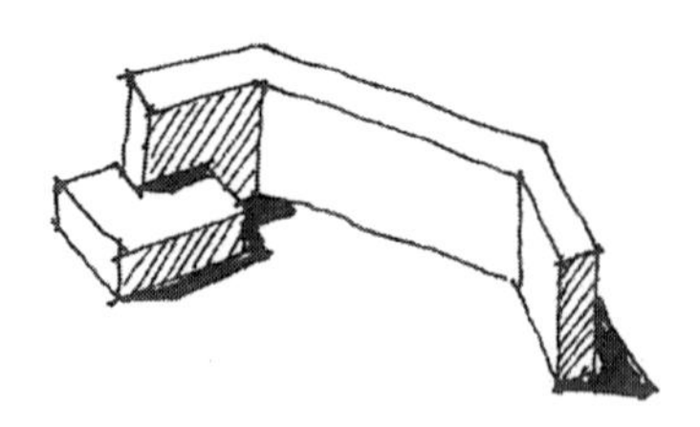

[그림 6-23 익부형 배치]

- **기능계획**
  ① 주거 관련 기능과 복합되는 경우 주거기능을 상부층으로 계획
  ② 연수원의 연수기능은 관리공간과 주거공간에서 접근하기 쉬운 위치에 계획

# 03. 평면계획

## 1. 기능계획

### [1] 기능구성도

• 연수원은 크게 주거부문, 연수부문, 관리부문으로 나눈다.

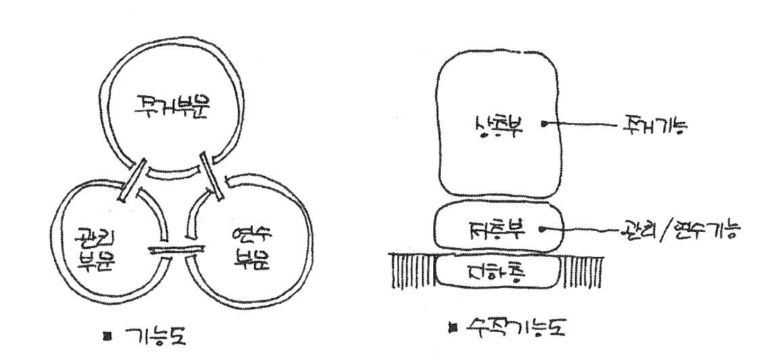


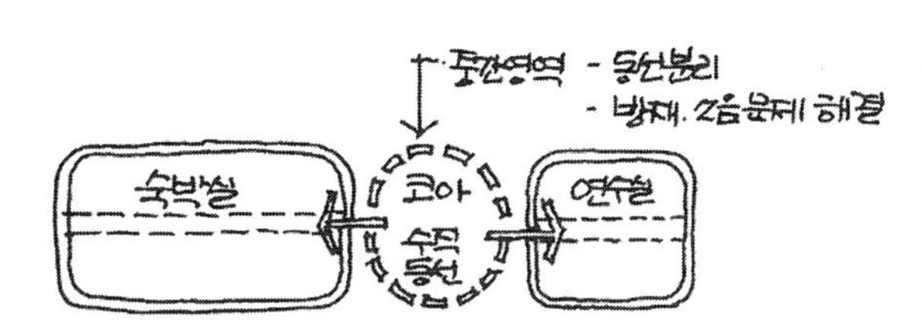


[그림 6-24 연수원 기능도]

### [2] 부문구성

[표 6-4] 연수원의 구성

| 구분 | 내용 |
|---|---|
| 주거부문 | 숙박실, 세탁실, 린넨실, 휴게라운지(층별), 샤워, 라커(숙박실에 욕실기능이 없을 때) |
| 연수부문 | 대연수실, 중연수실, 소연수실, 분임토의실, 도서실 |
| 관리부문 | 안내, 사무실, 원장실 |

**● 모듈**

40m², 50m², 60m² 모두 가능하며 1~2인실은 0.5모듈을, 4인 이상은 1모듈을 사용한다. 하부의 연수기능과 관리기능은 상부의 숙박실 모듈을 활용하되 숙박영역을 벗어난 부분은 모듈 변화가 가능하다.

## 2. 모듈 및 Block Plan

### [1] 모듈계획

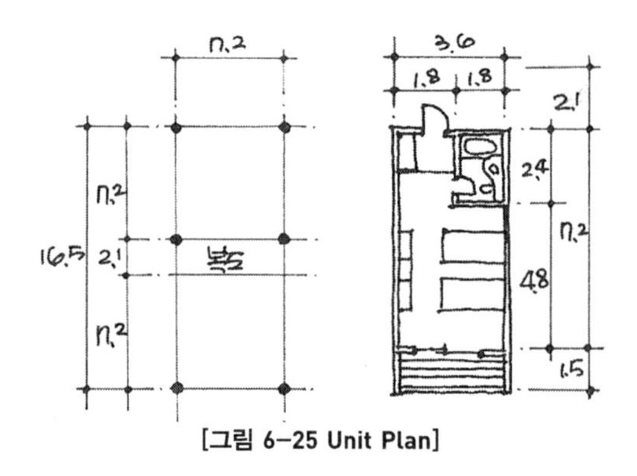


[그림 6-25 Unit Plan]

### [2] Block Plan

#### (1) 중복도형

• 도심에 위치한 연수원일 경우

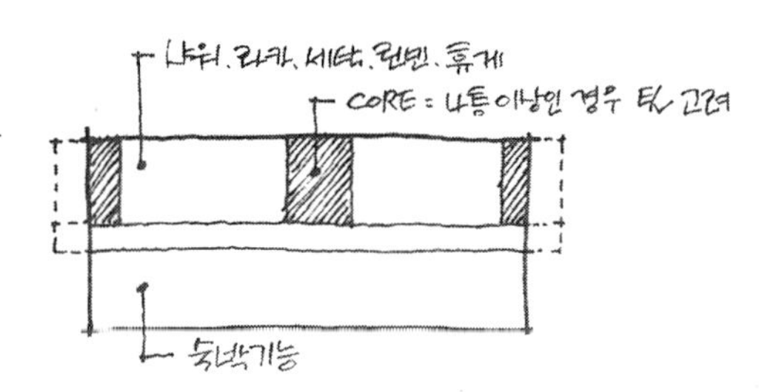


[그림 6-26 Block Plan 중복도형]

#### (2) 중정형

• 전원지에 위치한 연수원일 경우

 – 주거기능은 향과 조망을 고려하여 계획

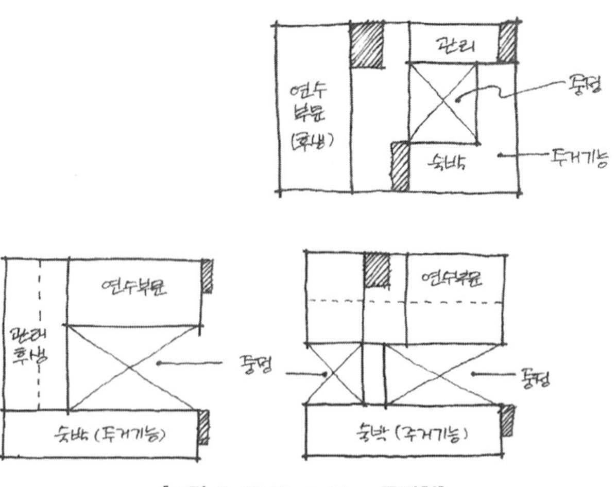


[그림 6-27 Block Plan 중정형]

QUIZ 2.

● 연수원의 기능

연수원을 구성하는 기능은 크게 ( ), ( ), ( )로 구분할 수 있다.

● 도심형과 전원형

도심형인 집중형 연수원에서는 교육기능이 숙박기능과 관리기능 사이에 배치되며, 전원형인 분산형 연수원에서는 관리기능이 숙박기능과 연수기능 사이에 배치된다.

QUIZ 2. 답

- 연수부문, 숙박부문, 관리 및 서비스 부문

## 3. 세부계획

### (1) 기본 고려사항

① 각 기능에 따라 Span에 차이가 있으므로, 교육부분(7.5m×9m) 숙박부분(6~7.5m×6~7.5m)을 고려한 모듈계획이 필요하다.

② 소규모 도시형 연수시설의 경우는 저층부에 교육부분을 배치하고, 상층부 숙박부분을 구성한다.

③ 대규모 리조트형 연수시설의 경우 교육부분과 숙박부분을 수평적으로 분리하는 것이 좋다.

④ 숙박부분에서 교육부분으로 직접 통하는 동선은 가급적 피하고 관리부분을 통과하도록 동선계획을 하여야 한다.

⑤ 교육실(연수실)은 가급적 남향, 남동향, 동향, 서향 순으로 하고 숙박실은 남향이나 동향이 좋으나 중복도일 경우 조건에 따라 북향도 가능하다.

⑥ 식당, 스포츠 시설 등은 숙박부분 가까이 계획하는 것이 좋다.

⑦ 복도는 가급적 편복도(약 2m)로 하는 것이 좋다.

⑧ 중복도로 하는 경우 내부 Open 등을 계획하여 자연채광을 유입하는 것이 좋다.

⑨ 숙박부분은 남녀 또는 그룹별로 구분이 가능하도록 계획한다.

⑩ 체육관은 운동장 등 주위의 오픈 스페이스와 함께 계획한다.

### (2) 소요 공간계획

① 연수부분

- 연수원의 주기능으로 연수실의 모듈은 7.5m×9m 또는 9m×9m가 적당하다.
- 연수부분의 제실로는 강의실, 실습실, 세미나실, 시청각 교육실, 대강의실, 토의실, 교수실 등이 있다.

② 숙박부분

- 숙박부분의 침실은 기숙사의 침실이나 호텔의 객실을 참고로 하여 계획한다.
- 화장실이나 샤워실 등은 공동으로 사용하기도 하나 일반적으로 침실 내에 계획한다.
- 침실은 1인용, 2인용, 4인용 등이 일반적이다.

③ 관리 및 서비스 부분

- 관리 및 서비스 부분은 일반적으로 1층 또는 지하층에 배치하되 숙박부분과 연수부분이 수평적으로 구성되었을 경우에는 중간부에 위치한다.

• 관리 및 서비스 부분의 제실로는 사무실, 식당, 다목적홀, 기계실, 세탁실, 라운지, 옥내 체육시설 등이 있다.

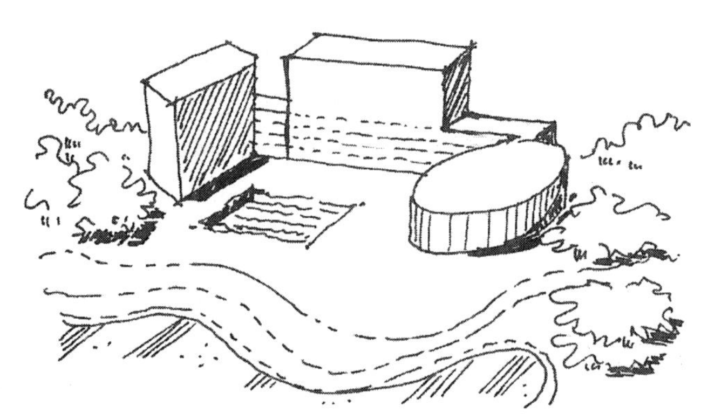

[그림 6-28 리조트형 연수원]

[그림 6-29 도시형 연수원]

# 04. 사례

## [사례 1]　서초구 횡성 연수원

●상화, 이지건축건축사무소, 고형석, 우재동

●발췌 : 「설계경기」, 도서출판 에이엔씨

1층

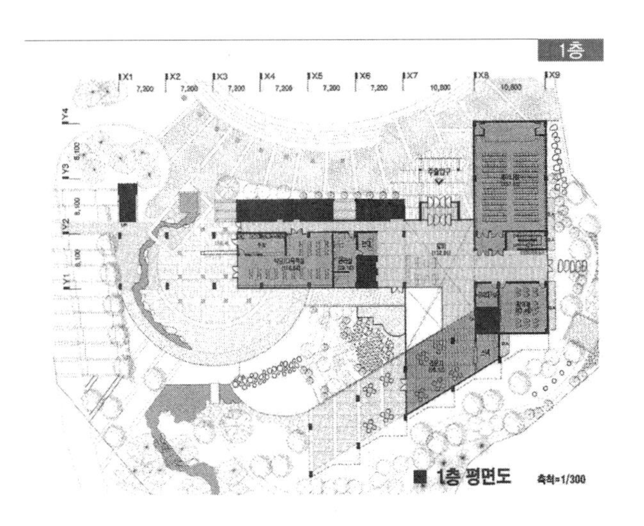

■ 1층 평면도　축척=1/300

3층

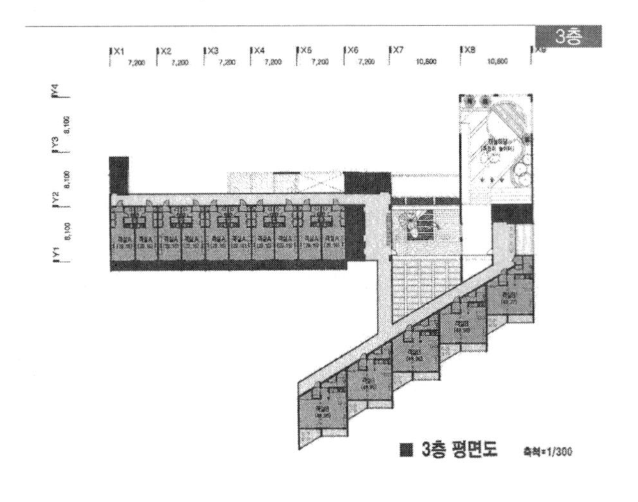

■ 3층 평면도　축척=1/300

2층

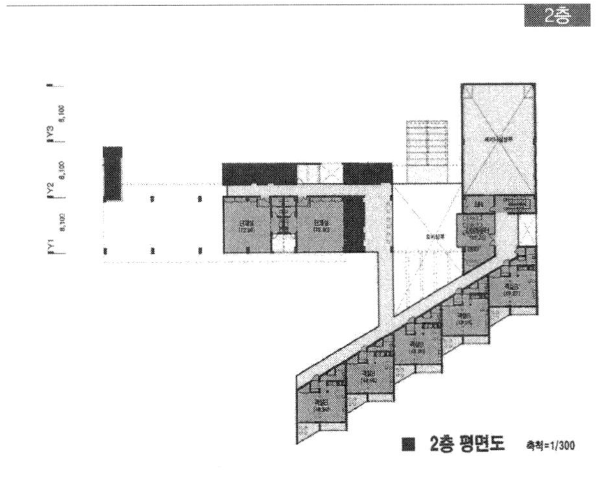

■ 2층 평면도　축척=1/300

4층

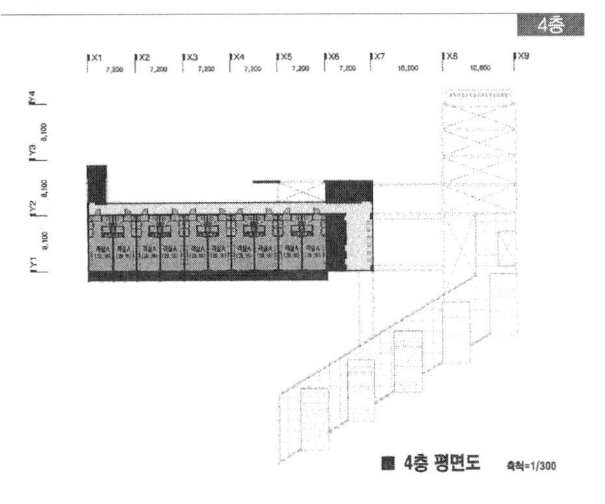

■ 4층 평면도　축척=1/300

# 3 의료시설

● 대규모 병원

현재 국내 상위 5개 병원의 베드 수는 평균 2000 베드가 넘는다.

## 01. 개요

### 1. 의료시설

#### [1] 의료시설의 정의

(1) 좁은 의미로서의 의료시설

의료인이 공중 또는 특정 다수인을 위하여 의료, 조산의 임무를 행하는 곳으로 의원, 클리닉, 병원, 종합병원 등으로 구분된다.

(2) 넓은 의미로서의 의료시설

① 생활 요양시설 : 의학적 치료는 끝났지만 사회적응이 곤란한 정신병환자나 결핵환자 등을 위한 시설

② 데이 호스피탈(Day Hospital) : 정신병자 · 노인 · 소아 등의 환자를 대상으로 하는 주간 시설

③ 나이트 호스피탈(Night Hospital) : 정신과 환자를 대상으로 하는 시설

④ 호스피스(Hospis) : 말기 암 환자를 대상으로 하는 시설

### 2. 의료시설의 분류

[표 6–5] 의료시설의 분류

| 분 류 | 내 용 |
|---|---|
| 의원 | 입원환자 29명까지 수용할 수 있는 의료시설을 가진 의료기관 |
| 병원 | 입원환자 30명 이상 수용할 수 있는 의료시설을 가진 의료기관 |
| 종합병원 | 입원환자 100인 이상을 수용할 수 있으며, 내과 · 일반외과 · 소아과 · 산부인과 · 진단 방사선과 · 마취과 · 임상병리과 또는 해부병리과, 정신과 및 치과를 포함한 9개 이상의 진료과목이 있는 의료기관 |
| 보건소 | 식품위생 관계의 검사 지도, 의료시설 설치의 지도 행정, 결핵, 임산부, 유아의 지도, 집단 진료 등을 한다. |
| 대학병원 | 대학병원 대학의 부속시설로 운영하며 종합병원 이상 규모가 대부분임 |
| 전문병원 | 전문병원 결핵병원, 정신병원, 암병원, 노인병원, 재활병원, 전염병원 등 |

## 3. 병원건축계획의 주요개념

### [1] 환자 중심의 병원

#### (1) 치유환경으로서의 병원

Cure → Care / Healing

#### (2) 쾌적 환경의 구축

① 쾌적성

기능적인 편리함의 단계, 편안하고 안락한 단계, 밝고 즐거움을 동반하는 단계

② 다양한 공간 및 장소의 제공

Hospital Street, 아트리움, 온실, 오픈공간, 편의공간 등

③ 알기 쉬운(Way Finding) 공간계획

#### (3) 친숙한 환경의 형성

#### (4) 개별화된 환경

① 프라이버시의 중시

② 개별화 · 개실화를 위한 노력

● 잠재적 성장력을 갖는 병원

① 중앙 복도의 시스템은 연장 가능하여 저층 각 부문의 건물은 자유로운 단부를 갖는다.

② 각 부문은 독자로 증축이 가능하다.

③ 고층건물은 각각 엘리베이터를 갖추고 필요에 따라 중앙복도 시스템에 연결된다.

### [2] 병원의 성장과 변화

① 다양한 병원의 형태 출현 : 현실적인 대지 형상, 기존 건물과의 관계, 예산적 제약

② 효율적인 원내 · 외의 동선처리

③ 장래의 중 · 개축에 대한 대응, 의료의 고도화 · 복잡화에 대한 대응, 사회의 변화 요구에 대한 대응

④ 병원은 사회적 · 기능적인 통합성을 가진 채로 성장과 변화를 계속하는 집락과 마찬가지로 항상 변화의 과정에 있을 때만이 유효하게 기능한다.

⑤ 성장과 변화에 대응한 배치 · 형태

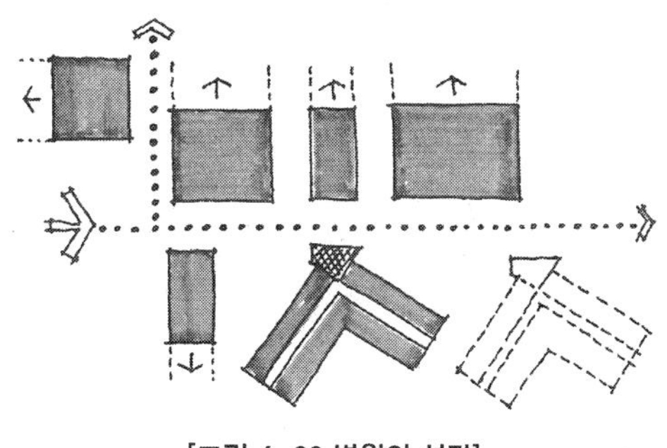

[그림 6-30 병원의 성장]

# 02. 배치계획

## 1. 대지조건

① 교통편이 좋은 곳

② 도시 서비스(상하수도, 전기, 가스 등)가 좋은 곳

③ 소음이나 대기오염 등의 영향이 적은 곳

④ 지형이 평탄하고 정사각형에 가까운 형태가 양호

⑤ 장래의 증축공간 및 주차장 부지가 충분히 확보될 것

⑥ 일조 및 통풍 조건이 양호한 곳

## 2. 고려사항

**● 출제 가능 방향**

건축사 시험에서 종합병원은 출제 규모에 적합하지 않으며, 그보다 작은 규모의 전문병원 등이 출제 가능하다.

**● 병원의 향**

병실은 남향을 고려해야 하지만 도심지의 병원에서는 남향이 고려되지 않을 수도 있다. 그럴 경우 조망요소를 제공함으로써 양호한 병실환경을 구성해야 한다.

① 배치계획시 대지로의 진입이 중요하며, 차량 출입구는 일반적으로 부도로(이면도로)이나, 병원의 특수성에 따라 전면도로에서의 출입이(일반용, 응급용) 가능하다.

② 주접근로와 주현관, 주차장의 3각 관계가 대지 내에서 순환되도록 계획한다.

③ 병동의 향은 남동향, 남서향 등 향이나 조망이 양호한 위치에 계획한다.

④ 응급실의 출입구는 일반외래와 분리한다.(단, 택시나 자가용차로 올 수 있도록 알기 쉬운 위치에 계획한다.)

⑤ 병원의 출입구는 3~4개소 정도 설치(제1입구 : 외래부 출입구, 제2입구 : 병동부, 제3입구 : 응급 및 사체, 제4입구 : 관리 및 서비스)

⑥ 병원기능의 증 · 개축이라는 문제에 대한 대응으로 배치계획에 의한 장기계획이 필요하다.

⑦ 주출입구 앞에 자동차로 채워지지 않도록 정면에 주차장을 설치하지 않는다.

⑧ 노선버스 및 택시를 구내로 진입시킬 경우 정류장을 출입구에서 조금 이격시킨다.

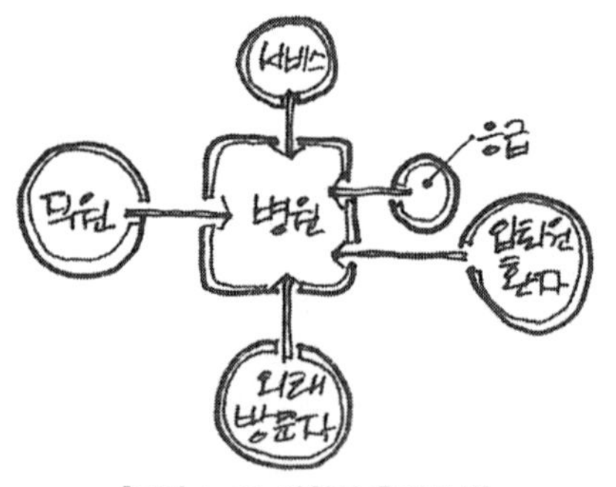


[그림 6-31 병원의 출입동선]

**● 동선의 분리**

대규모 병원에서는 각 동선의 분리가 가능하지만, 소규모 병원에서는 각 동선의 분리가 어렵다. 하지만, 응급동선과 영안실 동선은 기타 다른 동선들과 반드시 분리해야 한다.

## 3. 동선계획

### (1) 보행자 동선

① 이용자(환자, 방문객) : 주진입/부진입

② 직원(의사, 간호사, 일반직원)

### (2) 차량 동선

① 이용자 차량

② 직원, 서비스 차량 : 건물 후면 위치

③ 응급 차량

④ 영안실 차량

⑤ 2면 도로(직교하는 경우)

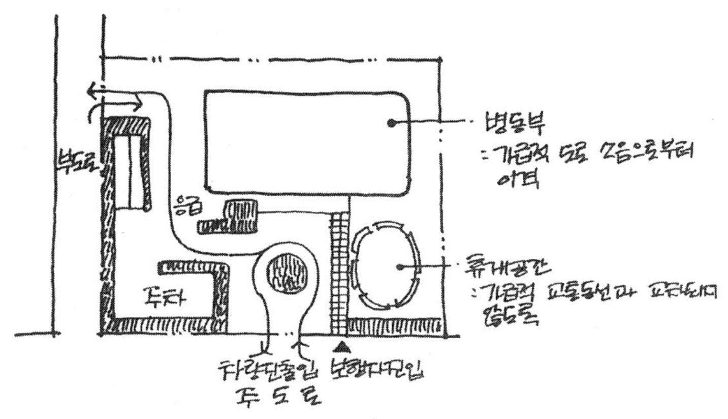


**[그림 6-32 차량동선-직각도로]**

⑥ 2면 도로(평행하는 경우)

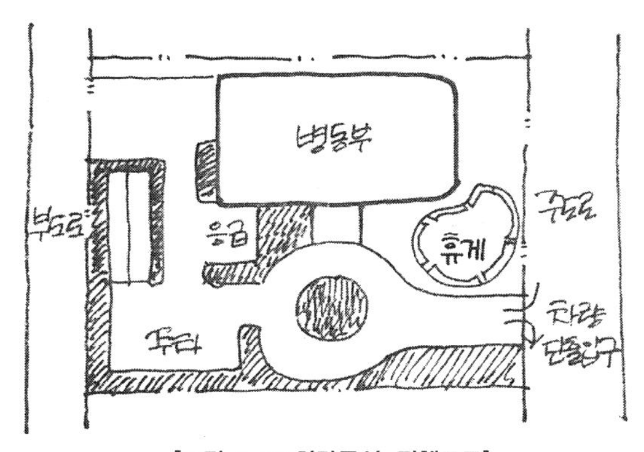


**[그림 6-33 차량동선-평행도로]**

**QUIZ 3.**

**● 병원의 기능구성**

병원의 기능은 크게 (        ), (        ), (        ), 관리부, 공급부로 구분한다.

**QUIZ 3. 답**

- 병동부, 중앙진료부, 외래진료부

# 03. 평면계획

## 1. 기능계획

① 병원의 기능을 병동부, 외래진료부, 중앙진료부, 공급부, 관리부로 구분한다.

② 각 기능별 구분과 동선의 연결을 고려한다.

③ 각 기능의 동선이 교차되지 않도록 하며 평면적으로 펼치지 않고 고층화하여 능률을 고려한다.

④ 설비를 중앙집중화하고, 기능을 단순화하여 체계적이고 조직적으로 서비스를 제공한다.

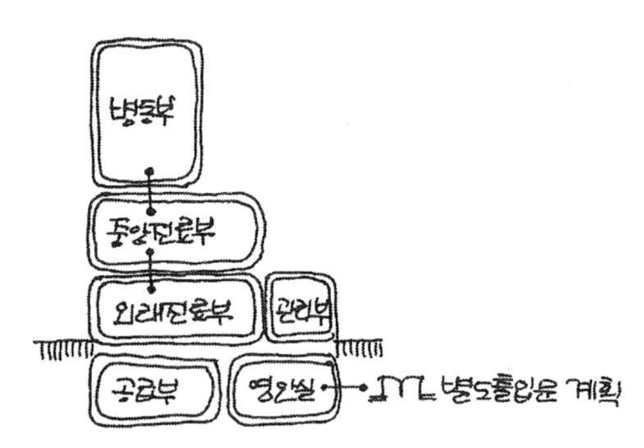


[그림 6-34 병원의 기능도]

[표 6-6] 병원의 기능별 분리

| 부문(면적분포) | 개 요 | 소 요 실 |
|---|---|---|
| 병동부<br>(35~40%) | • 입원환자에 대해 진료 및 간호를 행하는 부문<br>• 환자에게는 생활의 장 | • 병실, 간호사실(N.S : Nurse Station), 간호작업실, 처치실, 오물처리실, 세탁실, 린넨실, 욕실, 세면장, 공용화장실, 배선실 등 |
| 외래진료부<br>(10~15%) | • 통원환자의 진료가 행해지는 부문<br>• 외래의 기능이 점차 확대되는 경향 | • 외과, 소아과, 산부인과, 피부과, 이비인후과, 안과, 치과, 응급실, 처치실, 소검사실, 외래대기홀, 약국, 주사실, 외래진찰실 등 |
| 중앙진료부<br>(15~20%) | • 의사의 진료행위를 지원하는 부문<br>• 병원에서 가장 많은 변화가 발생되는 부문 | • 수술부, 중앙소독실, 검사실, X선실 및 방사선실, 혈액은행, 물리치료부, 약제부 등 |
| 공급부<br>(15~20%) | • 원내의 각 부문에 필요한 물품을 공급하는 부문<br>• 관리의 효율화를 위해 중앙화 경향 | • 주방, 식당(직원용, 환자용, 외래이용객용), 배선실, 세탁실, 물품실, 폐기물처리실, 기계전기실 등 |
| 관리부<br>(10~15%) | • 병원 전체의 관리 · 운영을 행하는 부문 | • 원장실, 사무실, 수간호사실, 접수실, 응접실, 도서실, 숙직실, 용원실, 갱의실, 매점, 방재센터 |

● 모듈

주로 40m², 50m² 모듈을 사용한다.

● Block Plan

병원은 가급적 많은 병실이 남향을 받을 수 있도록 중정 형태를 구성하는 경우가 많다.

● 도시의 병원

도시에 세워지는 병원건물의 형태는 집중형의 형식을 보이는 것이 일반적이다.

## 2. 모듈 및 Block Plan

### [1] 모듈계획

6.0m, 6.3m, 6.6m, 7.2m 등의 모듈을 일반적으로 이용

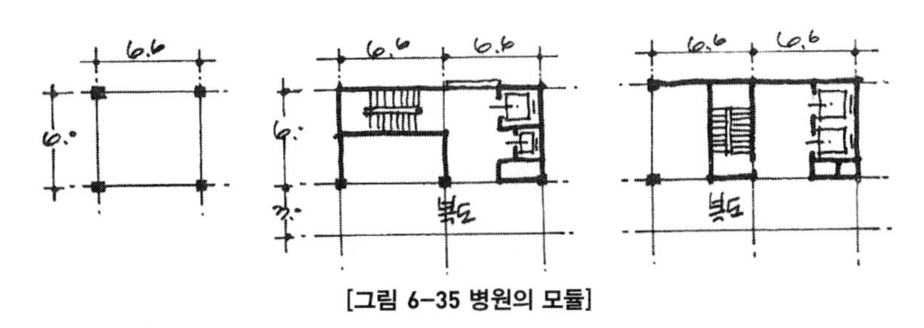


[그림 6-35 병원의 모듈]

### [2] Block Plan 유형

#### (1) 분관형(Pavilion Type)

① 기능이 다른 각 부분을 분동으로 독립시키고 이것을 한 단위로 하여 전체 건물을 배치하고 서로를 복도로 연결시킨 형식

② 각 건물은 3층 이하의 저층

③ 각실은 남향으로 배치할 수 있어 통풍, 일조에 유리

④ 내부 환자는 주로 경사로를 이용하여 보행하고 들것으로 운반됨

⑤ 설비가 분산되고 보행거리가 길어짐

⑥ 넓은 대지가 필요하므로 도심에는 적용하기 어렵다.

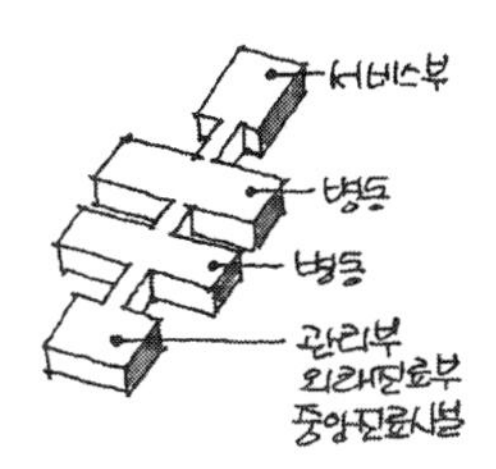


[그림 6-36 분관형]

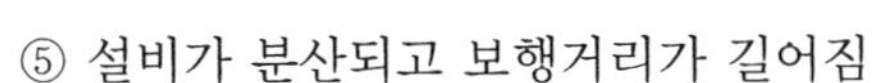

#### (2) 집중형

① 병동부, 관리부, 외래부, 중앙 진료부를 한 동으로 구성한 형식

② 병동부분을 고층으로 하고 E/V로 환자를 우송

③ 관리비가 싸고 설비비가 절약

④ 동선이 짧고 기계적으로 처리되어 유리

⑤ 대규모 종합병원에서 채택

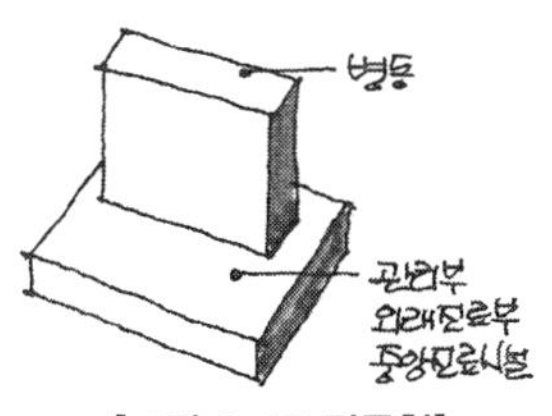


[그림 6-37 집중형]

#### (3) 병동 집약형

① 병동부를 분리하여 고층화시킴

② 집중형과 유사한 특징

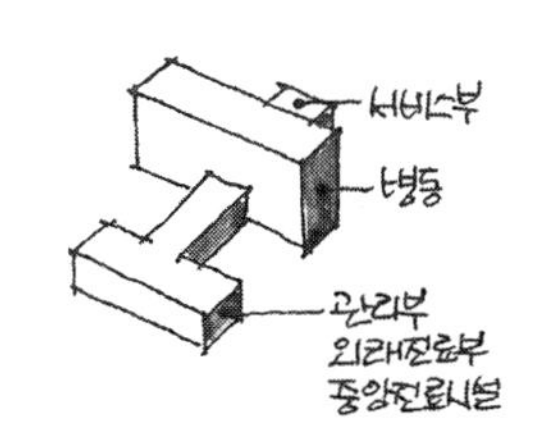


[그림 6-38 병동 집약형]

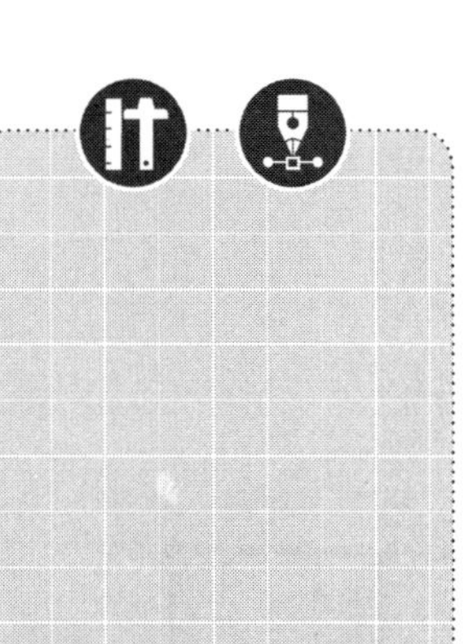

### (4) 다익형

최근 의료 수요의 변화와 치료기술 및 설비의 진보에 따라 병원 각 부의 증·개축이 필요하게 되어 출현하였다.

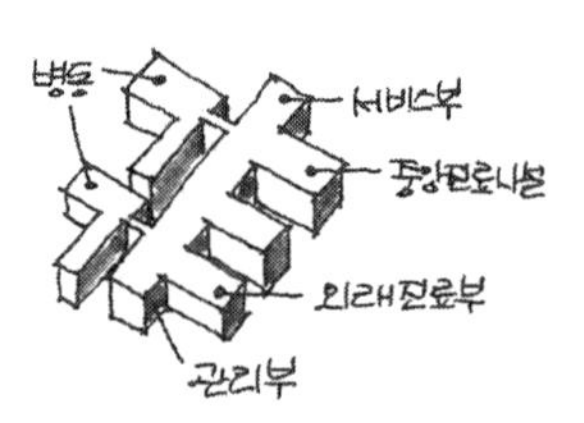


[그림 6-39 다익형]

●주코어와 N·S

중·소규모 병원에서 주코어와 N·S는 접근성, 사용성을 고려하여 병동부의 중앙에 주로 배치된다.

## 3. 세부계획

### [1] 기본 고려사항

① 가능한 Compact하게 하여 간호와 설비의 능률화를 도모한다.

② 저층부는 관리부, 외래진료부, 중앙진료부를 두고, 상층부는 병동부로 구성한다.

③ 주코어부에 간호사실(Nurse Station)을 계획하고, (25~40 Bed : 1개의 간호단위) 간호사의 보행거리는 24m 이내가 되도록 하는 것이 좋다.

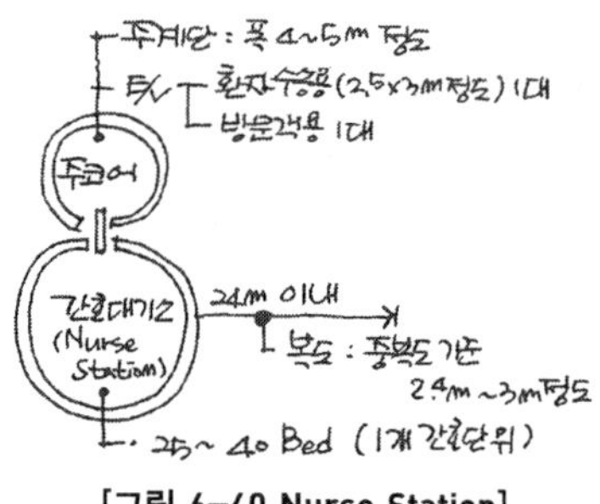


[그림 6-40 Nurse Station]

④ 주코어부는 환자수송용 E/V(2.5m×3m 정도)와 방문객용 E/V를 각 1대 이상을 계획한다.

⑤ 외래진료부나 중앙진료부가 2~3층에 있을 경우 환자나 방문객의 편리를 위해 주계단의 폭을 4~5m 정도로 여유있게 계획한다.

⑥ 환자의 의료진, 방문객, 관리자 동선이 검토되어야 하고, 복도는 중복도 기준으로 2.4m 이상 3m 정도가 바람직하다.

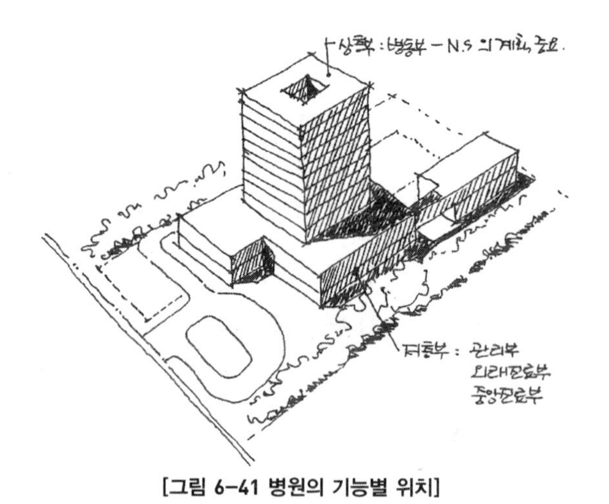


[그림 6-41 병원의 기능별 위치]

● 병동 분류

① 성인/어린이
② 일반병동 : 내과, 외과, 소아과, 산부인과
③ 특수병동 : 정신병, 전염병, 결핵병동 격리

● I.C.U(Intensive Care Unit)

중환자용으로 24시간 집중 치료하는 간호단위, 고도의 의료설비

● C.C.U(Coronary Care Unit)

심장병 환자를 집중치료하는 간호단위

## [2] 소요공간계획

### (1) 병동부

① 계획 방향

- 가능한 한 Compact 하게 고층화하여 간호와 설비의 능률화를 도모한다.
- 병동부는 병원 면적의 약 40% 정도를 차지한다.
- 간호상 환자 관찰이 쉽고 환자의 프라이버시 확보를 배려한다.
- 외래, 중앙 진료부와 근접하여 환자의 동선을 줄인다.
- 문병인들의 방문이 쉽도록 계획한다.

② 병동부 계획

- 일반
- 변형 – 규모 확대시

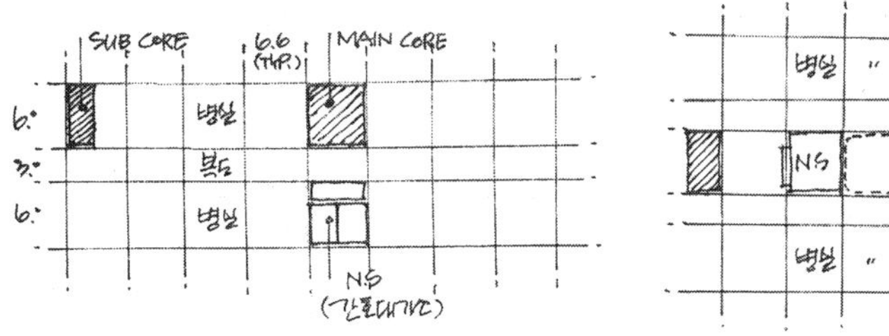


[그림 6-42 병동부 평면계획]

③ 병실 계획

- 1인실, 2인실
- 4인실, 6인실(5인실)
- 1병상당 6.0m²의 6인실

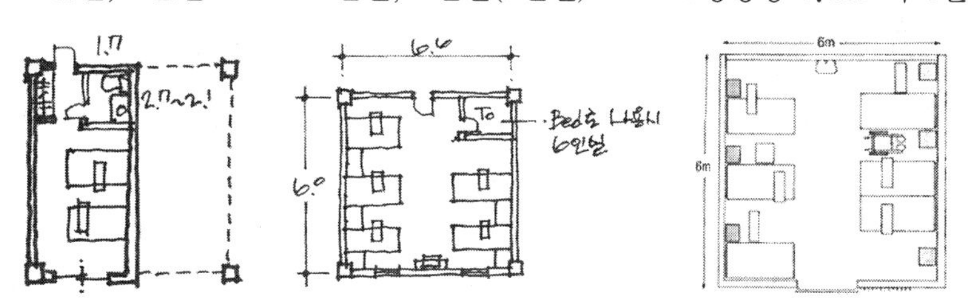


- 1병상당 6.4m²의 4인실
- 1병상당 8.0m²의 4인실
- 1병상당 8.25m²의 4인실

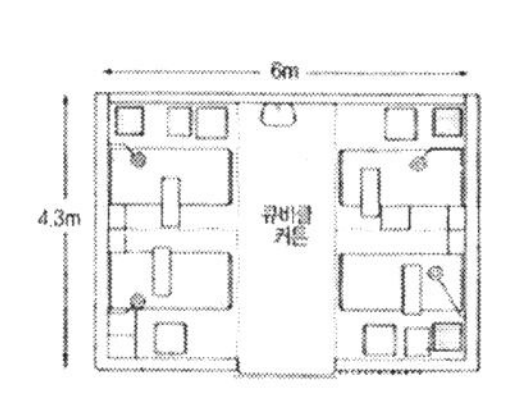


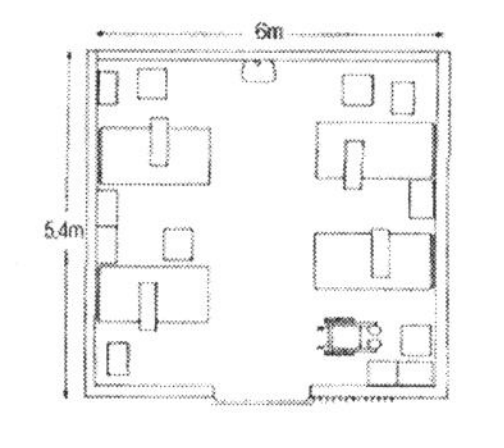


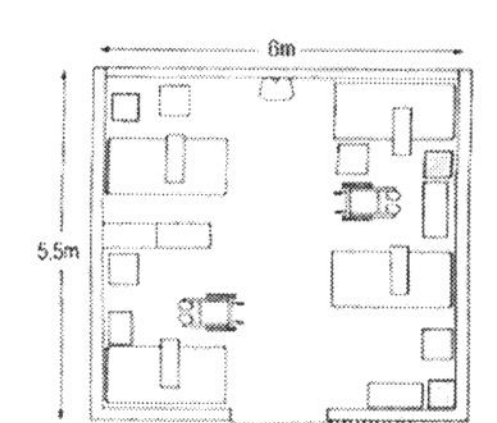


[그림 6-43 병실의 Unit]

● 다인병실의 개실화 경향

저렴한 비용으로 개인실과 같은 분위기를 연출할 수 있고, 환자의 프라이버시를 배려하는 평면을 연구하지만 아직 우리나라는 많이 부족한 실정이다.

● Sub Core 계획 예

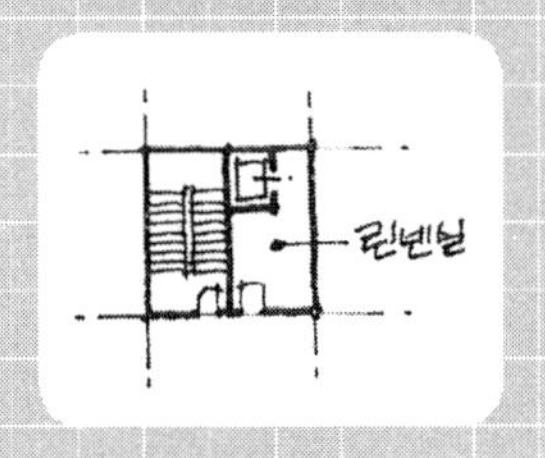


• 다인실 병실의 개실화 경향

– 4인실(개실적 다상실) 평면도

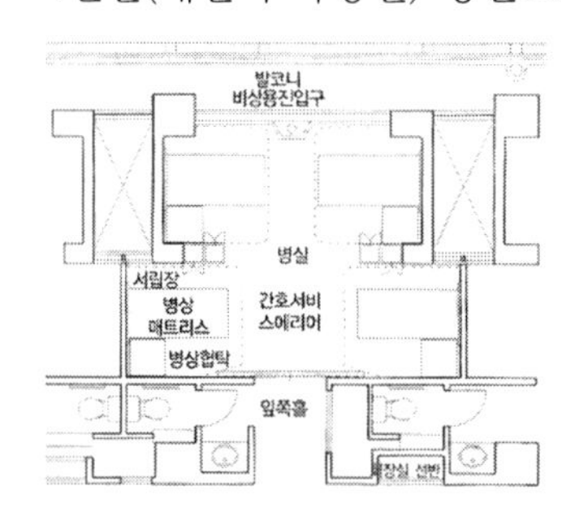


– 니시고베 의료센터(7.5m²/B)

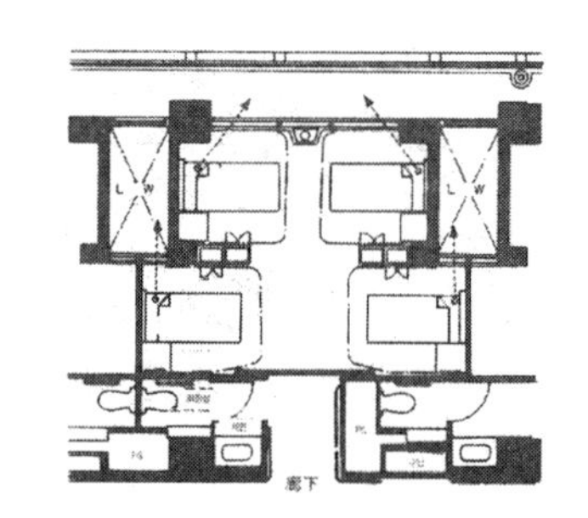

– 공립 N종합병원(8.0m²/B)

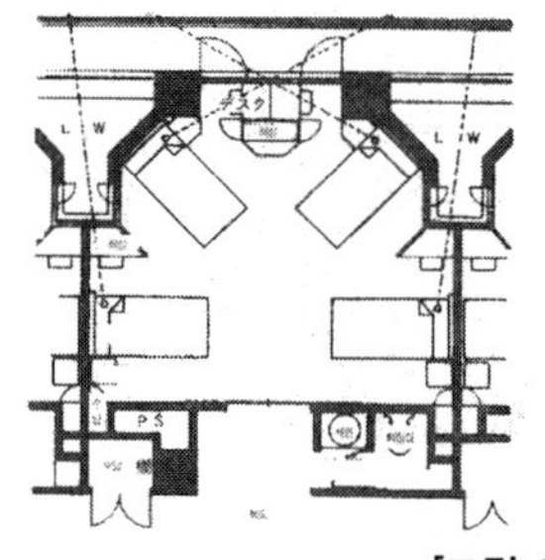

– N대학 부속병원 계획안(9.0m²/B)

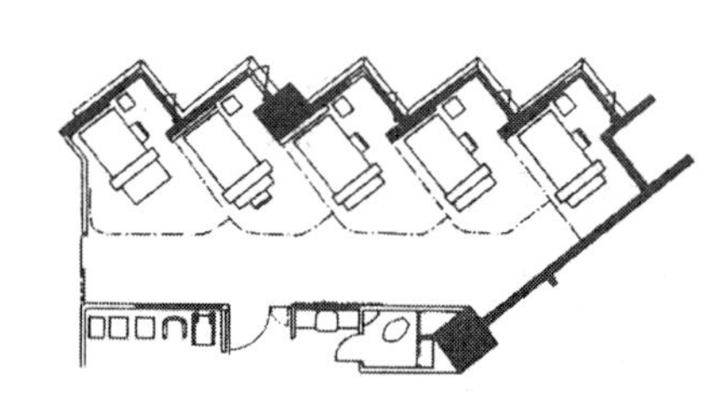

[그림 6-44 병실의 개실화]

④ 간호 단위

• 1개소의 간호사실(Nurse Station)에서 완전하게 간호할 수 있는 병상 수를 말한다.
• 40Bed(25Bed가 이상적) 전후를 1개의 간호 단위로 구성한다.
• 간호사의 보행거리는 24m 이내가 되도록 한다.(8~10명으로 구성)
• Nurse Station의 위치는 간호작업에 가장 편리한 위치(ex : E/V, Hall, 계단실 근처)에 둔다.
• Nurse Station에는 호출벨, 인터폰, 약품장, 소독 전열기, 기록보관함, 에어슈(의무기록실과 차트 운송) 등을 계획한다.
• 새로운 간호 단위 개념인 P.P.C. 방식의 도입을 고려한다.

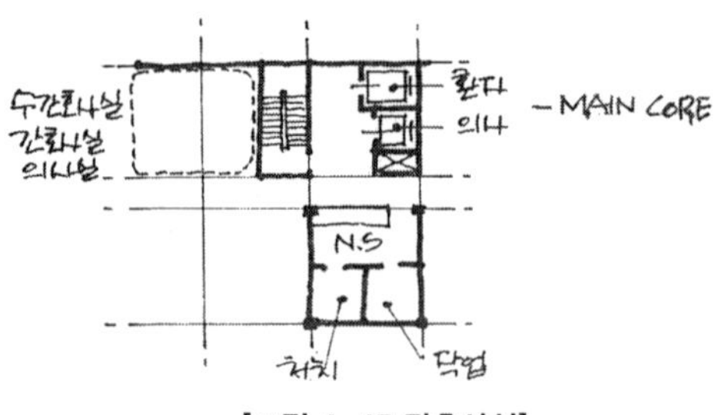


[그림 6-45 간호사실]

**● 중앙진료부**

- 방사선부
- 검사부
- 수술부
- 물리치료부
- 약제부
- Rehabilitation(갱생의학) : 작업요법, 언어치료 등
- 기타 : 인공투석, 고압산소 치료 등

**● 보호자 대기실**

과거에는 수술환자의 보호자가 수술실 주변에서 대기했으나 요즘은 각 병동마다 보호자 대기실이 설치되는 추세이다.

**● 신생아실**

전실을 통하여 출입하며 복도에서 유리창을 통하여 면회할 수 있는 구조

## (2) 중앙진료부

① 계획방향

- 중앙진료부는 외래부와 병동부 중간에 설치한다.
- 각 구성 부분은 독립적으로 운영되나 병동부, 외래부와 유기적 관계를 유지한다.
- 수술부, 물리치료부, 분만부는 통과 교통이 일어나지 않도록 한다.
- 병원 전체에서 차지하는 면적은 15~20% 정도이다.
- 구성실로는 약국, 수술실, 분만실, 방사선실, 물리치료부, 검사실 등이 있다.

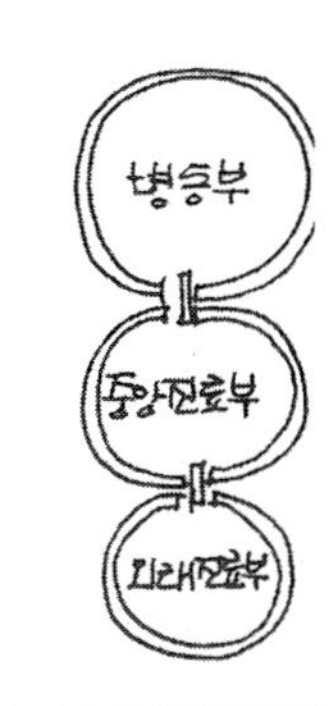


**[그림 6-46 중앙진료부의 위치]**

② 수술부

- 수술실
  - 청결유지를 위하여 통과동선이 전혀 없는 막다른 장소가 바람직하다.
  - 외래와 병동 사이에 위치하여 양측이 모두 이용하기 편하게 한다.
  - 중앙소독 공급부와 수직 · 수평적으로 근접한다.
  - 병동 및 응급부에서 환자수송이 용이한 위치에 계획한다.
  - 수술실의 각실은 모두 각 과와 공통 사용을 원칙으로 하고 가능한 같은 층에 설치한다.
  - 청결 Zone과 오염 Zone을 구분한다.
  - 검사실과 근접한 위치에 계획한다.
  - 기타실 : 부속 소독실, 세수실, 세탁실, 기기실 등

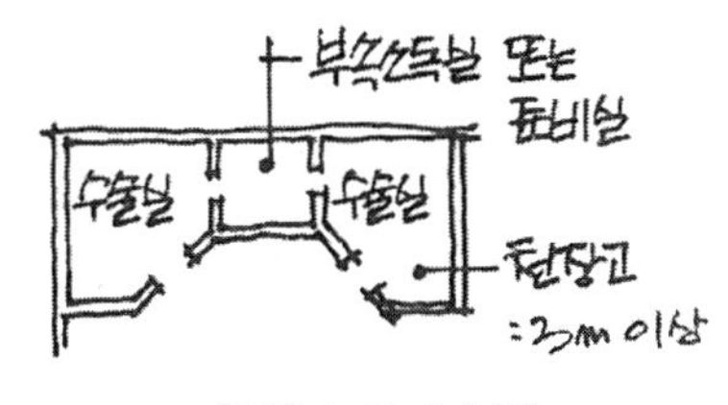


**[그림 6-47 수술실]**

- 분만실
  - 분만을 위해 긴급 입원하는 경우가 많으므로 입원실 입구부터 출입통로를 고려하여야 하며 야간에도 알기 쉬운 위치가 좋다.
  - 진통실은 방음처리와 화장실이 있어야 하며, 진통실은 여러 개를 둔다.
  - 분만 도중의 응급사태를 고려하여 수술부에 근접한다.

- 신생아실은 보육, 관찰, 수유, 목욕, 간호대기실을 1 unit으로 하며 산부인과 병실과 인접시킨다.
- 분만실, 진통실, 소독준비실, 소아욕실, 기록실, 작업실, 회복실 등으로 구성된다.

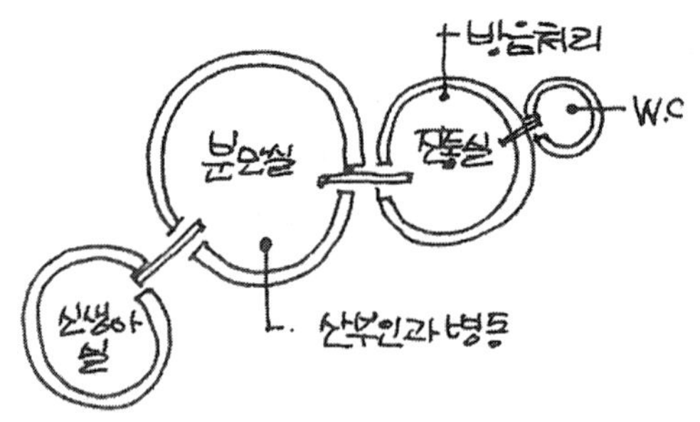


[그림 6-48 분만실]

③ 방사선부

- 방사선실은 외래 80%, 병동 20% 정도 비율로 사용하므로, 외래부에 근접하여 1층 또는 지하층에 위치한다.
- 응급실과 가능하면 인접한다.
- 방사선의 방호벽은 충분한 두께로 계획한다.
- 기타실 : 촬영투시실, 암실, 필름정리실, 조작실, 준비실, 판독실 등

④ 약제부(약국)

- 약국은 입원환자에 투약하기 위한 치료용 약품의 공급으로 구분한다.
- 외래진료부와 인접한다.
- 입원환자를 위해 병동부에 분실을 두기로 한다.

### (3) 외래 진료부

① 계획 방향

- 환자의 이용이 편리하도록 1층 또는 2층 이하에 두며, 외래진료부의 입구와 야간병원의 입구를 분리한다.
- 직원 전용 출입구를 두어 환자 동선과 관리 동선을 완전 분리한다.
- 중앙진료부와 인접하게 하여 이용이 편리하도록 한다.
- 각 과별 접수, 대합, 진찰, 진료 처치 등의 스페이스를 필요로 하나 검사, 수술, X-Ray 등은 중앙진료화할 필요가 있다.
- 중앙주사실, 회계 등은 정면 출입구 근처에 설치한다.
- 동선을 체계화하고 대기공간을 통로공간과 분리해서 대기실을 독립적으로 배치하면서 프라이버시를 확보한다.

● X-Ray실

응급실에서 X-Ray실 사용이 빈번하므로 요즘은 응급실 내부에 전용 X-Ray실을 설치하는 경우가 많다.

● 여성전문병원

여성전문병원은 중소규모 병원임에도 불구하고 종합병원과 마찬가지로 외래진료부, 중앙진료부, 병동부를 모두 가지고 있다.

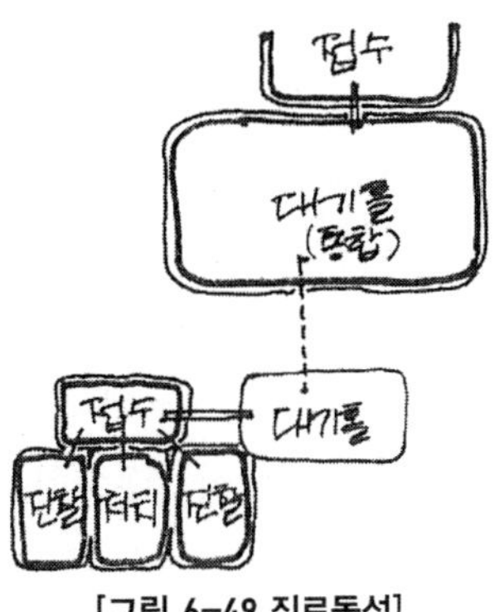


[그림 6-49 진료동선]

**● 진료실과 향**

이비인후과, 치과, 안과 등 정밀한 진찰이 필요한 실은 일정한 조도 확보를 위해 북측에 배치하며, 기타 진료실은 가급적 남측에 배치한다.

**● 외래진료부**

- 접수, 회계 등의 창구 사무 관계
- 각과 진료실 : 내과, 외과, 안과 등
- 구급진료부
- 내과 50%, 외과 20%

② 주요 진료과

- 내과 : 소진료실을 다수 설치한다.
- 소아과 : 동반자 대기실과 놀이방을 확보한다.
- 외과 : 큰실로 계획, 진찰실과 처치실로 구분한다.
- 정형외과 : 되도록 최하층에 설치하며 단차를 피한다.
- 산부인과 : 프라이버시에 유의하고 소아의 동반이 많음을 고려하며 진찰실, 탈의실, 내진실, 검사실 등으로 구성한다.
- 피부비뇨기과 : 피부과와 비뇨기과로 나누어 설치하며 비뇨기과는 프라이버시를 고려한다.
- 이비인후과 : 남쪽 광선을 차단하고 북쪽 채광을 고려한다.
- 치과 : 진료실, 기공실, 휴게실 설치, 진료실은 북쪽이 좋으며 치료 유닛을 1.8m 이상 간격으로 배치한다.
- 안과 : 진료, 처치, 검사, 암실을 확보, 검안을 위해 5m 정도 확보한다.

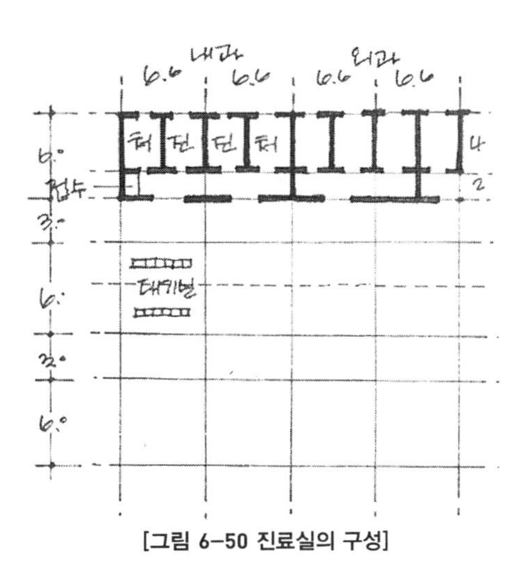


[그림 6-50 진료실의 구성]

**●응급실 출입구 차폐**

응급실 출입구와 기타 출입구가 동일한 방향으로 설치되는 경우는 반드시 두 출입구 사이에 차폐가 필요하다.

## (4) 응급부

① 응급차의 접근이 용이한 1층에 위치하며 전용 출입구를 계획한다.

② 외부 사람도 알아보기 쉽게 해야 하고 어느 정도 넓이를 가진 다목적홀을 계획한다.

③ 수술실로의 신속한 이동이 편리한 위치에 계획한다.

④ 출입구는 환자를 옮기는 데 충분한 넓이로 계획한다.

⑤ 기타실 : 수술실, X선실, 검사실, 회복실, 대기실 등

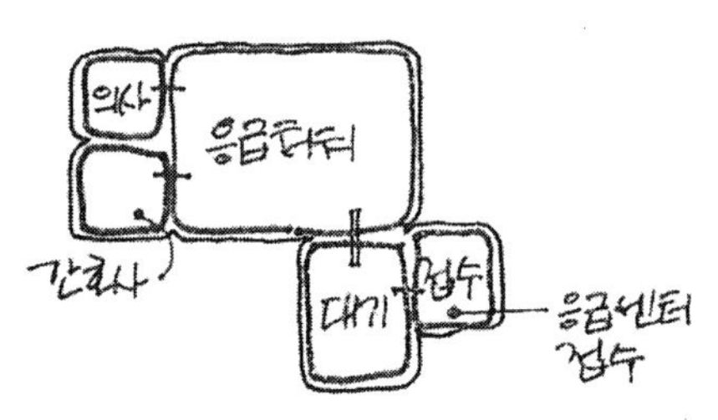


**[그림 6-51 응급부의 구성]**

## (5) 공급부

① 외부로부터의 식료, 의료품 등의 공급 어프로치와 다른 동선과의 관계를 고려한다.

② 주요 구성부는 공급처리부와 후생부로 구분되므로 1층 또는 지하층에 계획한다.

③ 기타실 : 급식, 린넨, 세척실, 창고, 기계실, 직원 휴게, 식당 등

## (6) 관리부

① 이용자가 접근하기 쉬운 위치에 능률적으로 배치한다.

② 직원 출입구와의 관계를 고려한다.

③ 일반사무실은 공급 및 처리관계의 서비스 제실과 관련이 깊다.

④ 기타실 : 현관, 로비, 입 · 퇴원 수속실, 사회사업실, 직원용 제실, 교육시설 등

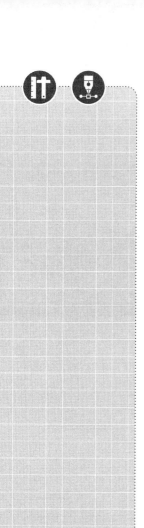

## 〈참고〉 나이팅게일 병동(성 토마스 병원 남쪽 병동)

큰 방에 연결된 입구 복도 양쪽에는 부장실 · 린넨실 · 배선실 · 세면기가 붙어 있는 개실 등이 있으며, 계단과 서비스 엘리베이터로 연락을 취한다.

큰방에는 한쪽에 15병상씩, 총 30병상이 창과 직각으로 배치되어 있으며, 가장 안쪽에 있는 1병상씩을 제외하고, 각 병상 사이에 세로로 긴 창이 붙어 있다. 침대 간격은 약 2.4m이다.

병실 중앙의 안쪽은 데이 스페이스로서 이용되고 있다. 가운데의 기둥 부근은 작업의 흐름상 너스 스테이션으로서 이용되고 있다. 의사 · 간호사의 환자와의 접촉이 능률적이고 또한 쉽게 이루어질 수 있다. 각 병상에는 큐비클 커튼(Cubicle−Curtain)이 설치되어 있다.

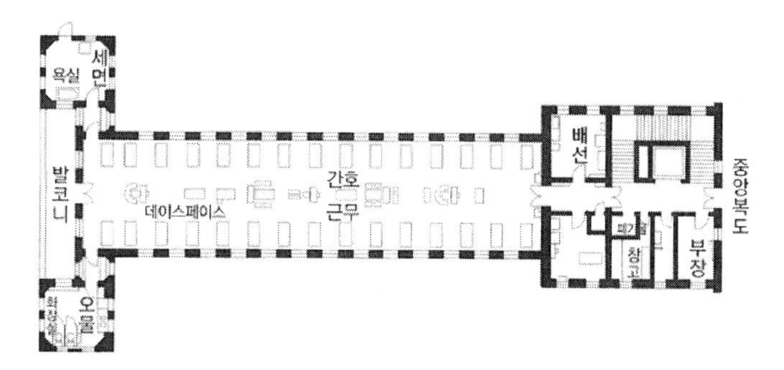


[그림 6−52 나이팅게일 병동]

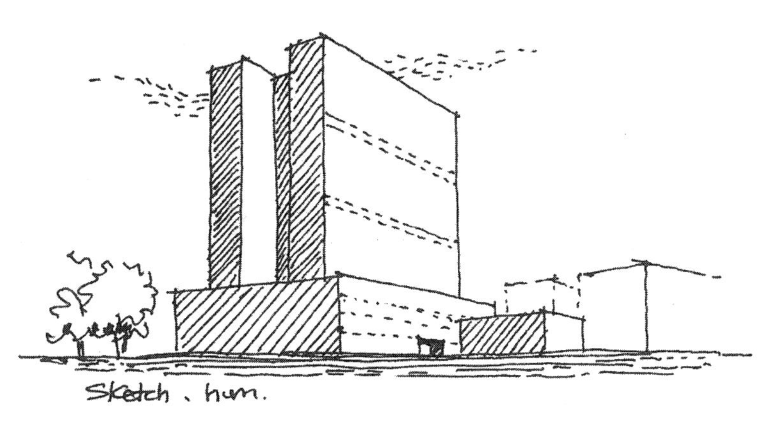

# 04. 사례

## [사례 1]　천안 의료원

- (주)공간종합건축사사무소, (주)종합건축사사무소 디에스그룹
- 발췌 : 「설계경기」, 도서출판 에이엔씨

2층 평면도(+94)

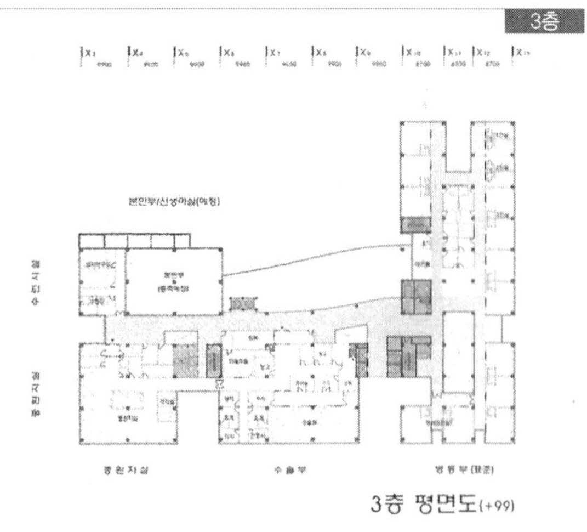


3층 평면도(+99)

4층 평면도 (+104)

## [사례 2]　대구의료원 특수질환 전문치료센터

- (주)현신종합건축사사무소
  (주)현대건축사사무소

- 발췌 : 「설계경기」, 도서출판 에이엔씨

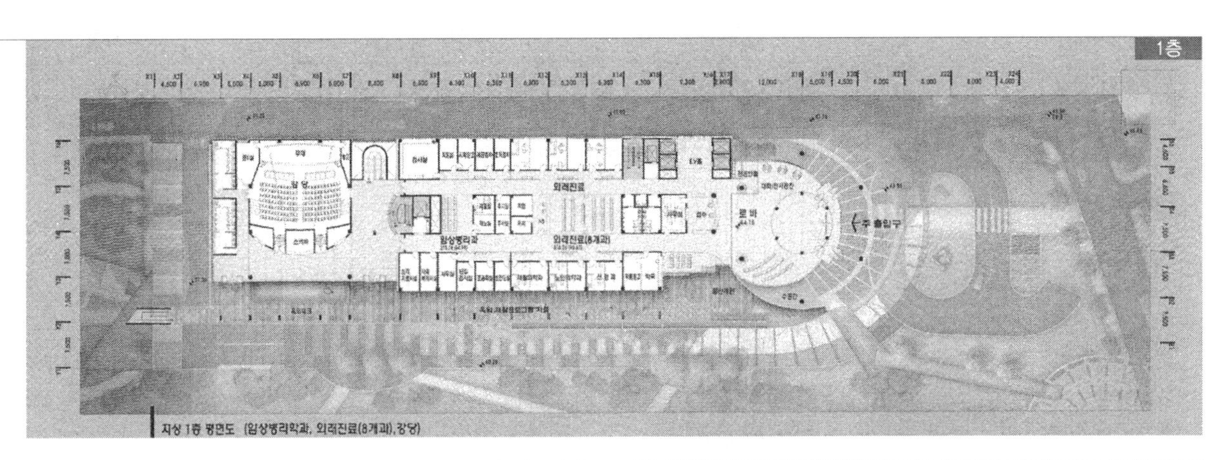


지상 1층 평면도 (임상병리학과, 외래진료(8개과), 강당)

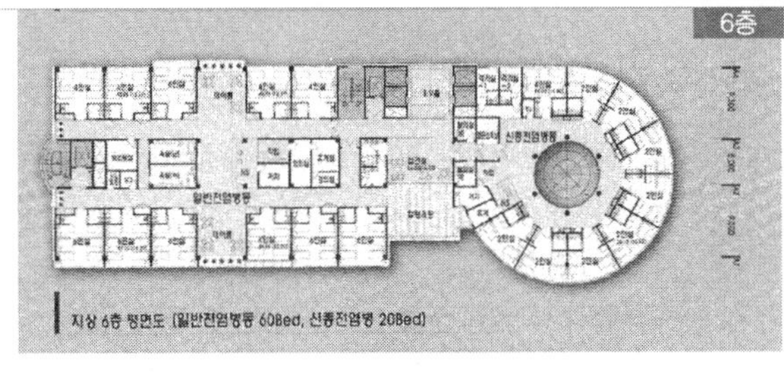


지상 6층 평면도 (일반전염병동 60Bed, 신종전염병 20Bed)

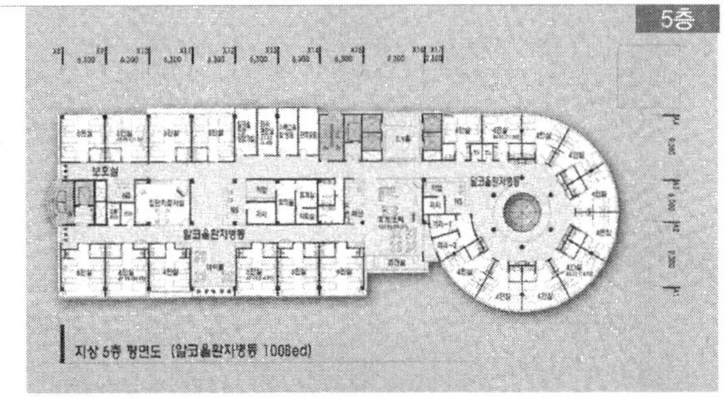


지상 5층 평면도 (알코올환자병동 100Bed)

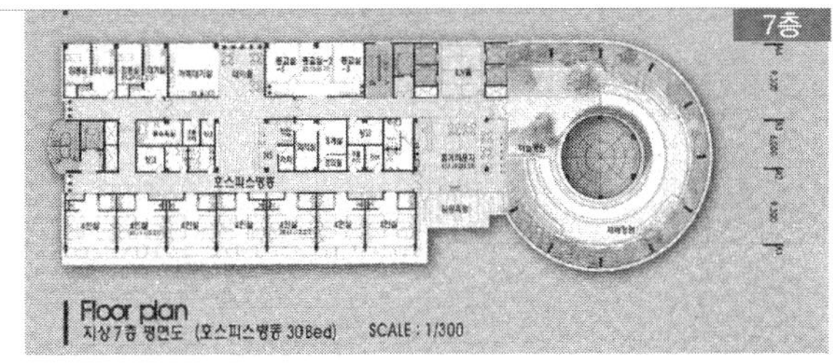


Floor plan
지상7층 평면도 (호스피스병동 30Bed)　SCALE : 1/300

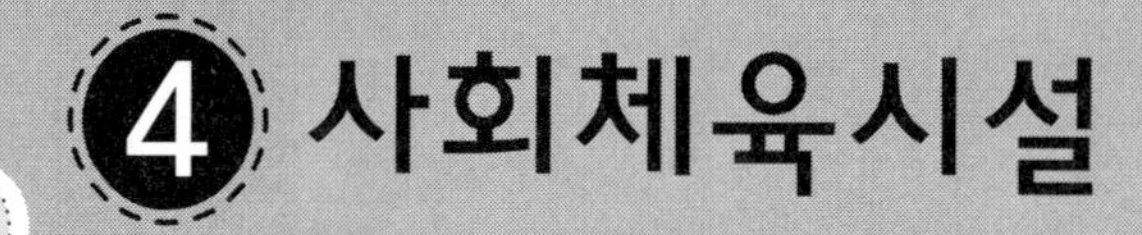

# 4 사회체육시설

## 01. 개요

### 1. 사회체육시설의 정의

지역사회 주민을 위한 생활체육기능을 제공함으로써 건강의 증진을 목적으로 하는 시설을 말한다.

### 2. 체육시설의 분류

[표 6-7] 체육관의 종류

| 분류 | 내 용 | 고려사항 |
|---|---|---|
| 학교체육관 | • 학생들의 체력향상과 학교생활의 레크리에이션 시설의 제공<br>• 체육학과의 각종 체육부 경기력 향상과 스포츠 과학화에 기여<br>• 학원 내의 의례적인 대집회, 대단위 공개 강좌 공연을 위한 강당으로 사용<br>• 지역사회의 집회 및 문화행사와 경기 관람시설 제공 | • 체육수업의 구성과 학급인원<br>• 집회 시의 강당으로서의 역할<br>• 옥외 체육시설과의 관련성<br>• 학생의 체력과 체위 고려<br>• 일반 공개시의 빈도와 이용 예상수 |
| 지역체육관 | • 지역의 주구규모에 따른 편의시설로서 커뮤니티 중심에 설치<br>• 레저 및 레크리에이션에 따른 간단한 경기를 위주로 행한다.<br>• 사교 및 집회 등의 다양한 요구에 대응<br>• 최근에는 체력단련의 선호가 높다. | • 도시계획과의 관계(지리적 조건, 스포츠 인구, 사용자 층, 교통사정)<br>• 관리방법<br>• 특별설비 |
| 기업 · 단체의 부속체육관 | • 기업 및 단체의 경기팀을 위한 시설로서 주로 훈련을 위주로 한다.<br>• 직원의 편의시설로서 기능 확충 | • 공개경기의 개최 여부<br>• 직원의 복지시설로서의 이용<br>• 경기팀의 합숙시설 |
| 경기용 대체육관 (국공립시설) | • 공식 경기(각종 대회, 전국체전, 아시안게임, 올림픽)에 대비한 대규모 체육시설<br>• 각종의 규정에 적합<br>• 대집회에 대비한 시설의 확보 | • 공식경기를 하지 않는 경우 일반인에게 개방 문제<br>• 유지관리 및 이용상의 문제<br>• 피난 및 대중교통수단과의 연계 |
| 영리체육관 | • 레저 및 건강을 위한 수영장과 사우나, 체력단련실 위주 | • 영리 위주의 경영이 무엇보다도 중요하기 때문에 회원제 등의 채택으로 고정 이용객 확보<br>• 호텔 및 쇼핑시설 등과의 연계 |

## 02. 배치계획

### 1. 고려사항

① 종합운동장의 성격을 띠므로 관람자의 수와 교통량을 고려

② 관람자의 출입구에는 주위 여건과 상황을 고려하여 주차장을 충분히 설치

③ 체육관의 장축을 동서로 배치하여 창의 장변 쪽으로부터 남북의 채광을 받는 것이 이상적

④ 단변 · 개구부를 통해서 채광을 받을 경우 경기자가 눈이 부시지 않게 차단장치 설치

⑤ 자연환기를 고려하여 환기설비 계획도 고려한다.

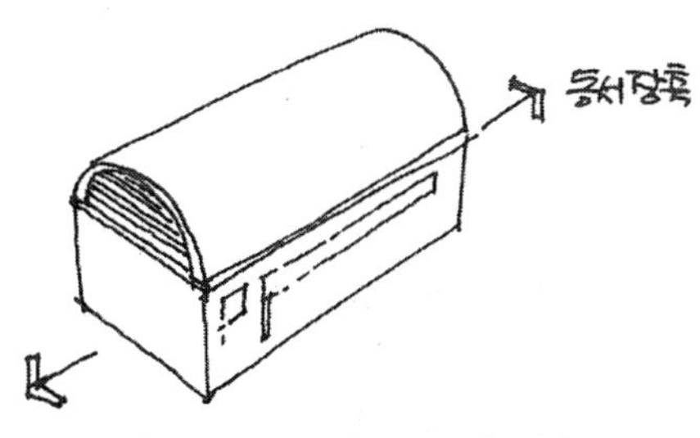


[그림 6-53 체육관의 장축방향]

### 2. 동선계획

① 이용자 : 경기자, 관람자

② 관리자

③ 서비스 : 기구 반입, 후생기능 서비스

### 3. 외부공간 계획

● FIFA 규정

대운동장의 남북 장축배치는 태양광에 의한 눈부심이 공정한 경기에 방해가 되지 않기 위함으로 FIFA 규정에도 언급하고 있다.

① 휴게공간

② 옥외 체육공간 : 방위 및 풍향 등 자연조건의 영향을 크게 받는다.

③ 옥외 행사공간-복합시설 : 특히 커뮤니티

④ 운동장 : 남 · 북 장축으로 배치

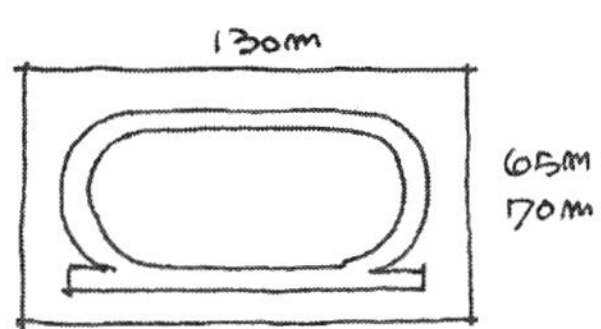


[그림 6-54 운동장의 규격]

- 사회체육시설은 문화 및 집회 시설과 유사한 구성을 보인다.

# 03. 평면계획

## 1. 기능계획

### (1) 기능구성도

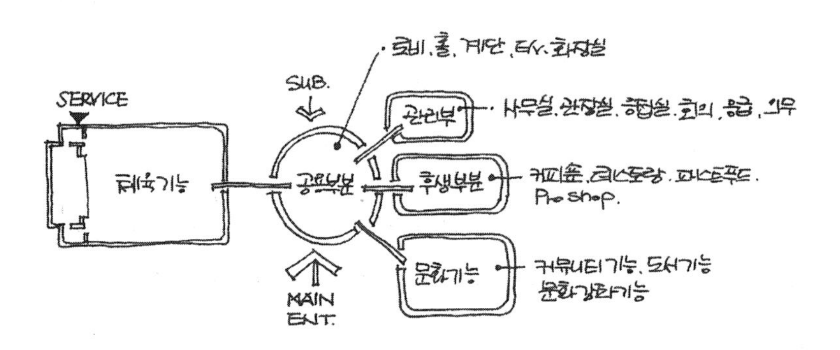


[그림 6-55 사회체육시설의 기능도]

- 모듈

체육관은 기타부분과 다른 구조 및 모듈을 구성할 수 있다.

## 2. 모듈 및 Block Plan 계획

### (1) 모듈계획

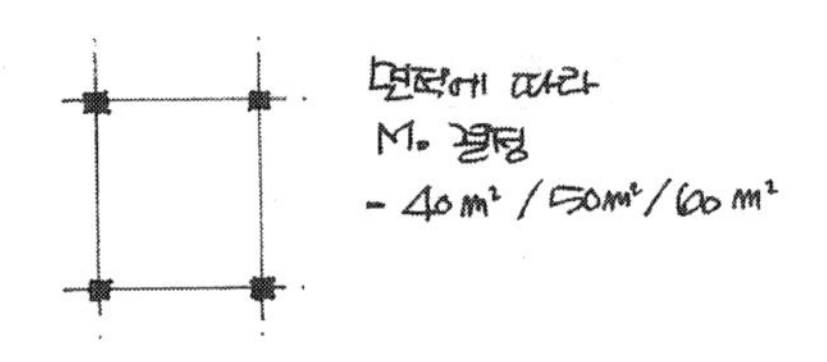


[그림 6-56 사회체육시설 모듈]

### (2) **Block Plan**

- 동적 공간과 정적 공간을 분리하여 배치한다.
- 동적 공간과 정적 공간이 한 건물에 위치하는 경우 주관적인 공간을 설치하여 완충역할 및 커뮤니티센터의 관리기능을 하도록 한다.

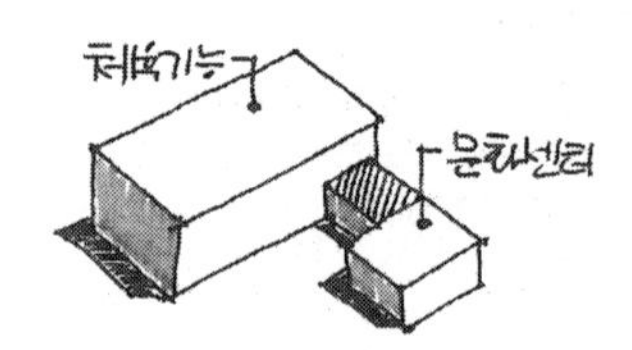


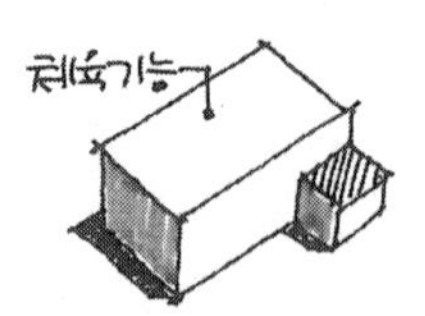


[그림 6-57 사회체육시설 Block Plan]

QUIZ 4.

● 체육관 천장고

농구장의 천장고는 ( ), 배구장의 천장고는 ( )가 필요하다.

● 농구코트 규격

농구코트 규격은 사용자에 맞추어 임의로 분류했을 뿐 정식규격은 28m×15m이다.

QUIZ 4. 답

• 7.0m, 12.0m

## 3. 세부계획

### (1) 기본 고려사항

① 실내 농구경기장의 규격은 대학 및 일반용을 기준으로 계획한다.

② 대학의 실내 농구장 규격은 장변 28.0m, 단변 15.0m

③ 선수의 안전을 위한 사이드 면을 3.0m 이상 확보한다.

④ 수직 · 수평 피난 동선 고려 : 계단 2개소 이상(3개소 가능) 계획한다.

⑤ 공간의 구성

- 경기부문 : 경기장, 임원실, 대기실, 창고, 샤워, 변소 등 경기자 이용 시설
- 관람부문 : 현관 출입구, 홀, 관람석, 변소, 매점, 등 관람자 이용 시설
- 관리부문 : 관장실, 운영, 관리 관계실 등 서비스 관계시설

### (2) 소요공간계획

[표 6-8] 체육관의 규모

| | 코트 길이 | 경기장 크기 | 체육관 크기 | 비 고 |
|---|---|---|---|---|
| 최소 크기 | 18.3×10.66 | 20.2×12.46 21×13 | 25×13 | • 배구 연습 코트 가능 |
| 중 학 교 | 22.5×12.8 | 28×19 28×15 | 33×23 | • 배구 코트 가능 |
| 고등학교 | 26×15 | 32×20 32×20 | 35×23 | • 성인여자, 남자고교 |
| 대 학 교 | 28×15 | 35×20 35×21 | 37×24 | • 일반, 대학생 |

### (3) 층고계획

① 체육관의 천장고

- 농구 : 7.0m
- 배드민턴 : 8.0m
- 테니스 : 11.0m
- 배구 : 12.0m

② 기타 기능의 층고

- 기준층 : 3.6~4.2m
- 1층 : 4.2~4.5m

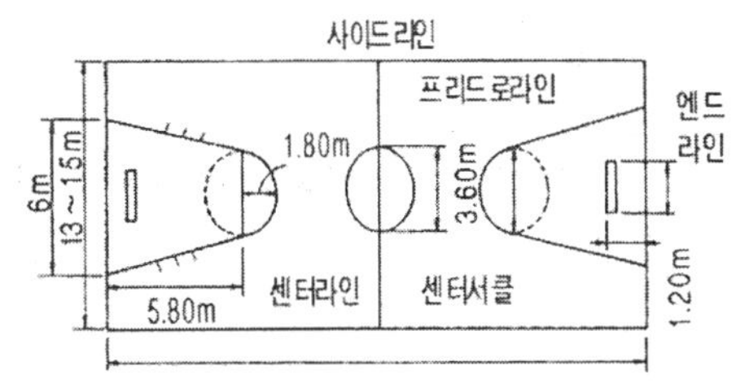


[그림 6-58 농구장 규격]

# 04. 사례

## [사례]　고양 청소년문화센터

● (주)다울도시건축사사무소

● 발췌 : 「설계경기」, 도서출판 에이엔씨

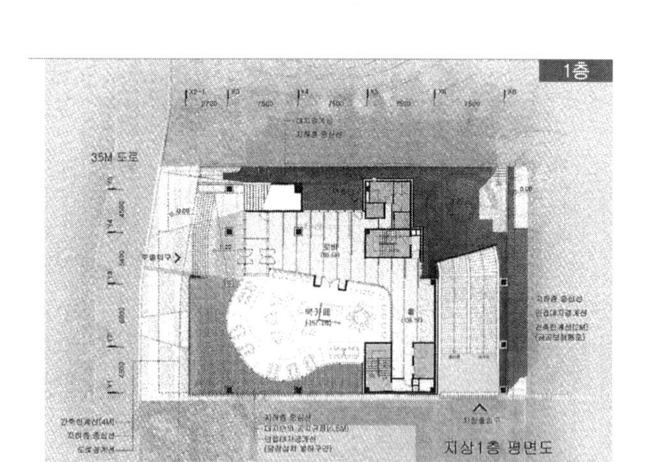


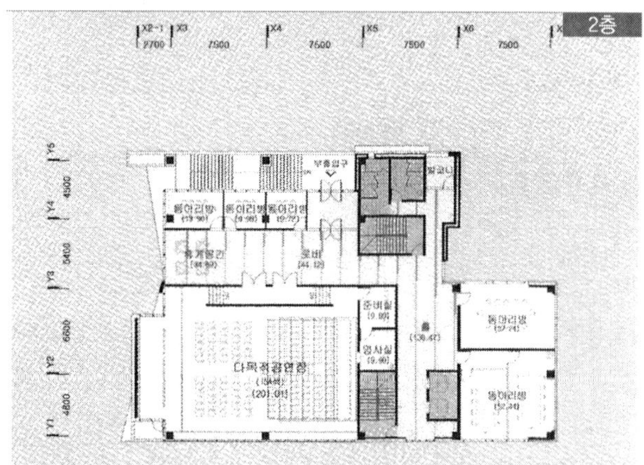


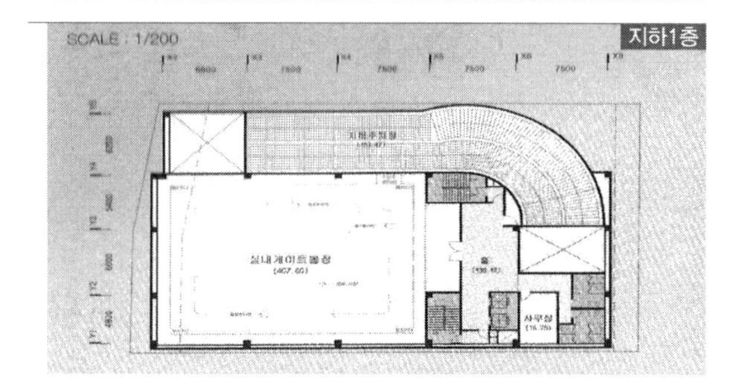


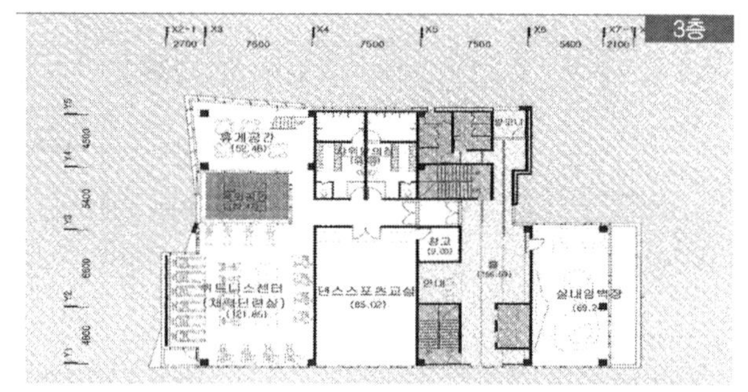


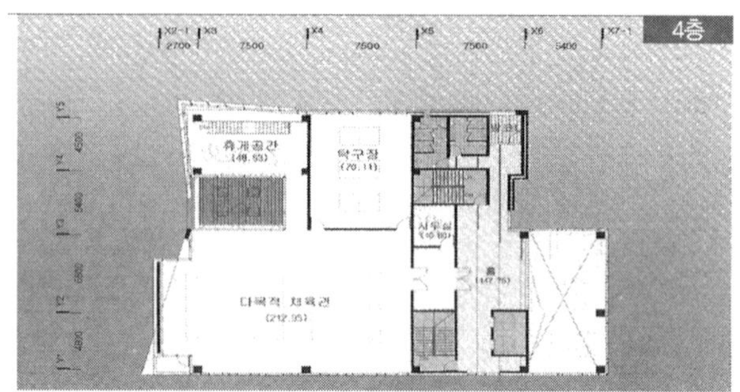

NOTE

# 5 익힘문제 및 해설

## 01. 익힘문제

### 익힘문제 1. 호텔 1층 부분 평면계획

제시된 범례의 사항들을 아래 평면 내에 완성하시오.

〈범례〉

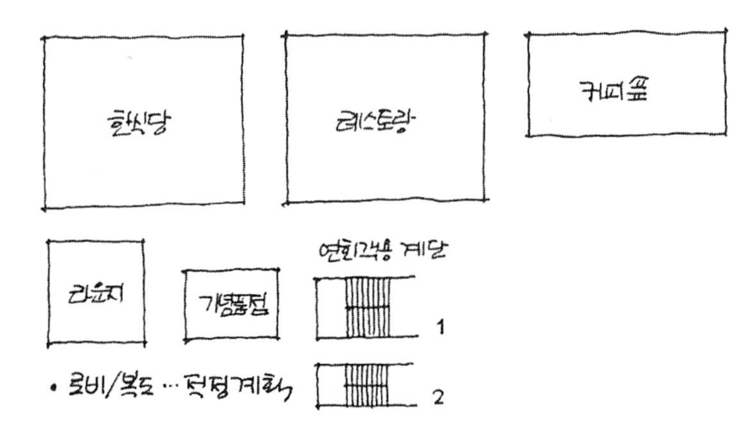


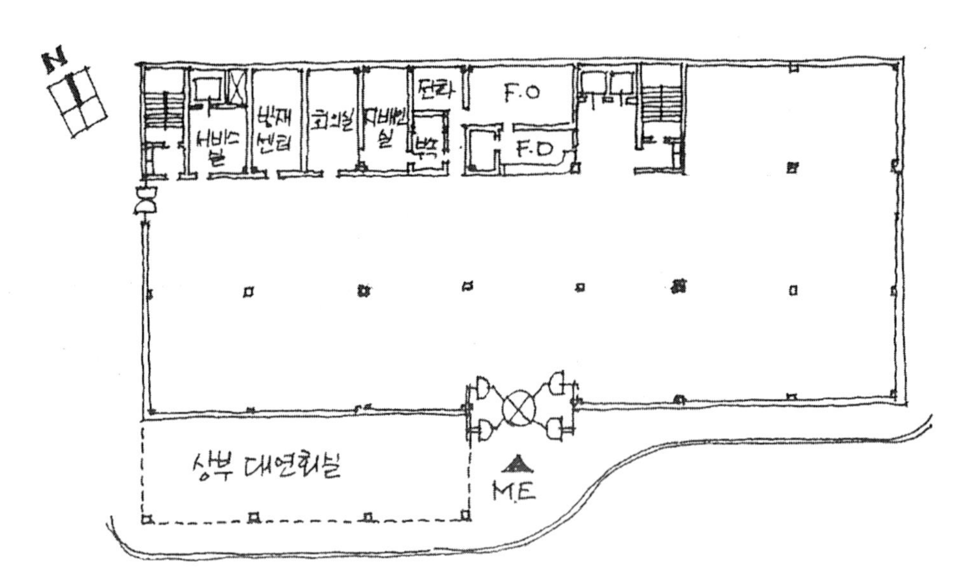

## 익힘문제 2. 연수원 1층 부분 평면계획

제시된 범례의 사항들을 평면의 점선구간 내에 완성하시오.

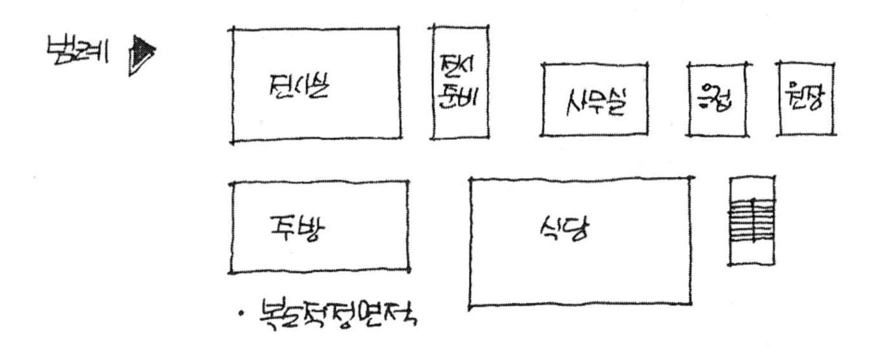


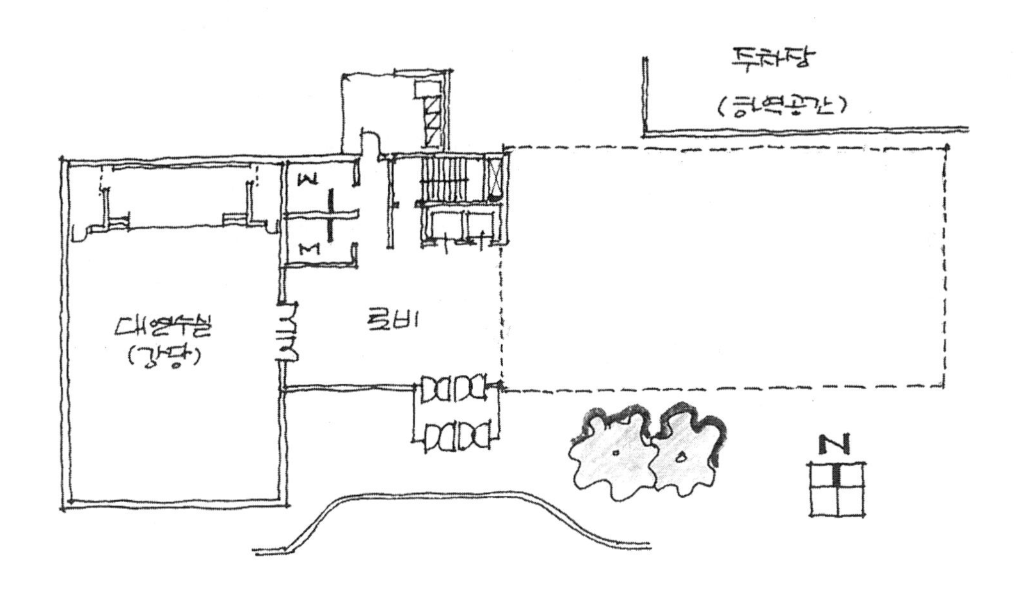

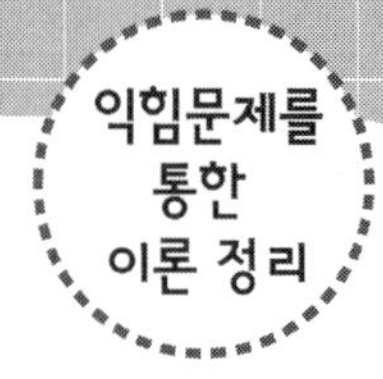


## 익힘문제 3. 병원 1층 부분 평면계획

제시된 범례의 사항들을 평면의 점선구간 내에 완성하시오.

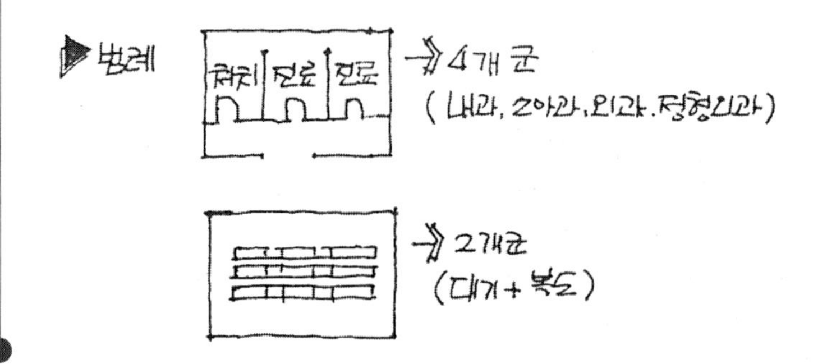


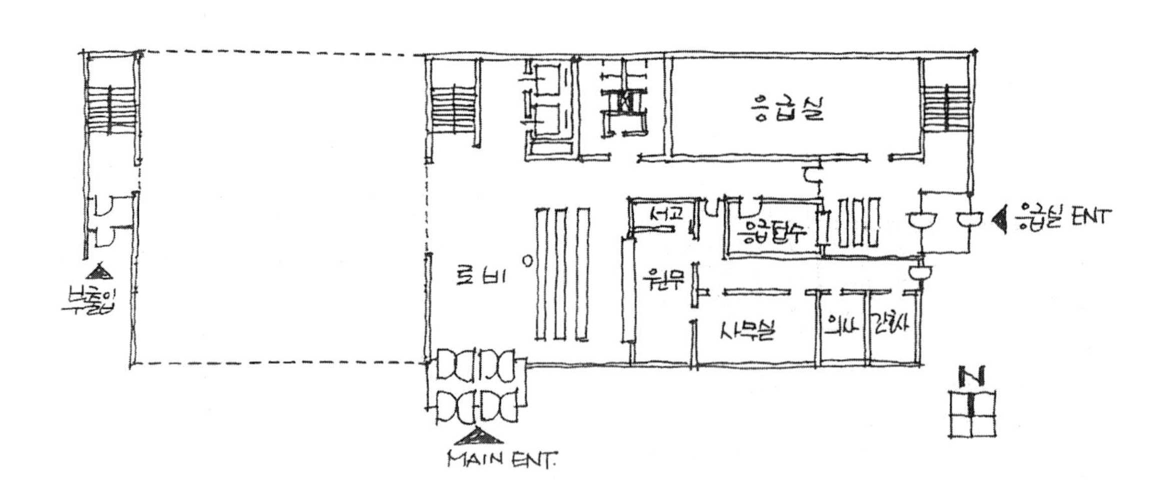

## 익힘문제 4. 사회체육시설 2층 평면계획

제시된 범례의 사항들을 평면의 점선구간 내에 완성하시오.

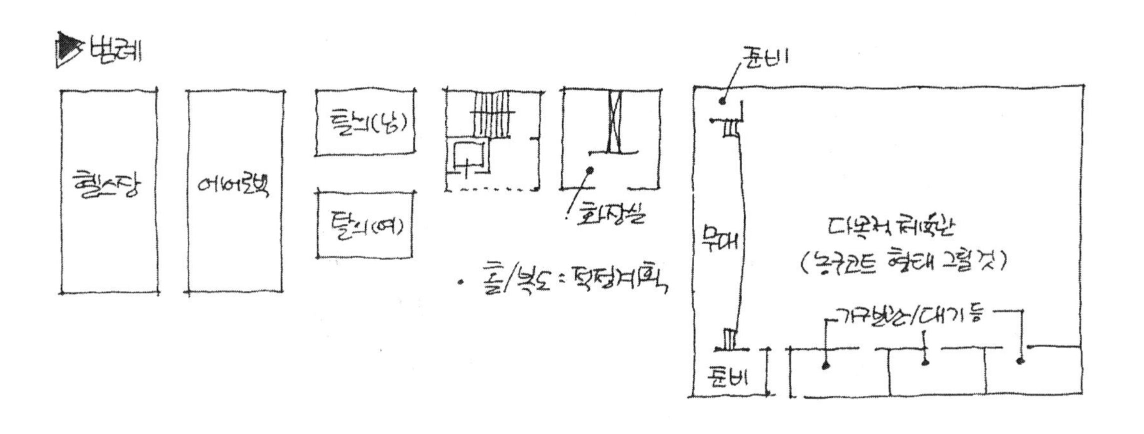


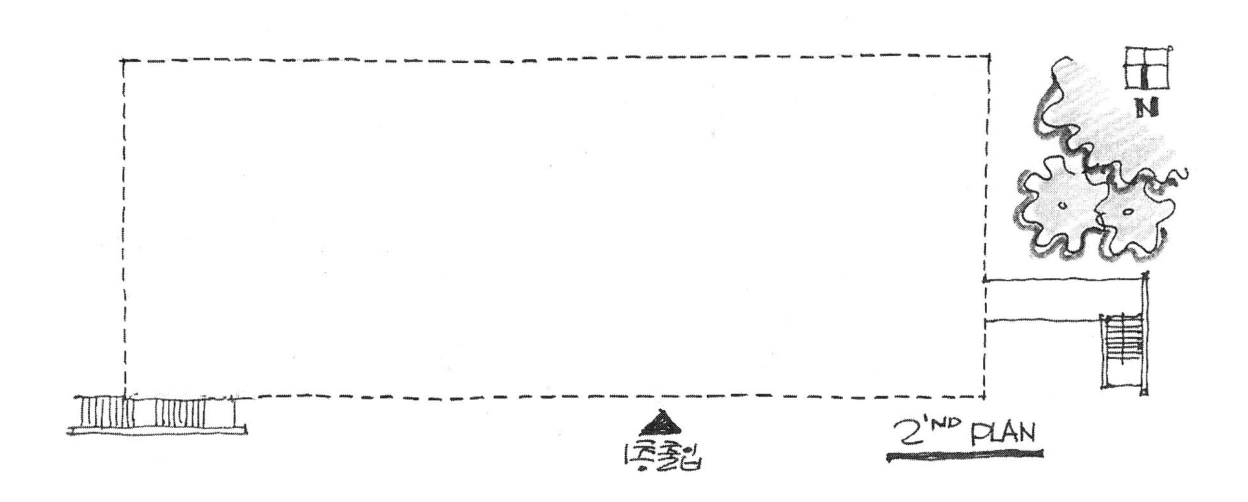

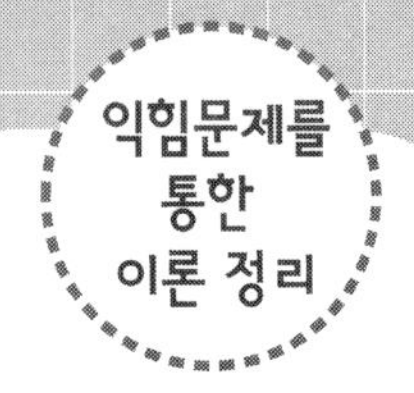


## 02. 답안 및 해설

### 답안 및 해설 1. 호텔 1층 부분 평면계획 답안

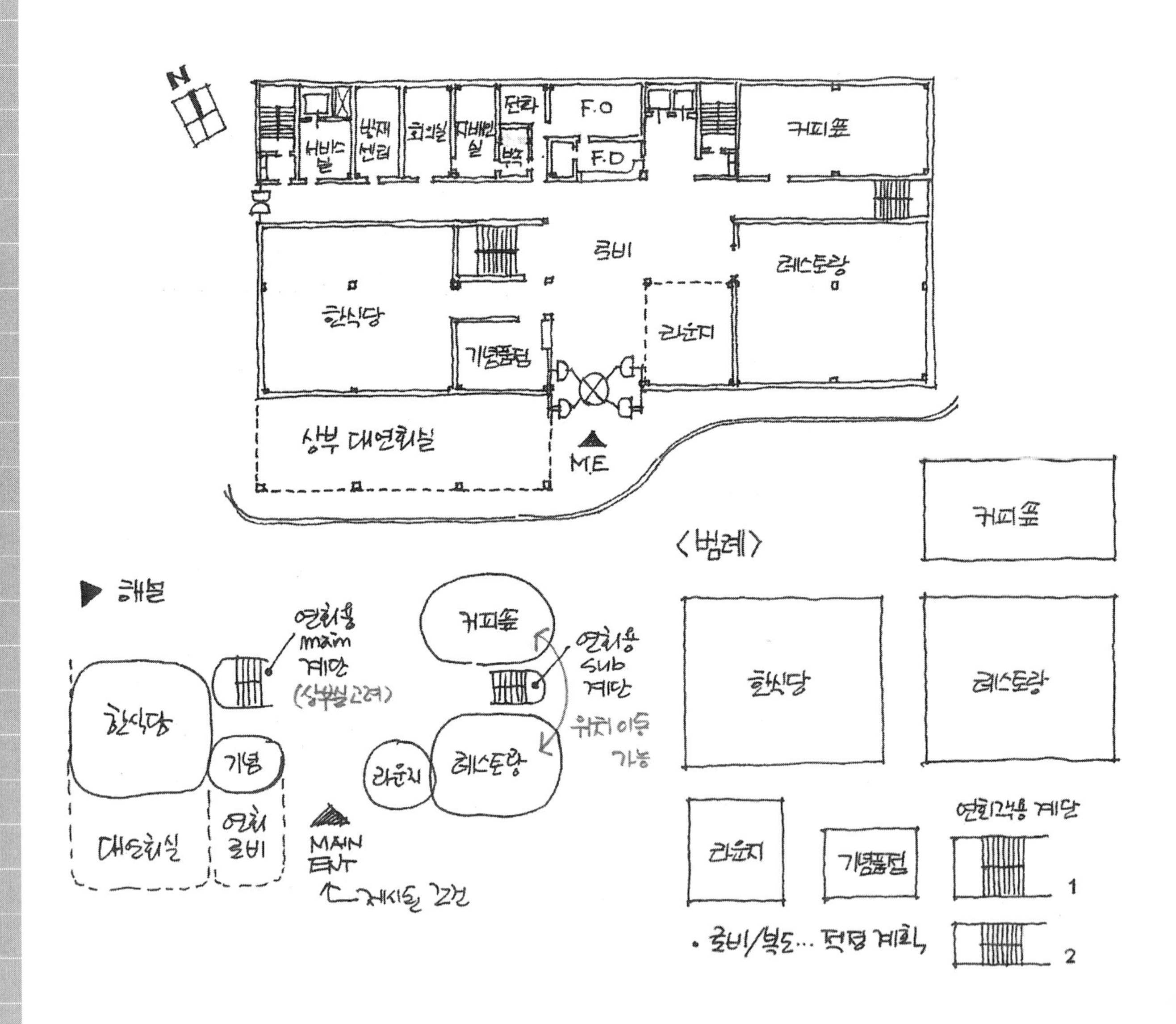

## 답안 및 해설 2. 연수원 1층 부분 평면계획 답안

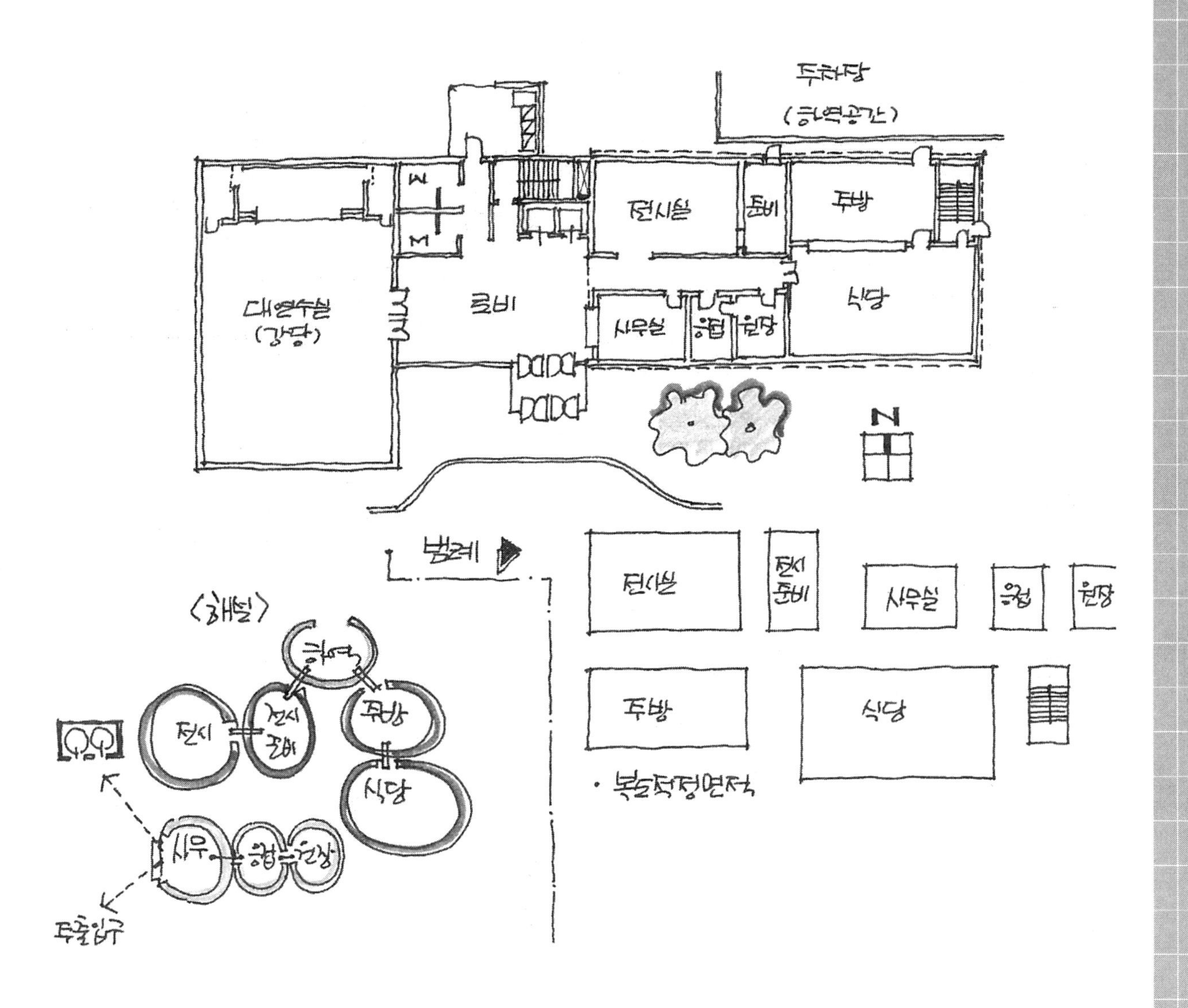

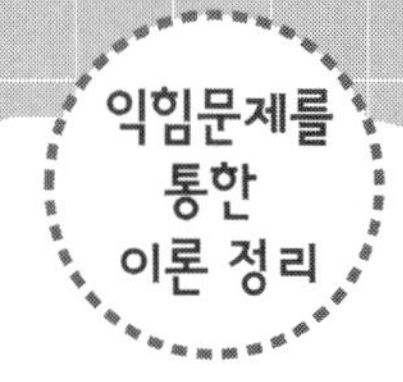


## 답안 및 해설 3. 병원 1층 부분 평면계획 답안

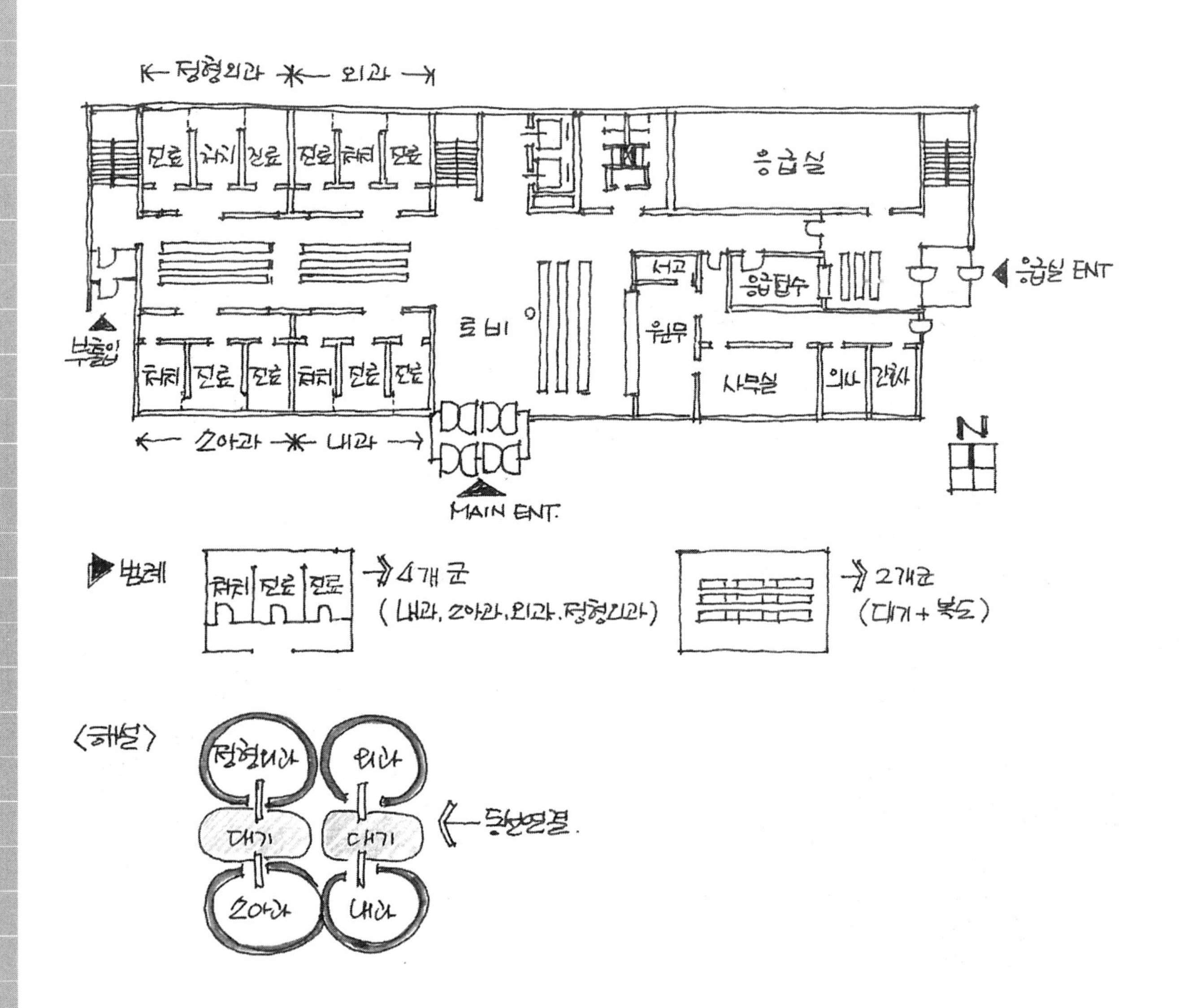

## 답안 및 해설 4. 사회체육시설 2층 평면계획 답안

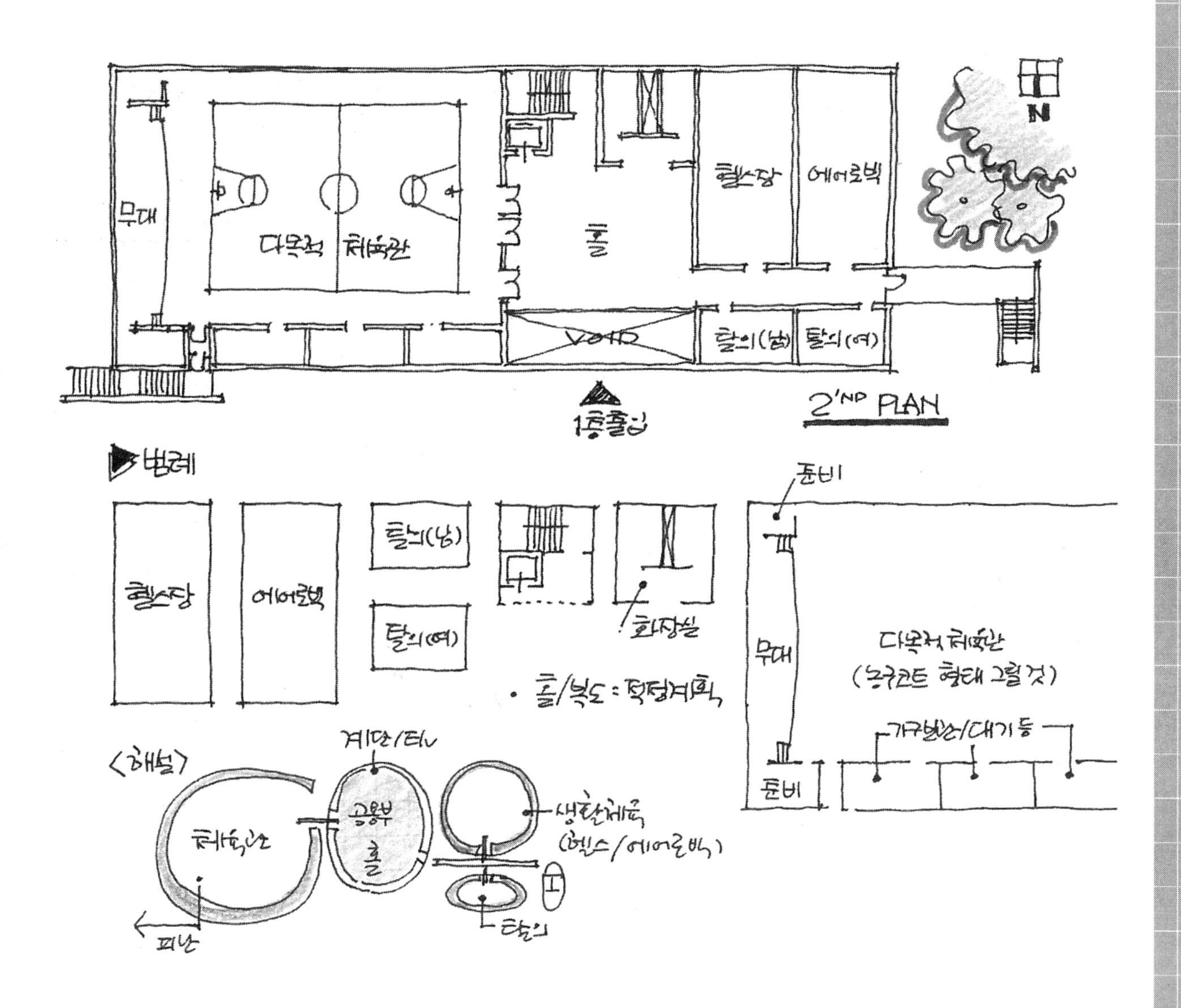

# 6 연습문제 및 해설

## 01. 연습문제

### 연습문제 소체육관이 있는 생활체육센터 설계

1. 과제개요

○○지역 주민이 건강증진과 여가활동의 지원을 위하여 소체육관이 있는 생활체육센터를 신축하고자 한다. 다음 조건을 고려하여 1층 평면도와 2층 평면도를 작성하시오.(지하층 제외)

2. 건축개요

(1) 용도지역 : 제3종 일반주거지역, 지구단위계획구역(주변지역 동일)
(2) 주변현황 : 〈대지현황도〉 참조
(3) 대지면적 : 1,537.5m²
(4) 건폐율과 용적률은 고려하지 않음
(5) 규모 : 지하 1층, 지상 2층
(6) 층고 : 지하 1층, 지상 1층-4.5m,
지상 2층-3.9m(단, 소체육관 및 전면홀은 9m)
(7) 구조 : 철근콘크리트조(단, 소체육관은 철골조)
(8) 주차 : 지상주차 5대(장애인 주차 1대 포함)
(9) 용도 : 체육시설

3. 설계조건

(1) 대지 내에서 진입마당을 계획한다.
(2) 로비에서 조망이 가능한 휴게마당을 계획하며, 로비에서 직접 연계되도록 한다.
(3) 관리공간에서 이용이 가능한 안마당을 계획한다.
(4) 카페테리아에는 외부에서 직접 출입이 가능한 데크를 설치한다.
(5) 장애인 및 노약자를 고려하여 계획한다.
(6) 건축물의 외벽선과 대지경계선까지의 이격거리는 2m 이상으로 한다.

4. 소요면적 및 요구조건

| 층 | 실명 | | 면적(m²) | 요구조건 |
|---|---|---|---|---|
| 지하층 | 시청각실, 기계실, 전기실 등 | | – | • 지하층은 계획하지 않음 |
| 1층 | 카페테리아 | | 105 | |
| | 생활체육실 | | 210 | • 2개실로 계획<br>• 헬스, 에어로빅, 무용, 태권도 등의 공간으로 활용 |
| | 프로샵 | | 45 | • 운동관련 용품 판매<br>• 로비에서 접근용이 |
| | 관리공간 | 센터장실 | 20 | • 안마당 조망 |
| | | 사무실 | 35 | • 의무실과 인접 |
| | | 의무실 | 15 | |
| | 접수 및 안내 | | 10 | • 주출입구와 인접 |
| | 화장실 | | 45 | • 남 : 대·소변기 각 2개<br>• 여 : 양변기 5개<br>• 장애인용 화장실<br>: 남·여 각 1개 |
| | 기타 공용공간 | | 235 | • 방풍실, 로비, 주계단, 부계단, 복도, 장애인겸용 승강기 등 |
| | 소계 | | 720 | |
| 2층 | 소체육관 | | 360 | • 공연장으로 활용가능 |
| | 전면홀 | | 120 | • 소체육관의 출입 공간 |
| | 준비실 | | 25 | • 샤워실과 인접 |
| | 샤워실 | | 45 | • 2개실로 계획<br>(남·여 각 1개실로 계획) |
| | 운영요원실 | | 45 | • 2개실로 계획 |
| | 휴게라운지 | | 45 | • 홀 및 복도와 개방형으로 계획 |
| | 화장실 | | 45 | • 1층과 동일 |
| | 기타 공용공간 | | 155 | • 홀, 주계단, 부계단, 복도, 장애인겸용 승강기 등 |
| | 소계 | | 840 | |
| 합계 | 1,560 | | | |
| 진입마당 | 60 | | | |
| 휴게마당 | 120 | | | |
| 안마당 | 50 | | | |
| 데크 | 30 | | | |

주) (1)각 실의 소요면적은 10%범위에서 증감가능
(2) 각 층별 바닥면적은 5% 범위에서 증감가능
(3) 필로티는 바닥면적 산입에서 제외

## 5. 도면작성 요령

(1) 1층 평면도(배치계획 포함) 및 2층 평면도 작성
(2) 실명, 치수, 출입문(회전방향 포함) 및 각 층의 바닥 마감 레벨 표기
(3) 장애인 등의 편의시설 중 접근로, 주출입구, 승강기, 화장실에 관하여 표기(그 외에는 표기하지 않음)
(4) 벽과 개구부는 구분하여 표기
(5) 단위 : mm
(6) 축척 : 1/400

## 6. 유의사항

(1) 도면작성은 흑색연필로 한다.
(2) 도면작성은 과제개요, 설계조건, 도면작성요령 및 고려사항, 기타 현황도 등에 주어진 치수를 기준으로 한다.
(3) 명시되지 않는 사항은 관계법령의 범위 안에서 임의로 한다.

**<대지 현황도> 축척 없음**

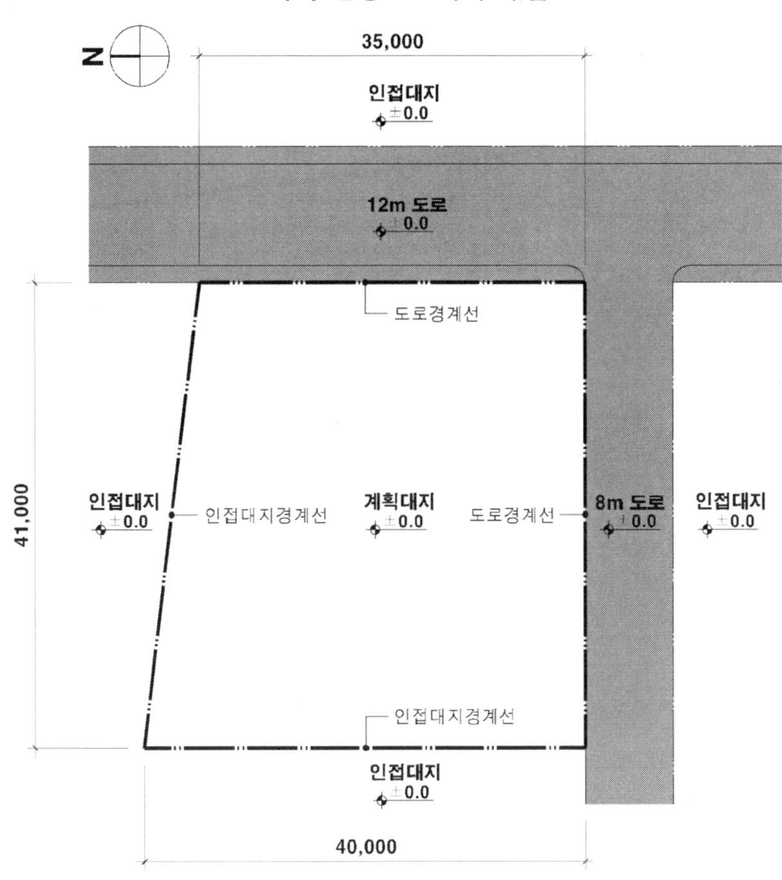

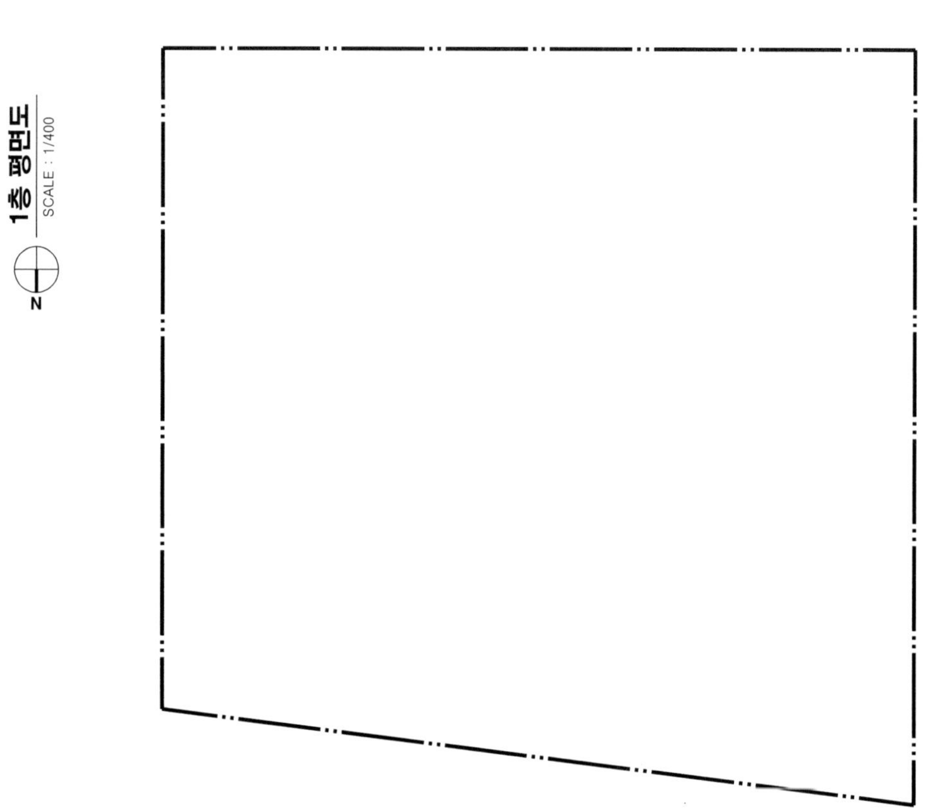


2층 평면도

SCALE : 1/400

## 02. 답안 및 해설

### 답안 및 해설 소체육관이 있는 생활체육센터 설계

(1) 설계조건분석

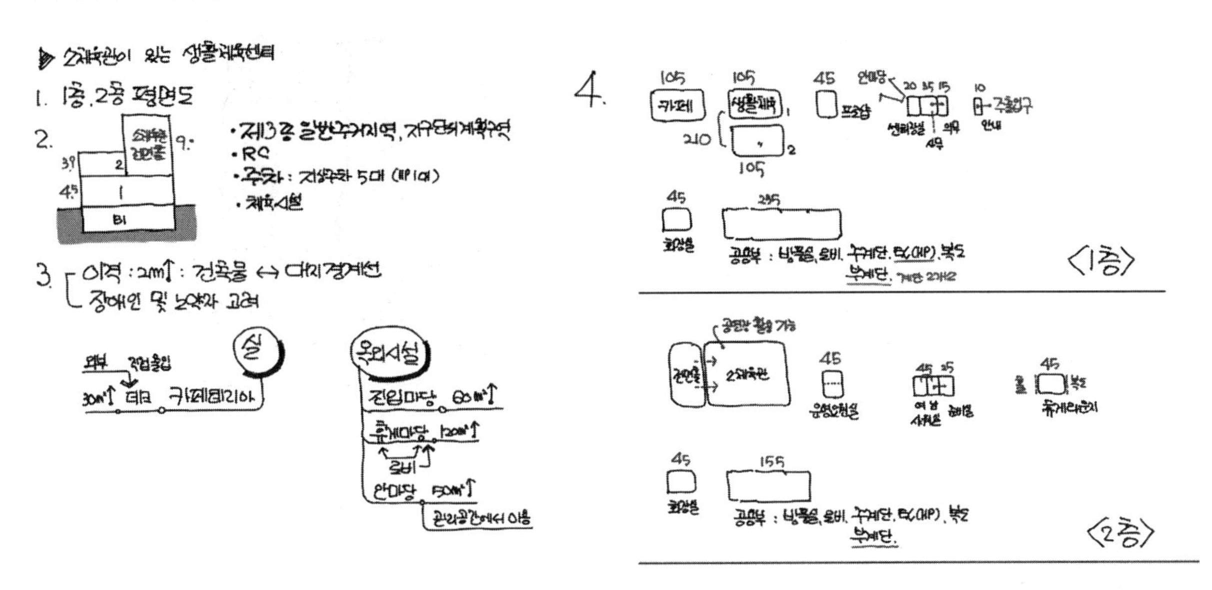

(2) 대지분석

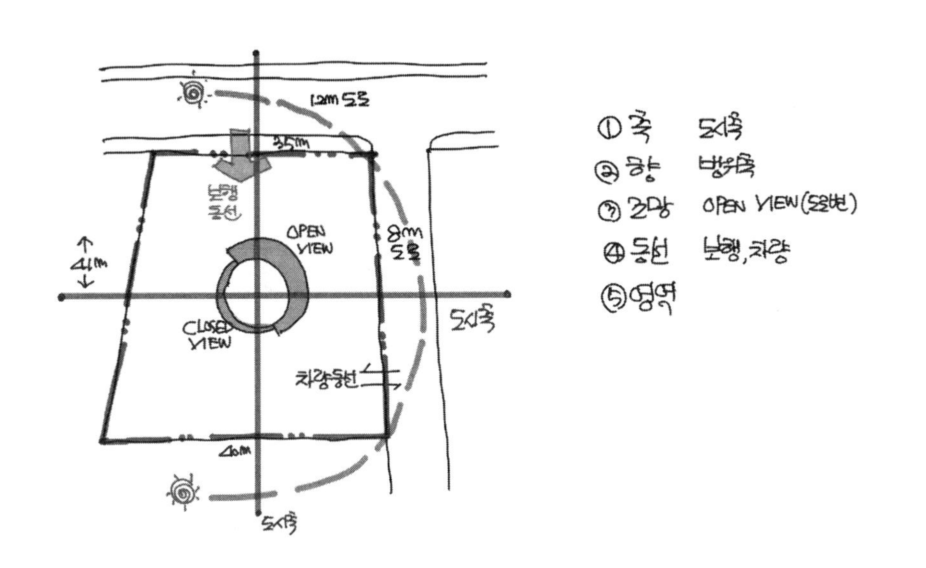

(3) 토지이용계획

ALT1

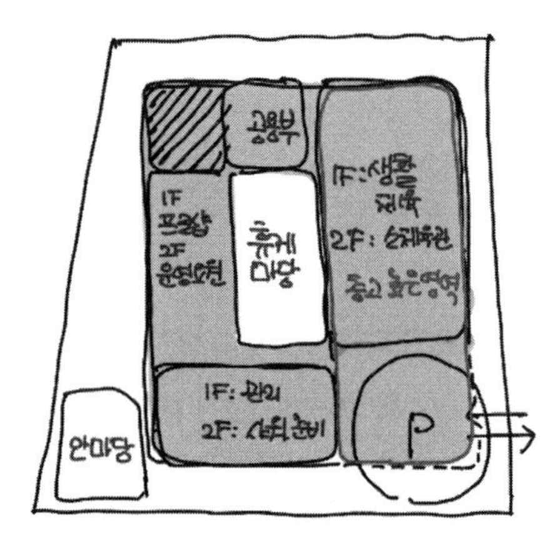


ALT2

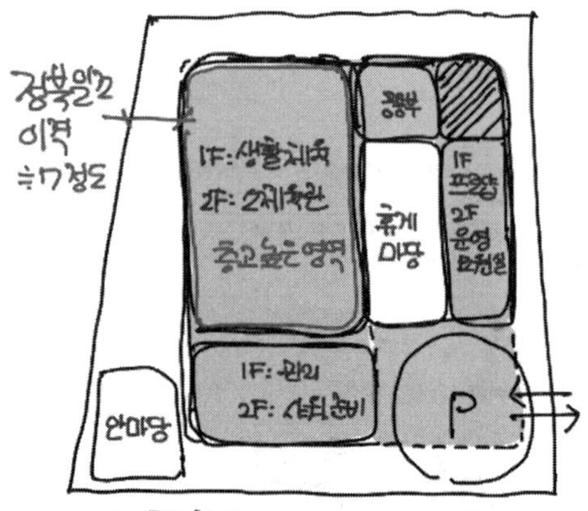


1. 관리공간과 안마당의 위치 때문에 소체육관 및 전면홀 공간 확보 어려움
2. 정북일조 이격거리 확보 필요 : 소체육관이 북측배치 이므로..

(4) **Space Program** 분석

① 면적분석

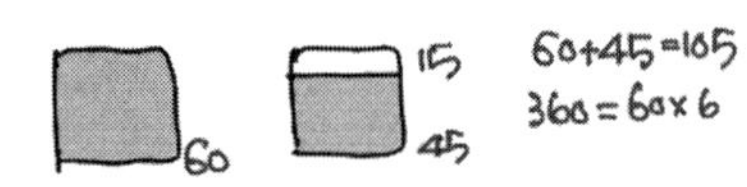


② 기능도

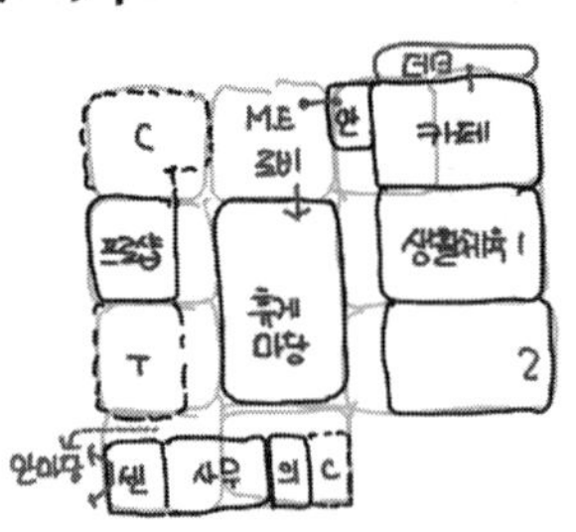


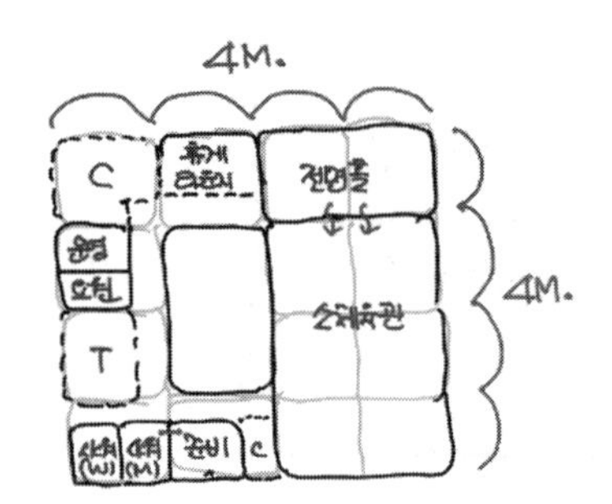

(5) 모듈분석

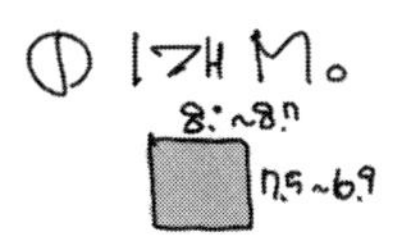


② 1개층 M.수
2F : 840/60 = 14 M.

③ Site 적용

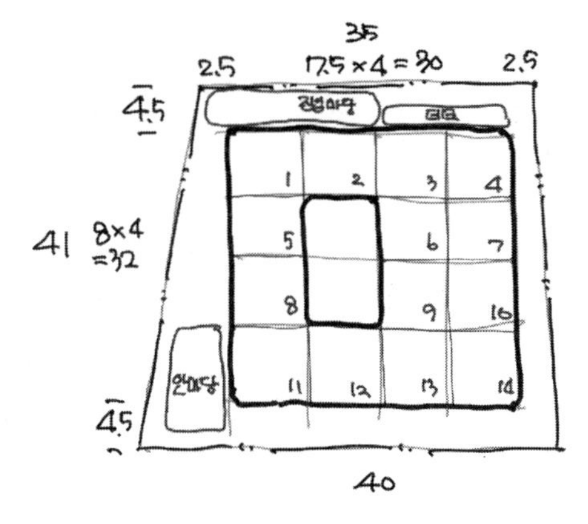


(6) 수직&수평조닝

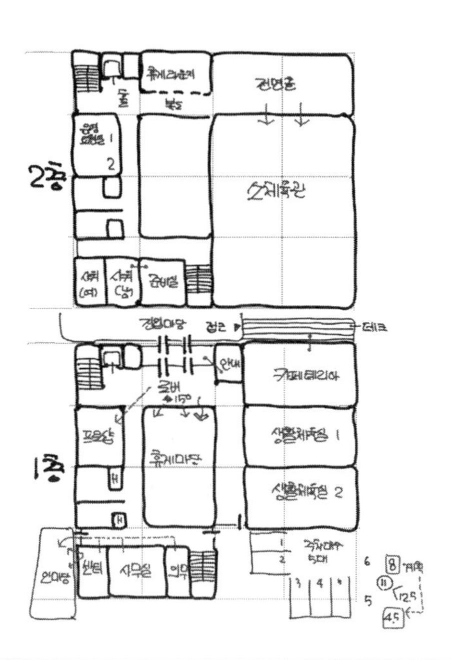

(7) 답안분석

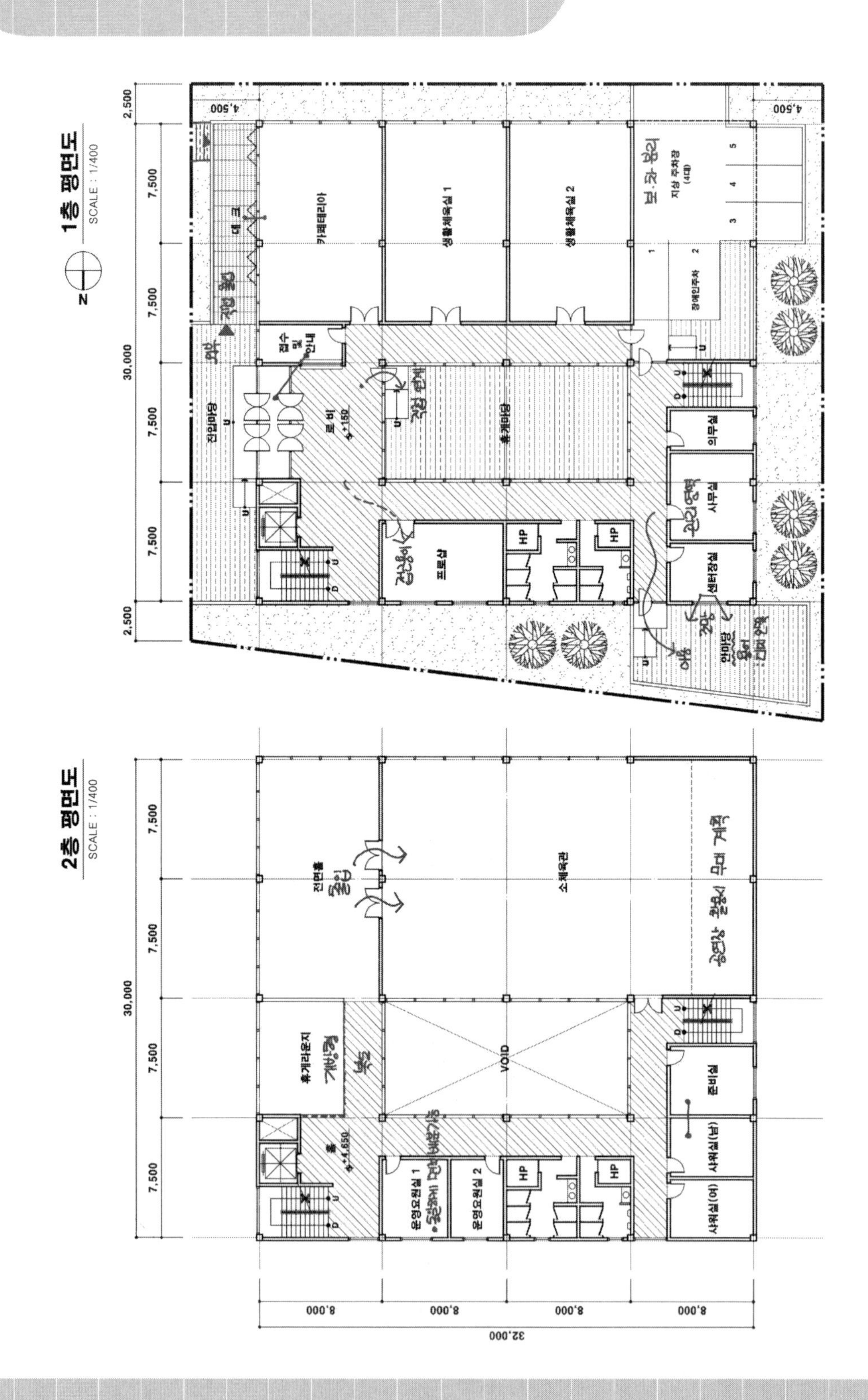

## (8) 모범답안

### 1층 평면도
SCALE : 1/400

데크, 카페테리아, 생활체육실 1, 생활체육실 2, 지상 주차장 (4대), 장애인주차, 접수 및 안내, 진입마당, 로비 +150, 휴게마당, 의무실, 사무실, 프로샵, 센터장실, 안마당

### 2층 평면도
SCALE : 1/400

전면홀, 소체육관, 공연장 활용시 무대 계획, 휴게라운지, VOID, 준비실, 샤워실(남), 샤워실(여), 홀 +4,650, 운영요원실 1, 운영요원실 2

건축사자격시험대비 **건축설계 1**

**발행일**
2010년 1월 10일 초판 발행
2012년 2월 01일 1차 개정
2013년 1월 10일 1차 개정 2쇄
2014년 1월 05일 2차 개정
2015년 2월 10일 2차 개정 2쇄
2017년 2월 01일 2차 개정 3쇄
2019년 2월 01일 3차 개정
2020년 1월 05일 3차 개정 2쇄
2020년 10월 30일 3차 개정 3쇄
2022년 5월 20일 3차 개정 4쇄
2023년 4월 30일 3차 개정 5쇄
2024년 4월 15일 4차 개정
2024년 11월 25일 4차 개정 2쇄

**저자** 김영훈 · 김보근 · 원미영
김보선 · 정선교

**발행인** 정용수

**발행처** 예문사

**주소**
경기도 파주시 직지길 460(출판도시) 도서출판예문사
TEL: (031)955-0550/FAX: (031)955-0660

등록번호 제11-76호

**정가** 27,000원

ISBN 978-89-274-5427-4 13540